MALAYSIA
말레이시아

김낙현 지음

KB058271

SIGONGSA

Contents

지도 찾아보기

저자의 말

여행자들이 정보를 얻는 방법은 하루가 다르게 변하고 있습니다. 그럼에도 여행 정보를 얻는 정석은 바로 가이드북이라고 생각합니다. 그러므로 사소한 정보도 지나치지 않고 충실하게 담은 책을 만들고자 노력했습니다. 쉼 없이 변하는 정보를 한정된 시간 동안 취재하고, 얻은 정보를 다시 정리하는 일은 결코 쉽지 않았습니다. 10시간 넘게 버스를 타는 일이 다반사였고, 비행기와 배로 말레이시아의 곳곳을 다녔습니다. 피부는 새카매졌으며 더위를 먹는 일도 잦았습니다. 갖은 고생에도 제게 말레이시아는 계속 도전하고 싶은 곳입니다. 이 책을 통해 '천 가지 얼굴을 가진' 말레이시아를 소개하고자 합니다. 멋진 스카이라인을 뽐내는 쿠알라룸푸르에서의 도시 여행, 열대 우림을 모험하는 정글 여행, 해변에 누워 자유를 만끽하는 휴양 여행 등 여행자가 꿈꾸는 모든 것이 바로 말레이시아에 있습니다.

앞으로도 지속적인 취재를 통해 더 완벽한 책을 만들고자 노력하겠습니다. 끝으로 말레이시아 취재에 도움을 주신 분들과 시공사 편집팀에 감사의 말을 전합니다.

글·사진 김낙현

뉴질랜드, 인도네시아 발리에서 오랜 시간 거주했다. 뉴질랜드 대학에서는 디자인과 멋진 보트를 만드는 보트 빌딩을 공부했고, 발리에서는 파도에 미쳐 몇 년간 서핑에 빠져 살았다. 밀레니엄이 시작되던 해, 쿠알라룸푸르를 시작으로 페낭과 랑카위, 믈라카를 차례로 다녔다. 그 후로도 코타키나발루와 쿠칭 등 말레이시아 전역을 여행했다. 이번 취재를 통해 현대적인 모습은 물론이고 천혜의 자연환경을 간직한 이 나라에 다시 한번 매료됐고 여전히 앞으로의 말레이시아 여행을 준비하고 있다. 여행 잡지 〈뚜르드몽드〉와 〈요팅 매거진〉에 디터로 활동했으며, 저서로 《저스트고 라오스》, 《저스트고 베트남》, 《발리 & 롬복 여행백서》가 있다.

이메일 saltytrip@naver.com 홈페이지 www.saltytrip.com

저스트고 이렇게 보세요

이 책에 실린 모든 정보는 2023년 10월까지 수집한 정보를 기준으로 했으며, 이후 변동될 가능성이 있습니다. 특히 교통편의 운행 일정과 요금, 관광 명소와 상업 시설의 영업 시간 및 입장료, 현지 물가 등은 수시로 변동될 수 있으므로 여행 계획을 세우기 위한 가이드로 활용하시고, 직접 이용할 교통편은 여행 전 홈페이지를 통해 검색하거나 현지에서 다시 확인하는 것이 좋습니다. 변경된 내용은 편집부로 연락 주시기 바랍니다.
편집부 justgo@sigongsa.com

- 지명과 관광 명소, 상점 등의 표기는 국립국어원의 외래어 표기법을 최대한 따랐습니다.
- 관광 명소, 식당, 상점의 휴무일은 정기 휴일, 공휴일을 기준으로 했습니다. 연말연시나 설날 등 말레이시아 명절에는 달라질 수 있으니 주의하시기 바랍니다.
- 관광 명소와 지역 가이드에는 추천 별점이 있습니다. 추천도에 따라 별 1~3개로 표시했습니다.
- 맛집에 제시된 예산은 1인 식사비 또는 메뉴를 기준으로 했습니다. 봉사료와 세금이 요금에 포함된 경우에는 표기하지 않았고, 별도인 경우에는 표기했습니다.
- 숙박 시설에는 숙소 등급이 있습니다. 요금은 일반 객실 요금을 기준으로 실었습니다. 실제 숙박료는 예약 시기와 숙박 상품 등에 따라 달라집니다.
- 말레이시아의 통화는 링깃(Ringgit Malaysia, RM)입니다. RM1은 약 285원입니다(2023년 10월 기준). 환율은 수시로 변동되므로 여행 전 확인은 필수입니다.

지도 보는 법

각 명소와 상업 시설의 위치 정보는 'map p.120-B'와 같이 본문에 표시되어 있습니다. 이는 120쪽 지도의 B구역에 찾는 장소가 있다는 의미입니다.

스마트폰으로 아래의 QR코드를 스캔하면 책에 소개한 장소들의 위치 정보를 담은 '구글 지도(Google Maps)'로 연결됩니다. 웹 페이지 또는 애플리케이션의 온라인 지도 서비스를 통해 편하게 위치 정보를 확인할 수 있습니다.

지도에 삽입한 기호

레스토랑 Ⓡ	환전소 Ⓢ
쇼핑 Ⓢ	교회, 성당 ⛪
나이트라이프 Ⓝ	학교 🏫
스파 Ⓜ	병원 ✚
숙소 Ⓗ	경찰서 ✖
관광 안내소 ❶	기차역 🚉
공항 ✈	버스 터미널 🚍
골프장 ⛳	페리 터미널 ⛴

쿠알라룸푸르

셀랑고르 베르자야 힐스

코타키나발루 시티 모스크

수랏 타니
Surat Thani

나콘 시 탐마랏
Nakhon Si Thammarat

태국
Thailand

캄보디아
Cambodia

A

B

핫 야이
Hat Yai

랑카위섬
Pulau Langkawi

알로르 세타르
Alor Setar

툼팟
Tumpet

코타바하루
Kota Bahru

페렌티안섬
Pulau Perhentian

조지타운
Georgetown

페낭섬
Pulau Penang

버터워스
Butterworth

말레이시아
Malaysia

쿠알라 테렝가누
Kuala Terengganu

레당섬
Pulau Redang

타이핑
Taiping

이포 Ipoh

타만 네가라
Taman Negara

란타우 아방
Rantau Abang

믈라카 해협
Strait of Melaka

카메론 하이랜드
Cameron Highlands

체러팅
Cherating

나투나 제도
Natuna Besar

프레이저 힐
Frasers Hill

쿠안탄
Kuantan

쿠알라 셀랑고르
Kuala Selangor

리조트 월드 겐팅
Resort World Genting

페마탕시안타르
Pematangsiantar

펭탐섬
Pulau Ketam

쿠알라룸푸르
Kuala Lumpur

샤 알람
Shah Alam

게마스 Gemas

E

F

란타우프라팟
Rantauprapat

포트 딕슨
Port Dickson

믈라카
Melaka

메르싱
Mersing

클루앙
Kluang

파당시뎀푸안
Padang Sidempuan

두마이
Dumai

조호르바루
Johor Bahru

싱가포르
Singapore

수마트라
Sumatra

링가 제도
Kepulauan Lingga

부킷팅기
Bukittinggi

파당
Padang

시베룻섬
Pulau Siberut

텔라나이푸라
Telanaipura

방카섬
Pulau Bangka

벨리퉁섬
Pulau Belitung

I

J

팔렘방
Palembang

벵쿨루
Bengkulu

라핫
Lahat

프라부물리
Prabumulih

인도양
Indian Ocean

인도네시아
Indonesia

코타부미
Kotabumi

순다 해협 Strait of Sunda

텔룩베퉁
Telukbetung

세랑
Serang

자카르타
Jakarta

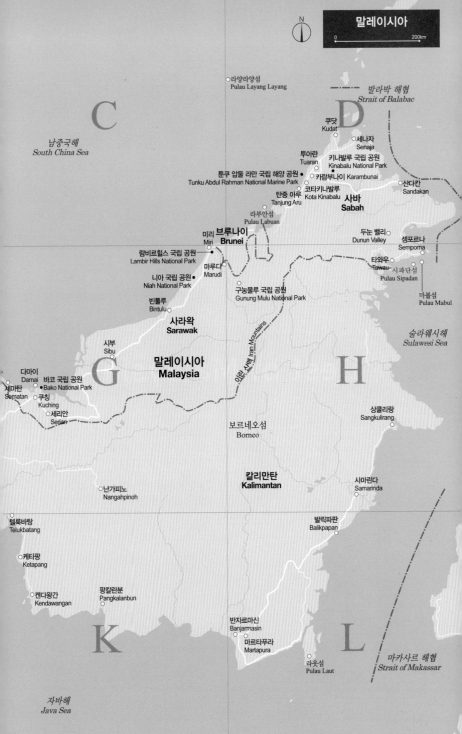

말레이시아

N

0   200km

라양라양섬
Pulau Layang Layang

C

발라박 해협
Strait of Balabac

D

남중국해
South China Sea

쿠닷
Kudat

세나자
Senaja

투아란
Tuaran

키나발루 국립 공원
Kinabalu National Park

툰쿠 압둘 라만 국립 해양 공원
Tunku Abdul Rahman National Marine Park

카람부나이 Karambunai

산다칸
Sandakan

코타키나발루
Kota Kinabalu

탄중 아루
Tanjung Aru

사바
Sabah

라부안섬
Pulau Labuan

미리 브루나이
Miri   Brunei

두눈 밸리
Dunun Valley

셈포르나
Semporna

람비르힐스 국립 공원
Lambir Hills National Park

타와우
Tawau

마루디
Marudi

시파단섬
Pulau Sipadan

니아 국립 공원
Niah National Park

구눙물루 국립 공원
Gunung Mulu National Park

마불섬
Pulau Mabul

빈툴루
Bintulu

사라왁
Sarawak

시부
Sibu

술라웨시해
Sulawesi Sea

G

말레이시아
Malaysia

H

다마이
Damai

바코 국립 공원
Bako National Park

이란 산맥 Iran Mountains

세마탄
Sematan

쿠칭
Kuching

상쿨리랑
Sangkulirang

세리안
Serian

보르네오섬
Borneo

칼리만탄
Kalimantan

난가피노
Nangahpinoh

사마린다
Samarinda

텔룩바탕
Telukbatang

발릭파판
Balikpapan

케타팡
Ketapang

켄다왕간
Kendawangan

팡칼란분
Pangkalanbun

반자르마신
Banjarmasin

마르타푸라
Martapura

K

라웃섬
Pulau Laut

L

마카사르 해협
Strait of Makassar

자바해
Java Sea

15

Best of Malaysia

베스트 오브
말레이시아

말레이시아 여행의 하이라이트

말레이시아는 도심 곳곳에 현대식 건물들이 하늘을 찌를 듯 높이 솟아 있고 도시를 벗어나 한 걸음 더 나아가면 때 묻지 않은 원시의 자연이 펼쳐진다. 말레이, 중국, 인도에서 비롯된 다문화 사회의 공존과 조화는 아시아의 축소판을 보는 듯하다. 동남아시아에서 가장 다채로운 풍경을 지닌 말레이시아로 여행을 떠나자.

지상으로 달리는 모노레일

모노레일은 편리한 교통수단이자 호기심을 자극하는 즐길 거리로 쇼핑 일번가인 부킷 빈탕역과 베르자야 타임스 스퀘어가 있는 임비역 등을 통과한다.

페트로나스 트윈 타워

말레이시아의 상징인 페트로나스 트윈 타워는 밤이 되면 눈부신 아름다움이 더해져 쿠알라룸푸르의 가장 밝은 별이 된다. 86층에는 시내를 한눈에 조망할 수 있는 전망대가 있다.

화려한 힌두교 성지, 바투 동굴

곰박 지역에 위치한 바투 동굴은 세계적
으로 유명한 종유석 동굴로, 거대한 무
루간 입상과 화려하게 꾸며진 속죄의 계
단이 이어지는 힌두교의 성지다.

말레이시아의 역사가
녹아 있는 메르데카 광장

말레이시아의 독립을 선언했던
메르데카 광장 주변에는 100년
이 훌쩍 넘은 역사적인 건축물
들이 즐비하다. 주말이나 공휴
일 밤에는 차량이 통제되고 조
명도 멋지게 켜져 야경 명소로
변신한다.

완벽한 계획 도시,
푸트라자야

말레이시아의 행정 수도인 푸트
라자야는 현대적인 건축물들이
승부를 겨루는 경연장이다. 드
넓은 호수와 녹음, 경이로운 건
축미를 뽐내는 건물들이 조화를
이뤄 인공 도시의 매력을 발산
하고 있다.

아름다운 이슬람 사원

이슬람 사원은 종교를 넘어 말레이시아의 건축미를 대변해준다. 샤 알람의 블루 모스크, 코타키나발루의 플로팅 모스크, 푸트라자야의 핑크 모스크는 말레이시아에서 가장 아름다운 사원으로 손꼽힌다.

관광객을 위한 시티투어 버스

주요 명소를 편리하게 돌아볼 수 있는 KL 홉온 홉오프 시티투어 버스는 쿠알라룸푸르와 페낭 두 지역에서 운행 중이다. 원하는 곳에 내려서 관광을 즐기고 다음 버스 시간에 맞춰 다시 탈 수 있다.

홍등이 빛나는 차이나타운

구경거리와 먹거리가 넘쳐나는 차이나타운은 특유의 활기찬 분위기를 경험할 수 있으며 저녁 무렵부터는 야시장이 들어서 몰려드는 인파로 시끌벅적해진다.

빛의 축제, 디파발리

디파발리(Deepavali)는 힌두교의 신년 축제로 선한 신이 빛으로 악을 물리친다는 전설이 있어 집 앞에 등잔불을 밝히고 가짜 돈을 태우며 복을 기원한다. 거리는 축제 분위기로 물들며 가족과 이웃 간에 맛있는 음식을 나눠 먹기도 한다.

동심의 세계, 레고랜드

아시아 최초의 레고랜드로 다채로운 어트랙션과 형형색색의 레고 브릭이 가득하다. 특히 1:20의 스케일로 정교하게 만든 페트로나스 트윈 타워, 타지마할, 앙코르와트 등의 랜드마크는 감탄이 절로 나온다.

동남아시아 최대 규모의 켁록시 사원

동남아시아에서 가장 큰 불교 사원으로 페낭 여행의 하이라이트다. 사원을 대표하는 7층 파고다에는 1만 개의 불상이 놓여 있고, 대웅전 위쪽에 있는 청동 관음보살상은 그 웅장함으로 보는 사람을 압도한다.

조지타운의 위대한 유산, 쿠 콩시 사원

과거 중국에서 건너온 쿠씨 일가의 가족 사원으로 조지타운의 빛나는 보석이라 불릴 만큼 아름답다. 금색과 붉은색이 조화를 이룬 사원에는 중국을 상징하는 다양한 문양이 화려하게 조각되어 있어 감탄을 자아낸다.

화려한 태국식 사원인 왓 차야망칼라람 사원

태국 양식의 불교 사원으로 페낭의 버마 거리를 대표하는 관광 명소. 화려한 색채를 뽐내는 조형물들이 가득하며 본당에는 세계에서 세 번째로 큰 금박 열반불이 모셔져 있다.

과거로의 시간 여행, 조지타운

500년 이상의 세월을 견뎌온 식민지 시대의
건축물들에서는 동남아시아 어디에서도 찾아
볼 수 없는 정교함과 고전적인 건축미를 느낄
수 있어 과거로의 시간 여행을 떠날 수 있다.

정감 있는 트라이쇼

베카(Beca)라고도 불리는 삼륜 자전거로 믈라카나
페낭에 가면 쉽게 볼 수 있다. 꽃과 조명을 이리저리
둘러 화려하게 치장한 정감이 가는 이동 수단이다.

페라나칸 문화의 중심,
뇨냐 음식

뇨냐 음식은 페라나칸 음식으로
도 통하는데 중국과 말레이의
식재료와 조리법을 이용해 탄생
한 요리를 말한다. 말레이시아
특유의 음식 스타일로 페낭과
믈라카 지역이 유명하다.

낭만이 있는 믈라카강 변

믈라카강을 오가는 리버 크루즈와 알록달록한 벽화로 치장된 숍하우스는 믈라카만의 매력이다. 관광객들이 오가는 분주한 하루가 저물면 은은한 조명과 허름한 의자, 간이 테이블이 놓이며 강변에 낭만이 찾아온다.

하늘 위를 달리는 아찔한 스카이캡

랑카위 여행의 백미로 케이블카를 타고 정상에 오르면 랑카위섬의 아름다운 경치는 물론 멀리 태국의 섬들까지 한눈에 들어와 가슴 속까지 뻥 뚫리는 시원함을 느낄 수 있다.

존커 워크 야시장

주말이면 2km 남짓한 믈라카의 존커 스트리트는 매력적인 야시장으로 변신한다. 오후 무렵부터 자정까지 이어지며 빼곡하게 늘어서는 좌판에서 쇼핑을 하거나 길거리 음식을 맛보며 소소한 재미를 느껴보자.

리조트에서 여유 즐기기

열대의 자연 속에서 달콤한 휴양을 꿈꾼다면 랑카위섬이나 페낭의 바투 페링기, 코타키나발루로의 여행을 추천한다. 아름다운 바다와 마주하고 있는 이국적인 리조트에서 나를 위한 시간을 즐겨보자.

원주민 문화 체험, 컬처럴 빌리지

다양한 소수 민족과 토착 부족들이 남아 있는 동말레이시아에는 컬처럴 빌리지가 조성돼 있다. 특히 사라왁 컬처럴 빌리지는 원주민들의 생활상을 엿볼 수 있는 전통 가옥이 완벽하게 보존돼 있고, 즐거운 전통 공연도 이루어진다.

말레이시아에서 즐기는 아날로그 여행, 북보르네오 열차

하늘 높이 희뿌연 연기를 뿜어내고 출발을 알리는 기적이 울리면 낭만적인 기차 여행이 시작된다. 창밖으로 펼쳐지는 열대 우림과 해안선의 풍경을 감상하고 찬합 도시락을 먹으며 아날로그 여행을 즐겨보자.

코타키나발루의 드라마틱한 선셋

세계 3대 선셋으로 꼽히는 코타키나발루의 선셋. 푸른 바다 위로 주홍빛 노을이 물들기 시작하면 그림 같은 풍경이 펼쳐진다. 탄중 아루 해변을 따라 늘어선 비치 바에서 칵테일을 마시며 로맨틱한 일몰을 감상해보자.

유네스코 세계문화유산인 믈라카와 조지타운

믈라카와 조지타운의 매력은 다양한 문화의 조화에서 비롯된다. 믈라카가 네덜란드와 포르투갈의 색에 중국과 인도의 색을 더했다면, 조지타운은 영국의 색이 짙게 배어 있다. 말레이시아를 대표하는 두 도시로 문화 산책을 떠나보자.

믈라카 Melaka

500년 이상 동서 교역의 요충지로 번영을 누린 믈라카는 아시아와 유럽의 문화를 모두 품은 독특한 도시 경관을 간직하고 있다. 16~17세기에는 포르투갈과 네덜란드, 18세기 말부터는 영국의 지배를 받으면서 지금의 정부 건물이나 교회, 광장 등 대부분의 건축물이 지어졌다. 또한 중국과 인도에서 온 이주민들이 모여 살면서 자연스레 다문화 거리를 형성한 곳이 지금의 하모니 스트리트이다. 중국, 말레이, 인디아 사원을 한 골목 안에서 모두 만나볼 수 있으며, 중국과 말레이의 문화가 혼합된 페라나칸이라는 독특한 문화를 엿볼 수 있다.

Pick

스트레이츠 차이니스 주얼리 박물관
MAP p.264-E
찾아가기 네덜란드 광장에서 도보 약 8분
운영 09:30~17:00(금~일요일 18:00까지)
*13:00~14:00 점심시간 입장 불가 ※임시 휴업
요금 어른 RM15, 어린이 RM10(가이드 투어 포함)

바바 & 뇨냐 헤리티지 박물관
MAP p.264-F
찾아가기 네덜란드 광장에서 도보 약 7분
운영 10:00~17:00(금~일요일 18:00까지)
*13:00~14:00 점심시간 입장 불가
요금 어른 RM18, 어린이 RM13(가이드 투어 RM25)

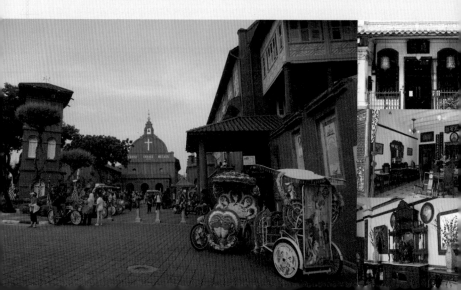

조지타운 Georgetown

페낭의 조지타운은 18세기 후반 영국 식민지 시대에 지어진 역사적 건축물과 오랜 세월 여러 민족이 모여 살면서 남긴 문화유산들이 잘 간직되어 있다. 영국의 향기가 느껴지는 고풍스러운 교회, 시계탑 등의 서양식 건물, 골목을 따라 다닥다닥 붙어 있는 숍하우스, 중국계 이주민들의 치열했던 과거를 엿볼 수 있는 박물관, 가족 사원 등이 거리 곳곳에 자리를 잡았다. 동서양의 종교, 문화, 건축 양식 등이 절묘하게 조화를 이루어 마을을 형성하고 있다.

특히 페낭에서 가장 아름답고 우아한 가족 사원으로 손꼽히는 쿠 콩시 사원과 청팻쯔 맨션에 주목하자. 쿠 콩시 사원은 금박의 화려한 장식과 정교한 조각들이 고스란히 보존되어 있어 중국인들의 예술적인 감각을 엿볼 수 있다.

라이트 거리에 자리한 청팻쯔 맨션은 하카족 출신의 부호였던 청팻쯔가 살던 저택으로, 당시의 호화스러운 생활 양식과 다양한 소품들을 구경할 수 있다.

Pick

쿠 콩시 사원
MAP p.368-H
찾아가기 퀸 빅토리아 시계탑에서 도보 약 15분
운영 09:00~17:00 휴무 연중무휴
요금 어른 RM15, 어린이(6~12세) RM1

청팻쯔 맨션
MAP p.368-H
찾아가기 퀸 빅토리아 시계탑에서 도보 약 15분
운영 09:00~17:00(입장 가능 시간 월~금요일 11:00, 14:00, 15:30, 토~일요일 11:00, 14:00)
휴무 금요일
요금 어른 RM25, 어린이 RM12.50

말레이시아
이색 테마 여행

말레이시아는 지역마다 특색 있는 자연환경을
갖추고 있어 다채로운 야외 활동이 가능하다.
푸른 바다에서 해양 스포츠를 즐기거나 천혜의
자연 속에서 트레킹을 즐기는 등, 몸으로 직접
부딪치며 말레이시아의 매력을 제대로
느껴보자.

자연 여행 Nature Trip

때 묻지 않은 원시의 자연을 즐길 수 있는 에코
투어로 도심에서 벗어난 외곽 지역에 주로 포진
해 있다. 반나절 또는 하루 일정으로 다녀올 수
있는 다양한 투어 프로그램이 있으므로 적극 활
용하자.

▶▶ 세멘고 와일드라이프 센터 p.487, 맹그로브 투어 p.324,
반딧불이 투어 p.79

ⓒ 말레이시아 관광청

섬 여행 Island Trip

말레이시아에는 크고 작은 섬들이 있다. 그
중 서말레이시아의 랑카위섬과 동말레이시
아의 코타키나발루에는 아름다운 섬들이 흩
어져 있어 섬 여행을 떠나기 좋다. 시원하
게 내달리는 보트를 타고 섬으로 떠나보자.

▶▶ 툰쿠 압둘 라만 해양 공원 p.432, 만타나니섬
p.434, 코랄 아일랜드 투어 p.325, 아일랜드 호핑 투어
p.325, 크루즈 여행 p.103

역사 여행 Heritage Trip

영국, 포르투갈, 네덜란드 등 서구 열강의 지배를
받은 말레이시아에는 식민지 시절에 지어진 역사
적 건축물들이 많이 남아 있다. 그중 대표적인 곳
이 믈라카와 페낭의 조지타운으로 천천히 둘러보
면서 산책을 즐기기에 제격이다.

▶▶ 페낭 p.376, 믈라카 p.268, 이포 p.242

열차 여행 Railway Trip

말레이시아에서는 색다른 열차 여행이 가능하다. 코타키나발루의 북보르네오 열차는 이국적인 풍경과 과거로의 시간 여행을 즐길 수 있는 낭만적인 투어다. 싱가포르에서 말레이시아, 태국을 연결하는 이스턴 & 오리엔탈 익스프레스 열차는 2박 3일간 럭셔리한 여행을 즐길 수 있어 잊지 못할 추억을 선사할 것이다.

▶▶ 북보르네오 열차 p.438, 이스턴 & 오리엔탈 익스프레스 p.30

산악 여행 Mountain Trip

세계 4대 명산으로 손꼽히는 키나발루산을 비롯해 말레이시아에는 독특한 자연 경관과 생태계를 볼 수 있는 산들이 많이 있다. 서말레이시아의 산들은 가벼운 트레킹이 가능하지만 동말레이시아의 산들은 험준하고 높아서 전문 등반가 수준의 스킬이 필요한 곳도 있다. 자신의 레벨에 맞는 산을 찾아 등산을 즐겨보자.

▶▶ 키나발루 국립 공원 p.437, 바코 국립 공원 p.520

문화 여행 Cultural Trip

말레이시아는 다양한 문화가 공존하면서도 고유의 문화를 잘 간직하고 있다. 사라왁주와 사바주에는 토착 원주민들의 생활상과 문화를 살펴볼 수 있는 컬처럴 빌리지가 조성되어 있어 진짜 말레이시아의 모습을 발견할 수 있다.

▶▶ 사라왁 컬처럴 빌리지 p.484, 마리 마리 컬처럴 빌리지 p.436, 몬소피아드 컬처럴 빌리지 p.436

달리는 특급 호텔 이스턴 & 오리엔탈 익스프레스

좀 더 우아하고 특별한 열차 여행을 꿈꾼다면 이스턴 & 오리엔탈 익스프레스(Eastern & Oriental Express) 열차에 몸을 실어보자. 특급 호텔 부럽지 않은 럭셔리한 분위기에서 파인다이닝을 즐길 수 있고 대자연의 아름다움이 펼쳐지는 가운데 말레이시아에서 최고의 명장면들을 만나게 될 것이다.

말레이반도를 종단하는 낭만적인 기차 여행

이스턴 & 오리엔탈 익스프레스는 유럽의 오랜 역사와 전통을 자랑하는 오리엔탈 익스프레스의 아시아 버전이다. 싱가포르-말레이시아-태국을 연결하는 호화 열차로 말레이반도의 아름다운 풍광 속을 달린다. 열차 내부는 동남아시아산 최고급 원목을 사용해 수작업으로 만든 가구와 럭셔리한 소품으로 꾸며져 있다. 또한 세계 각국에서 인정받은 특급 셰프들이 만든 요리가 제공된다. 식후에는 카페 전용 칸이나 전망 칸에서 칵테일을 즐기며 로맨틱한 시간을 만끽할 수 있다.

2박 3일간의 잊지 못할 여정

오후 3시 싱가포르역을 출발해 고급 식당 칸에서 저녁을 먹고 아름다운 음악이 흘러나오는 바에서 칵테일을 마시며 휴식을 즐긴다. 저녁 무렵 말레이시아 국경을 넘어 이른 아침에 쿠알라 캉사르(Kuala Kangsar)에 도착한다. 아침 식사 후 쿠알라 캉사르 주변의 로열 뮤지엄, 우부디아 모스크 등을 둘러보고 10시 15분에 태국으로 이동한다. 마지막 날에는 영화 〈콰이강의 다리〉로 유명한 콰이강에서 시간을 보내고 16시 45분에 태국 중앙역에 도착하는 것으로 일정이 마무리된다.

이 외에도 페낭이 포함된 3박 4일 일정과 싱가포르, 쿠알라룸푸르, 이포, 페낭, 태국의 후아이 양(Huai Yang)을 둘러보는 6박 7일 코스도 있다. 요금은 일정과 객실 타입에 따라 다르다.

예약 및 문의처

이스턴 & 오리엔탈 익스프레스 트레인 & 크루즈
Eastern & Oriental Express Trains & Cruises
전화 65-6395-0678
요금 싱가포르-말레이시아(쿠알라룸푸르)-태국(방콕)
2박 3일, 1인 US$2,400부터
홈페이지 www.belmond.com

골퍼들의 천국 인기 골프장

말레이시아 전역에 자리하고 있는 골프장은 무려 200여 개. 지역의 자연환경을 살려 설계한 최상의 골프 코스와 저렴한 요금 덕분에 골프 여행지로 많은 사랑을 받고 있다. 여기서는 그중에서도 인기 높은 말레이시아의 대표 클럽들을 소개한다.

쿠알라룸푸르 골프 & 컨트리 클럽
Kuala Lumpur Golf & Country Club

쿠알라룸푸르 근교에 위치한 36홀 코스로 1997년 개장 이후 2008년 테드 파슬로우가 리노베이션을 했다. 이후 말레이시아를 대표하는 골프 코스로 각종 국제 대회가 열리고 있다. 메이뱅크 말레이시안 오픈과 사임다비 LPGA를 개최하여 국내 골퍼들이 우승컵을 거머쥔 곳이기도 하다.

찾아가기 쿠알라룸푸르에서 차로 약 25분
홈페이지 www.klgcc.com
코스 정보 웨스트 코스 파 72, 6,397m, 이스트 코스 파 71, 6,071m

글렌메리 골프 & 컨트리 클럽
Glenmarie Golf & Country Club

셀랑고르주의 샤 알람에 위치한 36홀 코스로 여성과 아마추어 골퍼도 편안하게 라운딩을 즐길 수 있다. 가든 코스(Garden Course)와 밸리 코스(Valley Course)로 나뉘며 가든 코스는 여행자들에게 특히 인기 있다. 회원제로 운영되지만 클럽 내 호텔 투숙객은 이용이 가능하고 요금도 저렴한 편이다. 프로 숍에서 골프 세트와 신발을 대여할 수 있다.

찾아가기 쿠알라룸푸르에서 차로 약 45분
홈페이지 www.glenmarie.com.my
코스 정보 가든 코스 파 72, 6,404m, 밸리 코스 파 72, 6,412m

사우자나 골프 & 컨트리 클럽
Saujana Golf & Country Club

셀랑고르주의 샤 알람에 위치해 있으며 팜 코스(Palm Course)와 붕가 라야 코스(Bunga Raya Course)로 나뉘어 있다. 팜 코스는 아시아 베스트 챔피언십 코스로 말레이시안 오픈

경기를 포함한 메이저 골프 대회가 열린다. '더 코브라'라는 닉네임으로도 유명한데 길고 험난한 코스가 특징이다. 좁은 페어웨이와 두꺼운 러프는 프로 골퍼들도 어려움을 겪는다. 그린이 상당히 빨라 초보 골퍼보다는 어느 정도 수준에 오른 골퍼들에게 제격이다.

찾아가기 쿠알라룸푸르에서 차로 약 50분
홈페이지 www.saujanagolf.com.my
코스 정보 파 72, 6,992m

수트라하버 골프 & 컨트리 클럽
Sutera Harbour Golf & Country Club
▶ p.465

코타키나발루를 대표하는 클럽으로 남녀노소 누구나 즐길 수 있다. 그라함 마시가 디자인한 27홀 코스로 호수, 가든, 헤리티지 3개의 코스로 구성되어 있다. 야간에도 라운딩을 할 수 있도록 조명이 마련되어 있고 41개의 드라이빙 라운지와 퍼팅 연습장, 프로숍, 미팅룸, 사우나 등의 부대시설도 충실히 갖추고 있다.

찾아가기 코타키나발루 공항에서 차로 약 10분
홈페이지 www.suteraharbour.co.kr
코스 정보 가든 코스 파 36, 3,176m, 헤리티지 코스 파 36, 3,176m, 레이크 코스 파 36, 3,140m

더 이엘에스 클럽
The ELS Club ▶ p.326

랑카위섬 북서쪽에 위치한 18홀 챔피언십 코스로 말레이시아에서 가장 아름다운 골프 코스로 선정된 바 있다. 마칭찬 산과 울창한 숲으로 둘러싸여 있고 눈앞에 푸른 바다가 펼쳐져 뛰어난 경관을 자랑한다. 천연 해저드가 있으며 벙커가 없는 것이 특징이다. 2014년 월드 베스트 뉴 골프 코스상을 수상했다.

찾아가기 랑카위 공항에서 차로 약 40분
홈페이지 www.elsclubmalaysia.com
코스 정보 파 72, 6,172m

넥서스 골프 리조트 카람부나이
Nexus Golf Resort Karambunai

코타키나발루의 대자연 속에 자리하고 있으며 2007~2008년 베스트 골프 리조트에 오를 만큼 명성이 자자하다. 로날드 프림이 설계한 골프 코스로 페어웨이는 호수와 카람부나이 해변, 키나발루산을 바라보며 즐길 수 있는 열대 우림 속에 자리하고 있다. 클럽하우스와 버기, 퍼팅 연습 시설을 갖추고 있으며 초보 골퍼들도 무난하게 즐길 수 있다.

찾아가기 코타키나발루 공항에서 차로 약 50분
홈페이지 www.nexusresort.com
코스 정보 파 72, 5,173m

최고급
호텔 & 리조트

말레이시아는 지역별로 숙소들의 특성도
다르다. 쿠알라룸푸르는 호텔의 격전지라 부를
만큼 최고급 호텔들이 가득하고, 믈라카와
페낭은 역사를 간직한 부티크 호텔들이
강세다. 한편 바다를 접하고 있는 랑카위,
바투 페링기, 코타키나발루는 풍부한
부대시설과 멋진 경치를 자랑하는
이국적인 리조트들이 인기다.

마제스틱 호텔 Majestic Hotel ▶ p.194

쿠알라룸푸르에서 가장 격조 높은 호텔 중 하
나. 고풍스러운 건물로 전 세계 셀러브리티들
이 즐겨 찾는다. 투숙객을 위해 버틀러 서비스
와 정통 애프터눈 티, 스파, 다이닝, 무료 셔틀
버스 등의 완벽한 서비스를 제공한다.

그랜드 하얏트 쿠알라룸푸르
Grand Hyatt Kuala Lumpur ▶ p.196

우아하면서도 현대적인 감각으로 무장한 세계
적인 수준의 특급 호텔. 객실의 규모는 쿠알라
룸푸르의 호텔 중에서 가장 크다. 스카이 로비
라 불리는 호텔 로비는 37층에 있으며 타워 뷰
객실에서는 페트로나스 트윈 타워를 완벽하게
조망할 수 있다.

카사 델 마르 Casa Del Mar ▶ p.359

지중해 스타일의 이국적인 비치 프런트 리조트
로 랑카위 최고의 해변으로 손꼽히는 판타이 체
낭을 마주하고 있다. 바다와 야자수가 인상적
인 야외 수영장과 다이닝 레스토랑, 스파 등의
시설을 갖추고 있다. 독립형 객실 구조라 집처
럼 아늑하고 편안한 분위기를 느낄 수 있다.

이스턴 & 오리엔탈 호텔
Eastern & Oriental Hotel ▶ p.416

1885년에 문을 연 유서 깊은 호텔로 콜로니얼 풍 분위기와 호화스러움이 넘쳐나며 헤르만 헤세, 찰리 채플린 등이 사랑했던 곳으로 유명하다. 페낭 지역에서 손꼽히는 다이닝 레스토랑과 카페, 스파 등의 부대시설을 갖추고 있다.

수트라하버 리조트
Sutera Harbour Resort ▶ p.464

코타키나발루를 대표하는 고품격 휴양 단지로, 퍼시픽 수트라 호텔과 마젤란 수트라 리조트, 마리나, 골프 코스 등이 자리하고 있다. 다채로운 서비스를 이용할 수 있어 가족 여행자들에게 인기가 높다.

샹그릴라 라사 사양 리조트
Shangli–La's Rasa Sayang Resort ▶ p.413

바투 페링기 해변에 위치한 최고급 리조트로 전용 해변과 고품격 다이닝 레스토랑, 수영장, 스파 등의 부대시설을 갖추고 있다. 트로피컬 향이 물씬 풍기는 가든에 누워 시간을 보내거나 하얀 백사장의 해변에서 자유를 만끽할 수 있다는 점이 매력이다.

가야 아일랜드 리조트
Gaya Island Resort ▶ p.466

툰쿠 압둘 라만 해양 공원에 속한 가야섬에 있는 리조트로 허니문 여행자들이 선호한다. 바다를 마주하고 있는 야외 수영장과 해산물 레스토랑, 에코 투어, 전용 해변에서의 피크닉 등 특별한 서비스를 경험할 수 있다.

럭셔리 스파

여행의 피로를 풀거나 지친 피부에 활기를
불어넣기엔 스파나 마사지만 한 것이 없다.
거리에 있는 저렴한 마사지 숍을 이용해도
좋지만, 고급 호텔이나 전문 스파 숍을 찾아
최상급 서비스를 받으며 호사를 누려보자.

치, 더 스파
Chi, The Spa ▶ p.412

샹그릴라 리조트에서 운영하는 스파 브랜드로
세계적인 수준을 자랑한다. 고급스러운 인테리
어와 감미로운 음악이 흐르는 가운데 몸과 마음
을 정화시켜준다. 트리트먼트룸은 전용 가든과
야외 샤워시설 등을 갖춘 독립 빌라로 구성되어
있다.

스파 빌리지
Spa Village ▶ p.458

고급 스파 브랜드로 전통 말레이 트리트먼트를
비롯해 커플 스파와 아로마, 스웨디시, 발리니
스 마사지 등의 프로그램을 운영하고 있다. 가
야 아일랜드 리조트의 독립적인 스파 동에서 프
라이빗한 스파를 경험할 수 있다.

Tip 스파 요법

- 말레이 우룻(Malay Urut): 전통 말레이 마사지로
  지압점을 자극해 근육의 이완과 수축에 도움을 주며
  긴장과 피로를 풀어주는 데 탁월한 효과가 있다.
- 타이(Thai): 불교와 힌두교에서 영향을 받아 시작되
  었으며 근육을 이완시키고 다양한 방법으로 신체에
  스트레칭과 압력을 가한다. 신진대사를 원활하게 해
  주고 피로 회복에 좋다.
- 발리니스(Balinese): 부드러운 방식의 마사지로 오
  일을 이용해 혈액순환과 피로 회복, 근육 이완에 목
  적을 두고 있다. 웰빙 마사지로도 알려져 있으며 피
  부 미용에도 효과가 있다.
- 스웨디시(Swedish): 클래식 마사지라고도 불리며
  신체를 지압하고 두드리는 방식으로 근육을 이완시
  켜 편안함을 느낄 수 있다.

헤븐리 스파
Heavenly Spa ▶ p.356

웨스틴 리조트에서 운영하는 스파 브랜드로 아로마 오일을 이용한 마사지와 스크럽이 유명하다. 특히 랑카위 웨스틴 리조트의 헤븐리 스파는 바다를 마주하고 있고 스파 자쿠지와 터키식 하맘(hamam, 목욕탕) 시설도 갖추고 있어 인기가 높다.

더 리프 스파
The Leaf Spa ▶ p.343

프라이빗한 분위기에서 숙련된 테라피스트의 스킬로 만족도 높은 서비스를 받을 수 있다. 말레이 전통 마사지와 아로마 테라피로 여행의 피로를 풀어준다.

말레이시아 대표 요리

다양한 문화의 집합소답게 말레이시아뿐만 아니라 중국, 인도, 유럽 등의 영향을 받은 전통 요리들을 즐길 수 있다. 지역에 따라 맛과 요리 스타일이 다르고 개성 넘치는 음식들이 가득하므로 취향대로 즐겨보자.

나시 르막 Nasi Lemak

코코넛밀크를 넣어 지은 밥에 멸치, 삶은 달걀, 생선 등을 곁들여 한 접시에 담아내는 요리로 말레이시아 사람들이 아침 식사로 가장 즐겨 먹는다.

나시 고렝 Nasi Goreng

각종 채소와 해산물, 고기 등을 넣고 볶은 밥으로 길거리 식당이나 호텔 조식 등에서 흔히 볼 수 있다. 우리나라의 볶음밥과 비슷해 거부감 없이 먹기 좋다.

미고렝 Mie Goreng

미(Mie)는 국수, 고렝(Goreng)은 볶는다는 뜻으로 볶음국수라고 생각하면 된다. 라면 같은 국수에 채소와 닭고기 등을 넣고 짭조름하게 볶아낸다.

사테 Satay

쇠고기, 닭고기 등 다양한 재료를 꼬치에 끼워 화로에 구워낸 꼬치구이로 말레이시아에서 가장 쉽게 접할 수 있는 요리 중 하나다. 특히 닭 날개를 많이 구워 먹는 편이다.

나시 짬뿌르 Nasi Campur
큰 접시에 원하는 반찬을 골라 담아 밥과 함께 먹을 수 있는 말레이시아의 독특한 음식 문화다. 우리나라의 한식 뷔페와 비슷하다고 생각하면 된다.

차퀘이테오 Char Kway Teow
쌀국수를 센 불에 볶아낸 것으로 채소와 새우 등을 함께 넣고 볶는다. 불맛과 짭조름한 맛이 한국인 입맛에도 잘 맞는다.

삼발 투미스 Sambal Tumis
매콤한 삼발 소스와 기름을 넣고 볶아낸 요리를 말한다. 주로 채소나 새우를 넣고 볶는 요리가 많다. 반찬으로 먹기에 적당하다.

하이난 치킨라이스 Hainan Chicken Rice
닭 육수를 넣어 지은 밥에 삶은 닭고기를 올린 간단한 구성의 요리. 밥맛이 고소하고 닭고기도 부드러워 남녀노소 좋아한다.

부부르 아얌 Bubur Ayam
우리나라의 닭죽과 비슷하며 죽 위에 파, 튀긴 마늘, 닭고기 등을 올린다. 담백하면서도 영양가가 높으며 한 끼 식사로 든든하다.

바쿠테 Bak Kut Teh

돼지갈비를 한약재, 버섯 등을 넣고 푹 우려낸 수프로
우리나라의 갈비탕과 비슷하다. 현지인들에게 보양식으
로 통하며 고슬고슬한 밥과 함께 먹는다.

스팀보트 Steamboat

샤부샤부와 비슷한 요리로 신선로처럼 생긴 냄비에 육수
를 담고 고기, 생선, 완자, 채소 등을 넣어 끓여 먹는다.

완탄미 Wantan Mee

중국식 국수 요리로 완탄(만두)을 넣어 더 푸짐한 느낌이
든다. 볶음국수처럼 국물이 없는 스타일과 국물이 있는
스타일로 나뉜다.

캉콩 Kangkong

영어로 모닝 글로리(Morning Glory)라 부르는 공심채
요리로 팬에 기름을 넣고 볶아낸다. 주로 간장 소스와 마
늘을 넣고 요리하며 밥반찬으로 좋다.

클레이포트 치킨라이스 Claypot Chicken Rice

뚝배기처럼 생긴 그릇에 닭고기를 넣고 익혀낸 요리로 밥에
비벼 먹으면 된다.

호켄미 Hokkien Mee

국수에 짭조름한 소스를 넣고 센 불에 볶아낸 요리로 짜장면과 비슷하다고 보면 된다. 같은 이름이지만 페낭 지역에서는 국물이 있는 전혀 다른 면 요리로 통한다.

뇨냐 락사 Nyonya Laksa

대표적인 뇨냐 요리로 진한 커리 국물에 우동처럼 두툼한 국수를 넣고 끓여낸 것이다. 향신료와 채소 등을 듬뿍 넣어서 풍미도 독특하고 국물도 걸쭉하다.

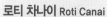

파이티 Pie Tee

밀가루로 만든 귀여운 컵 모양의 반죽을 튀겨낸 후 채소, 생선 등을 채운 요리로 함께 나오는 칠리소스에 찍어 먹는다. 애피타이저로 즐겨 먹으며 톱햇(Top Hat)이라고도 한다.

로티 차나이 Roti Canai

밀가루 반죽을 얇게 펴서 팬에 구워낸 요리로 인도 스타일의 팬케이크라고 생각하면 쉽다. 묽은 커리에 찍어서 먹으며 아침 식사나 간식으로 즐겨 먹는다.

피시 헤드 커리 Fish Head Curry

생선 머리가 통째로 들어가는 요리로 커리에 코코넛 밀크, 채소 등을 넣어 푹 끓여낸다. 독특한 풍미를 즐길 수 있는 별미 요리다.

꼭 먹어봐야 할 열대 과일

말레이시아에서는 1년 내내 다양한 열대 과일을 맛볼 수 있다.
시장이나 슈퍼마켓에 가면 싱싱한 열대 과일들이 가득하고 가격도 저렴하다.
그동안 쉽게 맛보지 못한 과일들을 이번 기회에 모조리 먹어보자.

망고스틴 Mangosteen

망고와 함께 가장 인기 있는 과일로 자주색의 두꺼운 껍질을 벗겨내면 새하얀 과육이 나온다. 손으로 힘을 주어 양쪽으로 나누면 쉽게 먹을 수 있으며 달콤하고 맛이 좋다.

망고 Mango

한국인들에게 가장 인기 있는 열대 과일 중 하나로 가격이 저렴하고 슈퍼마켓에서 쉽게 살 수 있다. 노란색과 초록색이 일반적이며 시원한 주스로도 많이 판매한다.

구아바 Guava

과일로도 인기 있지만 열을 내려주는 효과가 크다. 사과처럼 상큼하고 분홍빛을 띠는 구아바도 있다. 잼이나 주스로 즐겨 먹으며 슈퍼마켓에서 구입할 수 있다.

파파야 Papaya

주황빛이 도는 과일로 멜론과도 비슷한 부드러운 맛이 난다. 특유의 향이 진한 편이며 주스로도 많이 먹는다. 호텔 조식당에서 쉽게 볼 수 있다.

드래곤 프루트 Dragon Fruit

영어로는 피타야(Pitaya)라고 부르고 우리말로는 용과라고도 한다. 핑크색의 두꺼운 껍질을 벗겨내면 하얀 과육에 작은 씨가 가득 박혀 있다. 수분이 많고 상큼한 맛이 특징이다.

코코넛 Coconut

쉽게 볼 수 있는 열대 과일로 보통 시원한 주스로 많이 마신다. 과일 안쪽의 과육은 디저트나 요리 등에도 많이 첨가해서 먹는다.

두리안 Durian

과일의 왕이라고도 불리는 두리안은 특유의 냄새 때문에 호불호가 갈리기도 한다. 뾰족한 껍질을 벗겨내면 부드러운 속살이 나오며 열량과 영양가가 높다.

스타 프루트 Star Fruit

가로로 자르면 단면이 별 모양이어서 스타 프루트라고 부른다. 사과와 약간 비슷한 맛으로 단맛이 살짝 나면서 아삭아삭 씹는 맛이 좋다.

패션 프루트 Fashion Fruit

겉모습은 귤처럼 생겼는데 껍질 안쪽은 개구리 알들이 뭉쳐 있는 것처럼 독특한 모습을 하고 있다. 껍질을 벗기고 남은 과육을 통째로 먹는데 상큼한 맛이 일품이다.

람부탄 Rambutan

빨간 껍질에 털이 나 있는 모양으로 내용물은 달콤하고 부드럽다. 중앙에 있는 씨를 빼고 과육만 먹으면 된다.

달콤한 디저트와
시원한 음료

무더운 날씨와 높은 습도는 시원한 음료나 달콤한 디저트를 부르기 마련이다.
언제 어디서든 더위를 날려버릴 차가운 음료와 달달한 먹거리들을
저렴한 가격에 맛볼 수 있으므로 고민하지 말고 도전해보자.

아이스 카창 Ice Kacang

망고나 두리안 등의 과일과 달콤한 시럽, 젤리, 팥 등의 토핑
을 듬뿍 올려서 먹는 디저트로 우리나라의 빙수와 비슷하다.

첸돌 Cendol

곱게 간 얼음에 코코넛밀크, 시럽, 면처럼 생긴 초록
색 첸돌을 곁들인 일종의 빙수다. 토핑에 따라 다양한
종류가 있다.

두리안 아이스크림 Durian Ice Cream

두리안을 넣은 아이스크림은 말레이시아 사람
들이 즐겨 먹는 디저트다. 두리안 특유의 독
특한 풍미가 있다.

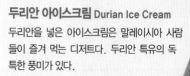

과일 첸돌 Cendol Fruits

기존 첸돌에 과일을 올린 것으
로 과일 빙수와 비슷하다. 망
고, 리치, 패션 프루트, 두리
안 등 다양한 열대 과일을 토핑
으로 올려 먹을 수 있다.

첸돌 아이스크림
Cendol Ice Cream

맥도날드에서 선보인 아이스크림
으로 첸돌 맛이 난다.

쿠이 Kuih

코코넛을 이용해 만드는 디저트로 우리의 떡과 비슷하다. 색깔이 다양하며 맛은 깜짝 놀랄 만큼 달다.

커리 퍼프 Curry Puff

커리와 채소, 고기 등을 속에 넣고 만두 모양으로 빚어 튀겨낸 것으로 간식으로 즐겨 먹는다. 식사 대용으로도 그만이다.

카야 토스트 Kaya Toast

카야 잼을 넣어 구운 토스트로 유명 토스트 가게에서는 숯불에 구워내기도 한다. 아침 식사로도 좋지만 커피나 밀크티와도 잘 어울려 간식으로도 인기가 있다.

라피스 케이크 Lapis Cake

여러 겹으로 만든 케이크로 사라왁의 쿠칭이 원조다. 과일과 버터, 우유, 잼을 넣어 만든다.

코피 수수 Kopi Susu

우유와 설탕을 넣은 진한 커피로 카야 토스트와 함께 먹기도 한다.

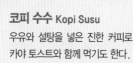

테타릭 Teh Tarik

달콤한 맛이 강한 말레이식 밀크티로 거품을 많이 내는 것이 특징이다.

코피 오 Kopi O

블랙커피에 설탕만 넣은 것이다.

THEME

11

인기 푸드코트 &
호커센터

말레이시아는 일 년 내내 더운 날씨가 이어지다 보니 시원한 쇼핑몰 내 푸드코트나 저녁에 야외에서 즐기는 호커센터 문화가 자연스레 발달했다. 다문화 국가답게 다채로운 요리들을 저렴한 가격에 맛볼 수 있어 현지인은 물론 여행자들도 즐겨 찾는다. 한 끼 식사로 문화 체험까지 가능한 말레이시아의 대표적인 푸드코트와 호커센터를 소개한다.

실내 푸드코트

쿠알라룸푸르를 비롯한 각 지역의 유명 쇼핑몰 내에서 쉽게 만날 수 있다. 가격도 저렴하고 시설도 깔끔한 데다가 다채로운 메뉴 중에서 골라 먹는 재미까지 누릴 수 있어 여행자들에게 많은 사랑을 받고 있다. 주머니 사정에 상관없이 시원한 에어컨 바람을 쐬며 쾌적한 식사를 즐기는 데 푸드코트만 한 곳도 없다.

랏 텐 후통 ▶ p.141

2009년 랏 텐 쇼핑몰에 문을 연 이후 쿠알라룸 푸르는 물론 말레이시아를 대표하는 푸드코트 로 인기를 얻고 있다. 아시아 별미 요리를 한곳 에서 저렴한 가격에 맛볼 수 있다는 것이 장점. 맛만큼이나 실내 인테리어도 아시아를 여행하 는 듯한 기분을 느낄 수 있게 꾸며놓았다.

시그니처 푸드코트 ▶ p.149

쿠알라룸푸르 최고의 쇼핑몰 중 하나인 수리아 KLCC에 있는 푸드코트로 각국의 맛 좋은 요 리들을 부담 없는 가격에 선보인다. 화사하고 위생적인 환경도 인기 요인 중 하나다.

46

푸드 리퍼블릭 ▶ p.148

쿠알라룸푸르의 파빌리온 지하 식품관에 있는 인기 푸드코트. 싱가포르 브랜드로 아시아 각국에 체인을 두고 있을 만큼 맛과 분위기 모두 만족스럽다. 아시아 요리를 전문으로 하는 코너가 많은 점이 특징이다.

4핑거스 크리스피 치킨 ▶ p.449

이마고 쇼핑몰 내에 있는 패스트푸드점으로 닭을 이용한 다양한 메뉴를 선보인다. 부담 없는 가격에 먹을 수 있는 콤보 메뉴가 인기다.

저스트 푸드 ▶ p.394

페낭의 거니 파라곤 몰에 위치한 푸드코트로 현대식 인테리어와 깔끔한 분위기가 특징이다. 세계 각국의 요리와 디저트를 맛볼 수 있는 코너가 마련되어 있다. 페낭의 인기 메뉴인 페낭 락사를 먹어보자.

야외 호커센터

호커센터는 말레이시아에서 만날 수 있는 독특한 음식 문화로 먹자골목처럼 다채로운 음식점들이 모여 있다. 대부분 하루 일과가 끝나는 오후 무렵에 문을 열어 늦은 밤까지 영업한다. 중앙에 놓인 테이블에 모여 앉아 왁자지껄 북적이는 분위기가 여행자들에게는 오히려 즐겁게 느껴진다. 그 자리에서 뚝딱 만들어내는 음식에 시원한 술까지 곁들여 현지인처럼 즐겨보자.

잘란 알로 푸드 스트리트 ▶ p.140

쿠알라룸푸르의 부킷 빈탕 중심에 있으며 말레이시아 호커센터의 상징과도 같은 곳이다. 사테나 닭 날개를 굽는 연기가 식욕을 돋우며 여행자들과 현지인들이 한데 어우러져 왁자지껄한 분위기에서 푸짐한 한 끼 식사를 하거나 시원한 맥주에 야식을 즐기느라 매일 밤 불야성을 이룬다.

존커 스트리트 호커센터 ▶ p.283

믈라카에서 여행자들이 아닌 현지인들이 주로 찾는 호커센터로 조금 더 한적하게 식사를 즐길 수 있다. 야외에 플라스틱 테이블과 의자가 깔리면 손님들이 찾아든다. 굴전, 꼬치구이와 바쿠테, 딤섬 등이 인기 메뉴다.

거니 드라이브 호커센터 ▶ p.392

페낭을 대표하는 야외 먹자골목으로 페낭의 인기 요리들을 한자리에서 저렴하게 맛볼 수 있다. 현지인들은 물론 여행자들에게도 인기 명소로 통한다. 인기 메뉴로는 아삼 락사, 차퀘이테오, 이칸 바카르 등이 있다.

레드 가든 푸드 파라다이스 ▶ p.392

조지타운 시내 중심에 있으며 매일 밤 흥겨운 라이브 무대가 열린다. 식사와 공연을 함께 즐길 수 있어 인기가 많다. 시원한 맥주와 더불어 간단히 야식을 즐기기 좋은 곳이다.

롱 비치 푸드코트 ▶ p.393

고급 리조트들로 둘러싸인 바투 페링기에서 가장 부담 없는 가격에 식사할 수 있는 곳이다.
볶음밥, 스프링롤, 사테가 주 메뉴. 규모는 크지 않지만 옹기종기 모여 앉아 식사하거나 가볍게 한잔 하기에 좋은 곳이다. 손님의 대부분이 나이 지긋한 서양 여행자라는 것도 특이하다.

뉴 월드 파크 호커센터 ▶ p.393

조지타운의 깔끔한 호커센터로 여행자들 사이에서도 인기가 높다. 현지 요리를 주로 하는 20여 개의 작은 식당이 모여 있고, 다른 호커센터에 비해 일찍 열고 일찍 마감한다. 저렴한 가격으로 부담 없이 한 끼 식사를 즐길 수 있는 곳.

톱 스폿 푸드코트 ▶ p.496

기존의 호커센터와는 달리 건물 6층에 자리한 쿠칭의 푸드코트로 해산물 요리만을 취급한다. 당일 잡아 올린 싱싱한 해산물과 채소를 이용한 요리가 일품이다. 단품 요리에 볶음밥과 채소를 곁들여 먹으면 훌륭한 한 끼 식사가 된다.

라우 야 겡 ▶ p.501

여행자들이 즐겨 찾는 쿠칭의 카펜터 스트리트에 있다. 매일 밤 닭꼬치를 굽는 연기가 거리 가득 피어나면 본격적인 식사가 시작된다. 메뉴는 사테와 락사, 현지인들이 즐겨 먹는 면 요리 콜로미가 전부지만 가격이 저렴해 이곳을 방문하는 사람들이 많다.

각국 음식과 대표 맛집

요리를 보면 그 나라의 특징을 알 수 있다고 한다. 말레이, 중국, 인도 요리가 넘쳐나는 말레이시아는 이런 면에서 진정한 아시아(Truly Asia)라는 슬로건과 일맥상통한다. 여기에 뇨냐, 마막에 이르기까지 정체성을 잃지 않으면서도 새로움을 추구하는 다채로운 음식 덕분에 매 순간 다른 요리를 맛볼 수 있어 여행의 묘미를 느끼게 해준다.

말레이 Malay

말레이 요리의 특징은 인디카(Indica) 종으로 지은 쌀밥 '나시(Nasi)'이다. 여기에 생선, 고기, 채소로 만든 갖가지 반찬이 곁들여진다. 특히 삼발(Sambal)이라 불리는 양념 소스와 함께 먹는데 매콤한 맛이 우리의 고추장 양념과 비슷하다. 주로 밥과 반찬을 먹는 경우가 많고 국수 요리도 다양하다. 단품 요리로는 나시 고렝(Nasi Goreng)이나 나시 르막(Nasi Lemak)이 있으며 이 외에도 사테(Satay)라 불리는 꼬치구이가 인기 있다.

추천 레스토랑

비잔 Bijan Bar & Restaurant ▶ p.142
마담 콴스 Madam Kwan's ▶ p.142

중국 Chinese

고기나 해산물, 채소를 기본으로 만들며 튀기거나 볶는 조리법이 주를 이룬다. 이슬람교의 영향으로 대부분의 식당에서 돼지고기와 술을 마실 수 없는데, 중국 음식점에서는 돼지고기 요리와 술을 곁들여 마실 수 있다. 바쿠테(Bah Kut Teh)라 불리는 보양식과 스팀보트(Steamboat)는 한국인에게도 익숙하다.

추천 레스토랑

하카 레스토랑 Hakka Restaurant ▶ p.143
웰컴 시푸드 레스토랑 Welcome Seafood Restaurant
▶ p.446

인도 India

말레이시아에는 인도계 이민자들이 무척 많은 편이라 인도식 음식 문화도 발달하였다. 인도 요리는 크게 남인도와 북인도 음식으로 나뉘는데, 남인도 음식은 갖은 채소가 주재료로 쓰이며, 특유의 매운 맛이 강하다. 반면 북인도 음식은 고기를 많이 이용하는 것이 특징이다.

> **추천 레스토랑**

박티 우드랜즈 Bakti Woodlands ▶p.185

뇨냐 Nyonya

말레이시아의 음식 문화를 이야기할 때 빼놓을 수 없는 것이 뇨냐 요리. 중국과 말레이 문화의 결합으로 탄생한 요리로 특히 페낭과 믈라카에 뇨냐 요리 전문점이 많다. 대표적 요리는 코코넛밀크를 넣은 락사(Laksa)로 매콤하면서도 향이 진하다. 이 외에도 가볍게 먹을 수 있는 스프링롤 형태의 톱햇(Top Hat)도 인기 있다.

> **추천 레스토랑**

올드 차이나 카페 Old China Café ▶p.184
낸시스 키친 Nancy's Kitchen ▶p.278

오후의 작은 사치
애프터눈 티

영국 문화가 깊이 배어 있는 말레이시아에는
달콤한 디저트와 차 한 잔의 여유를
즐길 수 있는 애프터눈 티 명소들이 많다.
클래식한 분위기의 티룸이나 라운지에서
특별한 오후를 즐겨보자.

더 로비 라운지
The Lobby Lounge ▶ p.147

중후한 분위기의 라운
지로 쿠알라룸푸르의
리츠 칼튼 호텔 내에
있다. 차는 입구에 비
치된 다양한 로네펠트
(Ronnefeldt) 차 중
에서 하나를 고르면
되고, 3단 트레이에
는 샌드위치, 스콘, 패스트리, 차고 담백한 세
이보리(Savoury) 스낵 등이 담겨 나온다.

더 티 라운지 The Tea Lounge ▶ p.183
쿠알라룸푸르에서도 손꼽히는 애프터눈 티 명
소로 마제스틱 호텔 내에 있다. 영국풍의 클래
식한 분위기로 꾸민 라운지와 난초 꽃이 가득
한 오키드 룸으로 나뉘어 있다. 애프터눈 티 세
트를 주문하면 차와 함께 3단 시그너처 트레이
에 케이크, 스콘, 샌드위치 등이 담겨 나온다.

팜 코트
Palm Court ▶ p.389

페낭의 이스턴 & 오리엔탈 호텔 내에 있는 우아
한 분위기의 카페로 영국식 정통 애프터눈 티를
즐길 수 있다. 차는 포트에 담겨 나오고 간결한
2단 트레이에 달콤한 핑거 푸드와 디저트 등이
제공된다.

애프터눈 티의 유래

애프터눈 티는 영국의 베드포트 공작
부인인 안나 마리아가 점심과 저녁 사이에
출출함을 달래고자 홍차와 빵을 먹기 시작하면서
상류층의 사교 문화로 유행하게 되었다고 한다.
애프터눈 티는 오후 4~5시에 즐기는 것이 가장
일반적이고, 5~6시 무렵에 식사와 함께 즐기는
하이 티(High Tea), 이른 아침 침대에서 마시는
얼리 모닝 티(Early Morning Tea)도 있다.

말레이시아 대표 쇼핑몰

말레이시아는 더운 날씨 때문에 야외보다는 실내 쇼핑몰이 발달되어 있다. 거대한 규모의 쇼핑몰에는 쇼핑 외에도 식도락을 즐기기 좋은 레스토랑, 여행의 피로를 풀 수 있는 마사지 숍 등 다양한 시설이 모여 있어 원스톱 쇼핑이 가능하다. 더위도 피하고 다양한 즐거움을 누릴 수 있는 쇼핑몰은 말레이시아 여행에서 빼놓을 수 없다. 각 지역을 대표하는 인기 쇼핑몰들을 만나보자.

수리아 KLCC Suria KLCC ▶ p.149

쿠알라룸푸르의 대표 명소인 페트로나스 트윈 타워와 연결되어 있고 전망대, 아쿠아리움, 영화관, 공연장 등의 문화시설을 갖추고 있어 현지인과 여행자 모두에게 인기가 높다. 중저가 SPA 브랜드부터 명품 브랜드까지 폭넓은 구성을 자랑하며 저렴한 가격에 식도락을 즐길 수 있는 푸드코트도 있다.

파빌리온 Pavilion ▶ p.148

쇼핑 좀 해본 여행자라면 쿠알라룸푸르 최고의 쇼핑몰이 바로 이곳이라는 것을 알 것이다. 수리아 KLCC에 비해 브랜드 구성이 뛰어나고 관광객들도 덜한 편이라 온전히 쇼핑에 집중할 수 있다. 중저가 브랜드부터 명품 브랜드까지 두루 갖추고 있으며 식당가도 고급 레스토랑과 푸드코트 등 선택의 폭이 넓다.

스타힐 갤러리 Starhill Gallery ▶ p.151

명품 브랜드 쇼핑이 목적인 여행자라면 스타힐 갤러리가 정답이다. 루이뷔통, 구찌, 펜디, 디올, 지방시 등 최고급 명품 브랜드 매장이 입점해 있어 명품 쇼핑 일번지로 통한다. 레스토랑과 카페 등도 최고급 수준을 자랑하며 특히 지하 식당가는 별천지처럼 화려하고 럭셔리하다.

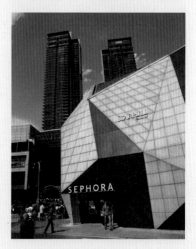

수리아 사바 Suria Sabah ▶ p.453

코타키나발루를 대표하는 쇼핑몰로 10층 규모의 여유로운 공간에 쇼핑은 물론 스파, 영화관, IT몰; 슈퍼마켓 등 다양한 시설이 모여 있다. 쇼핑몰은 최신 트렌드를 볼 수 있는 백화점을 비롯해 로컬 브랜드를 모아놓은 파디니 콘셉트 스토어와 VOIR, F.O.S 팩토리 아웃렛 등이 있어 명품보다는 중저가 쇼핑을 즐기기 좋다.

거니 플라자 Gurney Plaza ▶ p.395

페낭에서 가장 인기 있는 쇼핑몰로 코치, 롤렉스, 티솟, 오메가 등 명품 브랜드 매장과 팍슨 백화점이 입점해 있다. 망고, 파디니, 찰스 &

키스 등 인기 브랜드를 만날 수 있고, 다양한 음식과 음료를 판매하는 인기 체인형 레스토랑들도 있어 식도락을 즐길 수 있다. 쇼핑몰 옆에는 페낭의 인기 호커센터인 거니 드라이브도 자리하고 있다.

조호르바루 시티 스퀘어
Johor Bahru City Square ▶ p.312

조호르바루의 랜드마크이자 최고의 쇼핑몰로 패션, 화장품, 레스토랑, 스파, 서점, 영화관 등 200여 개가 넘는 다양한 숍들이 입점해 있는 복합 공간이다. H&M, F.O.S 등 중저가 브랜드가 주를 이루고 있어 실속 쇼핑을 즐기기 좋다. 싱가포르로 넘어가기 전에 쇼핑과 식사를 즐기기에 최적의 장소이다.

로컬 브랜드
쇼핑

로컬 브랜드의 매력은 저렴한 가격과 다양한
라인업이다. 남성보다는 여성들이 좋아할
만한 의류, 구두, 잡화 등이 대부분이며
외국 브랜드만큼이나 인기가 높다.
현지인들에게 사랑받는 로컬 브랜드를
만나보자.

보니아 BONIA

말레이시아에서 가장 대중적인 가방 브랜드로
싱가포르, 중국, 일본에도 진출했다. 캐주얼한
가방부터 가죽 가방까지 다양하며 구두와 잡화
도 판매한다. 젊은 층을 타깃으로 한 세컨드 브
랜드 셈보니아(Sembonia)도 많은 사랑을 받
고 있다.

빈치 VINCCI

여성용 구두, 가방, 잡화 등을 전문으로 하며 말
레이시아에서는 국민 브랜드로 통한다. 가격이
저렴하고 신상품 입고가 빨라서 현지인은 물론
여행자들에게도 쇼핑 아이템 일순위로 꼽힌다.
샌들이나 구두가 가장 많이 팔리며 가격은 보통
2만 원 안팎. 여기에 상시 세일을 하고 있어서
우리 돈으로 만 원 안팎이면 구입할 수 있다.

시드 SEED

남녀 의류 브랜드로 인기 쇼핑몰에서 쉽게 만날
수 있고 합리적인 가격이 장점이다. 한국에 와
서도 입기 좋은 깔끔한 디자인이 돋보인다. 파
디니 콘셉트 스토어(PADINI Concept Store)
의 대표 브랜드 중 하나이기도 하다.

노즈 NOSE

빈치와 함께 현지인들에게 사랑받는 여성 잡화 브랜드. 구두, 가방, 액세서리 등을 판매하며 빈치보다는 조금 더 젊은 디자인이 주를 이룬다.

티지오 TIZIO

빈치와 같은 그룹에서 만든 잡화 브랜드로 빈치보다 더 트렌디하고 젊은 감각을 자랑한다. 여성용 구두와 가방을 전문적으로 판매하며 색감이나 디자인이 사랑스러워 인기가 많다.

파디니 어센틱스 PADINI AUTHENTICS

파디니 그룹에서 만든 브랜드로 젊은 층을 위한 캐주얼한 스타일이 주를 이룬다. 남녀 의류를 판매하며 실용적으로 입기 좋은 아이템을 만날 수 있다.

브랜드 아웃렛 BRANDS OUTLET

남녀 의류를 저렴하게 구입할 수 있는 중저가 브랜드로 캐주얼한 아이템이 많다. 원피스, 스커트 등 여성 의류부터 티셔츠, 반바지 등 남성 의류까지 종류가 다양하며 잡화들도 판매한다.

팩토리 아웃렛 스토어 F.O.S

인기 쇼핑몰에서 쉽게 만날 수 있으며 로컬 브랜드는 물론, 잘 찾아보면 타미힐피거, 애버크롬비, 갭, 폴로 등 글로벌 캐주얼 브랜드도 발견할 수 있다. 정상가에서 50% 이상 할인된 가격으로 판매한다.

슈퍼마켓 쇼핑

여행자들이 부담 없이 쇼핑을 즐기기에
슈퍼마켓만 한 곳도 없다. 현지인들이 애용하는
식료품이나 생활용품은 가격도 저렴하고
품목도 다양해서 구경하는 재미가 쏠쏠하다.
홍차, 과자, 초콜릿, 커피, 향신료 등은 선물용
으로도 인기 있는 아이템이므로 잘 찾아보자.

아핫 커피 Ah Huat Coffee

RM20~

포장지에 활짝 웃는 할아버지
모습이 그려진 커피로 현지인
들이 즐겨 마시는 커피 중 하나
다. 블랙커피부터 달달한 믹스
커피까지 종류가 다양하다.

테타릭 Teh Tarik

RM19.90

홍차에 연유를 섞어 만든 음료
로 부드러우면서도 풍부한 우
유 맛을 느낄 수 있다. 얼음을
넣어 시원하게 마시기도 한다.

올드 타운 화이트 커피
Old Town White Coffee

RM16~

이포에서 탄생한 커피로 말레이시
아의 국민 커피라고 할 수 있다.
달콤한 맛과 진한 향이 특징이며
한번 맛보면 중독성이 높다.

보 티 BOH Tea

RM11.90~

말레이시아에서 가장 대중적인 차 브랜드
로 평소 차를 좋아한다면 눈여겨봐야 할 아
이템이다. 주로 카메론 하이랜드에서 재배
된 차로 만들어지며 가격도 저렴하다.

카야 잼 Kaya Jam

코코넛밀크에 판단잎과 달걀,
설탕을 넣어 만든 잼으로 구운
식빵에 발라 먹으면 별미다.

RM7~

보 아이스티 BOH Ice Tea

RM15.90~

아이스티로 즐길 수 있게 나온
제품으로 물에 잘 녹는 가루 타입이어서 간편하
다. 망고, 복숭아, 레몬라임 3가지 맛이 있다.

컵 포리지 Cup Porridge

RM3.50~

식사 대용으로 간편하게 먹을 수 있는 인스턴트
죽으로 현지인들이 즐겨 먹는다. 내용물에 따라
닭죽과 야채죽 등이 있다.

프룬 Prunes

RM13~

말린 자두로 한국에서도 간식으로 즐겨 먹는다.
말레이시아에서 사면 양도 많고 더욱 저렴해서
인기 아이템에 속한다.

사라왁 후추 Sarawak Pepper
후추는 말레이시아의 대표적인 특산품 중 하나로 특히 사라왁 지역에서 생산된 것이 유명하다. 백후추, 통후추 등 종류가 다양하고 가격도 저렴하다.

RM9~

RM6.50~

히말라야 소금
Himalaya Salt
천연 소금으로 알려진 히말라야 핑크 소금은 저렴한 가격 덕분에 여행자에게 인기가 높다.

페낭 똠양꿍 라면
Penang Tom Yum Goong Noodle
페낭 스타일의 똠양꿍 라면으로 태국 맛에 비해 매콤하고 신맛이 강하다.

RM9.90~

RM4.50~

타이거 밤 Tiger Balm
뭉친 근육을 풀어주는 데 효과가 있다. 크기에 따라 가격이 다르다.

RM11~

페낭 해산물 커리 Penang Seafood Curry
페낭에서 즐겨 먹는 면 요리로 해산물과 커리 맛이 나는 것이 특징이다. 라면처럼 간편하게 조리해서 먹을 수 있다.

 More

더위에 지쳤을 때 마시면 좋은 편의점 인기 음료수

❶  ❷ ❸ ❹  ❺

❶ **서머스비 Somersby** : 알콜 성분이 함유(4.5%)된 스파클링 음료로 상큼한 사과 맛이 난다.

❷ **여스 Yeo's** : 과일 맛을 내는 음료로 구아바 맛은 열을 내려주는 효과가 있다.

❸ **프루트 트리 Fruit Tree** : 리치와 망고 맛을 첨가한 과즙 음료로 달콤하다.

❹ **마일로 Milo** : 진한 초콜릿 맛이 나는 인기 음료로 선물용으로도 좋다.

❺ **알리카페 Alicafé** : 사포닌 성분이 있는 통캇알리라고 부르는 나무뿌리를 넣어 만든 커피로 향과 맛이 좋다.

전통 기념품 퍼레이드

말레이시아의 특색이 살아 있는 전통 기념품은 소장용이나 선물용으로 안성맞춤이다. 수준 높은 공예품들이 주를 이루는데 미리 알아두면 도움이 될 전통 기념품 가이드를 소개한다.

바틱 Batik

말레이시아 전통 염색법으로 염색한 천. 꽃이나 나비를 모티브로 한 선명한 색채가 특징이다. 사롱, 셔츠, 드레스, 가방 등 다양한 제품으로 생산된다.

송켓 Songket

금사나 은사를 이용해 짠 고가의 천으로 과거에는 왕실에서만 사용되었다. 결혼식 예복이나 기념행사에 많이 쓰이며 스카프, 가방 등으로도 가공한다.

백랍 Pewter

백랍은 주석을 원료로 한 합금으로 말레이시아의 대표적인 특산품이다. 식기나 화병, 액자 등 다양한 제품이 있으며 여러 브랜드 중에서도 로열 셀랑고르(p.138)가 가장 유명하고 인기 있다.

목각 Wood Carving

손기술이 뛰어난 토착 원주민들이 주로 만들며 동말레이시아의 사바와 사라왁에서 만든 제품이 퀄리티가 좋다.

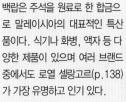

판다누스 Pandanus

열대 식물인 판다누스 잎을 짜서 만든 것으로 바구니, 장신구 함, 테이블 매트 등 실용적인 제품이 주를 이룬다. 기성품과 수제품으로 나뉘는데 수제품은 가격이 상당히 비싼 편이다.

알고 가자!
빅 3 세일 기간

쿠알라룸푸르는 CNN에서 선정한 세계 4위의
쇼핑 도시이자 세계 10대 규모의 쇼핑몰 중
세 곳을 보유한 쇼핑의 천국이다.
거리의 작은 상점부터 지역별 쇼핑센터까지
정해진 기간과 날짜에 일제히 세일을 시작한다.
미리 알고 가면 도움이 될 말레이시아의
세일 정보를 공개한다.

말레이시아 독립기념일 세일
Malaysia Merdeka Sale

말레이시아의
독립기념일이
있는 8월에는
말레이시아 전
역에서 각종
행사와 더불어
50% 이상의
파격적인 세일
이 진행된다.

말레이시아 메가 세일 카니발
Malaysia Mega Sale Carnival

매년 7~8월에 걸쳐 쿠알라룸푸르를 비롯한 말
레이시아 전역의 유명 쇼핑몰, 항공기 내, 야시
장 등에서 일제히 시작된다. 뛰어난 품질의 제
품들을 저렴한 가격에 구입할 수 있다.

말레이시아 이어 엔드 세일
Malaysia Year End Sale

매년 11월 중순부터 이듬해 1월 초까지 하는
연말 세일로 말레이시아 전역의 백화점과 로컬
브랜드를 중심으로 진행된다. 특히 겨울 아이
템을 노려볼 만한데 현지인들의 구매량이 적어
제품을 수월하게 고를 수 있다.

Best Plan

말레이시아
추천 일정

Best Plan 1

초심자를 위한 말레이시아 기본 코스

쿠알라룸푸르 · 셀랑고르 2박 3일 짧은 여행

말레이시아에 처음 가는 초보 여행자를 위한 기본적인 일정이다. 쿠알라룸푸르를 중심으로 여행하면서 하루는 쿠알라룸푸르 근교인 셀랑고르에 위치한 관광 명소들을 둘러본다.

1일

10:00 페트로나스 트윈 타워

도보 1분

12:00 수리아 KLCC & 점심 식사

택시로 10분 또는 도보 15분

15:00 부킷 빈탕에서 쇼핑

모노레일 2분

17:00 베르자야 타임스 스퀘어

모노레일 2분

19:00 잘란 알로에서 맛있는 저녁 식사

도보 3분

21:00 창캇 부킷 빈탕에서 나이트라이프

2일

10:00 KLCC 또는 부킷 빈탕 티켓부스에서
KL 홉온 홉오프 시티투어 버스 탑승

KL 홉온 홉오프 시티투어 버스로 20분

10:30 센트럴 마켓 & 점심 식사

KL 홉온 홉오프 시티투어 버스로 30분

13:30 왕궁에서 근위병과 기념사진

KL 홉온 홉오프 시티투어 버스로 15분

14:30 쿠알라룸푸르 시티 갤러리

도보 1분

16:00 메르데카 광장 주변 산책

도보 15분

18:00 차이나타운 & 저녁 식사

택시로 15분

21:00 마리니스 온 57에서 야경 감상

3일

10:00 KL 센트럴역에서 바투 동굴로 출발

KTM 커뮤터로 30분

11:00 바투 동굴

KTM 커뮤터로 30분

13:30 누 센트럴 & 점심 식사

택시로 10분

15:00 국립 모스크

택시로 10분

19:00 하카 레스토랑에서 저녁 식사

도보 5분

20:30 스파로 마무리

Tip 쿠알라룸푸르 근교로 갈 때는 개별적으로 찾
아가는 것보다 현지의 한인 여행사 투어를 이
용하는 것이 교통도 편리하고 시내 관광도 알차게 할
수 있어 일석이조다. 현지 여행사는 p.79 참조.

가장 현대적인 도시와 가장 오래된 도시를 즐기는 코스

쿠알라룸푸르 · 믈라카 **3박 4일 역사 여행**

서로 다른 매력을 가진 두 도시를 둘러보는 알찬 일정이다. 첫날과 마지막 날은 코스모폴리탄 도시 쿠알라룸푸르를 즐기고, 둘째 · 셋째 날은 믈라카에서 역사와 문화의 향기를 느껴본다.

1일

09:00 페트로나스 트윈 타워

↓ KL 홉온 홉오프 시티투어 버스로 20분

12:30 센트럴 마켓 & 점심 식사

↓ KL 홉온 홉오프 시티투어 버스로 25분

15:00 국립 박물관 또는
페르다나 보태니컬 가든

↓ KL 홉온 홉오프 시티투어 버스로 20분

17:40 메르데카 광장 주변 산책

↓ 택시로 10분

19:30 비잔 바 & 레스토랑에서 말레이
요리로 저녁 식사

↓ 택시로 10분

22:00 루프톱 바에서 칵테일 마시기

2일

09:00 TBS 버스 터미널에서 믈라카로 출발

↓ 버스로 2시간 30분~3시간

11:30 믈라카 센트럴 버스 터미널 도착

↓ 택시로 15분

12:00 뇨냐식으로 점심 식사

↓ 도보 5분

13:30 존커 스트리트 & 하모니 스트리트 산책

↓ 도보 10분

18:00 유람선을 타고 믈라카 둘러보기

↓ 도보 7분

19:00 더 데일리 픽스에서 저녁 식사

↓ 도보 5분

21:00 강변에서 맥주 마시며 마무리

3일

10:00 네덜란드 광장 주변 산책

도보 7분

11:00 세인트 폴 언덕

도보 3분

11:40 산티아고 요새에서 기념사진

도보 3분

**12:00 다타란 팔라완 믈라카 메가몰에서
점심 식사 & 쇼핑**

도보 7분

**14:00 메나라 타밍 사리 타워에 올라
시내 전경 감상**

도보 10분

16:00 믈라카 인기 카페에서 티타임

택시로 15분

17:30 해상 모스크 구경하기

택시로 25분

**20:00 믈라카 센트럴 버스 터미널에서
쿠알라룸푸르로 출발**

Tip 날이 덥다면 트라이쇼나 유람선을 타고 믈라카를
둘러보자. 해상 모스크처럼 먼 곳으로 이동할 때
에는 그랩을 이용하는 것도 좋다.

4일

10:00 KL 센트럴역에서 바투 동굴로 출발

KTM 커뮤터로 30분

11:00 바투 동굴의 무루간 신전 둘러보기

KTM 커뮤터로 30분

13:30 누 센트럴 쇼핑몰에서 점심 식사 & 쇼핑

모노레일로 10분

**16:00 부킷 빈탕 인근 인기 스파에서
마사지 받기**

도보 10분

**18:00 하카 레스토랑 또는 잘란 알로 푸드 스트리트
에서 저녁 식사 후 KL 센트럴역으로 이동**

KLIA 익스프레스로 33분

20:30 쿠알라룸푸르 공항 도착

Tip 마지막 날은 현지 여행사의 투어 상품을 이용
해 관광을 하고 공항으로 가는 방법도 있다.
숙소에서 체크아웃을 한 후 투어 차량에 짐을 싣고 다
니다가 투어를 마친 후에 KL 센트럴역에서 KLIA 익스
프레스를 이용해 공항으로 가면 된다.

쿠알라룸푸르를 시작으로 주변국까지 둘러보는 코스

쿠알라룸푸르 · 믈라카 · 조호르바루 · 싱가포르
3박 4일 일석이조 여행

쿠알라룸푸르를 시작으로 남쪽으로 내려가 싱가포르까지 둘러보는 일정이다. 조호르바루에서 싱가포르까지는 한 시간 남짓이면 갈 수 있어 한 번에 두 나라를 여행할 수 있다.

1일

10:00 KL 홉온 홉오프 시티투어 버스 탑승

⬇ KL 홉온 홉오프 시티투어 버스로 20분

10:30 차이나타운 & 센트럴 마켓에서
점심 식사

⬇ KL 홉온 홉오프 시티투어 버스로 40분

14:30 메르데카 광장 주변 구경

⬇ KL 홉온 홉오프 시티투어 버스로 5분

17:40 페트로나스 트윈 타워 구경 후
저녁 식사

⬇ KL 홉온 홉오프 시티투어 버스로 10분

20:00 부킷 빈탕에서 쇼핑

⬇ 도보 10분

21:00 창캇 부킷 빈탕에서 나이트라이프

2일

09:00 TBS 버스 터미널에서 믈라카로 출발

⬇ 버스로 2시간

11:30 믈라카 센트럴 버스 터미널 도착

⬇ 택시로 15분

12:00 존커 스트리트

⬇ 도보 5분

13:00 페라나칸 플레이스에서 점심 식사

⬇ 도보 15분

14:00 세인트 폴 언덕 & 산티아고 요새

⬇ 도보 10분

16:00 해양 박물관

⬇ 도보 15분

18:00 더 리버 그릴에서 저녁 식사

Tip 믈라카의 명물로 유명한 '존커 워크 야시장'은 매주 금~토요일 저녁 6시부터 자정까지 이어진다. 주말에 믈라카를 방문한다면 놓치지 말고 구경하자.

3일

10:00 쳉 훈 텡 사원

도보 5분

11:00 바바 & 뇨냐 헤리티지 박물관

도보 5분

12:30 카란더 아트 카페에서 점심 식사

택시로 15분

14:00 믈라카 센트럴 버스 터미널에서
조호르바루로 출발

버스로 3시간

17:00 조호르바루 도착 & 숙소 체크인

도보 10분

18:00 본가에서 저녁 식사

도보 10분

19:30 조호르바루 시티 스퀘어에서 쇼핑

도보 10분

21:00 JB 바자르(야시장) 구경

4일

09:30 JB 센트럴 버스 터미널에서 레고랜드로 출발

버스로 60분

10:45 레고랜드 도착 & 테마파크 즐기기

도보 5분

13:30 점심 식사

도보 5분

14:20 워터파크에서 물놀이하기

도보 5분

17:00 JB 센트럴 버스 터미널행 버스 탑승

버스로 60분

18:00 조호르바루 시티 스퀘어에서 저녁 식사

도보 10분

19:30 JB 센트럴역에서 연결되는 CIQ에서
싱가포르로 이동

Tip CIQ에서 싱가포르의 우드랜즈까지는 차로 약 1시간 정도 소요되는 가까운 거리이지만 엄연히 다른 국가이므로 여권을 반드시 지참해야 한다. 최근 조호르바루 역과 우드랜즈역을 연결하는 통근열차도 생겨 1일 15편 운행하고 있다.

관광과 휴양을 모두 즐기는 말레이시아 서북부 코스

쿠알라룸푸르 · 페낭 · 랑카위
5박 6일 알짜배기 여행

서말레이시아의 핵심 도시를 둘러보는 알찬 일정이다. 쿠알라룸푸르를 시작으로 동양의 진주라 불리는 페낭섬과 말레이시아의 대표 휴양지 랑카위섬까지 관광과 휴양을 모두 즐길 수 있다.

1일

10:00 수리아 KLCC 구경하기

택시로 5분

12:00 마담 콴스에서 점심 식사

도보 5분

13:00 부킷 빈탕에서 쇼핑

모노레일로 10분

15:00 차이나타운

도보 15분

16:30 쿠알라룸푸르 시티 갤러리

도보 3분

17:30 메르데카 광장에서 역사적인 건축물 감상

택시로 10분

19:00 잘란 알로 푸드 스트리트에서 저녁 식사

도보 5분

21:00 창캇 부킷 빈탕에서 나이트라이프

2일

09:00 TBS 버스 터미널에서 페낭으로 출발

버스로 5시간

14:00 페낭 조지타운 내 숭가이 니봉 버스 터미널 도착

택시로 20분

15:00 숙소 체크인

도보 20분

16:00 콘윌리스 요새 주변의 문화유산 구경

도보 10분

18:30 차이나하우스에서 저녁 식사

택시로 10분

20:00 거니 플라자 쇼핑센터에서 쇼핑

도보 3분

21:30 거니 드라이브 호커센터에서 야식

3일

10:00 쿠 콩시 사원

도보 10분

10:50 벽화 거리 산책

도보 10분

12:00 밍 시앙 타이에서 점심 식사

택시로 15분

13:00 페낭 힐 또는 켁록시 사원

택시로 20분

16:00 왓 차야망칼라람 사원 & 버마 사원

택시로 5분

19:00 사르키즈에서 근사한 뷔페 즐기기

도보 10분

21:00 레드 가든 푸드 파라다이스에서 사테에 시원한 맥주 마시기

4일

08:00 페낭 페리 터미널에서 랑카위로 출발

페리로 2시간 45분

11:00 랑카위섬의 제티 포인트에 도착

택시 또는 렌터카로 30분

12:00 판타이 체낭 숙소에 체크인 또는 짐 맡기기

도보 5분

12:30 레드 토마토에서 점심 식사

택시 또는 렌터카로 35분

14:00 오리엔탈 빌리지 & 스카이캡을 타고 랑카위 전경 감상

택시 또는 렌터카로 5분

16:30 텔레가 하버에서 쉬어가기

택시 또는 렌터카로 20분

18:00 판타이 체낭에서 해변 산책

도보 5분

19:00 텔라가 시푸드 레스토랑에서 해산물 요리로 저녁 식사

Tip 페낭에서 랑카위로 갈 때는 비행기나 페리를 이용할 수 있는데 대부분 페리를 타고 간다. 페리 티켓은 최소한 전날까지 현지 여행사에서 예약해두는 것이 좋다.

5일

10:00 리조트에서 휴양 즐기기

도보 5분

12:00 숙소에서 점심 식사

차로 30분

14:30 아일랜드 호핑 투어

배로 15분

15:45 다양 분팅섬 탐방

배로 15분

16:00 베라스 바사섬 둘러보기

배로 15분 + 차로 15분

19:00 라 살에서 로맨틱한 저녁 식사

도보 1분

20:30 알룬 알룬 스파에서 마사지 받기

도보 5분

22:30 판타이 체낭 비치 바에서 칵테일

6일

10:00 아침 식사 후 리조트에서 휴식

도보 5분

12:00 체크아웃 후 점심 식사

도보 5분

13:00 언더워터 월드 관람

도보 1분

14:30 더 존 듀티 프리에서 면세 쇼핑

도보 5분

16:00 숙소에서 짐을 찾아 랑카위 공항으로 이동

차로 20분

16:30 랑카위 공항에서 쿠알라룸푸르 공항으로 이동

비행기로 60분

18:00 쿠알라룸푸르 공항 도착

Tip 랑카위 공항에서 쿠알라룸푸르 공항으로 갈 때 에어아시아는 KLIA2로, 말레이시아 항공은 KLIA로 도착한다. 자신의 항공편에 따라 공항 환승 정보를 잘 파악해두자. 렌터카를 이용해 여행할 경우 차량 반납을 공항에서 하면 편리하다.

Best Plan 5

한 번쯤 꿈꿔본 완벽한 휴양 코스

코타키나발루 3박 4일 가족 여행

동말레이시아의 대표 휴양지 코타키나발루를 즐기는 일정이다. 천혜의 자연환경에 둘러싸인 특급 리조트가 즐비하고 다양한 액티비티 프로그램을 즐길 수 있어 가족 여행객에게 특히 인기가 높다.

1일

10:00 아침 식사 후 리조트 수영장에서 놀기

도보 1분

12:00 숙소 내 레스토랑에서 점심 식사

셔틀버스 또는 택시로 10분

14:00 수리아 사바에서 쇼핑

도보 30분

16:00 시그널 힐 전망대에서 경치 감상

도보 20분

18:00 풍 유엔 또는 리틀 이태리에서 저녁 식사

도보 5분

20:00 어퍼스타에서 시원한 맥주 마시기

2일

08:00 만나타니섬 또는 툰쿠 압둘 라만 해양 공원 투어

배로 20분

14:30 숙소에 도착해 수영장에서 물놀이 즐기기

셔틀버스 또는 택시로 5분

16:00 센터 포인트 사바에서 쇼핑

도보 10분

18:30 웰컴 시푸드 레스토랑에서 해산물 요리 즐기기

도보 15분

19:40 핸드크래프트 마켓

도보 5분

20:30 워터프런트에서 맥주 마시기

3일

08:00 아침 식사 후 픽업 차량 기다리기

차로 10분

09:30 북보르네오 열차 탑승 수속

기차로 40분

10:40 키나루트역에서 내려 중국 사원 또는 전통 시장 구경

기차로 45분

12:30 파파르역에서 출발해 티핀 도시락 으로 점심 식사

기차로 70분

13:40 탄중 아루역 도착

차로 10분

17:30 탄중 아루 해변에서 선셋 감상

도보 5분

18:20 꼬치구이와 현지식으로 저녁 식사

택시로 10분

20:00 시원한 마사지로 마무리

4일

10:00 리조트에서 휴양 즐기기

도보 1분

12:00 체크아웃 후 점심 식사

도보 5분

14:00 택시를 대절해 시내 관광

택시로 30분

14:30 툰 무스타파 타워 구경

택시로 10분

15:00 코타키나발루 시티 모스크

택시로 10분

16:00 사바 박물관 둘러보기

택시로 10분

17:00 오셔너스 워터프런트 몰에서 쇼핑

도보 1분

18:30 난도스에서 저녁 식사

도보 5분

19:30 와리산 스퀘어에서 발 마사지 받기

동말레이시아의 진정한 매력을 발견하는 코스

코타키나발루 · 쿠칭 **4박 5일 힐링 여행**

최고의 휴양을 즐길 수 있는 코타키나발루와 때 묻지 않은 자연과 전통이 살아 숨 쉬는 쿠칭을 돌아보며 몸과 마음의 평온을 찾을 수 있는 일정이다.

1일

2일

10:00 아침 식사 후 리조트 수영장에서 놀기

↓ 택시로 10분

11:00 수리아 사바에서 쇼핑 즐기기

↓ 도보 5분

13:00 푹 유엔 또는 엘 센트로에서 점심 식사

↓ 도보 10분

16:00 시그널 힐 전망대에 올라 경치 감상

↓ 택시로 7분

18:30 웰컴 시푸드 레스토랑에서 해산물 요리로 저녁 식사

↓ 도보 15분

19:40 핸드크래프트 마켓

↓ 도보 5분

20:30 워터프런트에서 맥주 마시기

08:00 만나타니섬 또는 툰쿠 압둘 라만 해양 공원 투어 즐기기

↓ 배로 20분

14:30 숙소에 도착해 수영장에서 물놀이 즐기기

↓ 택시로 10분

17:30 탄중 아루 해변을 거닐며 선셋 감상

↓ 도보 5분

18:20 꼬치구이와 현지식으로 저녁 식사

↓ 택시로 10분

20:00 시원한 마사지로 마무리

3일

4일

08:00 코타키나발루 공항에서 쿠칭행 비행기 탑승

비행기로 1시간 25분

12:00 메르데카 플라자에서 점심 식사

도보 5분

13:00 메르데카 광장 주변 관광

도보 5분

17:00 차이나타운

도보 10분

18:30 정크 레스토랑에서 저녁 식사

도보 5분

20:00 메인 바자르 주변 산책

도보 5분

21:00 드렁큰 몽키 바에서 맥주 마시기

09:00 아침 식사 후 다마이 센트럴로 출발

셔틀버스로 60분

10:00 사라왁 컬처럴 빌리지에서 문화 체험

도보 1분

10:45 전통 공연 관람

도보 3분

12:00 다마이 센트럴에서 점심 식사 & 다마이 해변에서 놀기

셔틀버스로 60분

15:30 숙소에 돌아와 휴식

도보 10분

18:00 톱 스폿 푸드코트에서 저녁 식사

도보 5분

19:00 사라왁 플라자 주변 쇼핑몰에서 쇼핑

도보 7분

21:00 쇼어 비스트로에서 칵테일로 마무리

5일

09:00 아침 식사 후 픽업 차량 기다리기

차로 45분

09:00 세멘고 와일드라이프 센터에서 오랑우탄 만나기

차로 45분

12:30 숙소로 돌아와 체크아웃

도보 10분

13:00 점심 식사

도보 5분

15:00 쿠칭 시내 구경

택시로 20분

16:30 쿠칭 공항에서 코타키나발루 공항으로 이동

비행기로 1시간 25분

17:55 코타키나발루 공항 도착

Tip 쿠칭 시내에서 공항까지는 택시를 타면 된다. 체크아웃 시 호텔 프론트에 택시를 불러달라고 하면 편리하다. 보통 짐을 맡겨 놓고 시내를 둘러보다가 공항으로 이동한다.

완벽한 여행을 위한 투어 Tip

더운 날씨에 복잡한 노선도를 들고 이리저리 헤매다 보면 짜증 나고 피곤해지기 쉽다. 그렇다고 무작정 택시만 고집할 수도 없는 일. 시내 관광을 할 때는 시티투어 버스나 무료 순환버스를 이용하면 효율적이다. 시내에서 떨어진 외곽으로 갈 때는 개별적으로 어렵게 찾아가는 것보다 현지 여행사의 투어 프로그램을 이용하면 만족도 높은 여행을 즐길 수 있다.

빠르고 편리한 홉온 홉오프 시티투어 버스 이용하기

주요 관광 명소만 쏙쏙 골라 편리하게 돌아볼 수 있는 시티투어 버스로 쿠알라룸푸르와 페낭 두 지역에서 운행하고 있다. 짧은 시간 안에 알차게 시내 관광을 할 수 있다는 것이 가장 큰 장점이다. 차내에서는 관광 명소에 대한 설명과 오디오 가이드, Wi-Fi, 냉방시설 등 여행자를 위한 편의를 완벽하게 제공하고 있다. 자세한 정보는 쿠알라룸푸르 p.128, 페낭 p.372 참조.

운행 09:00~18:00 **매표소** 숭가이 왕(Sungei Wang) 플라자 앞 **요금** 24시간권 어른 RM60, 어린이 RM30 / 48시간권 어른 RM90, 어린이 RM43
● **홈페이지** www.myhoponhopoff.com

무료라서 더 좋은 GO KL 시티 버스 이용하기

쿠알라룸푸르 도심을 운행하는 무료 순환버스로 알뜰 여행자라면 기억해두어야 할 교통수단이다. 레드, 블루, 퍼플, 그린 총 4개의 노선이 있으며 여행자의 경우 퍼플 노선과 그린 노선을 이용하면 주요 관광 명소와 쇼핑센터로 편하게 갈 수 있다. 자세한 정보는 p.126 참조.

운행 월~금요일 06:00~23:00, 토·일요일·공휴일 07:00~23:00(5~15분 간격으로 운행) ● **요금** 무료

현지 여행사의 투어 프로그램 이용하기

말레이시아는 여행사의 투어 프로그램을 이용한 여행이 활성화되어 있다. 일일 투어 형태의 시내 관광부터 외곽의 인기 관광지를 다녀오는 것까지 다양한 프로그램이 있으므로 원하는 대로 골라서 즐기면 된다. 대부분 자체적으로 운행하는 투어 버스로 이동하는데, 말레이시아의 경우 합법적인 여행사만 운행할 수 있도록 법으로 정해져 있다. 여행자의 안전과 연결되는 부분이므로 신뢰할 수 있는 여행사를 선택하는 것이 중요하다.

투어 말레이시아 Tour Malaysia

말레이시아 최고의 한인 여행사로 말레이시아 정부에 정식 등록된 곳이다. 쿠알라룸푸르와 코타키나발루 시내 관광은 물론 외곽의 인기 관광지를 돌아보는 투어를 제공하며, 책임감 있는 전문 가이드와 전용 차량이 완비되어 있어 믿고 이용해도 좋다.

전화 603-4131-6549, 6016-978-6851, 한국 연락처 070-4042-0416◆**카카오톡 아이디** tourmalaysia ◆**홈페이지** www.tourmalaysia.co.kr

쿠알라룸푸르 반딧불이 투어

오후 무렵에 시작하는 투어로 국립 모스크와 바투 동굴을 둘러보고 쿠알라 셀랑고르로 이동한다. 몽키 힐에서 시내 전경을 감상하고 칠리 크랩으로 저녁 식사를 한 다음 반딧불이를 구경하고 도심의 야경을 즐기는 것으로 마무리하는 인기 투어 중 하나다.

투어 시간 14:00~22:30◆**요금** 어른 RM260, 어린이 RM240 (모집 인원 2인 이상, 쿠알라룸푸르 시내 숙소 무료 픽업 및 드롭 포함)

푸트라자야 투어

푸트라자야의 대표 건축물과 관광 명소를 둘러보고, 반딧불이와 메르데카, KLCC 야경을 즐기고 돌아오는 코스다.

투어 시간 13:00~22:30◆**요금** 어른 RM260, 어린이 RM240

리조트 월드 겐팅 투어

바투 동굴과 친스위 사원을 둘러보고 점심 식사를 한 다음, 케이블카를 타고 리조트 월드 겐팅을 구경한 후 쿠알라룸푸르 시내 투어를 하는 것으로 마무리한다.

투어 시간 10:00~18:00◆**요금** 어른 RM250, 어린이 RM230(모집 인원 4명 이상, 쿠알라룸푸르 시내 숙소 무료 픽업 및 드롭 포함)

믈라카 투어

쿠알라룸푸르에서 차로 약 2시간 거리에 있는 믈라카를 다녀오는 투어. 네덜란드 광장을 중심으로 세계문화유산을 둘러보고 강을 따라 유람선까지 즐기고 돌아온다.

투어 시간 11:30~23:00◆**요금** 어른 RM300, 어린이 RM280

Start Travel

말레이시아
여행의 시작

말레이시아 기초 정보

공식 명칭
말레이시아 Malaysia

수도
쿠알라룸푸르 Kuala Lumpur

행정 수도
푸트라자야 Putrajaya

면적
32만 9,847㎢

인구
약 3,430만 명

언어
공용어는 말레이어. 관광지에서는 영어를 쓰는 곳이 많다.

종교
국교는 이슬람교(62%). 정통 이슬람국가와는 달리 종교의 자유가 보장되어 불교(21%), 기독교(9%), 힌두교(6%) 등 다양한 종교가 존재한다.

지리
말레이시아는 인도양과 남중국해 사이의 말레이반도에 위치한 서말레이시아와 보르네오섬 북부에 위치한 동말레이시아로 이루어져 있다. 서말레이시아는 태국, 싱가포르와 접해 있고, 동말레이시아는 인도네시아, 브루나이와 접해 있다.

국기
잘루르 그밀랑(Jalur Gemilang)이라 부른다. 빨간색과 흰색이 번갈아 있는 14개의 가로줄 무늬는 13개의 주와 연방정부를, 초승달과 별은 이슬람교를 의미한다. 파란색은 말레이시아 국민의 단결을, 노란색은 말레이시아 국왕에 대한 충성을 상징한다.

국민
서말레이시아는 말레이계(60%), 중국계(25%), 인도계(7%), 기타(8%) 민족으로 구성되어 있으며, 동말레이시아는 말레이계와 이반족, 두순족 등 기타 민족의 비율이 조금 더 높다.

정치

연방제 입헌군주국으로 헌법상 국가원수(국왕)는 페낭주, 믈라카주, 사바주, 사라왁주를 제외한 9개 주의 주왕(술탄) 가운데 1명을 5년마다 선출한다. 현재 국왕은 2019년에 취임한 파항주의 알-술탄 압둘라 리'아야투딘 알-무스타파 빌라 샤(Al-Sultan Abdullah Ri'ayatuddin Al-Mustafa Billah Shah)이다. 국왕은 총리와 내각 임명권, 군대 통솔권을 갖지만 실질적인 정치에는 참여하지 않는다. 실제 행정권은 의회를 책임지고 있는 내각과 내각의 수장인 총리에게 주어지며, 현재 총리는 2022년에 취임한 안와르 이브라힘(Anwar Ibrahim)이다.

경제

말레이시아는 주석, 천연고무, 목재, 팜유의 세계 최대 생산국이다. 1980년대 이후 산업화 정책에 힘입어 동남아시아에서 세 번째로 국민소득이 높은 국가로 성장했다. 2010년 제10차 경제개발계획을 발표하고 해외투자 유치 등 국가경쟁력을 높이기 위한 방법을 활발하게 모색하여 꾸준한 성장을 이어가고 있으며 IT, 관광, 첨단 테크놀로지 등 기술 집약적 산업과 서비스 분야도 집중적으로 육성하고 있다. 최근에는 원 말레이시아(One Malaysia) 캠페인과 경제개발계획 'Vision 2020'의 일환으로 정치, 사회, 문화, 경제 전반에 걸친 정책을 추진 중이다.

문화

언어와 종교가 다른 다양한 민족이 어울려 살아가는 말레이시아 문화는 지리적, 역사적 배경 속에서 오랜 세월에 걸쳐 형성된 결과물이다. 말레이시아에는 이슬람 모스크, 불교 사찰, 힌두교 사원, 그리고 교회와 성당까지 여러 종교 시설이 있고 각 종교의 축제를 모두 경험할 수 있다. 특히 종교 축제 때는 타 종교인을 초대해 즐기는 '오픈 하우스(Open House)'라는 행사를 개최하는데 여행객들도 함께 참여해 말레이시아 특유의 성숙된 관용의 문화를 체험할 수 있다.

비자

말레이시아에 관광을 목적으로 방문할 경우 최대 90일까지 무비자로 체류가 가능하다. 90일 이상 체류할 예정이라면 주한 말레이시아 대사관(p.526)을 통해 별도의 비자를 발급받아야 한다.

시차

한국보다 1시간 느리다.

말레이시아까지의 비행시간

인천 공항에서 쿠알라룸푸르 공항까지 직항편으로 약 6시간 20분 소요된다.

업무 시간

일반적으로 관공서는 월~금요일 08:00~17:30에 운영하며 토·일요일에는 쉰다. 은행은 우리나라와 다르게 토요일도 운영하는 지역이 있다. 상점과 레스토랑은 보통 오전 10시에 문을 열며 문 닫는 시간과 휴무일은 업소마다 다르다.

관공서	월~금요일 08:00~17:30
은행	월~목요일 09:15~16:30,
	금요일 09:15~16:00,
	토요일 11:00~14:00,
	일요일 휴무
	(동부 지역의 경우 금요일 휴무)
쇼핑몰	10:00~22:00, 연중무휴
숍	10:00~20:00
레스토랑	10:00~22:00

세금

2015년 4월에 도입된 GST 세율을 따르고 있다. GST(Good and Service Tax)란, 현지에서 거래되는 상품과 서비스에 대해 6%의 세금을 부과하는 것으로 우리나라의 부가가치세와 비슷한 개념이다.

통화

공식 명칭은 말레이시아 링깃(Ringgit Malaysia)이며 보통 링깃(RM)으로 표시한다. 보조 통화는 센(sen). 지폐는 100, 50, 20, 10, 5, 1링깃으로 6종류가 있고, 동전은 50, 20, 10, 5센으로 4종류가 있다.
1링깃=100센=약 285원(2023년 10월 기준).

기후

말레이반도는 열대성 기후에 속하며 연평균 기온 25~27℃, 연평균 강수량 2,000~2,500mm, 평균 습도 60~80%로 연중 고온다습한 편이다. 건기와 우기는 서말레이시아 동북부 일대와 사라왁 지역에서 뚜렷하게 나타나며 두 지역을 제외하면 대부분 잠깐 소나기가 내리는 정도여서 여행에 큰 지장을 주지 않는다.

물가

서울과 비슷하거나 조금 싼 편이다. 교통비, 식비 등은 서울보다 저렴하지만 담배와 술은 비싼 편이다. 캔커피 RM3~, 봉지 커피 RM10.50~, 캔맥주 RM7.70~, 과즙 음료 RM2.50~, 담배 RM16~, 맥도날드 햄버거 RM8~, 스타벅스 커피 RM12~, 점심 식사 RM15~, 저녁 식사 RM30~.

음료수

더운 나라인 만큼 여행 중 충분한 수분 보충은 필수다. 그러나 수돗물은 그리 안전하다고 할 수 없다. 호텔에서 제공하는 생수가 아니라면 가급적 끓인 물이나 편의점, 슈퍼마켓, 현지 상점 등에서 구입하도록 하자. 생수 가격은 500ml 기준 RM1.20~3이다.

빌딩 층수

영국식으로 세기 때문에 우리나라와 다르다. GF는 1층, 1F 또는 Level1은 2층을 나타낸다.

전압과 플러그

전압은 220V, 50Hz. 콘센트 플러그는 영국처럼 3구식을 사용한다. 우리나라 전기제품을 사용하려면 멀티플러그를 준비해가야 한다.

화장실

고급 호텔이나 대형 쇼핑몰 외에는 사용료(RM0.20~0.50)를 내야 하는 유료 화장실이 대부분이다. 휴지가 없는 경우가 많으므로 휴대용 티슈를 가지고 다니는 것이 좋다. 물을 내릴 때는 변기 옆에 연결된 호스를 사용한다.

우편 및 택배

우체국은 포스 말레이시아(POS MALAYSIA)라고 부르며 지역에 따라 차이가 있지만 보통 월~금요일 08:00~17:00에 운영한다. 쿠알라룸푸르에서 한국까지 편지나 엽서 등은 4~5일 정도 소요되며 요금은 RM0.60(20g 기준). 다른 지역의 경우 일주일 이상 걸리기도 한다. 중요한 서류나 소포를 신속하고 확실하게 보내고 싶다면 EMS, DHL, FedEx 등의 국제 택배를 이용한다.

전화 거는 방법

말레이시아에서 한국으로 걸 때
예) 서울의 02-1234-5678에 거는 경우

00	국제전화 접속번호
82	한국 국가번호
2	0을 뺀 지역번호
1234-5678	상대방 전화번호

한국에서 말레이시아로 걸 때
예) 쿠알라룸푸르의 03-1234-5678에 거는 경우

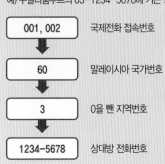

001, 002	국제전화 접속번호
60	말레이시아 국가번호
3	0을 뺀 지역번호
1234-5678	상대방 전화번호

전화

가장 쉽고 간단한 방법은 자신의 휴대폰을 사용하는 것이다. 로밍하거나 현지에서 SIM 카드를 구입해 자신의 휴대폰에 끼워 사용하면 된다. SIM 카드는 공항이나 쇼핑몰 내 휴대폰 매장 등에서 구입할 수 있으며 사용 기간과 데이터 용량에 따라 요금이 다르다. 여행자들이 주로 이용하는 업체는 맥시스(Maxis), 셀콤(Celcom), 디지(Digi) 등

이 있으며 지역마다 선호하는 업체가 조금씩 다르다. 공중전화는 동전이나 전화카드를 사용하는데 전화카드는 가까운 편의점에서 판매한다. 일부 공중전화는 신용카드 사용이 가능하다.

인터넷

여행자들이 많이 가는 부킷 빈탕과 잘란 알로 인근에 인터넷 카페가 있으며 스타벅스, 커피빈 등 커피체인점이나 최근 문을 연 레스토랑 등에서 인터넷을 무료로 이용할 수 있다. 대부분의 호텔에서는 무료로 인터넷 서비스를 제공하거나 별도로 비즈니스 센터를 운영하기도 한다. 여행자들이 애용하는 GO KL 시티 버스와 KL 홉온 홉오프 시티투어 버스 등에서도 무료로 인터넷을 이용할 수 있다. 인터넷 속도는 번화가일수록 빠른 편이며 이용 요금은 30분 기준 RM5 정도다.

긴급 연락처

경찰서, 구급차 999
화재 994

주 말레이시아 대한민국 대사관

주소 9 & 11 Jalan Nipah, Off Jalan Ampang, Kuala Lumpur
전화 603-4251-2336,
　　　(영사과 603-4251- 4904)
팩스 603-4252-1425,
　　　(영사과 603-4251-9066)
홈페이지 http://mys.mofa.go.kr

말레이시아 이민국(여권 관련)

주소 Presint 3, Putrajaya
전화 603-8092-6023
홈페이지 www.imi.gov.my

투어리스트 경찰서

주소 Malaysia Tourism Centre, 109 Jalan Ampang, Kuala Lumpur
전화 603-9235-4800
팩스 603-2162-1149

말레이시아 여행 언제 가면 좋을까?

서말레이시아와 동말레이시아로 나뉘어 있는 말레이시아는 지역에 따라 기후가 조금씩 다르다. 특히 강수량에서 상당한 차이를 보이는데, 여행자들이 즐겨 가는 지역의 날씨와 기온, 강수량을 살펴보고 여행 시기를 정해보자.

지역 \ 월	쿠알라룸푸르	믈라카	페낭	랑카위	코타키나발루	쿠칭
1월	☀☀☀	☀☀☀	☀☀☀	☀☀☀	☀	☂
2월	☀☀	☀☀☀	☀☀☀	☀☀☀	☀☀	☂
3월	☀	☀	☀☀	☀☀☀	☀☀	☁
4월	☁	☁	☁	☀☀☀	☁	☀☀
5월	☀☀	☀☀	☀☀	☁	☀☀☀	☀☀
6월	☁	☁	🌧	☁	☀☀	☀☀
7월	☁	☁	🌧	☁	☁	☀☀
8월	☀☀	☀☀	☁	☂	☁	☀☀
9월	☁	☁	🌧	☂	☁	☀☀
10월	☁	☁	🌧	☂	☂	☀
11월	☁	☀☀	☁	☀☀☀	🌧	☁
12월	☁	☀☀	☀☀☀	☀☀☀	☁	☂
참고	서말레이시아 중심부에 위치한 쿠알라룸푸르나 셀랑고르는 일 년 내내 여행을 하기에 좋다. 우기 시에도 잠시 소나기가 내리는 정도여서 여행을 즐기는 데 문제는 없다.	믈라카, 조호르바루가 속한 서말레이시아의 남부 지역은 11월부터 3월까지가 여행을 하기 좋은 시기이다. 4월부터 10월까지는 비가 자주 내린다.	서말레이시아의 서북단에 위치한 조지타운과 바투 페링기를 포함한 페낭 지역은 12월부터 3월까지 여행을 하기에 가장 좋고 5월부터 9월까지는 비가 자주 내린다.	11월부터 7월까지가 여행의 적기. 특히 12월부터 2월까지는 일조량이 많고 날씨가 더워 해수욕을 즐기거나 섬 여행을 떠나기 좋다. 8월부터 10월까지는 우기로 비가 자주 내린다.	코타키나발루는 1월부터 5월까지가 여행을 하기에 가장 좋고 6월부터 12월까지는 비가 자주 내린다. 비가 와도 짧게 내리는 소나기여서 여행하는 데 지장을 주지 않는다.	4월부터 10월까지가 여행을 하기에 가장 좋고 11월부터 3월까지는 일주일 이상 연속해서 비가 내리는 우기에 해당한다. 우기 시에는 가급적 여행을 피하는 것이 좋다.

☀ ☀ ☀ 최고 좋음 / ☀ ☀ 좋음 / ☁ 보통 / 🌧 흐리고 가끔 비 / ☂ 우기

● 지역별 기온과 강수량

쿠알라룸푸르 기온과 강수량

셀랑고르 기온과 강수량

이포 기온과 강수량

믈라카 기온과 강수량

조호르바루 기온과 강수량

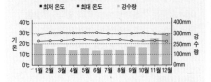

랑카위 기온과 강수량

페낭 기온과 강수량

코타키나발루 기온과 강수량

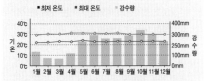

쿠칭 기온과 강수량

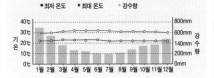

지역별 기후를 체크하자!

말레이시아는 같은 시기에도 전혀 다른 기후가 나타나곤 한다. 예를 들어 쿠알라룸푸르가 우기로 접어드는 10월, 랑카위는 건기다. 여행을 떠나기 전 지역 별 기후를 참고해 일정을 짜면 즐거운 여행이 가능하다. 우기라고 해도 계속해서 비가 내리는 것이 아니라 강하게 쏟아지다 그치는 정도다.

말레이시아와 이슬람교 이해하기

이슬람교

말레이시아의 국교는 이슬람교로 인구의 60% 이상이 이슬람교를 믿는다. 이슬람교 신자를 무슬림(Muslim)이라 하는데, 무슬림은 육신오행(六信五行)의 실천을 신앙적 중심으로 삼아 이슬람 율법에 따라 행동하고 규율을 지키며 살아간다. 육신오행이란 이슬람교도가 지켜야 할 여섯 가지 믿음과 다섯 가지 신앙 행위를 말한다. 육신은 알라, 천사, 코란, 예언자 마호메트, 내세, 운명을 믿는 것이고, 오행은 신앙 고백, 하루 5번의 예배, 이슬람 달력으로 9월 한 달간 단식, 가난한 사람을 위한 희사, 성지 순례를 하는 것을 뜻한다.

종교 관습과 에티켓

말레이시아를 여행할 때는 이슬람교의 계율을 존중하고 최소한의 예의를 지키는 것이 중요하다. 특히 이슬람 사원을 방문할 때는 금요일이나 예배 시간을 피해 방문하고, 사원 안으로 들어갈 때는 피부가 노출된 복장을 피하며 사진 촬영 등은 허용된 공간에서만 한다. 보통 사원 입구에서 여행자를 위해 옷이나 모자 등을 대여해준다. 무슬림 여성들은 공식적인 장소는 물론 집에서도 머리와 몸을 가릴 수 있는 옷을 입어야 하는데 머리에 두르는 두건은 투동(Tudong) 또는 스렌당(Selendang)이라 하며, 발목까지 내려오는 긴 옷은 주바(Jubah)라고 한다.

음식

말레이시아의 무슬림들은 이슬람 율법에 따라 도축하거나 수확한 할랄(Halal) 재료를 이용한 요리만 먹을 수 있다. 할랄이란, 아랍어로 '허용된 것'이라는 뜻인데 무슬림이 믿고 먹거나 쓸 수 있는 제품을 증명한 것이다. 말레이시아 대부분의 할랄 음식이나 제품, 업체들은 철저한 인증 절차를 통과한 것이다. 반대로 무슬림에게 금지된 음식이나 제품은 '하람(Haram)'이라 한다. 무슬림들은 돼지고기를 부정하게 여겨 먹지 않지만, 중국계나 인도계 식당에서는 허용하고 있다.

금기 사항

왼손은 부정하다고 여기므로 식사를 하거나 악수를 할 경우 반드시 오른손을 사용한다. 또한 아이들의 머리를 쓰다듬거나 만지지 않도록 주의한다. 사람이나 사물을 가리킬 때는 엄지손가락을 이용해 가리키고, 말레이시아의 정치나 왕을 화제로 삼거나 정부를 비판하는 말은 하지 않도록 한다.

술과 담배

이슬람교에서는 술과 담배를 금지하고 있다. 그래서 이슬람 색채가 강한 동북부 지역에서는 술과 담배를 팔지 않는 경우가 많다. 술과 담배가 필요할 경우 중국계 주민들이 상권을 이룬 곳의 상점이나 식당 등을 방문하면 된다.

말레이시아의 역사

말레이시아의 시작

말레이시아 최초의 국가는 믈라카 왕국으로 시작되었다. 1405년 수마트라 팔렘방의 파라메스와라 왕자가 작은 어촌 마을인 믈라카에 정착한 것이 시초였으며, 믈라카를 거점으로 해상무역을 발전시켜 전 세계에 믈라카 왕국의 존재를 알렸다.

포르투갈 식민지 시대

성공적인 해상무역을 바탕으로 믈라카 왕국은 지금의 인도네시아 제도를 중심으로 동부의 여러 국가로부터 후추 등의 향신료를 유럽에 수출한다. 해상무역항에서 중계무역항으로 번영을 이루었으며 전성기에는 4천여 명의 외국 상인과 80개국 이상의 언어가 통용될 만큼 위상을 떨치기도 했다. 당시 동남아시아 진출을 모색하던 서구 열강은 믈라카를 주목하게 되고, 1511년 포르투갈이 가장 먼저 믈라카를 공격한다. 한 달간의 공격 끝에 믈라카는 포르투갈에 함락되고 만다.

네덜란드 식민지 시대

1641년 네덜란드군은 조호르주의 병사들과 함께 포르투갈군을 격파하고 협력에 대한 대가로 18세기 후반까지 믈라카를 지배한다. 이후 150여 년 동안 믈라카는 정치, 문화, 경제적으로 큰 번영을 누린다.

영국 식민지 시대

말레이시아에 영국의 영향력이 끼치게 된 것은 1786년의 일이다. 지금의 페낭, 랑카위 인근 케다주의 술탄은 태국과 미얀마의 세력을 견제하기 위해 영국에 호위를 의뢰한다. 영국은 그 대가로 페낭을 인도받고 이를 시작으로 말레이 남부 지역으로 세력을 넓혀 믈라카까지 얻기 위해 기회를 노린다. 그 사이 유럽 열강의 식민지 쟁탈전이 종식을 맞고 결국 영국은 네덜란드의 식민지였던 믈라카를 손에 넣는다. 이후 페낭과 믈라카를 포함한 말레이 남부 지역은 제2차 세계대전이 발발하기 전까지 영국의 지배를 받게 된다. 한편 지금의 동말레이시아인 보르네오섬에서는 1841년 영국의 탐험가 제임스 브룩이 사라왁주 원주민들을 보호한다는 명목으로 브루나이 술탄으로부터 왕(라자)으로 임명되기도 했다.

일본의 지배와 독립

1941년에 발발한 태평양 전쟁으로 일본군은 말레이반도를 점령한다. 이후 싱가포르까지 세력을 뻗쳐 1945년 패망하기 전까지 약 3년 반 동안 말레이반도와 싱가포르를 통치한다. 패망 후 일본군은 퇴각했지만 다시 영국의 지배를 받게 된다.

영국은 말라야 연합(Malayan Union)을 수립하여 각 민족에게 평등한 권리를 주는 정책을 추진하지만 실패하고 1948년 말레이인들에게 특권을 주는 협정을 맺게 된다. 그 후 1957년 8월 31일 말라야 연방은 완전한 독립을 선언한다.

초대 총리였던 압둘 라만은 말라야 연방과 싱가포르, 브루나이, 사바, 사라왁으로 구성된 말레이시아 연방을 결성하고자 했으나 브루나이의 반대로 1963년 브루나이를 제외한 말레이시아 연방을 설립한다. 하지만 그것도 잠시 말레이인들의 특권에 반발한 싱가포르가 분리, 독립하게 된다. 이후 현재까지 말레이시아는 말라야 연방과 사바, 사라왁으로 구성된 연합 국가로서 역사를 이어오고 있다.

우리나라에서 말레이시아 가는 법

현재 우리나라와 말레이시아를 잇는 직항 노선은 인천-쿠알라룸푸르, 인천-코타키나발루, 인천-조호르바루가 있다. 인천 국제공항과 김해 국제공항에서 말레이시아로 갈 수 있는 항공편이 다수 운항 중이다. 공항에는 비행기 출발 시간보다 최소 3시간 전에 도착하도록 하자.

인천 국제공항에서 말레이시아 가는 법

인천 국제공항에서는 말레이시아로 가는 대부분의 항공편을 이용할 수 있다. 말레이시아항공, 대한항공, 에어아시아 등이 인천-쿠알라룸푸르 직항 노선을 운항 중이며 외국계 항공사가 경유 노선을 운항하고 있다. 인천-쿠알라룸푸르 노선은 매일 오전·오후에 출발하며, 인천-코타키나발루 노선은 아시아나항공과 저가항공사인 이스타항공, 진에어, 제주항공 등이 매일 오후에 출발한다. 대한항공을 비롯해 진에어, 에어서울 등 여러 항공사가 인천-조호르바루 노선을 신설해 매일 운항 중이다.

인천 국제공항

전화 1577-2600
홈페이지 www.airport.kr

김해 국제공항에서 말레이시아 가는 법

아시아나항공, 에어아시아가 직항 노선을 운항하고 일부 외국계 항공사(베트남항공, 타이항공, 캐세이퍼시픽)가 경유 노선을 운항하고 있다. 김해-쿠알라룸푸르 노선은 에어아시아가 매주 3회(월·수·금요일) 운항한다.

김해 국제공항

전화 1661-2626
홈페이지 www.airport.co.kr/gimhae

국제선 주요 항공사 홈페이지
직항편
말레이시아항공 www.malaysiaairlines.com
대한항공 kr.koreanair.com
에어아시아 www.airasia.com

경유편
에바항공 www.evaair.com
싱가포르항공 www.singaporeair.com
중화항공 www.china-airlines.co.kr
가루다항공 www.garuda-indonesia.com/kr
베트남항공 www.vietnamairlines.com/ko
타이항공 www.thaiair.co.kr
캐세이퍼시픽 www.cathaypacific.com/kr

주요 항공 스케줄

말레이시아항공(인천 ↔ 쿠알라룸푸르)

출발지	출발일	출발 시간	도착 시간
인천	매일	11:00	16:35
쿠알라룸푸르	매일	23:15	06:30(+1일)

대한항공(인천 ↔ 쿠알라룸푸르)

출발지	출발일	출발 시간	도착 시간
인천	매일	16:35	21:55
쿠알라룸푸르	매일	23:15	06:30(+1일)
쿠알라룸푸르	매일	23:55	07:15(+1일)

에어아시아(인천 · 김해 ↔ 쿠알라룸푸르)

출발지	출발일	출발 시간	도착 시간
인천	매일	07:25	12:55
인천	매일	19:20	00:50(+1일)
쿠알라룸푸르	매일	22:20	06:10
김해	월 · 수 · 금요일	11:00	16:30
쿠알라룸푸르	월 · 수 · 금요일	02:55	09:45

※ 저가 항공사의 경우 스케줄과 실제 비행시간이 달라질 수 있고 사전 공지 없이 변경될 수 있으므로 출발 전에 다시 한번 확인하도록 한다.

말레이시아 입국하기

우리나라 여행자는 출입국신고서를 작성하지 않고, 지문 채취와 여권 제시만으로 간단하게 말레이시아 입국 심사를 한다. 간단한 과정이지만 시간이 오래 걸리는 경우가 있으니 염두에 둘 것. 입국 심사 후에는 수하물을 찾고 세관 검사를 한 후, 입국장 밖으로 나오면 된다.

STEP 1 공항 도착

공항에 도착하면 기내에 들고 탄 짐을 챙긴 후 입국 심사장으로 이동한다. 쿠알라룸푸르 공항의 경우 KLIA와 KLIA2 등 항공사에 따라 도착 터미널이 다르다. KLIA에 도착하는 경우 새틀라이트 터미널 빌딩에서 에어로트레인(Aerotrain)을 타고 메인 터미널 빌딩으로 이동해야 한다.

입국 심사장(Immigration) 표시를 따라 약 5분 정도 걸어가면 입국 심사장이 나온다. 도착홀(Arrival Hall)이라고 적힌 이정표를 따라 가면 입국 심사장에 도착한다.

STEP 2 입국 심사

입국 심사는 비교적 간단히 진행된다. 외국인 전용 심사대(Foreign Passport)라고 표시된 라인에 줄을 서서 차례를 기다린다. 자신의 차례가 되면 입국 심사관에게 여권을 제시하고 지시에 따라 데스크 우측 또는 좌측의 지문 등록 기계에 양손 검지를 올려놓으면 된다. 지문 등록을 마치면 입국 심사가 끝난다. 여권을 돌려받고 수하물을 찾은 후 세관을 통과해 밖으로 나오면 된다.

STEP 3 수하물 찾기

입국 심사가 끝나면 수하물을 찾으러 이동한다. 항공기 편명이 표시된 컨베이어 벨트에서 자신의 짐이 나오기를 기다렸다가 찾으면 된다. 만약 한참 기다려도 짐이 나오지 않으면 수하물 카운터에 가서 항공권에 붙어 있는 수하물 보관증을 보여주고 문의하자. 수하물 카운터 옆에는 KL 센트럴역까지 운행하는 공항철도(KLIA 익스프레스) 매표소도 있으므로 필요한 경우 이곳에서 구입할 수 있다.

STEP 4 세관 검사

짐을 찾은 후 세관(Customs) 카운터로 이동한다. 신고할 물품이 없는 경우 녹색 면세용(Nothing To Declare), 신고할 물품이 있는 경우 빨간색 과세용(Goods To Declare) 카운터를 통과한다.

STEP 5 시내로 이동

세관 검사를 마치고 입국장으로 나오면 도착홀이다. 패키지 여행자라면 현지 여행사 직원의 안내를 받으면 되고, 자유 여행자라면 공항철도, 공항버스, 택시 등을 이용해 시내로 이동하면 된다.

말레이시아 주요 공항 가이드

말레이시아에는 총 5개의 국제공항(쿠알라룸푸르, 페낭, 랑카위, 코타키나발루, 쿠칭)이 있다. 그중 우리나라에서 직항편으로 갈 수 있는 곳은 쿠알라룸푸르 국제공항과 코타키나발루 국제공항이므로 두 공항에 대한 간략한 소개와 시내로 이동하는 방법을 알아보자.

쿠알라룸푸르 국제공항
Kuala Lumpur International Airport

1988년에 개항한 쿠알라룸푸르 국제공항(KLIA, Kuala Lumpur International Airport)은 쿠알라룸푸르에서 남쪽으로 약 50km 떨어진 셀랑고르주의 세팡(Sepang) 지역에 자리하고 있다. '숲속의 공항'을 테마로 건설되었기에 나무로 둘러싸인 공항 터미널이 매우 인상적이다. 공항 내 터미널은 KLIA(제1터미널)과 KLIA2(제2터미널)로 나뉜다. 대한항공과 말레이시아항공을 포함한 외국계 항공사는 KLIA에 도착하며, 에어아시아는 전용 터미널인 KLIA2에 도착한다. 두 터미널은 약 2.5km 떨어져 있어 공항철도나 셔틀버스로 이동할 수 있다. 셔틀버스는 05:30~23:50에 30분 간격으로 운행하며, 요금은 RM1~2.

공항 홈페이지 www.klia.com.my

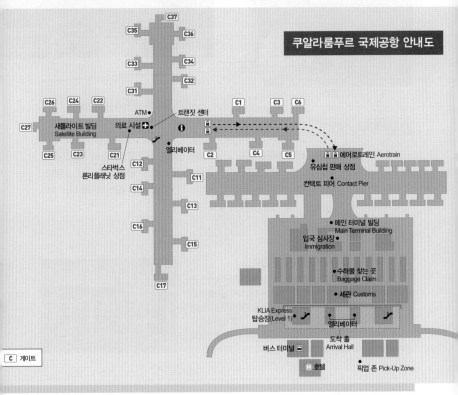

쿠알라룸푸르 국제공항 안내도

C37
C35 C36
C33 C34
C31 C32
C26 C24 C22   C1 C3 C6
C27 새틀라이트 빌딩 Satellite Building   ATM • 트랜짓 센터
C25 C23 C21 의료 시설 ✚
   엘리베이터
스타벅스 론리플래닛 상점
C12
C14 C11
C13
C16
C15
C17

C2 C4 C5 🚆🚆 에어로트레인 Aerotrain
유심칩 판매 상점
컨택트 피어 Contact Pier

• 메인 터미널 빌딩 Main Terminal Building
입국 심사장 • Immigration
• 수하물 찾는 곳 Baggage Claim
• 세관 Customs
KLIA Express 탑승장(Level 1)   엘리베이터
도착 홀 Arrival Hall
버스 터미널 🚌
🏨 호텔   ■ 픽업 존 Pick-Up Zone

C 게이트

KLIA(제1터미널)

대한항공, 말레이시아항공, 외국계 항공사를 이용하는 경우 KLIA에 도착한다. KLIA는 메인 터미널 빌딩과 새틀라이트 터미널 빌딩으로 구성되어 있다. 메인 터미널 빌딩에는 국내선·국제선 체크인 카운터와 출입국 심사대, 세관 등의 시설이 있다. 새틀라이트 터미널 빌딩은 국제선 터미널로 저가 항공사를 제외한 모든 비행기가 발착한다. 새틀라이트 터미널 빌딩에 도착하면 무료 셔틀 열차인 에어로트레인 (Aerotrain)을 타고 메인 터미널 빌딩으로 이동한다. 메인 터미널에 도착해 입국 심사장 (Immigration) 표시를 따라 약 5분 정도 걸어가면 입국 심사장이 나온다.

KLIA2(제2터미널)

저가 항공사 전용 터미널로 에어아시아를 이용하는 경우 KLIA2에 도착한다. 2014년에 대규모 복합 쇼핑몰인 gateway@klia2가 들어서 더욱 쾌적해졌다. 비행기에서 내려 입국 심사장이 있는 메인 터미널까지는 도보로 약 20분 걸린다. 만약 에어아시아를 타고 다른 도시로 이동할 예정이라면 탑승 수속 전에 셀프 체크인 기계에서 보딩 패스를 발급받은 후 국내선 출국홀을 통해 출국 심사를 받고 해당 게이트로 이동한다. 게이트까지 다소 거리가 있으니 여유 있게 도착하도록 하자.

쿠알라룸푸르 공항에서 시내로 가기

공항철도, 공항버스, 택시 등을 이용한다. 가장 빠른 방법은 공항철도인 KLIA 익스프레스, 가장 저렴한 방법은 공항버스를 타는 것이다. 일행이 3명 이상일 경우에는 택시를 타는 것이 경제적이다.

Tip 국제선에서 국내선으로 환승할 경우

페낭, 랑카위, 코타키나발루 등으로 갈 때는 쿠알라룸푸르 공항에서 국내선으로 환승해야 한다. 메인 터미널에서 입국 심사를 받은 후 환승로를 따라 국내선 출발 게이트로 가면 된다. 만약 메인 터미널이 아닌 출국장으로 나갔다고 해도 걱정할 필요는 없다. 공항 직원에게 티켓을 보여주면 다시 입국장으로 들어올 수 있다. 에어아시아를 이용할 경우에는 KLIA2로 이동해야 한다.

공항철도 KLIA, KLIA2에서 KL 센트럴역까지 논스톱으로 운행하는 KLIA 익스프레스와 6개 역에 정차하는 KLIA 트랜짓이 있다. 요금은 동일하므로 더 빨리 갈 수 있는 KLIA 익스프레스를 이용하는 것이 효율적이다. KL 센트럴역에서는 모노레일, 택시 등을 이용해 원하는 곳으로 이동하면 된다.

● KLIA 익스프레스 KLIA Ekspres

노선 정보

KLIA2 ──→ KLIA ──→ KL 센트럴
　(4분)　　(28분)

시내로 가는 가장 빠른 교통수단. 공항과 KL 센트럴역을 연결하는 공항철도로 KLIA2,
KLIA, KL 센트럴 총 3개 역에서만 정차한다. 15~20분 간격(자정 이후에는 30분 간격)으로 운행하며 총 33분 걸린다. 티켓은 홈페이지 또는 공항 내 수하물 수취대나 자동발매기, 승차장 등에서 구입할 수 있다. 열차 내에서 무선 인터넷과 포터 서비스를 이용할 수 있다.

운행(첫차/막차) KLIA2 04:55/00:00, KLIA 05:00/00:05, KL센트럴 05:00/24:00
요금 편도 어른 RM55, 어린이(2~12세) RM25
왕복 어른 RM100, 어린이 RM45
홈페이지 www.kliaekspres.com

● KLIA 트랜짓 KLIA Transit

노선 정보

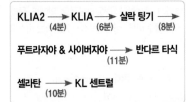

KLIA2 ──→ KLIA ──→ 살락 팅기 ──→
　(4분)　　(6분)　　　(8분)
푸트라자야 & 사이버자야 ──→ 반다르 타식
　　　　　　　　(11분)
셀라탄 ──→ KL 센트럴
　(10분)

KLIA 익스프레스와 달리 총 6개 역에서 정차해 구간별 이용이 가능하다. 예를 들어 KLIA2에서 KLIA로, KLIA에서 KLIA2로 이동할 때 RM2의 요금으로 이용할 수 있다. 20~30분 간격으로 운행하며 KL 센트럴 역까지 총 39분 걸린다. 티켓은 공항 내 수하물 수취대나 자동발매기, 승차장 등에서 구입할 수 있다.

운행(첫차/막차) KLIA2 05:18/00:30, KLIA 05:22/00:34, KL센트럴 05:03/00:03
요금 편도 어른 RM55, 어린이(2~12세) RM25
왕복 어른 RM100, 어린이 RM45
홈페이지 www.kliaekspres.com

공항버스 시내로 가는 가장 저렴한 교통수단. KLIA, KLIA2의 버스 정류장 위치도 다르고 버스 회사도 다르다. 보통 KL 센트럴역과 시내 주요 버스 터미널까지 운행하며, 주요 호텔까지 연계하는 미니버스 서비스를 제공하기도 한다.

● KLIA에서 탈 경우

입국장에서 나와 오른쪽에 있는 에스컬레이터를 타고 2층으로 내려가 주차장 연결 통로로 가면 버스 승차장 안내판이 보인다. 안내판을 따라 1층으로 내려가면 승차장이 나온다. 티켓은 티켓 카운터에서 구입하며, 원하는 목적지를 말하면 요금과 출발 시간을 알려준다. 버스 회사마다 종착지가 조금씩 다른데 보통 KL 센트럴역, 차이나타운 근처의 푸두 센트럴 버스 터미널, 두타 버스버미널까지 운행한다. 쿠알라룸푸르 외에도 믈라카, 조호르바루, 싱가포르까지 운행하는 버스도 있다.

• 에어포트 코치 Airport Coach

노선 KLIA ↔ KL 센트럴
운행 03:30~00:30(30분 간격)
소요 시간 60분
요금 편도 RM15

• 스타 셔틀 Star Shuttle

노선 KLIA ↔ 푸두 센트럴 버스 터미널
운행 05:00~02:15
요금 및 소요 시간 푸두 센트럴 버스 터미널 · 차이나타운 편도 RM15~(70~80분 소요), 부킷 빈탕 · KLCC · 쿠알라룸푸르 시티 인근 호텔 RM20~(80~90분 소요)
홈페이지 www.starwira.com

● KLIA2에서 탈 경우

입국장에서 나와 gateway@klia2 건물로 이동해 엘리베이터를 타고 L1층으로 내려가면 버스 승차장이 나온다. KL 센트럴역까지 운행하는 버스도 있고, 차이나타운에서 내려 시내 주요 호텔까지 미니버스 서비스를 제공하는 회사도 있다. 버스 카운터에서 직원에게 호텔 이름을 말하거나 바우처, 주소 등을 보여주면 안내해준다. 탑승 시 운전사에게 다시 한번 확인하는 것이 좋다.

• 에어로버스 Aerobus

노선 KLIA2 ↔ KL 센트럴
운행 04:30~02:30(30분 간격)
소요 시간 60분
요금 편도 M12
홈페이지 aerobus.com.my

• 스타 셔틀 Star Shuttle

노선 KLIA2 ↔ 푸두 센트럴 버스 터미널
운행 05:15~02:00
요금 및 소요 시간 푸두 센트럴 버스 터미널 · 차이나타운 편도 RM12(70~80분 소요), 부킷 빈탕 · KLCC · 쿠알라룸푸르 시티 인근 호텔 RM20(80~90분 소요)
홈페이지 www.starwira.com

택시

택시는 다른 교통수단에 비해 요금이 비싸지만 일행이 3명 이상이라면 이용해볼 만하다. 쿠알라룸푸르의 택시는 보통 미터제로 운행하지만, 일반 택시와 고급 택시로 나뉜다. 택시에 따라 요금 체계가 다르므로 목적지별 정액 요금제로 운행하는 쿠폰 택시를 이용하는 것이 안전하다. 입국장에서 나오기 전 쿠폰 택시 카운터가 있다. 목적지와 인원수, 짐 개수를 말하고 요금을 지불하면 쿠폰을 발급해준다. 택시 승강장으로 가서 쿠폰을 보여주고 택시를 이용하면 된다. 쿠알라룸푸르 시내까지의 요금은 보통 RM75~1000이며 심야(자정~06:00)에는 할증 요금이 적용된다. 택시에 대한 자세한 정보는 p.125 참조.

코타키나발루 국제공항
Kota Kinabalu International Airport

말레이시아에서 두 번째로 큰 공항으로 보르네오섬 북동쪽에 위치해 있다. 우리나라에서 코타키나발루까지는 직항편이 운항된다. 공항은 터미널 1과 터미널 2로 나뉘어 있으며, 두 터미널을 연결하는 셔틀버스가 08:00~19:30에 1시간 간격으로 운행한다.

공항 홈페이지 www.malaysiaairports.com.my

터미널 1 Terminal 1

우리나라에서 출발하는 직항편인 아시아나항공, 진에어, 이스타항공 등은 터미널 1에 도착한다. 항공편에 따라 도착 시간이 다르지만 대부분 늦은 밤에 도착하기 때문에 시내로 이동하는 교통수단은 택시가 유일하다(공항버스는 오후 7시에 종료).

터미널 2 Terminal 2

에어아시아를 이용할 경우 터미널 2에 도착한다. 쿠알라룸푸르나 쿠칭 등 말레이시아 각 도시를 연결하는 국내선과 일부 국제선(발리, 필리핀)을 운항한다.

코타키나발루 공항에서 시내로 가기

공항택시 공항택시는 목적지별 정액 요금이 적용된다. 공항 내에 있는 에어포트 택시(Airport Taxi) 카운터에서 목적지(호텔명 또는 주소)를 말하고 요금을 지불하면 티켓을 발급해준다. 티켓을 들고 공항 밖으로 나가 왼쪽으로 가면 택시 승강장이 나온다. 심야(자정~06:00)에는 50% 할증 요금이 적용된다.

목적지	요금
코타키나발루 시내	RM30
수트라하버 리조트	RM30
원 보르네오 하이퍼몰	RM50
넥서스 리조트	RM75

공항버스 터미널 1과 터미널 2에서 시내로 가는 공항버스가 있다. 버스는 주요 호텔에 내려주는 게 아니라 시내 중심에서 약간 떨어진 와와산 플라자(Wawasan Plaza) 건너편에서 내려주기 때문에 이용률이 낮은 편이다. 운행 시간은 08:00~19:00이며 요금은 어른 RM5, 어린이 RM3.

말레이시아 국내 교통

말레이반도(서말레이시아)와 보르네오섬 북부(동말레이시아)에 나뉘어 있는 말레이시아는 육해공을 아우르는 다양한 교통수단이 있다. 항공편을 이용해 각 지역으로 이동할 수 있을 뿐만 아니라 내륙 지역은 철도와 장거리 버스 등을 이용해 여행을 즐길 수 있다. 다소 복잡할 수 있는 말레이시아 국내 교통을 알아보자.

비행기

서말레이시아는 물론 동말레이시아까지 도시 간 항공 노선이 촘촘히 연결되어 있어 편리하다. 특히 동말레이시아의 몇몇 지역은 육로가 없어 비행기가 유일한 이동 수단이다. 국내선 대표 항공사로는 말레이시아항공, 에어아시아, 파이어플라이 등이 있다. 항공사에 따라 이용하는 공항이 다르므로 유의해야 한다. 예를 들어 쿠알라룸푸르의 경우 말레이시아항공은 KLIA 국내선 탑승장을, 에어아시아는 KLIA2을 이용하며 파이어플라이는 수방 공항을 이용한다.

국내선 주요 항공사 홈페이지

말레이시아 항공 www.malysiaairlines.com
에어아시아 www.airasia.com
파이어플라이 www.fireflyz.com.my
말린도에어 www.malindoair.com

수방 공항 Subang Airport

정식 명칭은 술탄 압둘 아지즈 샤 공항(Sultan Abdul Aziz Shah Airport)으로 쿠알라룸푸르 시내에서 약 19km 떨어진 수방 자야(Subag Jaya) 지역에 위치해 있다. 파이어플라이(Firefly), 베르자야 항공(Berjaya Air), 말린도에어(Malindo Air) 등이 국내선과 일부 국제선 노선을 운항하고 있다.

Tip

• 공항 이용 시 주의사항

국내선 체크인은 출발 1시간 전부터 시작해 이륙하기 30분 전에 마감된다. 교통 혼잡 등을 고려해 최소 1시간 30분 전까지 공항에 도착할 수 있도록 여유 있게 움직이자. 국내선도 여권을 지참해야 하는 지역이 있으므로 꼭 챙기도록 한다.

• 에어아시아 셀프 체크인

화면에서 체크인 버튼을 누른 후 자신의 예약번호를 입력하고 확인 버튼을 누르면 보딩 패스가 발권된다. 보딩 패스를 가지고 해당 카운터에 가서 짐을 부치면 된다. 에어아시아는 항공권 등급에 따라 수하물 무게가 정해져 있다. 해당 무게를 초과하면 추가 요금이 부가되므로 유의하자. 필요한 경우 항공권 발권 시 수하물 무게를 상향 조정할 수 있다(유료).

철도

말레이반도를 따라 이어진 철로들은 말레이시아가 아니면 느껴보기 어려운 멋진 풍경을 자랑한다. 현지인들에게는 중요한 교통수단으로 여행자에게는 여행의 또 다른 매력을 선사하는 기차 여행을 꼭 한번 해보기를 권한다.

말레이시아 철도 홈페이지 www.ktmb.com.my

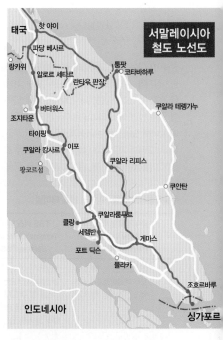

서말레이시아 철도 노선도

태국 / 핫 야이 / 파당 베사르 / 랑카위 / 알로르 세타르 / 란타우 판장 / 툼팟 / 코타바하루 / 버터워스 / 조지타운 / 쿠알라 테렝가누 / 타이핑 / 이포 / 쿠알라 캉사르 / 팡코르섬 / 쿠알라 리피스 / 쿠안탄 / 클랑 / 쿠알라룸푸르 / 세렘반 / 게마스 / 포트 딕슨 / 믈라카 / 조호르바루 / 인도네시아 / 싱가포르

KTM Intercity

기존에 운영되었던 남북선, 동남선이 개편되어 현재는 KTM Intercity라는 이름으로 말레이반도 최남단 조호르바루(Johor Bahru)에서 게마스(Gemas), 북단으로는 파당 베사르(Padang Besar)와 동부의 툼팟(Tumpat)까지 연결하는 노선을 운행하고 있다. 운행 중인 노선은 조호르바루에서 게마스, 게마스에서 파당 베사르를 잇는 노선과 게마스를 거쳐 동부 툼팟을 연결하는 동부 노선으로 나뉜다.

게마스역은 동부로 가는 노선을 갈아탈 수 있는 환승역이자 KL 센트럴(KL Sentral), 이포(Ipoh) 등 북부 지역으로 운행하는 고속열차 ETS를 탈 수 있는 곳이기도 하다.

조호르바루 – 싱가포르 셔틀 트레인 Shuttle Train

말레이시아 조호르바루와 싱가포르 우드랜즈를 오가는 셔틀 트레인이 운행하고 있다.

운영(첫차/막차) JB 센트럴역 기준 05:00/22:45(30~90분 간격), 우드랜즈 기준 08:30/23:45(75분 간격)
요금 조호르바루 출발 시 편도 RM5, 왕복 RM10, 우드랜즈 출발 시 편도 SG$5, 왕복 SG$10

쿠알라룸푸르 – 이포 ETS열차

최대 140km로 달리는 고속열차로 게마스를 출발해 쿠알라룸푸르의 KL 센트럴역, 이포, 타이핑 등을 거쳐 파당 베사르까지 운행한다. 열차는 세 가지 등급인 플래티늄, 골드, 실버로 나뉘며, 우리나라의 새마을호 열차와 비슷한 수준으로 식당 칸과 냉방 시설 등이 완비되어 있다. 1일 19회 운행한다.

요금 1인 RM26~37

시외버스

말레이시아는 도로 교통망이 잘 정비되어 있어 중·장거리 시외버스를 이용해 편리하게 여행을 즐길 수 있다. 공항이나 기차역은 시내 외곽에 있는 반면 버스 터미널은 대부분 시내 중심에 위치해 있어 원하는 목적지로의 이동이 수월하다. 요금도 저렴하고 냉방 시설도 잘 갖추고 있어 이용률이 높은 편. 쿠알라룸푸르를 중심으로 지역마다 버스 터미널이 잘 연계되어 있어 초보 여행자도 쉽게 이용할 수 있다.

쿠알라룸푸르의 중·장거리 버스 터미널

	푸두 센트럴 버스 터미널 Pudu Sentral Bus Terminal (Puduraya)	TBS 버스 터미널 Terminal Bersepadu Selatan (TBS)	두타 버스 터미널 Duta Bus Terminal (Hentian Duta)	페켈리링 버스 터미널 Pekeliling Bus Terminal
특징	2023년 현재, 매표소는 모두 폐쇄되었고 일부 지역 노선만 운영 중이다.	서말레이시아 동부 지역과 남부 지역으로 가는 버스를 탈 수 있다. 쿠알라룸푸르 시내 중심에서 멀리 떨어져 있는 것이 흠이다.	서말레이시아 북부 지역으로 가는 버스를 탈 수 있다. 말레이시아 최대 버스 회사 트랜스내셔널의 코치 버스가 주를 이룬다.	서말레이시아 동부 해안 지역으로 가는 버스를 탈 수 있다. 시내에서 멀지 않은 티티왕사역 근처에 위치해 있다.
주요 이동 지역	KILA, KLIA2, KL센트럴(KL Sentral), 세렘반(Seremban), 키앙 센트럴(Kiang Central)	믈라카(Melaka), 조호르바루(Johor Bahru), 머르싱(Mersing), 싱가포르(Singapore), 쿠알라 테렝가누(Kuala Terengganu), 파항(Pahang), 코타바루(Kota Bahru), 툼팟(Tumpat), 페낭(Penang), 이포(Ipoh)	쿠알라 테렝가누(Kuala Terengganu), 쿠안탄(Kuantan), 타나 메라(Tanah Merah), 둥군(Dungun), 코타 바루(Kota Bahru), 쿠알라 페리스(Kuala Perlis)	켈란탄(Kelantan), 파항(Pahang), 쿠안탄(Kuantan), 쿠알라 테렝가누(Kuala Terengganu), 타만 네가라(Taman Negara)
찾아 가기	차이나타운에서 도보 5분 거리인 잘란 푸두 거리에 있다.	KL 센트럴역에서 KTM 커뮤터로 20분, 반다르 타식 셀라탄(Bandar Tasik Selatan)역과 연결되어 있다.	잘란 두타 인근의 하키 경기장 옆에 있다. 시내에서 택시를 이용한다.	티티왕사역에서 도보 5분 또는 시내에서 택시를 이용한다.

 트랜스내셔널 Transnasional

말레이시아 최대 규모의 버스 회사로 말레이시아 전역과 쿠알라룸푸르 국제공항 등을 연결한다. 운행 편수가 많고 쾌적하며 최신 시설을 자랑하는 버스를 보유하고 있다.
홈페이지 www.transnasional.com.my

승차권 구입하기 버스 터미널 매표소나 버스 회사별 홈페이지를 통해 예약하면 된다. 대표적인 예약 사이트인 이지북(www.easybook.com)을 통해서도 가능하다. 시내 주요 지역이나 페낭, 믈라카, 조호르바루 등 인기 도시로 가는 버스는 운행 편수와 시간이 다양해 별도로 예약할 필요가 없지만, 운행 편수가 적은 지방행 버스 및 야간 버스 등은 1~2일 전에 미리 예약해두는 것이 좋다.

당일에 구입하려면 원하는 출발 시각보다 30분~1시간 정도 미리 가서 구입하자. 티켓 창구에서 목적지를 이야기하면 모니터에 버스 회사와 출발 시각이 표시되는데, 그중 원하는 표를 선택하면 된다.

버스 타기 버스 승차장은 보통 티켓 창구에서 멀지 않다. 티켓을 확인하는 개찰구에 스캔을 하고 해당 플랫폼으로 이동한다. 플랫폼에는 직원이 상주하므로 궁금한 점은 문의하도록 하자. 버스 출발 최소 30분 전에는 도착하는 것이 좋다. 귀중품이나 부피가 작은 짐은 직접 들고 타고, 큰 짐은 짐칸에 실으면 된다.

서말레이시아 주요 구간의 소요 시간 및 요금

주요 구간	소요 시간	요금
쿠알라룸푸르 → 싱가포르	5시간 30분	RM55~
쿠알라룸푸르 → 페낭	5시간	RM35~
쿠알라룸푸르 → 믈라카	2시간	RM14~
쿠알라룸푸르 → 카메론 하이랜드	3시간	RM38~
쿠알라룸푸르 → 조호르바루	5시간	RM34~
쿠알라룸푸르 → 쿠알라 페리스	8시간	RM50~
쿠알라룸푸르 → 이포	2시간 20분	RM28~
쿠알라룸푸르 → 코타 바루	9시간 30분	RM45~
쿠알라룸푸르 → 쿠알라 테렝가누	6시간 30분	RM44~
믈라카 → 싱가포르	4시간	RM35~
믈라카 → 조호르바루	3시간	RM21~
페낭 → 카메론 하이랜드	4시간	RM37~

렌터카

운전에 자신이 있다면 렌터카로 여행을 즐겨보자. 말레이시아는 동남아시아 국가 중에서도 도로 사정이 좋은 편이다. 특히 랑카위에서는 렌터카를 이용하면 효과적으로 다닐 수 있다. 차량은 공항 내 렌터카 업체를 통해 빌리는 것이 가장 저렴하다. 운전석이 우리나라와 반대이고, 쿠알라룸푸르 같은 시내 중심부는 일방통행로가 많으므로 잘 확인하고 운전한다. 주유소는 대부분 셀프 주유소로 먼저 요금을 계산하고 본인이 직접 주유한다.

주요 렌터카 회사 연락처

허츠 Hertz
쿠알라룸푸르 국제공항 603-8787-4572
페낭 국제공항 604-743-0208

에이비스 Avis
쿠알라룸푸르 국제공항 603-8787-4087
페낭 국제공항 604-643-9633

그랩

2012년부터 운영하기 시작한 그랩은 현재 말레이시아에서 택시만큼이나 보편적으로 이용할 수 있는 교통수단이다.  스마트폰 어플리케이션으로 차량을 호출하는 방식으로, 사전에 등록해둔 신용카드나 현금으로 결제할 수 있다. 그랩 택시, 일반 승용차 등 호출하는 차량에 따라 이용 요금은 조금씩 다르다. 여행자는 현지 전화번호가 있는 Sim 카드를 설치한 후, 어플리케이션을 활성화하여 이용하면 된다.

Grab App
여행
★★★★☆ 1.72천   받기

배

서말레이시아의 페낭, 랑카위나 동말레이시아의 코타키나발루는 리조트 섬이 많아 크루즈 여행이 가능하다. 특히 페낭-랑카위 구간은 페리를 많이 이용한다. 태국, 싱가포르까지 크루즈를 즐길 수 있는 대형 유람선도 있다. 이 외에도 스피드 보트로 섬 사이를 누비거나 작은 전통 배를 타고 수상산책을 하며 여행의 또 다른 재미를 경험할 수 있다.

배는 지역별 선착장에서 타면 된다. 티켓은 선착장 주변에 있는 선박업체 사무소나 여행사, 지정 매표소 등에서 구입할 수 있다. 요금은 항로와 업체마다 다르며 페리처럼 운항 횟수가 잦고 좌석 수가 많은 경우에는 출발 당일에도 구입이 가능하다. 단, 스피드 보트나 운항 횟수가 적은 곳은 미리 티켓을 예약해두는 것이 좋다. 선착장에는 출발 시간보다 여유 있게 가서 대기하는 것이 좋다.

주요 구간 크루즈 이용 가이드

구간	운항	소요 시간	요금(편도)
랑카위 → 페낭	10:30, 15:00	2시간 45분	어른 RM80, 어린이 RM60
페낭 → 랑카위	08:30, 14:00		
페낭 ↔ 버터워스	07:00~21:00	15~20분	어른 RM1.20, 어린이 RM0.60
레당섬 ↔ 쿠알라 테렝가누	09:00, 10:30, 15:00 ※4~10월에만 운행	1시간 40분	어른 RM55, 어린이 RM30
쿠알라베슷 ↔ 페렌티안섬	09:30, 10:30, 12:30, 15:00 ※4~10월에만 운행	30분	어른 RM40~50, 어린이 RM20
랑카위 ↔ 쿠알라 페를리스	08:30~18:00	1시간 15분	어른 RM18, 어린이 RM13
랑카위 ↔ 쿠알라 케다	07:00~18:00	1시간 45분	어른 RM23, 어린이 RM17
코타키나발루 ↔ 라부안섬	08:00~18:00	3시간	어른 RM39.60(이코노미)
코타키나발루 ↔ 툰쿠 압둘 라만 해양 공원섬 1곳	08:00~18:00	20~30분	어른 RM23, 어린이 RM18 ※터미널 이용료(어른 RM7.20, 어린 이 RM3.60), 환경세(RM10) 별도

More 말레이시아에서 즐기는 호화로운 크루즈 여행

아시아는 물론 전 세계적으로 유명한 크루즈 업체들이 싱가포르와 말레이시아를 연결하는 크루즈 상품을 선보이고 있다. 레스토랑, 극장, 카지노, 야외 풀장, 미니 골프장, 아이스 링크, 조깅 트랙 등 초특급 부대시설과 다양한 엔터테인먼트가 준비되어 있어 색다른 여행을 즐길 수 있다. 모든 크루즈는 싱가포르에서 타고 내린다.

- **로열 캐리비언 Royal Caribbean**
  싱가포르와 말레이시아의 쿠알라룸푸르, 페낭, 랑카위 등을 둘러보는 크루즈가 있다. 3박에서 10박 이상까지 다양한 상품이 있으며 초호화 부대시설과 최고급 크루즈를 자랑한다.
  홈페이지 www.royalcaribbean.com

- **코스타 Costa**
  싱가포르에서 출발해 말레이시아의 믈라카, 페낭 등을 둘러보는 크루즈가 있다. 랑카위, 푸켓까지 운항하는 상품도 인기다.
  홈페이지 www.costacruisesasia.com

- **스타 크루즈 Star Cruises**
  싱가포르에서 출발해 티오만, 레당섬을 둘러보는 슈퍼스타 제미니(SuperStar Gemini)를 운영 중이다. 동부 해안 상품은 매년 4~10월에만 운영한다.
  홈페이지 www.starcruises.com

서말레이시아

West Malaysia

남중국해를 중심으로 서쪽에 자리하고 있는 서말레이시아는
천혜의 자연 경관과 넓은 국토를 바탕으로 진정한 아시아(Truly Asia)의
모습을 만나볼 수 있는 말레이시아 여행의 출발점이다.
코스모폴리탄 도시의 진수를 보여주는 수도 쿠알라룸푸르와
새로운 행정 수도 푸트라자야를 비롯해 유네스코 세계문화유산에 등재되어
찬란한 유산과 다양한 문화를 보여주는 페낭과 믈라카,
아름다운 바다를 품고 있는 랑카위, 소박하지만 맛과 멋이 남아 있는 이포,
싱가포르와 국경을 마주하고 있는 조호르바루까지.
각기 다른 매력을 지닌 서말레이시아의 대표 지역을 둘러보면서
그동안 경험해보지 못한 말레이시아의 숨겨진 매력들을 파헤쳐보자.

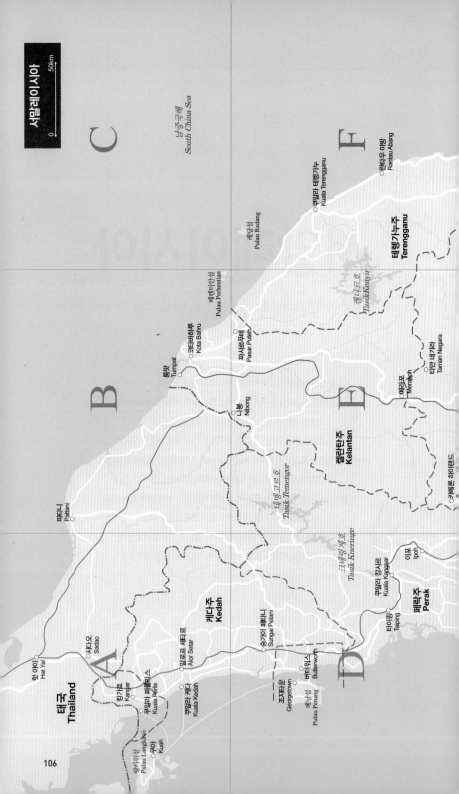

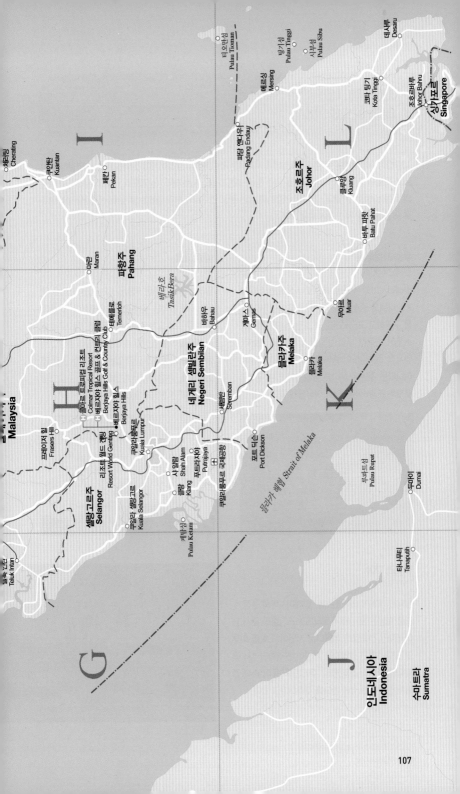

체라팅
Cherating

쿠안탄
Kuantan

I

페칸
Pekan

티오만섬
Pulau Tioman

펄라우 팅기
Pulau Tinggi

시부섬
Pulau Sibu

데사루
Desaru

므르싱
Mersing

파당 엔다우
Padang Endau

쿠아 팅기
Kota Tinggi

조호르 바루
Johor Bahru

싱가포르
Singapore

조호르주
Johor

클루앙
Kluang

바투 파핫
Batu Pahat

L

마란
Maran

파항주
Pahang

타식베라호
Tasik Bera

테메를로
Temerloh

무아르
Muar

바하우
Bahau

겜파스
Gempas

물라카주
Melaka

물라카
Melaka

말레이시아
Malaysia

H

콜마르 트로피컬 리조트
Colmar Tropical Resort

베르자야 힐스 골프 & 컨트리 클럽
Berjaya Hills Golf & Country Club

베르자야 힐스
Berjaya Hills

네게리 셈빌란주
Negeri Sembilan

프레이저 힐
Frasers Hill

리조트 월드 겐팅
Resort World Genting

쿠알라룸푸르
Kuala Lumpur

셈반
Seremban

셀랑고르주
Selangor

샤알람
Shah Alam

클랑
Klang

푸트라자야
Putrajaya

쿠알라룸푸르 국제공항
Kuala Lumpur

포트 딕슨
Port Dickson

물라카 해협 Strait of Melaka

K

텔룩 인탄
Teluk Intan

쿠알라 셀랑고르
Kuala Selangor

케람섬
Pulau Ketam

펄라우 루팟
Pulau Rupat

두마이
Dumai

타나푸티
Tanaputih

J

인도네시아
Indonesia

수마트라
Sumatra

G

107

서말레이시아
여행 어드바이스

서말레이시아 여행은 쿠알라룸푸르에서 시작하는 것이 좋다. 말레이시아 전역을 촘촘히 연결하는 항로와 육로의 기점이자 세계 각국을 잇는 항공 교통의 중심지로 태국, 싱가포르, 인도네시아까지 여행의 폭을 넓혀갈 수 있다. 가급적 여행자를 위한 관광 인프라와 부대시설이 잘 갖추어진 관광지역 위주로 여행 일정을 짜는 것이 효율적이다.

쿠알라룸푸르
Kuala Lumpur

말레이시아의 수도로 페트로나스 트윈 타워와 KL 타워를 중심으로 형성된 상업지구 KLCC를 구경하고 고급 쇼핑몰과 호텔, 나이트라이프 스폿이 가득한 부킷 빈탕에서 밤을 즐겨보자. 역사적 건축물들이 즐비한 메르데카 광장과 차이나타운 주변은 색다른 즐거움이 있는 구역으로 2층 관광버스를 타고 여유롭게 둘러보자.

셀랑고르
Selangor

말레이시아의 관문 역할을 하는 셀랑고르는 말레이시아 전역을 육해공으로 연결한다. 아름다운 블루 모스크가 자리한 샤 알람, 맹그로브숲과 반딧불이를 감상할 수 있는 쿠알라 셀랑고르 등은 여행자들에게 인기 있는 대표적인 관광 명소들이다. 여행사에서 운영하는 투어 프로그램을 이용하면 편하게 둘러볼 수 있다.

푸트라자야
Putrajaya

철저한 계획에 의해 탄생한 말레이시아의 행정 수도로 드넓은 호수와 푸트라 모스크, 총리 관저 등 이국적인 건축물과 아름다운 자연이 조화를 이루고 있다. 최근 상업지구 개발이 본격화되면서 국제적인 호텔과 쇼핑센터, 주거 단지 등이 속속 들어서 진정한 도시의 면모를 갖추어가고 있다.

이포
Ipoh

페락(Perak) 주의 주도로 과거 주석 산지로도 유명했던 경제적 요충지이다. 콜로니얼풍 건축물과 역사적 문화유산들을 둘러보고 독특한 콘셉트로 무장한 카페들을 순회하며 이포의 명물인 화이트 커피를 마셔보자. 거리를 거닐며 곳곳에 숨어 있는 벽화들도 찾아보자.

믈라카
Melaka

동서교역의 중심이었던 역사 깊은 항구 도시로 2008년 도시 전체가 유네스코 세계문화유산에 등재되어 말레이시아를 대표하는 관광도시로 떠오르고 있다. 과거 무역 왕국 시절에 유입된 중국 문화와 포르투갈, 네덜란드, 영국 등 서양 열강의 지배를 받으며 유입된 유럽 문화가 혼재되어 믈라카만의 독특한 색채를 감상할 수 있다.

조호르바루
Johor Baru

조호르주의 주도로 조호르 해협을 사이에 두고 싱가포르와 연결되는 국경도시. 관광 인프라와 시설이 부족해 아쉽지만 빠르게 성장하고 있어 앞으로가 기대되는 곳이며 싱가포르까지 쉽게 둘러볼 수 있는 장점이 있다. 아시아 최초의 레고랜드 테마파크가 유명하다.

페낭
Penang

말레이시아 북서부의 연안 도시 버터워스와 이어진 섬으로 쿠알라룸푸르의 뒤를 잇는 말레이시아 제2의 도시다. 일찍이 동서양의 문화 요충지로 번영을 누렸으며 유네스코 세계문화유산에 등재된 조지타운을 비롯해 아름다운 해안과 호화 리조트들이 즐비한 바투 페링기 해변이 자리하고 있다. 이국적인 풍경과 독특한 문화가 어우러져 말레이시아의 과거와 현재를 동시에 만끽할 수 있다.

랑카위
Langkawi

말레이반도 북서쪽의 안다만 해에 떠 있는 섬으로 쿠알라룸푸르에서 비행기로 60분 거리에 있다. 말레이시아를 대표하는 휴양지로 라임스톤의 독특한 경관과 푸른 바다, 깨끗한 백사장이 여행객을 유혹한다. 섬 북부의 한적한 안다만 해안가에는 특급 리조트들이 들어서 있고 때묻지 않은 자연을 만끽할 수 있어 힐링 여행을 즐기기 좋다.

Check

여행 포인트

관광 ★★★★★
쇼핑 ★★★★★
음식 ★★★★
나이트라이프 ★★★★

교통수단

도보 ★★★
택시 ★★★
대중교통 ★★★
투어차량 ★★★★★

Kuala Lumpur
쿠알라룸푸르

쿠알라룸푸르는 세계에서 가장 높은 쌍둥이 빌딩 페트로나스 트윈 타워를 비롯해 KL 타워와 이슬람 사원의 첨탑이 스카이라인을 형성하고 있는 말레이시아의 수도다. 도심 한편에는 100년 넘게 간직해온 역사적 건축물과 고급 쇼핑센터가 즐비하고 도심 곳곳을 연결하는 모노레일은 쿠알라룸푸르만의 색다른 풍경을 만들어낸다. 과거와 현재가 공존하며 문화의 다양성을 만나볼 수 있는 쿠알라룸푸르에서 진정한 코스모폴리탄의 아름다움을 만끽해보자.

이것만은 꼭!

1. 페트로나스 트윈 타워에서 시내 전망 감상하기
2. 메르데카 광장 주변의 아름다운 건축물 투어
3. 잘란 알로 거리에서 현지식 디너 즐기기
4. KL 홉온 홉오프 시티투어 버스 타고 도심 투어
5. 차이나타운, 센트럴 마켓 둘러보고 쇼핑하기

쿠알라룸푸르
★

BBKLCC
BBKLCC

쿠알라룸푸르 최고의 번화가로 부킷 빈탕 (Bukit Bintang) 주변과 쿠알라룸푸르 시티 센터(Kuala Lumpur City Center) 주변을 합쳐 'BBKLCC'라 부른다. 쿠알라룸푸르의 상징인 페트로나스 트윈 타워를 비롯해 최고급 쇼핑센터, 대형 호텔, 노천 카페 등이 밀집해 있다. 최근 두 곳을 연결하는 보행자 통로가 신설되어 더욱 편하게 다닐 수 있게 되었다.

KL 센트럴 & 브릭필즈
KL Sentral & Brickfields

쿠알라룸푸르 교통의 요충지로 공항철도를 비롯해 말레이시아 전역을 연결하는 열차가 모여

드는 KL 센트럴역 주변에 고급 호텔과 대형 쇼핑몰이 들어서 있다. 새로 정비된 리틀 인디아 거리인 브릭필즈와 국립 박물관, 100년 넘는 역사를 간직한 무어 양식의 철도국 건물 등 여행자들이 즐겨 찾는 관광 명소가 모여 있다.

차이나타운
Chinatown

홍등이 이어지는 페탈링 거리(Jalan Petaling) 일대는 쿠알라룸푸르의 차이나타운으로 예나 지금이나 활기가 넘쳐난다. 오랜 역사를 자랑하는 센트럴 마켓과 중국식 사원, 숍하우스를 개조해 만든 레스토랑과 찻집, 갤러리도 많다. 저녁이 되면 거리 전체가 포장마차와 노점상으로 가득 차고 밤을 즐기기 위한 사람들로 북새통을 이룬다.

페르다나 보태니컬 가든
Perdana Botanical Garden

'레이크 가든(Lake Garden)'이라고도 불리는 쿠알라룸푸르 시민들의 대표적인 쉼터. 녹음이 우거진 넓은 부지에 예쁜 산책로가 조성돼 있고 인공 호수인 페르다나 호수와 새 공원, 나비 공원, 사슴 공원, 히비스커스 정원, 난초 정원 등으로 이루어져 있다. 공원 인근에 국립 박물관, 국립 모스크, 쿠알라룸푸르역 등의 관광 명소가 자리하고 있다.

메르데카 광장
Merdeka Square

말레이시아의 독립을 선언한 메르데카 광장 주변에는 19세기 후반부터 20세기 초반 영국 식민지 시대에 지어진 유서 깊은 건축물들이 많이 남아 있다. 무굴 양식의 아름다운 건축미를 자랑하는 마스지드 자멕과 시립 극장을 비롯해 쿠알라룸푸르 시티 갤러리, 국립 섬유 박물관, 세인트 메리 대성당 등은 일반인에게도 개방되고 있다. 일부 건물들은 정부 시설로 사용되고 있어 외부만 관람할 수 있다.

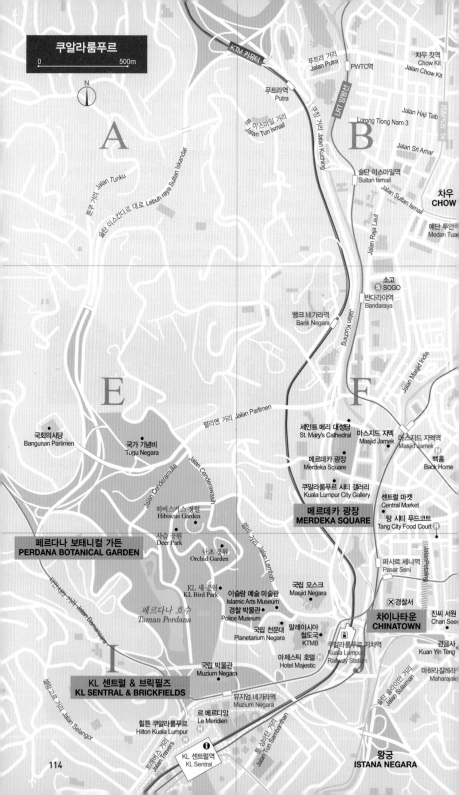

쿠알라룸푸르

0 500m

N

A

B

KTM 커뮤터 KTM Komuter

푸트라 거리 Jalan Putra

PWTC역

차우 킷역 Chow Kit
차우 킷 거리 Jalan Chow Kit

푸트라역 Putra

뗀 이스마일 거리 Jalan Tun Ismail

쿠칭 거리 Jalan Kuching

크왕 LRT

Lorong Tiong Nam 3

Jalan Sri Amar

Jalan Haji Taib

Jalan Tunku 툰쿠 거리

술탄 이스칸다르 대로 Lebuh raya Sultan Iskandar

술탄 이스마일역 Sultan Ismail

Jalan Sultan Ismail

차우 CHOW

Jalan Raja Laut

메단 투안쿠 Medan Tuan

소고 SOGO

반다라야역 Bandaraya

뱅크 네가라역 Bank Negara

Jalan Kuching

Jalan Masjid India

E

팔리멘 거리 Jalan Parlimen

세인트 메리 대성당 St. Mary's Cathedral

마스지드 자멕 Masjid Jamek

마스지드 자멕역 Masjid Jamek

F

백홈 Back Home

국회의사당 Bangunan Parlimen

국가 기념비 Tugu Negara

Jalan Cenderamulia

Jalan Cenderawasih

메르데카 광장 Merdeka Square

쿠알라룸푸르 시티 갤러리 Kuala Lumpur City Gallery

센트럴 마켓 Central Market

히비스커스 정원 Hibiscus Garden

사슴 공원 Deer Park

난초 정원 Orchid Garden

렘바 거리 Jalan Lembah

메르데카 광장 MERDEKA SQUARE

탕 시티 푸드코트 Tang City Food Court

페르다나 보태니컬 가든 PERDANA BOTANICAL GARDEN

KL 새 공원 KL Bird Park

이슬람 예술 미술관 Islamic Arts Museum

경찰 박물관 Police Museum

국립 천문대 Planetarium Negara

국립 모스크 Masjid Negara

파사르 세니역 Pasar Seni

Jalan Petaling

다마산사라 거리 Jalan Damansara

페르다나 호수 Taman Perdana

말레이시아 철도국 KTMB

진씨 서원 Chan Seei

경찰서

차이나타운 CHINATOWN

관음사 Kuan Yin Teng

I

국립 박물관 Muzium Negara

마제스틱 호텔 Hotel Majestic

쿠알라룸푸르 기차역 Kuala Lumpur Railway Station

마하라질레이 Maharajalei

KL 센트럴 & 브릭필즈 KL SENTRAL & BRICKFIELDS

뮤지엄 네가라역 Muzium Negara

셀랑고르 거리 Jalan Selangor

힐튼 쿠알라룸푸르 Hilton Kuala Lumpur

르 메르디앙 Le Meridien

KL 센트럴역 KL Sentral

툰 삼반단 거리 Jalan Tun Sambanthan

술탄 술라이만 거리 Jalan Sultan Suleiman

왕궁 ISTANA NEGARA

트래버스 거리 Jalan Travers

Jalan Raja Muda Abdul Aziz

할자 거리 Jalan Hamzah

라자 우다 거리 Jalan Raja Uda

라자 마흐머드 거리 Jalan Raja Mahmud

Jalan Raja Uda

Jalan Tun Razak

아멘 거리 Jalan Amen

C
캄풍 바루
KAMPUNG BARU

Jalan Sungai Baru

D

더마이 거리 Jalan Damai

LRT 클라나 자야선

캄풍 바하우역
Kampung Bahau

더블트리 바이 힐튼
Doubletree by Hilton

ⓢ H&M 홈 H&M Home

암팡 파크역
Ampang Park

ⓖ G 타워 호텔
G Tower Hotel

애비뉴 K
Avenue K

암팡 거리 Jalan Ampang

호텔 마야
Hotel Maya

KLCC역

인터컨티넨탈 쿠알라룸푸르
Intercontinental Kuala Lumpur

르네상스
쿠알라룸푸르 호텔
Renaissance
Kuala Lumpur Hotel

암팡 거리 Jalan Ampang

페트로나스 트윈 타워
● Petronas Twin Tower

트로이카 스카이 다이닝
ⓝ Troika Sky Dining

쿠알라룸푸르 시티 센터
KLCC

말레이시아 관광센터
Malaysia Tourism Centre(MaTiC)

ⓘ

수리아 KLCC
Suria KLCC

쿠다 골목 Lorong Kuda

Jalan Tun Razak

부킷 나나스역
Bukit Nanas

모조 레스토랑 & 바
Mojo Restaurant & Bar

만다린 오리엔탈
Mandarin Oriental

KLCC 공원
KLCC Park

아시안 헤리티지 로우
Asian Heritage Row

더 로프트 KL The Loft KL

트레이더스 호텔
Traders Hotel

골든 트라이앵글
GOLDEN TRIANGLE

상그릴라 호텔
Shangri-La Hotel

임피아나 KLCC
Impiana KLCC

아쿠아리아 KLCC
Aquaria KLCC

스토노르 길 Persiaran Stonor

KL 타워
KL Tower

퍼시픽 리젠시 호텔 스위트
Pacific Regency Hotel Suites

G

Jalan Kia Peng

노보텔 쿠알라룸푸르 시티 센터
Novotel KLCC

키아 펭 거리 Jalan Kia Peng

이튼 거리 Jalan Eaton

부킷 나나스 공원
Bukit Nanas Park

그랜드 하얏트 쿠알라룸푸르
Grand Hyatt Kuala Lumpur

라자 출란역
Raja Chulan

H

하카 레스토랑
Hakka Restaurant

콘라이 거리 Jalan Conlay

라자 출란 거리 Jalan Raja Chulan

비잔 바 & 레스토랑
Bijan Bar & Restaurant

파빌리온
Pavilion

쿠알라룸푸르 크래프트 콤플렉스
● Kompleks Kraf Kuala Lumpur

Jalan Bukit Ceylon

라자 출란 거리 Jalan Raja Chulan

부킷 빈탕
BUKIT BINTANG

부킷 빈탕 거리
Jalan Bukit Bintang

부킷 빈탕 거리 Jalan Bukit Bintang

실론 거리 Jalan Ceylon

창캇 부킷 빈탕 ●
Changkat Bukit Bintang

오로 호텔
Wolo Hotel

부킷 빈탕역
Bukit Bintang

스타힐 갤러리
Starhill Gallery

더 리츠 칼튼 쿠알라룸푸르
The Ritz-Carlton Kuala Lumpur

Jalan Imbi

Jalan Kemuning

센트럴 버스 터미널

잘란 알로 푸드 스트리트
Jalan Alor Food Street

랏 텐
Lot 10

Jalan Inai

플라자 라크얏
Plaza Rakyat

푸두 거리 Jalan Pudu

숭가이 왕 플라자
Sungei Wang Plaza

부킷 빈탕역
Bukit Bintang

Jalan Utara

플라자 로우 얏
Plaza Low Yat

임비역
Imbi

뮤지엄 네가라역
Muzium Negara

Jalan Tun Razak

메르데카역
Merdeka

Jalan Hang Jebat

베르자야 타임스 스퀘어
Berjaya Times Square

툰 라작 익스체인지역
Tun Lazak Exchange(TRX)

국립 체육관
Stadium Negara

베르자야 타임스 스퀘어 호텔
Berjaya Times Square Hotel

Jalan Kampung Pandan

MRT 성가이 부룩 카장선

스타디움역
Stadium

Jalan Hang Tuah

푸두 형무소 자리
Penjara Pudu

창캇 탐비 돌라 거리
Jalan Changkat Thambi Dollah

K

항 투아역
Hang Tuah

L

데이비스 거리
Jalan Davis

푸두
PUDU

Jalan Maharajalela

가장 거리 Jalan Kijang

록 유 거리 Jalan Loke Yew

Jalan Wisma Putra

푸두역
Pudu

산 펭 거리 Jalan San Peng

파사르 거리 Jalan Pasar

Jalan Tun Razak

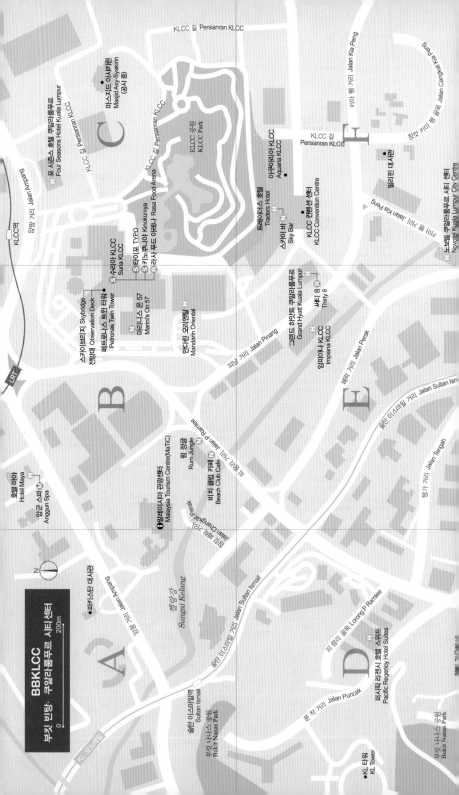

첼랑강 Sungai Kelang

MRT

🚇 더 웨스틴
The Westin

바랏 거리 Jalan Barat

엘라티 거리 Jalan Melati

우타라 거리 Jalan Utara

캄풍 거리 Jalan Kampung

Ⓢ 파빌리온 쿠알라룸푸르 Pavilion Kuala Lumpur
Ⓢ 로열 셀랑고르 Royal Selangor
Ⓢ 타이포 TYPO
Ⓡ 커넥션 Connection
Ⓡ 푸드 리퍼블릭 Food Republic
Ⓡ 마담 콴스 Madam Kwan's
Ⓡ 그랜드마마스 Grandmama's
Ⓡ 딘타이펑 Din Tai Fung
Ⓡ 다운 다 온 Dun Da On

더 리츠 칼튼 쿠알라룸푸르
The Ritz-Carlton Kuala Lumpur

🚇 파빌리온 호텔 바이 반얀트리
Pavilion Hotel by Banyan Tree

🚇 JW 메리어트 호텔
JW Marriott Hotel

Ⓡ 더 로비 라운지 Ⓜ
The Lobby Lounge

스파 빌리지 쿠알라룸푸르 Ⓜ
Spa Village Kuala Lumpur

후레이 거리 Jalan Horley

Ⓡ 고려원 Konyo-Won
Ⓡ 조고야 Jogoya
Ⓜ 돈나 스파 Donna Spa
Ⓢ 세포라 Sephora

Ⓢ 스타힐 갤러리
Starhill Gallery

Ⓡ 파렌하이트 88 Fahrenheit 88
Ⓜ 타이 오디세이 Thai Odyssey

🚇 그랜드 밀레니엄
Grand Millennium

Ⓢ 롯 텐 Lot 10
Ⓡ 핫텐 후통 Lot 10 Hutong

부킷 빈탕역 🚇
Bukit Bintang

부킷 빈탕역
Bukit Bintang

Jalan Bukit Bintang

Ⓢ 숭가이 왕 플라자 Sungei Wang Plaza
Ⓢ 자이언트 슈퍼마켓 Giant Supermarket

멜리아 호텔 🚇
Melia Hotel

Jalan Sultan Ismail

부킷 빈탕 거리 Jalan Bukit Bintang

Ⓢ 타이니 타이페이 Tiny Taipei
베르자야 타임스 스퀘어 테마파크 Berjaya Times Square Theme Park
🚇 베르자야 타임스 스퀘어 호텔 Berjaya Times Square Hotel
베르자야 타임스 스퀘어 Berjaya Times Square

불란 거리 Jalan Bulan

Ⓝ 비비 피크 BB Park
Ⓝ 웜업 클럽 WarmUp Club
Ⓝ 디스파이스 D'spice

플라자 로우 얏
Plaza Low Yat

Ⓡ 하카 레스토랑
Hakka Restaurant

부킷 빈탕 거리 Jalan Bukit Bintang

🚇 파크로열 서비스 스위트
Parkroyal Serviced Suites

나가사리 거리 Jalan Nagasari

베다라 거리 Jalan Bedara

앙소카 거리 Jalan Angsoka

브랑안 거리 Jalan Berangan

자란 알로 푸드 스트리트
Jalan Alor Food Street

Ⓡ 사이 우
Sai Woo

Ⓡ 아이 유

Ⓡ 웡 아 왓
Wong Ah Wat

임비역
Imbi

임비 거리 Jalan Imbi

Ⓡ 피카 커피 로스터스
Feeka Coffee Roasters

메수이 거리 Jalan Mesui

창캇 부킷 빈탕 거리 Changkat Bukit Bintang

통 신 거리 Tengkat Tong Shin

텡캇 통 신 거리 Tengkat Tong Shin

Ⓜ 더 트로피컬 스파
The Tropical Spa

Ⓡ 사오 남
Sao Nam

푸두 골목 Lorong Pudu

Ⓝ 더 래빗 홀
The Rabbit Hole

Ⓡ 비잔
Bijan

Ⓝ 반 26
Baan 26

Ⓝ 하바나 바 & 그릴
Havana Bar & Grill

Ⓝ 힐리 맥스
Healy Mac's

사하밧 거리 Jalan Sahabat

라자 출란 거리 Persiaran Raja Chulan

Ⓢ 넘버 8 하우스
Number Eight House

앙군 부티크 호텔
Anggun Boutique Hotel

Ⓜ 알람 웰니스 스파
Alam Wellness Spa

메트로 호텔 부킷 빈탕
Metro Hotel Bukit Bintang

🚇 메트로 호텔
Metro Hotel

Ⓧ 경찰서

푸두 거리 Jalan Pudu

부킷 실론 거리 Jalan Bukit Ceylon

창캇 라자 출란 Changkat Raja Chulan

실론 거리 Lorong Ceylon

라자 출란 거리 Persiaran Raja Chulan

푸두 거리 Jalan Pudu

친 키 거리 Jalan Sin Chew Kee

갤러웨이 거리 Jalan Galloway

로버트슨 거리 Jalan Robertson

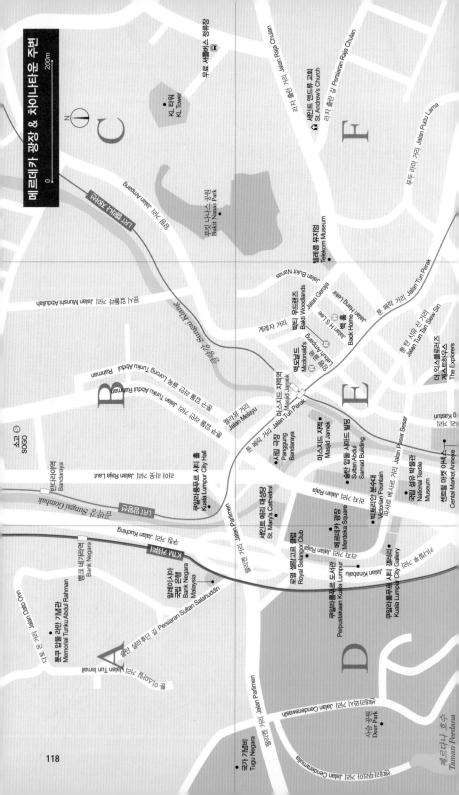

메르데카 광장 & 차이나타운 주변

200m

0

N

C

KL 타워
KL Tower

부킷 나나스 공원
Bukit Nanas Park

암팡 거리 Jalan Ampang

LRT 담팡선

B

스리 믈라유 거리 Jalan Melayu

믈라유 거리
Jalan Melayu

툰쿠 압둘 라만 거리 Jalan Tunku Abdul Rahman

로롱 툰쿠 압둘 라만 Lorong Tunku Abdul Rahman

문시 압둘라 거리 Jalan Munshi Abdullah

끌랑강 Sungai Klang

SOGO
소고 S

반다라야역
Bandaraya

쿠알라룸푸르 시티 홀
Kuala Lumpur City Hall

라자 라웃 거리 Jalan Raja Laut

세인트 메리 대성당
St. Mary's Cathedral

F

라자 출란 거리 Jalan Raja Chulan

페르시아란 라자 출란 Persiaran Raja Chulan

세인트 앤드루 교회
St. Andrew's Church

라자 출란 거리 길 Persiaran Raja Chulan

푸두 라마 거리 Jalan Pudu Lama

텔레콤 뮤지엄
Telekom Museum

잘란 부킷 나나스 Jalan Bukit Nanas

잘란 한 렉키르 Jalan Hang Lekir

잘란 그레자 Jalan Gereja

바킷 우드랜즈
Bakti Woodlands

백 홈
Back Home

잘란 H S Lee

게레자 거리

잘란 툰 페락 거리 Jalan Tun Perak

잘란 툰 탄 시우 신 Jalan Tun Tan Siew Sin

더 익스플로러스 게스트하우스
The Explorers

맥도날드
Mcdonald's

잘란 선데이 Jalan Sunday

마스지드 자멕
Masjid Jamek

E

마스지드 자멕
Masjid Jamek

툰 페락 거리 Jalan Tun Perak

판궁 반다라야
Panggung
Bandaraya

술탄 압둘 사마드 빌딩
Sultan Abdul
Samad Building

빅토리안 분수대
Victorian Fountain

국립 섬유 박물관
National Textile
Museum

센트럴 마켓 아네케
Central Market Anneke

파사르 베사르 거리 Jalan Pasar Besar

카슘 거리
Jl. Kasum

쿠알라룸푸르 시티 홀
Kuala Lumpur City Hall

빠를리멘 거리 Jalan Parlimen

라자 거리 Jalan Raja

메르데카 광장
Merdeka Square

로열 셀랑고르 클럽
Royal Selangor Club

쿠알라룸푸르 도서관
Perpustakaan Kuala Lumpur

잘란 킨나발루 Jalan Kinabalu

쿠알라룸푸르 시티 갤러리
Kuala Lumpur City Gallery

꾸칭 거리 Jalan Kuching

쿠칭 거리 Jalan Kuching

끌랑강 Sungai Gombak

LRT 끌랑선

KTM 끄라다

LRT 담팡선

뱅크 네가라역
Bank Negara

말레이시아 국립 은행
Bank Negara
Malaysia

술탄 살라후딘 길 Persiaran Sultan Salahuddin

빠를리멘 거리 Jalan Parlimen

D

다툭 온 거리 Jalan Dato Onn

퉁쿠 압둘 라만 기념관
Memorial Tunku Abdul Rahman

뱅크 네가라
Bank Negara

A

이스마일 거리 Jalan Tun Ismail

국가 기념비
Tugu Negara

빠를리멘 거리 Jalan Parlimen

사슴 공원
Deer Park

쩬데라와시 거리 Jalan Cenderawasih

쩬데라물라 거리 Jalan Cenderamula

메르다나 호수
Taman Perdana

무료 셔틀버스 정류장

무료 셔틀버스 정류장

118

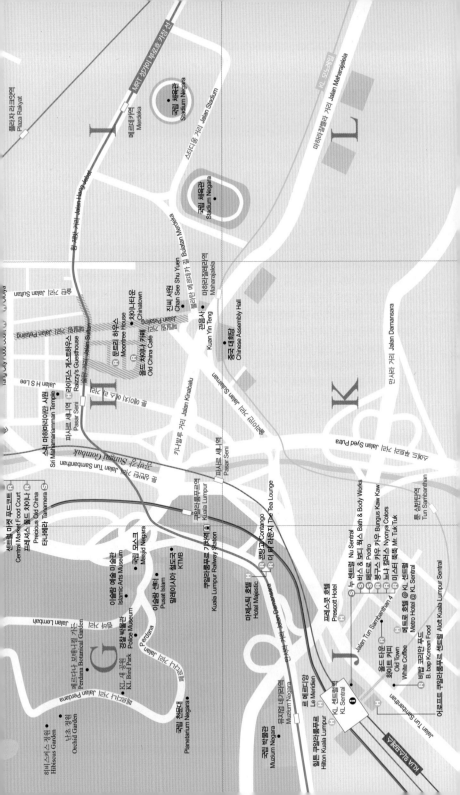

쿠알라룸푸르로 가는 방법

비행기

인천과 쿠알라룸푸르를 잇는 직항 노선이 있어 편리하게 갈 수 있다. 직항은 말레이시아항공과 대한항공, 저가 항공사인 에어아시아가 대표적이며 캐세이패시픽, 에바항공, 베트남항공, 타이항공 등 경유 노선을 갖춘 외국계 항공사들도 있다. 말레이시아항공과 대한항공을 포함한 일반 항공사는 KLIA에 도착하며 저가 항공사인 에어아시아는 전용 터미널인 KLIA2에 도착한다. 인천 국제공항에서 쿠알라룸푸르 공항(KLIA)까지는 직항편 비행기로 약 6시간 45분 걸린다. 참고로 KLIA란 'Kuala Lumpur International Airport'의 약자다.

홈페이지 www.klia.com.my

KLIA 터미널

쿠알라룸푸르는 두 개의 터미널이 있다. 인천 국제공항에서 출발하는 직항편인 말레이시아항공, 대한항공 및 경유편은 국제공항 역할을 하는 KLIA에 도착하게 된다. 국제선의 경우 새틀라이트 빌딩에 착륙하며 입국 심사장이 있는 메인 터미널 빌딩까지는 에어로트레인(Aerotrain)을 타고 이동한다.

KLIA2 터미널

과거 저가 항공사 터미널 LCCT(Low Cost Carrier Terminal)로 불리던 에어아시아 전용 공항이 KLIA2라는 이름으로 새단장을 했다. 에어아시아 노선만이 발착하는 터미널로 인천에서 출발하는 에어아시아를 탈 경우 KLIA2에 도착하게 된다. KLIA와 KLIA2를 연결하는 버스(05:30~23:50, 요금 RM2~2.50)가 30분 간격으로 운행한다.

공항에서 시내로 가기

공항에서 도심으로 들어갈 때는 공항철도나 공항버스, 택시, 그랩 등을 이용하면 된다. 공항철도는 KL 센트럴역까지만 운행하므로 원하는 목적지까지 가려면 다른 교통편(LRT, KL 모노레일, 버스, 택시)으로 환승해야 한다. 공항버

스는 시내버스 터미널은 물론 주요 호텔까지 연결하는 미니 버스 서비스(쿠알라룸푸르 도심 내 호텔 RM18~25)를 제공하며 택시는 요금이 비싸지만, 빠르고 편리하게 호텔 또는 목적지까지 갈 수 있다. 그랩은 택시에 비해 요금이 저렴하고, 이용도 편리해 이용자가 빠르게 늘고 있다.

공항철도

공항철도는 KLIA, KLIA2 터미널에서 KL 센트럴역까지는 논스톱으로 운행하는 KLIA 익스프레스(KLIA Ekspres, 28분 소요)와 3개 역에 정차하는 KLIA 트랜짓(KLIA Transit, 35분 소요)으로 나뉜다. 자세한 정보는 p.95 참조.

홈페이지 www.kliaekspres.com

공항버스

쿠알라룸푸르 국제공항(KLIA, KLIA2)에서 출발하며, 버스 회사마다 도착지와 스케줄이 조금씩 다르다(p.95 참조). 보통 KL 센트럴역(약 1시간 소요)과 차이나타운 근처의 푸드 센트럴 버스 터미널, 두타 버스 터미널까지 운행한다. 운행 시간은 05:30~24:30이며, 요금은 편도 기준 RM12부터다. 아래 홈페이지를 통해 사전 예약도 가능하다.

홈페이지 www.easybook.com

그랩

차량 공유 서비스로 택시와 비슷한 형태를 띄고 있다. 스마트폰 어플리케이션을 이용해 출발지와 목적지를 정하면 근처에 있는 그랩 차량을 매칭해준다. 요금은 택시에 비해 저렴한 편이지만, 목적지나 시간대에 따라 수시로 바뀐다. 현지 전화번호로 인증을 받아야 하는 까다로움이 있다. 자세한 정보는 p.102 참조.

택시

택시는 일반 택시와 고급 택시로 나뉜다. 요금은 정액제이며 택시 카운터에서 행선지와 인원 등을 말하고 티켓을 구입한 후 탑승한다. 쿠알라룸푸르 시내(KL 센트럴역)까지 요금은 약 RM75 정도로, 인원수와 수하물 개수에 따라 요금이 달라지기도 한다.

택시 종류	요금
일반 택시 (빨간색)	기본요금 RM3(100m 마다 RM0.10씩 부가), 4인 기준 캐리어 1개, 가방 2개까지 허용
고급 택시 (파란색)	기본요금 RM6(100m 마다 RM0.20씩 부가), 4인 기준 캐리어 2개, 가방 2개까지 허용

쿠알라룸푸르 시내 교통

쿠알라룸푸르 시내의 주요 볼거리는 KL 모노레일과 LRT, MRT 등으로 거의 돌아볼 수 있다. 여기에 Go KL 시티 버스와 KL 홉온 홉오프 시티투어 버스, 택시 등을 적절히 이용하면 된다.

쿠알라룸푸르 교통 노선도

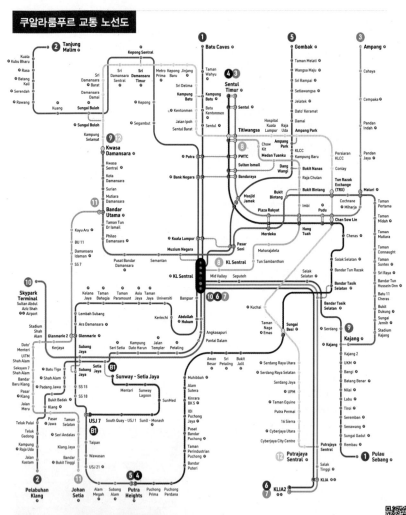

Muat Turun Peta
Download Map

KL 모노레일
KL Monorail

고가 선로를 달리는 2량짜리 열차로 KL 센트럴 (KL Sentral)역에서 티티왕사(Titiwangsa) 역까지 연결한다. 총 11개 역에서 정차하며 6개의 환승역이 있다. 부킷 빈탕이나 타임스 스퀘어로 갈 때 이용하면 편리하다. 기본요금은 RM0.90부터 시작하며 구간에 따라 요금이 달라진다.

운행 06:00~23:50(출퇴근 시간대에는 4~5분, 그 외는 7~10분 간격)

KL 센트럴역에서 주요 역까지의 요금
마하라질레라역(차이나타운) RM2.40
임비역(타임스 스퀘어) RM2.10
부킷 빈탕역(랏 텐, 파빌리온, 창캇 부킷 빈탕, 잘란 알로, 숭가이 왕 플라자) RM2.40
부킷 나나스역(말레이시아 관광센터) RM3.30
홈페이지 www.myrapid.com.my

승차권 구입 & 타는 방법

① 토큰 구입
모니터 좌측 상단에서 언어를 선택한 뒤 1회 승차권(Single Journey), 가고자 하는 역, 인원수를 선택하고 요금을 투입구에 넣으면 코인 형태의 토큰이 나온다.

② 개찰구 통과
토큰을 초록색 화살표가 표시된 자동개찰구 위에 올려놓는다. 버저음이 난 후 게이트가 열리면 개찰구를 통과한다. 내릴 때도 토큰이 필요하므로 잘 보관한다.

③ 승차
승차장은 A와 B 두 곳이다. 행선지가 표시된 곳으로 이동해 열차를 기다리면 된다. 행선지가 표시되지 않은 경우 출발지와 목적지 방향을 확인한다. 개찰구 밖으로 나가지 않아도 승차장을 오갈 수 있으며 차내 안내 방송은 말레이시아어와 영어로 나온다.

④ 하차
내릴 때는 토큰을 자동개찰구 투입구에 넣고 개찰구를 통과하면 된다. 나가는 방향을 확인하자.

KL 센트럴역 안내도

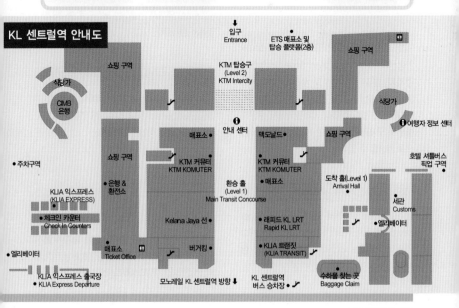

입구
Entrance

ETS 매표소 및 탑승 플랫폼(2층)

쇼핑 구역

쇼핑 구역

식당가

CIMB 은행

KTM 탑승구 (Level 2) KTM Intercity

식당가

❶ 여행자 정보 센터

매표소

❶ 안내 센터

맥도날드

쇼핑 구역

주차구역

쇼핑 구역

KTM 커뮤터 KTM KOMUTER

KTM 커뮤터 KTM KOMUTER

호텔 셔틀버스 픽업 구역

KLIA 익스프레스 (KLIA EXPRESS)

은행 & 환전소

환승 홀 (Level 1) Main Transit Concourse

매표소

도착 홀(Level 1) Arrival Hall

세관 Customs

체크인 카운터 Check In Counters

Kelana Jaya 선

래피드 KL LRT Rapid KL LRT

엘리베이터

엘리베이터

매표소 Ticket Office

버거킹

KLIA 트랜짓 (KLIA TRANSIT)

KLIA 익스프레스 출국장 KLIA Express Departure

모노레일 KL 센트럴역 방향

KL 센트럴역 버스 승차장

수하물 찾는 곳 Baggage Claim

LRT
Light Railway Transit

지상과 지하 선로를 달리는 경전철로 암팡선과 스리 페타링선, 켈라나 자야선 3개 노선이 있다. 암팡선과 스리 페타링선은 11개 역까지는 같은 노선을 달리다가 나머지 역들은 각각 다른  역에서 정차하므로 목적지를 잘 확인하고 승차한다. 기본요금은 RM0.80부터 시작하며 구간에 따라 요금이 달라진다.

운행 06:00~23:30(출퇴근 시간대 4~5분 간격, 그 외는 10~15분 간격)
홈페이지 www.myrapid.com.my

암팡선 Ampang Line

센툴 티무르(Sentul Timur)역에서 출발하여 찬 소우 린(Chan Sow Lin)역까지는 스리 페타링선과 같은 노선을 달리다가 나뉘어진다. 총 18개 역이 있다.

스리 페타링선 Sri Petaling Line

암팡선과 찬 소우 린(Chan Sow Lin)역에서 갈라져 켈라나 자야선과 푸트라 하이츠역(Putra heights)에서 만난다. 총 29개의 역을 지나며, 반다르 타식 세라탄역에서 쿠알라룸푸르 국제공항으로 가는 KLIA 트랜짓 노선으로 환승할 수 있다.

켈라나 자야선 Kelana Jaya Line

곰박(Gombak)역에서 켈라나 자야(Kelana Jaya)역을 거쳐 푸트라 하이츠(Putra Heights)역까지 연결하는 노선으로 총 37개 역에서 정차한다.

KTM 커뮤터
KTM Komuter

쿠알라룸푸르에서 떨어진 외곽 지역과 근교 도시를 연결하는 국철. 바투 케이브역과 게마스역을 잇는 세렘반선과 탄중 말림역과 플라부한 클랑역을 잇는 플라부한 클랑선, 최근 운행을 시작한 터미널 스카이파크선 등 총 3개의 노선이 있다.

운행 05:30~24:00(1시간에 2~3대 꼴, 자세한 시간표는 홈페이지 참조)
홈페이지 www.ktmb.com.my

세렘반선 Seremban Line

바투 케이브(Batu Caves)역에서 게마스(Gemas) 역까지 연결하는 노선으로 총 28개 역에서 정차한다.

플라부한 클랑선 Pelabuhan Klang Line

탄중 말림(Tanjung Malim)에서 플라부한 클랑(Pelabuhan Klang)역까지 연결하는 노선으로 총 34개 역에서 정차한다.

MRT

새롭게 운행을 시작한 MRT노선은 숭가이 불로(Sungai Boloh)역에서 카장(Kajang)역까지 연결한다. 쿠알라룸푸르 인기 관광 명소인 뮤지엄 나가라, 메르데카 광장, 파사르 세니, 부킷 빈탕 등 총 31개 역에 정차한다.

택시

택시는 버스나 모노레일 등으로 가기 어렵거나 짐이 많은 경우에 이용하면 편리하다. 기본요금은 우리나라에 비해 저렴하지만, 교통 체증으로 요금이 많이 나오는 경우도 있다. 쿠알라룸푸르 시내에서 이동하는 경우라면 미터 기준 RM15~25 내외. 간혹 비교적 짧은 거리임에도 불구하고 터무니없는 요금을 요구하는 기사들이 있으므로, 탑승 전에 미리 예상 요금을 확인하거나 미터기로 요금을 정산할 것을 요청하자. 택시는 일반 택시와 고급 택시가 있다.

일반 택시

기본요금 RM3부터 시작되며 1km 이상부터는 거리(115m) 또는 시간(21초)당 RM0.10씩 추가된다. 일반적으로 정해진 승차 지역에서만 탑승이 가능하고 쇼핑몰이나 호텔 주변에서 손님을 기다리는 택시를 쉽게 찾을 수 있다. 미터 택시인데도 흥정을 하려는 기사가 많다.

> **Tip 편리한 택시 앱, 마이택시 My Teksi**
>
> 바가지 요금 걱정 없이 언제 어디서나 택시를 부를 수 있는 모바일 택시 예약 서비스. 앱을 실행하면 현재 위치에서 가까운 차량과 기사 연락처, 목적지까지의 예상 요금 등이 나와 편리하게 이용할 수 있다. 요금은 미터기 요금에 예약비 RM2를 추가하면 된다.

고급 택시

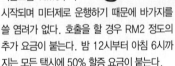

기본요금 RM6부터 시작되며 미터제로 운행하기 때문에 바가지를 쓸 염려가 없다. 호출을 할 경우 RM2 정도의 추가 요금이 붙는다. 밤 12시부터 아침 6시까지는 모든 택시에 50% 할증 요금이 붙는다.

주요 택시 회사 전화
콤포트 택시 Comfort Taxi 603-8024-0507
퍼블릭 캡 Public Cab 603-6259-2929
블루 캡 Blue Cab 603-8948-2193

그랩

차량 측면과 후면에 Grab이라는 로고가 있어 쉽게 찾을 수 있다. 어플리케이션을 이용해 출발지와 목적지를 정하면 근처에 있는 그랩 차량을 매칭해주는데, 차량 타입과 차량 번호, 기사의 얼굴과 이름도 알 수 있다. 요금은 사전에 등록한 신용카드나 현금으로 지불한다. 택시에 비해 저렴한 편이지만, 목적지나 시간에 따라 요금이 수시로 바뀌니 주의하자. 현지 전화번호로 인증을 받아야 하므로 현지 전화번호가 등록된 Sim 카드가 필요하다.

버스

현지인들이 주로 이용하는 래피드 KL 버스와 메트로 버스가 도심과 외곽 지역을 운행한다. 요금은 구간에 따라 다르며 보통 RM0.90~2.50. 그 밖에 쿠알라룸푸르의 관광 명소를 도는 KL 홉온 홉오프 시티투어 버스와 무료 순환 버스인 GO KL 시티 버스가 있다.

GO KL 시티 버스 심층 해부!

쿠알라룸푸르 도심을 운행하는 무료 순환버스로 현지인은 물론 현지 교통에 익숙하지 않은 여행자의 편의를 돕기 위해 개설되었다. 레드, 블루, 퍼플, 그린 총 4개의 노선이 있으며 도심 빌딩과 쇼핑센터, 호텔, 교육시설, 관광 명소 등에 정차한다. 여행자의 경우 퍼플 노선과 그린 노선을 이용하면 관광 명소와 쇼핑센터에 편하게 갈 수 있다. 차내에서 무료 Wi-Fi 서비스도 제공한다.

운행 월~금요일 06:00~23:00, 토·일요일·공휴일 07:00~23:00(5~15분 간격) **요금** 무료 **홈페이지** www.gokl.com.my

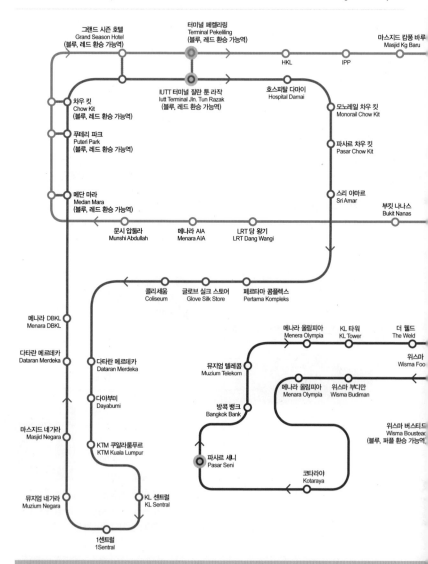

노선 종류

레드 라인(KL센트럴~잘란 툰쿠 압둘 라만) ━━━━━━

주요 호텔을 포함한 19개 정류장에 정차하며 약 60분 정도 소요된다.

블루 라인(메단 마라~부킷 빈탕) ━━━━━━

현지인들이 주로 이용하는 노선으로 관공서 등을 경유한다. 17개 정류장에 정차하며 약 45분 정도 소요된다.

퍼플 라인(파사르 세니~부킷 빈탕) ━━━━━━

메르데카 광장, KL 타워, MATIC, 파사르 세니 등을 경유한다. 15개 정류장에 정차하며 약 60분 정도 소요된다.

그린 라인(KLCC~부킷 빈탕) ━━━━━━

부킷 빈탕, 차우킷, 마주 정션, 코타 라야, KL 소고, 더 월드, 파빌리온 등 주요 쇼핑몰을 경유한다. 14개 정류장에 정차하며 약 45분 정도 소요된다.

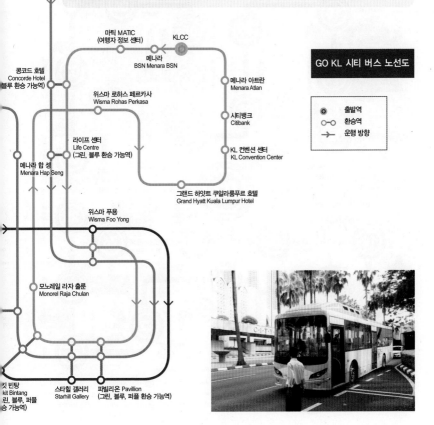

카스 캄퐁 바루
Khas Kg Baru

마틱 MATIC
(여행자 정보 센터)

KLCC

메나라
BSN Menara BSN

GO KL 시티 버스 노선도

콩코드 호텔
Concorde Hotel
블루 환승 가능역)

메나라 아트란
Menara Atlan

위스마 로하스 페르카사
Wisma Rohas Perkasa

시티뱅크
Citibank

◉ 출발역
○━○ 환승역
→ 운행 방향

라이프 센터
Life Centre
(그린, 블루 환승 가능역)

KL 컨벤션 센터
KL Convention Center

메나라 합 셍
Menara Hap Seng

그랜드 하얏트 쿠알라룸푸르 호텔
Grand Hyatt Kuala Lumpur Hotel

위스마 푸용
Wisma Foo Yong

모노레일 라자 출룬
Monorel Raja Chulan

킷 빈탕
kit Bintang
린, 블루, 퍼플
승 가능역)

스타힐 갤러리
Starhill Gallery

파빌리온 Pavillion
(그린, 블루, 퍼플 환승 가능역)

KL 홉온 홉오프 시티투어 버스 심층 해부!

쿠알라룸푸르 주요 관광 명소를 순환하는 2층짜리 투어 버스로 시티 쪽을 순환하는 시티루트(레드라인)과 시내 외곽의 왕궁, 모스크, 공원 등을 순환하는 가든루트(그린라인)로 운영된다. 총 27개의 정류장에 정차하며, 원하는 곳에서 승하차할 수 있다. 차내에서는 관광 명소에 대한 안내(영어)와 무료 Wi-Fi, 냉방시설 등 여행자를 위한 편의가 제공된다. 티켓은 온라인과 지정 매표소, 버스에서 구입할 수 있다.

운행 데이 투어 09:00~18:00, 나이트 투어 20:00~22:00 **매표소** 숭가이 왕(Sungei Wang) 플라자 앞 **요금** 데이 투어 1인 RM60, 나이트 투어 1인 RM65 **홈페이지** www.myhoponhopoff.com

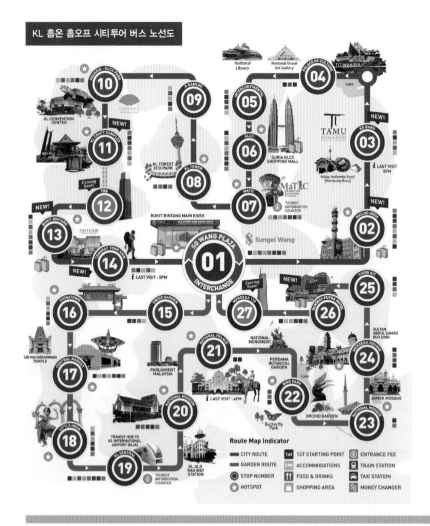

KL 홉온 홉오프 시티투어 버스 노선도

KL 홉온 홉오프 시티투어 버스 정류장 시티루트(레드라인 ●) / 가든루트(그린라인 ●)

- ① 숭가이 왕 플라자 SG Wang Plaza
- ② 마지드 인디아 Masjid India
- ③ KG 바루 KG Baru
- ④ 국립 예술 극장 Place of Culture
- ⑤ 인터콘티넨탈 Intercontinental
- ⑥ KLCC ⑦ 마틱 MATIC
- ⑧ KL 타워 KL Tower
- ⑨ 피 람리 P Ramlee
- ⑩ 아쿠아리아–KLCC 공원 Aquaria & KLCC Park
- ⑪ KL 크래프트 콤플렉스 KL Craft Complex
- ⑫ TRX
- ⑬ 부킷 빈탕 Bukit Bintang
- ⑭ 통캇 통 신 Tengkat Tong Shin
- ⑮ 스위스 가든 Swiss Garden
- ⑯ 차이나타운 Chinatown
- ⑰ 센트럴 마켓 Central Market
- ⑱ 리틀 인디아 Little India
- ⑲ KL 센트럴 KL Sentral
- ⑳ 국립박물관 National Museum
- ㉑ 국립왕궁 National Place
- ㉒ 새공원 Bird Park
- ㉓ 국립모스크 National Mosque
- ㉔ 메르데카 광장 Merdeka Square
- ㉕ 차우 킷 Chow Kit
- ㉖ 선웨이 푸트라 호텔 Sunway Putra Hotel
- ㉗ 메르데카 118 Merdeka 118

인기 정류장

⑥ KLCC
높이 451.9m 쌍둥이 빌딩 페트로나스 트윈타워, 수리아 KLCC 등 쿠알라룸푸르의 대표 명소들을 둘러볼 수 있다.

⑦ 마틱
말레이시아 관광센터로 여행과 관련된 다양한 정보를 얻을 수 있다. 건물 자체만으로도 훌륭한 볼거리이며 무료 전통 공연이 열리기도 한다.

⑧ KL 타워
높이 421m의 통신 타워로 세계에서 7번째로 높다. 부킷 나나스 언덕에 자리하고 있으며 360도 전망대와 회전 레스토랑이 있다.

⑩ 아쿠아리아 & KLCC 공원
KL 컨벤션 센터 지하 2층에 위치한 쿠알라룸푸르 최대 규모의 수족관으로 5천여 종의 해양 생물을 한 자리에서 관람할 수 있다.

⑯ 차이나타운
밤낮으로 활기가 넘치는 거리로 인근에 센트럴 마켓과 함께 둘러보기 좋다. 저녁부터 포장마차가 늘어서 야시장이 시작된다.

⑳ 국립박물관
말레이시아 역사와 문화를 한눈에 볼 수 있는 박물관으로 매일 오전 10시에는 무료 가이드 투어(영어, 중국어, 일본어)가 진행된다.

㉑ 국립왕궁
22개 금빛 돔과 넓은 정원, 조각상 등은 이슬람풍 말레이시아의 모습을 보여준다. 매일 정오에 열리는 근위병 교대식을 놓치지 말자.

㉓ 국립모스크
높이 73m의 첨탑, 작은 연못과 정원, 분수가 있다. 이슬람 예술 미술관, 쿠알라룸푸르역, 경찰 박물관을 함께 둘러볼 수 있다.

㉔ 메르데카 광장
마스지드 자멕, 시티 갤러리, 빅토리안 분수대, 국립 섬유 박물관, 술탄 압둘사마드 빌딩 등 광장을 중심으로 형성된 다양한 문화유산들을 관람할 수 있다.

쿠알라룸푸르 Area 1

BBKLCC

페트로나스 트윈 타워를 중심으로 세련된 도시 문화를 자랑하는 쿠알라룸푸르 시티 센터를 비롯해 고급 쇼핑센터와 호텔, 노천카페 등이 즐비한 부킷 빈탕 주변에 이르는 구역이다. 쿠알라룸푸르에서 가장 번화한 곳으로 최근 두 곳을 연결하는 보행자 통로가 신설되어 이 일대를 찾는 사람들이 더욱 많아졌다. 밤이 되면 화려한 불빛으로 물드는 창캇 부킷 빈탕에서 맥주 한잔을 즐기거나, 먹거리 포장마차가 가득 늘어서는 잘란 알로 푸드 스트리트에서 도시의 밤 문화를 만끽할 수 있다. 쿠알라룸푸르에서 가장 현대적이고 트렌디한 명소들을 만나보자.

BBKLCC
추천 코스

★ **코스 총 소요 시간** : 10~12시간

★ **여행 포인트** : 페트로나스 트윈 타워 전망대는 1일 입장 인원을 제한하므로 아침 일찍 방문하거나 인터넷을 통해 미리 예약할 것을 권한다. 쿠알라룸푸르 시티 센터에서 부킷 빈탕 지역까지는 BBKLCC 워크웨이를 이용하면 도보로 쉽게 이동할 수 있다. 잘란 알로 거리나 창캇 부킷 빈탕 주변은 저녁 식사 후 술 한잔에 하루를 마무리하기 좋다.

1DAY

09:00 페트로나스 트윈 타워 관람하기

▼ 도보 1분

11:00 수리아 KLCC 구경하기

▼ 도보 1분

13:00 수리아 KLCC 내 맛집에서 점심 식사

▼ 택시 10분

14:30 KL 타워에서 전망 감상하기

▼ 택시 10분

17:00 부킷 빈탕에서 쇼핑몰 구경하기

▼ 도보 10분

19:00 잘란 알로에서 로컬 푸드와 시원한 맥주로 저녁 식사

▼ 도보 3분

21:00 창캇 부킷 빈탕에서 칵테일로 마무리

페트로나스 트윈 타워
Petronas Twin Tower

★
★
★

쿠알라룸푸르의 랜드마크

페트로나스 트윈 타워는 높이 451.9m, 88층에 이르는 세계에서 가장 높은 쌍둥이 빌딩이다. 두 빌딩을 연결하는 스카이브리지는 높이 170m인 41~42층에 자리하고 있다. 말레이시아 국영 석유 회사인 페트로나스의 본사 사옥으로, 건축 당시 한국과 일본의 건설사가 각각 맡아 동시에 진행한 것으로 화제가 되기도 했다. 86층에는 쿠알라룸푸르 시내를 한눈에 조망할 수 있는 전망대가 마련되어 있어 여행객들의 필수 관광코스로 자리매김했다. 타워에는 복합 쇼핑몰 수리아 KLCC가 있고, 그 앞에는 저녁이면 아름다운 분수쇼가 열리는 KLCC 공원이 있다.

MAP p.116-B◆**찾아가기** LRT 켈라나 자야선 KLCC역에서 도보 약 5분◆**주소** Kuala Lumpur City Centre, Kuala Lumpur◆**전화** 603-2331-8080◆**운영** 화~일요일 09:00~21:00◆**휴무** 월요일◆**요금** 스카이브리지&전망대 어른 RM98, 어린이 RM50
◆**홈페이지** www.petronas-twintowers.com.my

한국과 일본의 기술력이 만들어낸 페트로나스 트윈 타워

1998년에 완성된 페트로나스 트윈 타워는 한국과 일본이 서로의 자존심을 걸고 경쟁하며 건설한 것으로도 유명하다. 우리나라는 일본보다 한 달 늦게 공사에 착수했지만 최첨단 공법과 기술력을 적용해 일본보다 먼저 훌륭하게 완성하여 전 세계의 주목을 받았다. KLCC 공원에서 바라봤을 때 왼쪽이 일본에서 지은 타워 1이고, 오른쪽이 우리나라에서 지은 타워 2이다.

스카이브리지 Skybridge

페트로나스 트윈 타워의 두 건물을 연결하는 통로로 녹음이 가득한 KLCC 공원과 반대쪽인 암팡 지구의 전경을 한눈에 볼 수 있다. 입장권은 페트로나스 트윈 타워 콘코스(Concourse)층에서 오전 8시 30분부터 선착순으로 판매하며, 86층에 있는 전망대도 입장할 수 있다. 간단한 소지품 검사(가방은 보관소에 보관) 후 인솔자와 함께 고속 승강기를 타고 올라간다.

기념품 숍 Gift Shop

전망대까지 관람을 마치고 내려오면 페트로나스 트윈 타워와 말레이시아를 상징하는 다양한 기념품을 판매하는 숍이 나온다. 트윈 타워가 그려진 티셔츠나 문구류, 조각상 등 다양한 아이템을 갖추고 있어 기념품이나 선물을 구입하기에 제격이다.

전망대 Observation Deck

스카이브리지 관람 후 다시 전용 승강기를 타면 86층 전망대로 이동한다. 전망대는 스카이브리지와는 비교할 수 없을 정도로 멋진 풍경이 펼쳐지며 특히 석양이 지는 저녁에 더욱 아름답다. 전면 통유리로 되어 있으며 중앙에는 페트로나스 트윈 타워의 모형이 설치되어 있다. 1일 입장 인원을 제한하고 있으므로 가급적 아침 일찍 방문해 입장권을 구입하거나 홈페이지에서 미리 예약하자.

페트로사인스 Petrosains

페트로나스에서 운영하는 과학관으로 과거부터 현대에 이르기까지 석유와 관련된 방대한 자료를 전시하고 어린이를 위한 다채로운 학습 프로그램을 진행한다. 수리아 KLCC 4층에 있으며 과학관 옆에 기념품 매장도 있다. 프로그램은 월별 또는 분기별로 달라지므로 과학관 입구나 홈페이지에서 미리 확인하자.

◆ 전화 603-2331-8181 ◆ 운영 화~금요일 09:30~17:30, 토·일요일·공휴일 09:30~18:30(폐관 1시간 30분 전에 입장 마감) ◆ 휴무 월요일 ◆ 요금 어른 RM40, 어린이(3~12세) RM25 ◆ 홈페이지 www.petrosains.com.my

KL 타워
KL Tower

★
★
★

쿠알라룸푸르 시내 전경을 한눈에

도심 속 작은 언덕 부킷 나나스에 위치한 KL 타워(높이 421m)는 남산의 N서울 타워처럼 쿠알라룸푸르의 대표 전망대이다. 동남아시아에서 제일 높은 타워이자 세계에서 7번째로 높은 타워로 방송국과 통신시설로 이용되고 있다. 타워 내에는 쿠알라룸푸르 시내를 한눈에 볼 수 있는 전망대와 360도 회전하는 레스토랑, 공연장 등이 있다. 특히 전망대에서는 페트로나스 트윈 타워가 시야에 들어오며, 날씨가 좋으면 믈라카 해협까지도 볼 수 있는 특별한 경험을 선사한다. 그 외에도 미니 동물원, 컬처럴 빌리지, XD 극장, F1 시뮬레이터, 블루 코랄 아쿠아리움, 오픈 데크 등의 즐길 거리가 있다. 오픈 데크는 일반인(13세 이상)이 입장할 수 있는 가장 높은 곳으로 안전 관련 동의서를 작성해야 들어갈 수 있다. 타워 정상에서 뛰어내리는 '스카이 점프'와 2천58개의 계단을 오르는 '타워트론 대회' 등 국제적으로 유명한 이벤트도 열리므로 방문 전에 홈페이지를 참고하자.

MAP p.116-D◆**찾아가기** KL 모노레일 Bukit Nanas역 또는 LRT 켈라나 자야선 Dang Wangi역에서 도보 약 15분 ◆**주소** 2, Jalan Punchak Off Jalan P.Ramlee, Kuala Lumpur◆**전화** 603-2020-5444◆**운영** 09:00~22:00◆**휴무** 연중무휴◆**요금** 전망대 어른 RM60, 어린이(4~12세) RM40, 스카이 데크 포함 어른 RM110, 어린이 RM65◆**홈페이지** www.menarakl.com.my

Tip **무료 셔틀버스로 편하게 올라가자**

역에서 내려 타워까지 올라가는 길은 경사가 꽤 가파르기 때문에 걸어서 가기에는 무리가 있다. 언덕 아래 입구에서 타워까지 15분 간격으로 운행하는 무료 셔틀버스가 있으므로 적극 이용하자. 운행 시간은 08:00~21:30.

아쿠아리아 KLCC
Aquaria KLCC

★
★
★

쿠알라룸푸르 최대 규모의 수족관

세계 각국에서 수집한 150여 종, 5천여 마리
의 해양 생물을 관람할 수 있는 아쿠아리아
KLCC는 동남아시아에서 가장 큰 규모를 자랑
하는 수족관으로, KLCC 컨벤션 센터 지하 2층
에 위치해 있다. 2개 층으로 이루어진 각각의
전시관은 개체별 생태 환경을 완벽하게 조성해
놓았으며, 동남아시아에 서식하는 희귀 어종을
비롯해 다양한 바다 생물을 관찰할 수 있다. 방
문객들에게 가장 인기 있는 곳은 길이가 90m
에 이르는 해저 터널 수족관. 무빙 워크를 타고
이동하면서 상어, 자이언트 스팅레이, 바다 거
북 등이 헤엄치는 모습을 가까이에서 구경할 수
있다. 매일 10:45~17:30에는 아쿠아리스트
가 대형 수족관 안으로 들어가 물고기들에게 먹
이를 주는 흥미진진한 공연도 펼쳐진다.

MAP p.116-F◆**찾아가기** LRT 켈라나 자야선 KLCC역
에서 도보 약 10분◆**주소** Kuala Lumpur Convention
Centre Complex, Jalang Pinang, Kuala Lumpur
◆**전화** 603-2333-1888◆**운영** 화~일요일 10:00~
20:00◆**휴무** 연중무휴◆**요금** 어른 RM75, 어린이(3~12
세) RM65, 경로자(60세 이상) RM65
◆**홈페이지** www.aquariaklcc.com

KLCC 공원
KLCC Park ★★

쿠알라룸푸르 시민들의 휴식처

과거 경마장이었던 부지에 조성된 공원으로
1,900여 종의 나무와 식물들이 숲을 이루고
수리아 KLCC 쇼핑몰 앞쪽으로 잔잔한 호수가
펼쳐져 있다. 호수에는 높이 42m까지 물을 뿜
어내는 특수 분수가 설치되어 있어 저녁이면 화
려한 조명과 어우러진 멋진 분수쇼가 열린다.
1.3km의 조깅 코스는 산책을 즐기기에 좋고
어린이를 위한 무료 수영장이 있어 시민들의 사
랑을 듬뿍 받는 휴식처가 되고 있다. 공원 뒤편
에는 이국적인 분위기가 물씬 나는 아스 시아키
린 이슬람 사원(Masjid As-Syakirin)이 있
는데 눈부실 정도로 하얀 빛과 화려한 장식이
인상적이다.

MAP p.116-C◆**찾아가기** LRT 켈라나 자야선 KLCC역
에서 도보 약 5분◆**주소** Jalan Ampang, Kuala Lumpur
City Centre, Kuala Lumpur◆**전화** 603-2380-9032
◆**운영** 10:00~22:00◆**휴무** 연중무휴

말레이시아 관광센터
Malaysia Tourism Centre(MaTiC) ★

전통 춤 공연을 무료로 관람하는 관광센터

1935년 식민지 시대에 지어진 건물로 원래는 광산업과 고무 농장을 운영하던 유통셍(Eu Tong Seng)의 저택이었다. 1989년부터 여행객을 위한 관광 안내 센터가 되어 지역별 지도와 관광 안내 책자 등 다양한 정보를 제공하고 있다. 스티커나 브로치 등 작은 기념품도 증정하며 무료 Wi-Fi도 이용할 수 있다. 그 외에 관광 경찰 사무소, 레스토랑, 환전소, ATM, KL 홉온 홉오프 시티투어 버스 티켓 사무소 등 여행객에게 필요한 서비스를 한곳에서 해결할 수 있어 편리하다. 매주 월~토요일 오후 15:00 ~16:00에는 말레이시아 전통 춤 공연을 무료로 관람할 수 있다.

MAP p.116-B◈**찾아가기** KL 모노레일 Bukit Nanas역에서 도보 약 5분◈**주소** 109, Jalan Ampang, Kuala Lumpur◈**전화** 603-9235-4800◈**운영** 08:00~17:00 ◈**휴무** 토~일요일◈**홈페이지** www.matic.gov.my

부킷 빈탕
Bukit Bintang ★★★

최신 트렌드를 볼 수 있는 화려한 번화가

쿠알라룸푸르 최고의 번화가로 파빌리온, 스타힐 갤러리 등 고급 쇼핑몰과 상점들이 즐비하고 레스토랑, 카페, 극장, 스파, 호텔 등이 밀집해 있어 늘 인파로 북적대는 활기찬 곳이다. 특히 부킷 빈탕역 주변은 현지인들이 즐겨 가는 노천시장, 마사지 숍, 먹자골목이 형성되어 있어 서민적인 매력까지 느낄 수 있다. 싸고 맛있는 로컬 음식이 가득한 잘란 알로(Jalan Alor), 트렌디한 펍과 맛집들이 모여 있는 창캇 부킷 빈탕(Changkat Bukit Bintang)도 걸어서 갈 수 있다. 두 거리 모두 쿠알라룸푸르의 밤 문화를 즐기기에 더 없이 좋은 곳이다.

MAP p.115-G◈**찾아가기** KL 모노레일 Bukit Bintang 역에서 도보 약 3분◈**주소** Bukit Bintang, Kuala Lumpur

백랍 세계로의 초대
로열 셀랑고르 백랍 공장
Royal Selangor Pewter Factory

백랍은 말레이시아를 대표하는 주석 산업의 일등 공신으로 로열 셀랑고르(Royal Selangor)는 전문적으로 백랍 제품을 만드는 말레이시아 최고의 브랜드다. 아름답고 섬세하게 만들어진 백랍 제품은 여행자들에게 사랑받는 쇼핑 아이템으로 가격이 꽤 나가는 고가품임에도 소장가치가 높고 퀄리티가 탁월해 마니아들이 많이 구입한다. 백랍 제품에 관심이 있다면 세타팍(Setapak) 지역에 위치한 공장을 방문해보자. 관광 명소를 방문하는 것만큼이나 특별한 경험을 할 수 있다. 견학 후 백랍 제품을 구입해보는 것도 좋고 가벼운 마음으로 구경을 다녀와도 좋다. 무료 셔틀버스를 운행하고 있으므로 호텔 또는 공장에 문의하자.

MAP p.211-B **찾아가기** 무료 셔틀버스 운행, 쿠알라룸푸르 시내 중심에서 약 20분 **주소** 4 Jalan Usahawan 6, Setapak Jaya, Kuala Lumpur **전화** 603-4145-6000 **운영** 09:00~17:00 **휴무** 연중무휴 **요금** 입장 무료, 체험활동 30분 코스 RM75(예약 필수) **홈페이지** www.royalselangor.com

로열 셀랑고르의 역사

중국에서 건너온 젊은 주석 공예가 용쿤은 1885년 백랍 공장을 세우고 촛대와 와인 잔 같은 소형 제품들을 만들기 시작했다. 숙련된 장인들과 제조 기계를 늘리면서 생산량과 제품의 종류를 다변화한 결과 현재 700여 명의 직원을 갖춘 세계적으로 손꼽히는 백랍 제조업체로 성공을 거두었고 말레이시아를 비롯해 일본, 중국, 유럽 등지에 전시관과 판매장을 운영하고 있다.

가이드 투어

공장 입구에는 창립자 용쿤의 일대기와 로열 셀랑고르 백랍 공장의 역사를 말해주는 다양한 기록물이 전시되어 있다. 또한 영어,  일본어, 중국어가 가능한 가이드가 상주하고 있어 시대별 디자인과 역사, 대표 작품들에 대한 설명을 들을 수 있다.

백랍 제조 공정 견학

공장 투어 중에는 백랍을 만드는 과정을 견학할 수 있다. 하나의 완성품이 나오기까지 진행되는 각각의 공정을 알기 쉽게 보여준다.

나만의 백랍 제품을 만들기

백랍 제품을 직접 만들어보는 체험활동도 할 수 있다. 단, 사전 예약이 필요하며 최소 4명 이상이어야 가능하다. 운이 좋으면 안내 센터에서 바로 예약할 수 있으므로 출입 전에 미리 문의해보자. 제품을 만들 수 있는 망치와 그 외 장비들을 제공하며 약 30분 정도 소요된다. 체험활동을 마치고 나면 로열 셀랑고르에서 발급하는 인증서도 받을 수 있다.

전시장에서 쇼핑하기

공정 견학과 체험활동을 마치고 나면 다양한 백랍 제품을 전시하고 있는 매장으로 이동한다. 유럽인들이 선호하

는 촛대와 와인 잔 등은 스테디셀러 제품으로 실용적이면서도 퀄리티가 좋아 대량으로 구입하는 관광객이 많다. 그 외에도 각종 캐릭터 제품이나 기념품, 트로피, 찻잔, 주전자 등 150여 종류의 제품을 판매하고 있다.

기네스북에 오른 주석 맥주잔

공장 부지 안에는 창립 100주년을 기념해 제작한 높이 2.1m, 무게 1.6t에 달하는 거대한 백랍 맥주잔 조형물이 있다. 세계에서 가장 큰 백랍 맥주잔으로 기네스북에도 등재되어 있으며, 관광객들의 기념사진 촬영 장소로 인기가 높다.

블루베리 머핀으로 유명한 더 카페(The Café)

공장 견학 후 잠시 쉬어갈 수 있는 카페로 이곳의 블루베리 머핀은 알 만한 사람은 다 알 정도로 맛이 좋다. 촉촉하면서도 달콤한 머핀과 커피 한 잔을 마시며 휴식을 취해보자.

> **More**
>
> ### 백랍 제조 과정
>
> 주석은 연성이 높아 상처가 나기 쉬운 재료인데 이 점을 보완하기 위해 구리와 안티몬을 고온 250도에서 녹여 혼합한다. 용해시킨 주석을 주물 형틀에 주입하고 완전히 응고되면 형틀 제거 후 냉각 과정을 거쳐 강철로 표면을 부드럽게 마무리한다. 제품에 따라 손잡이나 조형물을 납땜하고 사포로 녹을 제거한다. 쇠망치를 이용해 각 제품에 맞는 패턴 또는 라인을 만드는 해머링 과정을 거치면 완성품이 탄생한다.

잘란 알로 푸드 스트리트
Jalan Alor Food Street

매일 밤 불야성을 이루는 먹자골목

맛있는 로컬 음식을 저렴하게 즐길 수 있는 거리로 도로는 테이블로 가득 메워져 있고 거리 양편에는 다양한 메뉴를 선보이는 식당들이 늘어서 있다. 분주하게 장사를 하는 상인들과 삼삼오오 모여 앉아 하루의 피로를 날리는 사람들의 왁자지껄한 소리가 밤늦게까지 이어진다. 인기 메뉴는 해산물을 이용한 요리와 꼬치구이 등이며 시원한 맥주와 함께 먹으면 안성맞춤이다.

MAP p.117-H ◆ **찾아가기** KL 모노레일 Bukit Bintang역에서 도보 약 5분 ◆ **주소** 16~90 Jalan Alor, Bukit Bintang, Kuala Lumpur

잘란 알로의 인기 식당

웡 아 와 Wong Ah Wah

닭 날개에 달콤한 소스를 발라 구운 것으로 그냥 먹어도 맛있고 술안주로도 인기가 높다. 그 밖에 주로 중국 음식을 선보이며 작은 조개구이도 맛있다.

MAP p.117-K ◆ **전화** 603-2144-2463 ◆ **영업** 17:00~02:00 ◆ **휴무** 연중무휴 ◆ **예산** 식사 RM10~20, 치킨 윙 RM4

사이 우 Sai Woo

커리 락사, 누들, 치킨 윙, 해산물 요리 등 다양한 현지 음식을 맛볼 수 있다. 그중에서도 새우에 버터를 발라 구운 버터 프라운(Butter Prawn)과 사테가 인기 메뉴.

MAP p.117-K ◆ **전화** 6011-1897-6482 ◆ **영업** 17:00~02:00 ◆ **휴무** 연중무휴 ◆ **예산** 식사 RM10~20

인기 메뉴

프라이드 소통 Fried Sotong
오징어와 고추, 마늘, 채소 등을 함께 볶아낸 것으로 맛이 자극적이다. RM25~35

치킨 윙 Chicken Wing
닭 날개를 꼬치에 끼워 구운 것으로 감칠맛이 일품이다. RM4

사테 Satay
닭고기를 부위별로 구워낸 것으로 한국인 입맛에도 잘 맞는다. RM2.50~6

록록 Lok Lok
해산물, 채소, 고기 등을 꼬치에 끼워 기름에 튀겨낸 것으로 종류가 다양하다. RM2~25

프라이드 랄라 Fried Lala
조개에 매콤한 특제 소스를 넣고 센 불에 볶아낸 것으로 맥주 안주로 일품이다. RM22~35

랏 텐 후통
Lot 10 Hutong

아시아 별미를 모아놓은 푸드코트

부킷 빈탕역 사거리에 위치한 쇼핑몰 랏 텐 (Lot 10)의 지하 1층에 있는 푸드코트로 아시아의 인기 맛집들을 한자리에 모아놓았다. 말레이시아 로컬 요리를 비롯해 태국, 싱가포르, 중국, 한국까지 각 나라의 음식들을 맛볼 수 있으며, 인테리어도 각각의 테마로 꾸며놓아 구경하는 재미가 있다. 식사는 보통 RM10~20 정도면 먹을 수 있어 가격도 부담 없는 편이다. 푸드코트 옆에는 슈퍼마켓이 있어 식사 후 쇼핑을 할 수도 있다.

MAP p.117-H ◆ **찾아가기** KL 모노레일 Bukit Bintang 역에서 도보 약 2분 ◆ **주소** 50, Jalan Sultan Ismail, Bukit Bintang, Kuala Lumpur ◆ **전화** 603-2782-3500 ◆ **영업** 10:00~22:00 ◆ **휴무** 연중무휴 ◆ **예산** 식사류 RM9.90~29.90(봉사료 6% 별도)
◆ **홈페이지** www.lot10hutong.com

인기 메뉴

페낭 코너 Penang Corner
페낭식 볶음면 요리인 프라이드 쿼이 테오(Fried Kuey Teow)가 유명하다. 새우, 소시지, 숙주, 달걀 등을 면과 함께 볶아낸 것으로 한국인 입맛에도 잘 맞는다.

공 타이 Kong Tai
하오지엔(蚝煎)이라는 굴전이 유명하다. 신선한 굴을 쌀가루와 달걀을 섞은 반죽에 묻혀 부쳐낸 것으로 칠리 소스에 찍어 먹는다.

킴 리안 키 Kim Lian Kee
새우, 돼지고기, 채소를 면과 함께 볶아낸 호키엔미(炒虾面)가 유명한데 짜장면과 맛과 모양새가 비슷하다.

샤오 바오 웡 Siew Bao Wong
에그 타르트 같은 포르투갈식 패스트리와 중국식 찐빵 바오(Bao)가 유명한 곳으로 식사 후 디저트로 그만이다.

비잔 바 & 레스토랑
Bijan Bar & Restaurant

MAP p.115-G ◆ **찾아가기** KL 모노레일 Bukit Bintang 역에서 도보 약 10분 ◆ **주소** 3 Jalan Ceylon 29, Kuala Lumpur ◆ **전화** 603-2031-357 ◆ **영업** 월~일요일 16:30~23:00 ◆ **휴무** 연중무휴 ◆ **예산** 사테 RM24~, 렌당 RM50, 루숙 RM88(세금+봉사료 16% 별도) ◆ **홈페이지** www.bijanrestaurant.com

눈과 입이 즐거운 모던 레스토랑

말레이시아 전통 요리를 선보이는 파인다이닝 레스토랑으로 20여 년간 한자리를 지키며 명성을 이어오고 있다. 에피타이저와 소고기, 닭고기, 해산물을 이용한 메인 요리, 디저트 등으로 구성된 메뉴를 선보인다. 말레이 전통 메뉴들을 현대적으로 재해석해 고급스러운 요리를 맛볼 수 있는 곳으로 손꼽힌다.

마담 콴스
Madam Kwan's

현대적인 분위기와 합리적인 가격으로 인기

파빌리온 식당가에 있는 레스토랑으로 현지인은 물론 여행객들 사이에서도 유명한 맛집이다. 인기 메뉴는 코코넛물로 지은 밥에 멸치볶음, 오이 등을 곁들인 나시 르막(Nasi Lemak)과 볶음밥에 닭 다리 튀김, 매콤한 새우조림 등을 곁들인 나시 보자리(Nasi Bojari). 그 외에도 다양한 현지 음식을 맛볼 수 있으며 대부분 한국인 입맛에도 잘 맞는다.

MAP p.117-I ◆ **찾아가기** KL 모노레일 Bukit Bintang역에서 도보 약 10분 ◆ **주소** Lot 1, Pavillion Mall, 168 Jalan Bukit Bintang, Kuala Lumpur ◆ **전화** 603-2143-2297 ◆ **영업** 11:00~22:00 ◆ **휴무** 연중무휴 ◆ **예산** 나시 보자리 RM29.90(세금+봉사료 16% 별도) ◆ **홈페이지** www.mymadamkwans.com

그랜드마마스
Grandmama's

국물 맛이 일품인 특급 누들

외국인 입맛에 맞춘 말레이시아 현지 음식을 선보이는 맛집으로 부킷 빈탕의 랜드마크인 파빌리온 6층에 있다. 다양한 해산물을 이용한 면 요리와 수프, 정식 등을 선보인다. 추천 메뉴는 큼지막한 새우와 쌀국수가 어우러진 상 하르 크리스탈 누들 수프(Sang Har Crystal Noodles Soup)로 국물 맛이 시원하며, 매콤한 고추가 들어간 간장을 넣어 먹으면 얼큰한 맛이 나 해장용으로도 그만이다.

MAP p.117-I ◆ **찾아가기** KL 모노레일 Bukit Bintang 역에서 도보 약 10분 ◆ **주소** Lot 6, Pavillion Mall, 168 Jalan Bukit Bintang, Kuala Lumpur ◆ **전화** 603-4819 -5598 ◆ **영업** 12:00~21:00 ◆ **휴무** 연중무휴 ◆ **예산** 누들 수프 RM18.90~, 커리 락사 RM18.90~(세금+봉사료 16% 별도) ◆ **홈페이지** www.grandmamas.com.my

하카 레스토랑
Hakka Restaurant

60년 전통의 중국식 레스토랑

중국식 해산물 요리를 전문으로 하는 인기 레스토랑이다. 노천카페처럼 야외 공간에 테이블이 마련되어 있으며 저녁 무렵이 분위기가 좋다. 인기 메뉴는 중국식 샤부샤부인 스팀보트(Steamboat)로 기본 세트를 주문하면 해산물과 각종 채소, 두부, 달걀, 면 등 10여 가지의 재료가 나온다. 한국인 입맛에도 잘 맞고 양도 푸짐하다.

단, 스팀보트는 최소 2인 이상 주문해야 한다.

MAP p.117-I ◆ **찾아가기** KL 모노레일 Raja Chulan역에서 도보 약 5분 ◆ **주소** 90, Jalan Raja Chulan, Kuala Lumpur ◆ **전화** 603-2143-1908 ◆ **영업** 11:30~14:30, 17:30~22:30 ◆ **휴무** 연중무휴 ◆ **예산** 스팀보트 1인 RM35~(최소 2인), 맥주 RM14.50~20(세금+봉사료 16% 별도)

딘타이펑
Din Tai Fung

미슐랭도 인정한 세계적인 딤섬 레스토랑

풍부한 육즙과 담백한 맛으로 세계인의 입맛을 사로잡은 딘타이펑의 샤오롱바오를 쿠알라룸푸르에서도 맛볼 수 있다(파빌리온 6층). 샤오롱바오는 작은 대나무 찜통에 쪄낸 중국식 만두로 우리나라보다 좀 더 저렴한 가격에 즐길 수 있다. 샤오롱바오 외에도 완탕, 누들, 볶음밥 등의 메뉴를 갖추고 있으며, 10:00~15:00에는 합리적인 가격의 누들 런치세트를 제공한다.

MAP p.117-I◆**찾아가기** KL 모노레일 Bukit Bintang 역에서 도보 약 10분◆**주소** Lot 6, Pavillion Mall, 168 Jalan Bukit Bintang, Kuala Lumpur◆**전화** 603 -2148-8292◆**영업** 11:00~21:00◆**휴무** 연중무휴 ◆**예산** 샤오롱바오(6개) RM16.98~28.30, 새우 쇼마이 RM22.64(세금+봉사료 16% 별도) ◆**홈페이지** www.dintaifung.com.my

조고야
Jogoya

일본식 뷔페 레스토랑

회, 초밥, 철판구이 등의 일식 요리를 비롯해 스테이크, 중식, 디저트까지 한자리에서 먹을 수 있는 뷔페로 스타힐 갤러리 내에 있다. 580여 명을 수용할 수 있는 넓은 공간에서 200여 가지가 넘는 다양한 요리를 골라 먹는 즐거움이

있다. 하겐다즈 아이스크림이 무제한 제공되고, 칵테일과 와인도 무료로 즐길 수 있다.

MAP p.117-I◈**찾아가기** KL 모노레일 Bukit Bintang역에서 도보 약 5분◈**주소** T3, Relish Floor, Starhill Gallery, 181, Jalan Bukit Bintang, Kuala Lumpur ◈**전화** 603-2142-1268◈**영업** 점심 12:00~16:00, 저녁 17:30~22:30◈**휴무** 연중무휴◈**예산** 월~금요일 점심 RM135, 저녁 RM145(금~일요일에는 RM20 추가, 세금+봉사료 16% 별도)
◈**홈페이지** www.jogoyarestaurants.com

써티 8
Thirty 8

최고의 전망과 함께하는 식도락

그랜드 하얏트 호텔 38층에 있는 레스토랑으로 360도 펼쳐지는 환상적인 뷰를 감상하며 다이닝을 즐길 수 있다. 오픈 키친 형태의 주방은 점심, 저녁, 애프터눈 티와 칵테일 타임까지 모두 소화한다. 디너 타임에는 스테이크와 신선한 해산물 요리를 제공하며 일본식 롤과 회도 선보인다. 바와 라운지 공간은 다이닝 전후 칵테일이나 음료를 마시기에 좋다.

MAP p.116-E◈**찾아가기** KL 모노레일 Raja Chulan역에서 도보 약 10분◈**주소** Grand Hyatt Malaysia, 12, Jalan Pinang, Kuala Lumpur◈**전화** 603-2203-9188◈**영업** 06:00~23:00◈**휴무** 연중무휴◈**예산** 샐러드 RM48, 해산물 요리 RM195~, 스테이크 요리 RM195(세금+봉사료 16% 별도)
◈**홈페이지** hyatt.com/en-US/hotel/malaysia/grand-hyatt-kuala-lumpur/kuagh/dining/thirty8

사오남
Sao Nam

리얼 베트남을 맛보다

베트남 분위기의 이국적인 실내 인테리어가 인상적인 곳으로 여행자들이 즐겨 가는 텡캇 통 신 (Tengkat Tong Shin) 거리에 위치해 있다. 새콤달콤한 오징어 샐러드를 비롯해 스프링롤, 쌀국수, 베트남 커피 등의 메뉴를 선보이는데 순화되지 않은 베트남 요리 본연의 맛을 낸다. 화~금요일에는 런치세트를 제공하며 오후(14:30~19:30)에는 영업을 하지 않는다.

MAP p.117-J◆**찾아가기** KL 모노레일 Bukit Bintang 역에서 도보 약 6분◆**주소** 25, Tengkat Tong Shin, Bukit Bintang, Kuala Lumpur◆**전화** 603-2144-1225◆**영업** 12:00~14:30, 18:00~22:00◆**휴무** 연중무휴◆**예산** 쌀국수 RM26.80(봉사료 6% 별도)

고려원
Koryo-Won

36년 전통 한식 명가

다이닝 레스토랑의 격전지라 할 수 있는 스타힐 갤러리의 지하 식당가 피스트 빌리지(Feast Village)에 위치한 36년 전통의 한식당. 한국인 특유의 친절한 서비스와 한결같은 맛으로 여행자는 물론 현지인들에게도 인기가 많다. 혼자서도 식사하기 좋은 카운터석이 마련되어 있으며, 늦은 시간까지 영업해 여유롭게 식사를 즐길 수 있다.

MAP p.117-I◆**찾아가기** KL 모노레일 Bukit Bintang역에서 도보 약 5분◆**주소** Lot 6, Starhill Gallery, 181 Jalan Bukit Bintang, Kuala Lumpur◆**전화** 603-2143-2189◆**영업** 12:00~22:00◆**휴무** 연중무휴◆**예산** 찌개 RM30~, 불고기 RM65, 샤부샤부 RM230, 주류 RM17~32(세금+봉사료 16% 별도)

다온
Da On

고급스런 한식당

파빌리온 6층에 위치한 다온은 말레이시아에서도 손꼽히는 한식당으로 파인다이닝을 표방한다. 찌개, 전, 냉면 등 단품 메뉴와 삼겹살, 갈비 등 고기 요리를 맛볼 수 있다. 현지 물가에 비해 조금 높은 가격이지만 런치세트를 이용하면 알뜰하게 식사를 즐길 수 있다. 한국 소주와 맥주, 막걸리 등 주류도 골고루 갖추었으며 음식도 정갈해서 현지인들에게 인기가 높다.

MAP p.117-I◆**찾아가기** KL 모노레일 Bukit Bintang역에서 도보 약 10분◆**주소** Lot 6, Pavillion Mall, 168 Jalan Bukit Bintang, Kuala Lumpur◆**전화** 603-2141-2100◆**영업** 11:30~21:00◆**휴무** 연중무휴◆**예산** 런치세트(11:00~15:00) RM58~, 불고기 RM90, 고기류 RM85~150(세금+봉사료 16% 별도)
◆**홈페이지** www.daonrestaurant.com

피카 커피 로스터스
Feeka Coffee Roasters

창캇 부킷의 트렌디한 카페

허름한 외관과는 달리 내부 인테리어는 감각적이다. 아침 일찍 문을 열고 무선 인터넷도 가능해 여행자들이 아침 식사를 하기 위해 많이 찾아온다. 조식 메뉴는 저녁 6시까지 제공되며 갓 구운 빵과 생크림, 파인애플, 딸기, 시럽이 어우러진 프렌치토스트가 인기 있다. 조식치고는 조금 비싼 편이지만 맛과 분위기가 좋고 커피 맛도 일품이다.

MAP p.117-H◆**찾아가기** KL 모노레일 Bukit Bintang역에서 도보 약 7분◆**주소** 19, Jalan Mesui, Bukit Bintang, Kuala Lumpur◆**전화** 603-2110-4599◆**영업** 08:00~22:00◆**휴무** 연중무휴◆**예산** 피카 빅 브렉퍼스트 RM36, 롱블랙 RM9

더 로비 라운지
The Lobby Lounge

애프터눈 티로 유명한 라운지

리츠 칼튼 호텔 로비 라운지에서는 일요일을 제외한 매일 오후 15:00~17:00에 전통 애프터눈 티를 즐길 수 있다. 격조 높은 분위기에서 우아하게 티타임을 즐기는 현지인들이 많다. 티 세트를 주문하면 샌드위치와 패스트리, 스콘, 파이 등이 담긴 3단 트레이가 나오고, 차는 입구에 마련된 차들 중에서 선택하면 된다. 저녁시간에는 식사와 칵테일을 즐길 수 있다.

MAP p.117-I◆**찾아가기** KL 모노레일 Bukit Bintang역에서 도보 약 15분◆**주소** 168, Jalan Imbi, Bukit Bintang, Kuala Lumpur◆**전화** 603-2142-8000◆**영업** 10:00~22:00, 애프터눈 티 15:00~17:00(일요일 제외)◆**휴무** 연중무휴◆**예산** 애프터눈 티(2인) RM160~300(세금+봉사료 16% 별도)◆**홈페이지** www.ritzcarlton.com

파빌리온 쿠알라룸푸르
Pavilion Kuala Lumpur

부킷 빈탕의 랜드마크

2007년 말에 개장한 파빌리온은 쿠알라룸푸르 최고의 번화가인 부킷 빈탕에서도 가장 인기 있는 복합 쇼핑몰로 쇼핑, 식도락, 뷰티, 문화공연 등 볼거리와 즐길 거리가  풍부하다. 명품 브랜드부터 최신 트렌드를 볼 수 있는 패션·주얼리·뷰티·잡화 등의 쇼핑 공간이 쾌적하게 조성되어 있고, 고급 레스토랑과 합리적인 가격으로 즐길 수 있는 푸드코트를 갖추어 현지인과 여행자 모두에게 사랑받고 있다. 중앙 홀은 파빌리온의 심장부로 시즌마다 화려하게 바뀌는 거대한 조형물이 있으며, 페스티벌과 공연 등이 상시 개최된다. 최근 문을 연 ELITE 빌딩에는 한층 더 다양한 브랜드들이 입점했다. 지하로는 페런하이츠와 이어지는 연결통로도 생겼다.

MAP p.117-I◆**찾아가기** KL 모노레일 Bukit Bintang 역에서 도보 약 10분◆**주소** 168, Jalan Bukit Bintang, Kuala Lumpur◆**전화** 603-2118-8833◆**영업** 10:00~22:00◆**휴무** 연중무휴
◆**홈페이지** www.pavilion-kl.com

파빌리온만의 특별한 스폿

커넥션 Connection
카페와 레스토랑이 모여 있어 현지인들의 아지트로 사랑받고 있으며, 늦은 시간까지 영업하는 야외 비스트로와 펍이 자리하고 있다.

푸드 리퍼블릭 Food Republic
아시아 각국에 체인을 두고 있는 싱가포르의 푸드코트 체인 브랜드로 아시아 요리를 주로 선보이며 맛도 서비스도 만족스럽다.

도쿄 스트리트 Tokyo Street
도쿄 시부야의 거리를 옮겨놓은 듯한 콘셉트 스토어로 일본 음식과 예술, 각종 공예품 등을 파는 매장이 늘어서 있다.

수리아 KLCC
Suria KLCC

쿠알라룸푸르의 No. 1 쇼핑몰

페트로나스 트윈 타워에 6층으로 구성된 멀티플렉스 쇼핑몰. 이세탄, 팍슨 백화점을 비롯해 각종 브랜드 매장과 플래그십 스토어, 푸드코트 등이 자리하고 있다. 쇼핑 시설 외에도 아쿠아리움, 영화관, 과학관, 서점, 갤러리, 공연장 등 다양한 문화예술 시설을 갖추고 있으며, 쇼핑몰 앞에는 여유롭게 휴식을 취할 수 있는 KLCC 공원이 펼쳐져 있다.

MAP p.116-B◆**찾아가기** LRT 켈라나 자야선 KLCC역에서 도보 약 5분◆**주소** Jalan Ampang, Kuala Lumpur City Centre, Kuala Lumpur◆**전화** 603-2382-2828 ◆**영업** 10:00~22:00◆**휴무** 연중무휴 ◆**홈페이지** www.suriaklcc.com.my

수리아 KLCC만의 특별한 스폿

시그니처 푸드코트 Signatures Food Court
2층에 있는 대형 푸드코트로 세계 여러 나라의 음식을 맛볼 수 있으며 가격도 저렴해서 부담 없이 식사를 즐길 수 있다.

키노쿠니야 Kinokuniya
일본계 서점 체인으로 만화, 잡지, 소설 등 30만 권 이상의 서적을 보유하고 있으며 영어, 일본어로 번역된 책이 많은 것도 특징이다.

베르자야 타임스 스퀘어
Berjaya Times Square

쇼핑과 엔터테인먼트를 동시에

주변에 베르자야 그룹에서 운영하는 대학교를 비롯해 다양한 교육기관이 있는 이점을 살려 학생이나 젊은 층을 위한 중저가 브랜드 매장과 소형 점포가 많은 것이 특징이다. 트렌디하면서도 실용적인 패션 의류와 스포츠 브랜드의 매장이 입점해 있고, 각종 패스트푸드점과 서점, 볼링장, 영화관, 테마파크 등을 갖춰 복합 레저 공간으로 사랑받고 있다. 건물 일부는 호텔과 컨벤션 센터로 사용되며 8층에는 콜마르 트로피컬 리조트(p.226)로 가는 셔틀버스의 예약 사무소가 있다.

MAP p.117-K◆**찾아가기** KL 모노레일 Imbi역에서 도보 약 2분◆**주소** 1, Jalan Imbi, Kuala Lumpur◆**전화** 603-2117-3111◆**영업** 10:00~22:00◆**휴무** 연중무휴 ◆**홈페이지** www.berjayatimessquarekl.com

베르자야 타임스 스퀘어만의 특별한 스폿

타이니 타이베이 Tiny Taipei
타이완의 야시장을 보는 듯한 콘셉트 구역으로 옛 향수를 불러일으키는 음식점과 옷, 신발, 가방, 기념품 등을 파는 작은 가게들이 모여 있다.

베르자야 타임스 스퀘어 테마파크
Berjaya Times Square Theme Park
쇼핑몰 내 5층과 7층에 조성된 실내 테마파크로 가족이나 친구들과 함께 즐거운 시간을 보낼 수 있다.
입장료는 어른 RM75, 어린이(3~12세) RM70.

스타힐 갤러리
Starhill Gallery

명품족을 위한 럭셔리 쇼핑몰

독특한 건물 외관으로 눈길을 끄는 최고급 쇼핑
몰로 입점해 있는 매장들도 최고 수준을 자랑한
다. 실내는 8개의 테마관으로 꾸며져 있으며
인덜지(Indulge), 아돈(Adorn) 관은 루이비
통, 디오르 등의 명품 브랜드와 시계, 액세서리
를 주로 취급하고, 팸퍼(Pamper) 관에는 고
급 스파, 헤어살롱 등 여성을 위한 뷰티 숍들이
자리하고 있다. 그 외에도 영국의 패션 전문 백
화점 데벤함스(Debenhams)와 프랑스의 뷰
티 셀렉트 숍 세포라(Sephora) 등이 입점돼
있다. 럭셔리 쇼핑몰을 지향하고 있어 차분한
분위기에서 쇼핑을 즐길 수 있는 장점이 있다.

MAP p.117-I◆**찾아가기** KL 모노레일 Bukit Bintang역
에서 도보 약 5분◆**주소** 181, Jalan Bukit Bintang,
Kuala Lumpur◆**전화** 603-2782-3800◆**영업** 10:00~
22:00◆**휴무** 연중무휴◆**홈페이지** thestarhill.com.my

애비뉴 K
Avenue K

MAP p.115-D◆찾아가기 LRT 켈라나 자야선 KLCC역에서 바로 연결◆주소 156, Jalan Ampang, Kuala Lumpur◆전화 603-2168-7800◆영업 10:00~22:00 ◆휴무 연중무휴◆홈페이지 www.avenuek.com.my

KLCC역과 바로 연결된 신생 쇼핑몰

수리아 KLCC에 비하면 규모는 작지만 H&M을 비롯해 스타벅스, 레이카, 무지, 세포라, 다이소, 슈퍼마켓 등 160여 개의 알짜배기 매장이 입점해 있다. 식당가도 캐주얼 레스토랑은 물론 가격도 저렴하고 맛도 일품인 푸드코트가 있다. 3층에서는 무선 인터넷도 가능하며, 루프톱에서는 각종 공연과 이벤트가 열린다.

랏 텐
Lot 10

MAP p.117-H◆찾아가기 KL 모노레일 Bukit Bintang 역에서 도보 약 1분◆주소 50, Jalan Sultan Ismail, Bukit Bintang, Kuala Lumpur◆전화 603-2141-0500◆영업 10:00~22:00◆휴무 연중무휴 ◆홈페이지 lot10.com.my

부킷 빈탕 사거리의 터줏대감

쿠알라룸푸르의 1세대 쇼핑몰로 젊은 층에게 인기 있는 H&M, ZARA 등의 멀티숍과 이세탄 백화점 등이 입점해 있다. 지하에는 쿠알라룸푸르 최고의 푸드코트라 불리는 랏 텐 후통(p.141)이 있어 쇼핑과 식도락을 모두 즐길 수 있다.

패런하이트 88
Fahrenheit 88

젊은이들에게 인기 있는 쇼핑몰

구 KL 플라자를 리모델링하여 2010년에 문을
연 쇼핑몰로 7개 층에 200여 개의 매장이 입점
해 있다. 찰스 & 키스, 뉴발란스 등 젊은 층이
선호하는 브랜드와 10~20대를 위한 저렴한
가격의 로컬 브랜드를 꾸준히 선보이고 있다.
최근 지하에 파빌리온과 이어지는 연결통로가
설치되었다.

MAP p.117-I◆**찾아가기** KL 모노레일 Bukit Bintang역
에서 도보 약 5분◆**주소** 179, Jalan Bukit Bintang,
Kuala Lumpur◆**전화** 603-2148-5488◆**영업** 10:00~
22:00◆**휴무** 연중무휴
◆**홈페이지** www.fahrenheit88.com

숭가이 왕 플라자
Sungei Wang Plaza

현지인들이 즐겨 가는 인기 쇼핑몰

1977년에 문을 열어 40년 가까이 현지인들에
게 오랜 사랑을 받고 있는 쇼핑몰로 800여 개
의 매장이 들어서 있다. 로컬 브랜드 위주의 저
렴한 의류와 신발, 액세서리, 생활용품, 전자
제품, 장난감에 이르기까지 폭넓은 제품을 갖
추고 있으며, 여행객들에게 인기 있는 자이언
트 슈퍼마켓과 파슨 백화점, 뷰티 숍, 타투 숍
등도 있어 원스톱 쇼핑이 가능하다.

MAP p.117-K◆**찾아가기** KL 모노레일 Bukit Bintang
역에서 도보 약 3분(랏 텐 맞은편)◆**주소** 9, Jalan Bukit
Bintang, Kuala Lumpur◆**전화** 603-2148-6109
◆**영업** 10:00~22:00◆**휴무** 연중무휴
◆**홈페이지** www.sungeiwang.com

플라자 로우 얏
Plaza Low Yat

말레이시아 최대 규모의 전자상가

스마트폰, 컴퓨터, 카메라, TV, 냉장고, 에어컨, 세탁기 등 최신 전자기기와 가전제품을 판매하는 전자제품 전문 쇼핑몰이다. IT 시장의 성장에 따라 가장 붐비는 쇼핑몰 중 하나가 되었으며 삼성, LG, 애플 등 세

계적인 브랜드부터 중저가 브랜드 제품까지도 구경할 수 있다. 지하에는 식사를 할 수 있는 푸드코트도 있다.

MAP p.117-K◆**찾아가기** KL 모노레일 Imbi역에서 도보 약 3분◆**주소** 7, Jalan Bintang, Off Jalan Bukit Bintang, Kuala Lumpur◆**전화** 603-2148-3651 ◆**영업** 10:00~22:00◆**휴무** 연중무휴 ◆**홈페이지** www.plazalowyat.com

---

로열 셀랑고르
Royal Selangor

품격 있는 선물을 찾는다면

파빌리온 3층에 있는 로열 셀랑고르의 직영점으로 큰 규모를 자랑한다. 세계적인 주석 공예품 제조업체로 인정받는 말레이시아의 대표 브랜드로 실용성과 디자인을 겸비한 다양한 제품을 선보이고 있다. 쇼핑몰 내에 자리한 만큼 여행자의 발길이 끊이지 않는다.

MAP p.117-I◆**찾아가기** KL 모노레일 Bukit Bintang역에서 도보 약 10분◆**주소** 168 Jalan Bukit Bintang, Kuala Lumpur◆**전화** 603-2110-3532◆**영업** 10:00~22:00◆**휴무** 연중무휴 ◆**홈페이지** my.royalselangor.com

H&M 홈
H&M Home

세련되고 감각적인 라이프 스타일 숍

H&M에서 런칭한 홈 인테리어 브랜드로 KLCC역과 바로 연결되는 애비뉴 K에서 만나볼 수 있다. 침실, 주방, 욕실 등 라이프 스타일링을 위한 패브릭 제품을 비롯해 액자, 촛대 등의 소품까지 다양한 아이템을 갖추고 있다. 가격도 합리적인 편이므로 천천히 둘러보며 마음에 드는 것을 골라보자.

MAP p.115-D◆**찾아가기** LRT 켈라나 자야선 KLCC역에서 바로◆**주소** Avenue K, 156 Jalan Ampang Kuala Lumpur City Centre, Kuala Lumpur◆**전화** 603-2164-6389◆**영업** 10:00~22:00◆**휴무** 연중무휴 ◆**홈페이지** www2.hm.com/ko_kr/home.html

자이언트 슈퍼마켓
Giant Supermarket

실속파를 위한 대형 슈퍼마켓

숭가이 왕 플라자 지하에 있는 대형 슈퍼마켓으로 식료품을 주로 판매한다. 저렴한 가격과 다양한 품목을 갖추어 꼭 한 번은 들르게 되는 곳이다. 인기 품목은 말레이시아산 인스턴트 커피, 밀크티, 카야 잼, 열대 과일, 초콜릿, 망고젤리 등이며 선물용으로도 구입하기에 좋다.

MAP p.117-K◆**찾아가기** KL 모노레일 Bukit Bintang역에서 도보 약 1분◆**주소** LB Floor, Sungei Wang Plaza, Jalan Sultan Ismail, Kuala Lumpur◆**전화** 603-2143-4045◆**영업** 10:00~22:00◆**휴무** 연중무휴◆**홈페이지** www.giant.com.my

---

세포라
Sephora

뷰티 마니아를 위한 코스메틱 전문 숍

화장품, 향수, 네일, 보디, 헤어, 미용도구 등다양한 뷰티 아이템을 판매하는 멀티 숍으로 스타힐 갤러리 내에 있다. 해외 유명 브랜드는 물론 자체 브랜드(Sephora)도 갖추고 있으며 국내에 들어오지 않은 아이템이 많아 시간 가는 줄 모르고 구경하게 된다. 색조 화장품의 종류가 다양하며 직접 테스팅을 해볼 수도 있다.

MAP p.117-I◆**찾아가기** KL 모노레일 Bukit Bintang역에서 도보 약 5분◆**주소** 181, Jalan Bukit Bintang, Kuala Lumpur◆**전화** 603-2141-6688◆**영업** 10:00~22:00◆**휴무** 연중무휴◆**홈페이지** www.sephora.my

타이포
TYPO

아기자기한 소품이 가득

호주의 디자인 브랜드로 파빌리온을 포함해 쿠알라룸푸르에 3개의 매장이 있다. 파인애플, 꽃, 도트 문양과 귀여운 캐릭터 이미지를 넣은 노트, 다이어리, 필기구 등 문구류를 주로 판매하며, 빈티지한 인테리어 소품도 갖추고 있다. 실용적이면서 개성 넘치는 제품이 많고 가격도 합리적이라 찾는 사람이 많다.

MAP p.117-I◆**찾아가기** KL 모노레일 Bukit Bintang역에서 도보 약 10분◆**주소** Level 4, 168 Jalan Bukit Bintang, Kuala Lumpur◆**전화** 603-2110-1423◆**영업** 10:00~22:00◆**휴무** 연중무휴◆**홈페이지** cottonon.com/MY/typo-home/

쇼퍼들의 파라다이스
BBKLCC 전격 해부

남녀노소 모두를 만족시키는 쇼핑의 도시 쿠알라룸푸르. 과연 어디서 어떻게 즐겨야 하는 걸까? 파리, 밀라노, 도쿄에 이어 세계 4위의 쇼핑 도시로 손꼽히는 데는 이유가 있는 법! 쿠알라룸푸르 쇼핑의 일번지라 할 수 있는 BBKLCC를 파헤쳐 보았다.

Tip》 BBKLCC 워크웨이 BBKLCC Walkway

부킷 빈탕(BB, Bukit Bintang) 구역과 쿠알라룸푸르 시티 센터(KLCC, Kuala Lumpur City Centre) 구역을 연결하는 총 길이 1.173km의 보행자 통로로, 파빌리온 3층에서 서쪽 출구로 나가면 수리아 KLCC까지 연결되는 워크웨이의 입구가 나온다. 벽이 유리로 되어 있어 밖을 내다볼 수 있으며 시원한 냉방시설까지 갖춰 더운 날씨에도 쾌적하게 이동할 수 있다.

운영 06:00~23:00(연중무휴) ◆**연결되는 주요 호텔** 임피아나 호텔, 호텔 이스타나, JW 메리어트 호텔, 리츠 칼튼

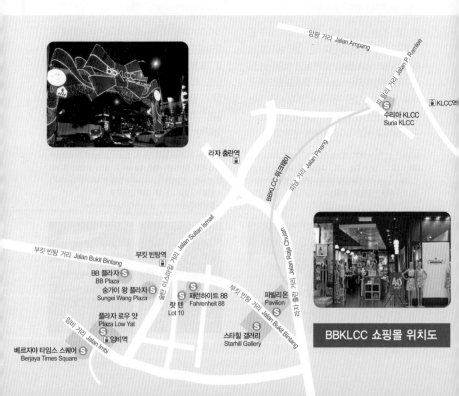

암팡 거리 Jalan Ampang

파를리 거리 Jalan P. Ramlee

KLCC역

수리아 KLCC
Suria KLCC

라자 출란역

BBKLCC 워크웨이

핀랑 거리 Jalan Pinang

라자 출란 거리 Jalan Raja Chulan

부킷 빈탕 거리 Jalan Bukit Bintang

부킷 빈탕역

술탄 이스마일 거리 Jalan Sultan Ismail

BB 플라자
BB Plaza

숭가이 왕 플라자
Sungei Wang Plaza

파런하이트 88
Fahrenheit 88

롯텐
Lot 10

파빌리온
Pavilion

플라자 로우 얏
Plaza Low Yat

임비 거리 Jalan Imbi

임비역

스타힐 갤러리
Starhill Gallery

40

베르자야 타임스 스퀘어
Berjaya Times Square

BBKLCC 쇼핑몰 위치도

관광도 하고 쇼핑도 즐기고 싶다면
수리아 KLCC Suria KLCC

쿠알라룸푸르의 랜드마크인 페트로나스 트윈 타워와 연결된 대형 쇼핑몰. 쇼핑 외에도 고급 다이닝 레스토랑과 푸드코트, 아쿠아리움, 과학관, 영화관, 아트 갤러리, 공원 등이 있어 식도락, 관광, 산책까지 모두 즐길 수 있다.

쇼핑에만 집중하고 싶다면
파빌리온 Pavilion

쿠알라룸푸르를 대표하는 고급 쇼핑몰로 규모나 시설, 환경 면에서 최고라 할 수 있다. 약 450여 개에 이르는 매장에는 명품 브랜드부터 트렌드를 반영하는 인기 브랜드들이 빠짐없이 들어서 있으며 패션, 주얼리, 잡화 등 모든 분야를 아우르고 있다.

명품 쇼핑이 목적이라면
스타힐 갤러리 Starhill Gallery

건물 외관만큼이나 호화로운 실내에는 루이비통, 디오르, 발렌티노, 겐조 등의 명품 브랜드 매장이 입점해 있다. 특히 오데마 피게, 쇼파드, 에르메스, 롤렉스, 반클리프 아펠 등 시계와 주얼리 브랜드가 충실하게 갖춰져 있으며 매년 명품 시계 박람회가 열리기도 한다.

알뜰 쇼핑을 즐기고 싶다면
숭가이 왕 플라자 Sungei Wang Plaza

현지인들이 애용하는 쇼핑몰로 로컬 브랜드와 중저가 브랜드의 실용적인 의류와 잡화, 생활용품을 주로 판매한다. 특히 지하에 있는 자이언트 슈퍼마켓은 각종 식료품과 생활용품을 저렴하게 구입할 수 있어 실속파 여행객들에게 인기가 높다.

얼리 어댑터라면
플라자 로우 얏 Plaza Low Yat

말레이시아에서 가장 큰 전자제품 쇼핑몰로 가전제품은 물론 최신 기종의 스마트폰, 노트북, 컴퓨터, 카메라 등의 IT 기기를 갖추고 있어 젊은 세대들의 아지트로 통한다.

SPA 브랜드를 선호한다면
랏 텐 Lot 10

쿠알라룸푸르 최초의 H&M과 자라(ZARA)가 경쟁하듯 자리하고 있다. 지하에 있는 푸드코트 '랏 텐 후통'도 유명한데 아시아의 인기 맛집들을 모아놓은 곳으로 부담 없는 가격에 식도락을 즐길 수 있다.

More 여행자 카드

수리아 KLCC, 파빌리온, 패런하이트 88, 숭가이 왕 플라자, 소고 등의 쇼핑몰에서는 여행객을 위한 할인 카드를 자체적으로 발급해주고 있다. 일정 금액 이상 쇼핑할 경우 다양한 할인 혜택이나 선물을 제공하며, 레스토랑의 경우 무료 디저트나 음료를 제공한다. 카드는 각 쇼핑몰의 컨시어지 코너에서 여권을 제시하고 신청하면 된다.

스파 빌리지 쿠알라룸푸르
Spa Village Kuala Lumpur

리츠 칼튼 호텔 내의 럭셔리 스파

쿠알라룸푸르를 대표하는 고급 스파로 마사지, 매니큐어, 페디큐어, 보디 스크럽 등 맞춤형 서비스를 제공한다. 시내에 있는 스파와는 달리 리조트 풍의 인테리어와 야외 풀까지 갖추고 있으며 천연 오일과 트리트먼트 제품을 사용한다. 부티크 매장에서는 세라믹 제품과 코스메틱, 스파 용품들을 판매한다.

MAP p.117-I◆**찾아가기** KL 모노레일 Bukit Bintang 역에서 도보 약 15분◆**주소** The Ritz-Carlton, 168, Jalan Imbi, Kuala Lumpur◆**전화** 603-2782-9090 ◆**영업** 12:00~20:00◆**휴무** 연중무휴◆**예산** 커플 스파 (180분) 2인 RM1,500/말레이 마사지(50분) 1인 RM300 (봉사료 6% 별도)◆**홈페이지** www.spavillage.com

돈나 스파
Donna Spa

힐링이 가능한 정통 자바니스 스파

스타힐 갤러리의 팸퍼 층에 있는 고급 스파로 정통 자바니스 스파와 마사지를 제공한다. 가장 인기 있는 엑셀런트 돈나 마사지는 근육의 긴장을 풀어주고 혈액 순환을 좋게 해준다. 6개의 싱글룸과 2개의 커플룸이 있으며 스파 전후에 이용할 수 있는 전용 자쿠지와 사우나도 있다.

MAP p.117-I◆**찾아가기** KL 모노레일 Bukit Bintang역에서 도보 약 5분◆**주소** Lot S20 & 27, Pamper Floor Starhill Gallery 181, Jalan Bukit Bintang, Kuala Lumpur◆**전화** 603-2141-8999◆**영업** 10:00~24:00 ◆**휴무** 연중무휴◆**예산** 엑셀런트 돈나 마사지(60분) RM290, 발리니스 마사지(60분) RM290, 발 마사지(40분) RM200◆**홈페이지** www.donnaspa.com.my

앙군 스파
Anggun Spa

아시아의 다양한 스타일을 결합한 퓨전 스파

호텔 마야 3층에 있는 스파로 말레이시아, 태국, 발리 마사지의 장점을 결합한 테라피가 특징이다. 90분 동안 진행되는 마야 시그너처 마사지는 약초를 천으로 감싼 허브 볼을 이용해 피로 회복과 혈액 순환 효과를 높여 인기 있다.

MAP p.116-B◆**찾아가기** KL 모노레일 Bukit Nanas역에서 도보 약 5분◆**주소** Hotel Maya Kuala Lumpur, 138, Jalan Ampang, Kuala Lumpur◆**전화** 603-2711-8866(내선 290)◆**영업** 11:00~18:00◆**휴무** 연중무휴◆**예산** 마야 시그너처 마사지(90분) RM360, 트래디셔널 테라피(60분) RM240
◆**홈페이지** www.hotelmaya.com.my

타이 오디세이
Thai Odyssey

대중적인 태국 마사지 숍

패런하이트 88 쇼핑몰 2층에 있는 체인형 마사지 숍으로 프로그램도 다양하고 가격도 합리적이다. 가장 인기 있는 태국 전통 마사지는 목과 어깨를 집중적으로 풀어주며 하프 보디 마사지와 발 마사지는 짧지만 강력하다. 레몬그라스를 넣은 볼을 이용해 혈액 순환을 도와주는 타이 허벌 테라피를 추천한다. 셀랑고르,

조호르바루, 페낭 등에도 분점이 있다.

MAP p.117-I◆**찾아가기** KL 모노레일 Bukit Bintang 역에서 도보 약 5분◆**주소** Lot 2-42, 2nd Floor, Fahrenheit 88, No.179, Jalan Bukit Bintang, Kuala Lumpur◆**전화** 603-2143-6166◆**영업** 10:00~22:00◆**휴무** 연중무휴◆**예산** 하프 보디 마사지(30분) RM68, 타이 허벌 테라피(120분) RM213(봉사료 6% 별도)◆**홈페이지** www.thaiodyssey.com

더 트로피컬 스파
The Tropical Spa

실속파를 위한 스파 & 마사지 숍

텡캇 통 신(Tengkat Tong Shin) 거리에 있는 태국식 마사지 숍으로 41개의 마사지 룸과 10개의 마사지 베드를 갖추고 있다. 가격 대비 시설도 깔끔하고 늦은 시간에도 마사지를 받을 수 있는 것이 장점이다. 발 마사지, 태국 전통 마사지, 아로마 테라피 마사지, 보디 스크럽 등 다양한 프로그램이 있는데 패키지를 이용하면 훨씬 저렴하다.

MAP p.117-J◆**찾아가기** KL 모노레일 Bukit Bintang 역에서 도보 약 6분◆**주소** 29-31, Jalan Tengkat Tong Shin, Kuala Lumpur◆**전화** 601-7301-2688◆**영업** 10:00~24:00◆**휴무** 연중무휴◆**예산** 태국 전통 마사지(90분) RM95, 발 마사지(60분) RM50(봉사료 6% 별도)

알람 웰니스 스파
Alam Wellness Spa

마음 편하게 즐기는 스파

앙군 부티크 호텔 내 위치한 스파로 호텔에서 운영하는 만큼 신뢰도가 높다. 여성들을 위한 매니큐어와 페디큐어는 물론 발 마사지, 스크럽, 보디 마사지도 평이 좋은 편이다. 예약은 홈페이지를 통해서 가능하다.

MAP p.117-J◆**찾아가기** KL모노레일 Bukit Bintang 역에서 도보 약 5분◆**주소** 9, Jalan Tengkat Tong Shin, Kuala Lumpur◆**전화** 601-9212-0639◆**영업** 12:00~23:30◆**휴무** 연중무휴◆**예산** 말레이 전통 마사지(120분) RM150(봉사료 6% 별도)◆**홈페이지** www.anggunkl.com

비비 파크
BB Park

펍과 레스토랑이 모여 있는 복합 건물

부킷 빈탕 거리에서도 유명한 나이트라이프 스
폿으로 클럽과 펍, 레스토랑이 한데 모여 있다.
친구 또는 가족들과 함께 저녁 식사를 하면서
신나는 라이브 밴드의 공연을 감상할 수 있다.
특히 저녁 무렵에는 할인된 가격이나 1+1 음료
등 다채로운 해피 아워 프로모션을 진행해 맥주
나 칵테일을 저렴하게 즐길 수 있다. 그중에서
도 웜업 클럽, 디스파이스, 아웃백 스테이크 하
우스는 현지인은 물론 여행자들에게도 인기가
높다. 엔터테인먼트와 다이닝, 쇼핑을 동시에
즐길 수 있는 장점이 있으며 잘란 알로 거리와
숭가이 왕 플라자, 플라자 로우 얏에서 쇼핑을
마친 후 즐겨 찾는다.

MAP p.117-K◆**찾아가기** KL 모노레일 Bukit Bintang
역에서 도보 약 5분◆**주소** Jalan Bukit Bintang, Kuala
Lumpur◆**영업** 12:00~02:30◆**휴무** 연중무휴

인기 스폿

웜업 클럽 WarmUp Club
월~토요일 저녁 9시부터 라이브 밴드의 공연이 펼쳐진
다. 댄서들의 멋진 퍼포먼스도 관람할 수 있으며 간단
한 안주와 맥주, 위스키, 칵테일 등을 제공한다.

디스파이스 D'spice
식사와 함께 술을 마실 수 있는 곳으로 라이브 음악과 현지
댄서들의 공연이 펼쳐진다. 바카디와 파인애플 주스, 미
도리를 넣어 만든 그린 스타(Green Star) 칵테일이 인기.

아시안 헤리티지 로우
Asian Heritage Row

주말에 후끈 달아오르는 거리

분위기 좋은 레스토랑과 바, 클럽들이 모여 있는 거리로 차분한 음악이 울려 퍼지고 어둠이 찾아오면 셀럽들과 나이트라이프를 즐기러 오는 여행자들이 한데 어울려 시끌벅적해진다. 대체적으로 비슷한 가격대의 메뉴를 갖추고 있으므로 천천히 둘러보고 맘에 드는 곳으로 들어가보자.

MAP p.115-G◆**찾아가기** KL 모노레일 Medan Tuanku 역에서 도보 약 3분◆**주소** 54 & 56, Jalan Doraisamy, Kuala Lumpur◆**영업** 09:00~24:00◆**휴무** 연중무휴

인기 스폿

모조 레스토랑 & 바 Mojo Restaurant & Bar
80년 된 고택을 개조해 만든 레스토랑 & 바로 식사와 함께 술 한잔 마시기 좋은 곳이다. 포켓볼, 다트를 즐기거나 스포츠 게임을 관람하며 시간을 보내기 좋다.

더 로프트 KL The Loft KL
현지인들이 즐겨 가는 클럽으로 별도의 입장료가 있다. 주말이면 활기를 띠며, 수요일은 레이디스 나이트로 여성들은 무료입장이 가능하다. 요일별로 음악이 달라진다.

피 람리 거리
Jalan P Ramlee

나이트라이프 1세대

쿠알라룸푸르의 원조 나이트라이프 스폿으로 젊은 층보다는 지긋한 연령대에게 인기 있다. 과거만큼의 명성은 아니어도 밤이 되면 화려한 네온이 거리를 장식하고 유흥업소들도 활기를 띤다. 보통 입장료에 맥주가 포함되는 경우가 많다. 호객 행위를 하는 낯선 사람들을 조심하자.

MAP p.116-B◆**찾아가기** KL 모노레일 Bukit Nanas역에서 도보 약 7분◆**주소** Jalan P Ramlee, Kuala Lumpur ◆**영업** 12:00~02:00 ※임시 휴업

인기 스폿

비치 클럽 카페 Beach Club Cafe
피 람리 거리에서도 사람들이 가장 많이 찾는 곳으로 해변가 분위기로 꾸며져 있다. 야외 테라스 바와 춤을 추는 스테이지가 있으며 남성들이 주 고객이다.

럼 정글 Rum Jungle
리조트 분위기로 꾸며놓은 곳으로 흥겨운 음악과 술이 있다. 평일에는 한산한 편이며 주말 저녁이 되어야 비로소 사람들이 몰리기 시작한다.

트렌드세터들의 아지트
창캇 부킷 빈탕
Changkat Bukit Bintang

쿠알라룸푸르에서 맛집과 멋집이 가장 많은 곳으로 나이트라이프를 즐기기에도 더 없이 좋은 거리이
다. 감각적인 스타일의 레스토랑과 술집들이 즐비하며 오후 무렵이면 문을 열기 시작한다. 업소마다
분위기와 인테리어는 조금씩 다르지만 메뉴와 가격대는 대체적으로 비슷하다. 맥주와 칵테일, 저그
(Jug) 또는 타워(Tower)라 불리는 대형 맥주가 주를 이룬다. 오래 전부터 자리를 지켜온 곳과 최근
에 문을 연 트렌디한 곳까지 뒤섞여 있으므로 거리를 한 바퀴 돌아보며 해피 아워나 특별한 프로모션
이 있는지 살펴보고 맘에 드는 곳을 골라보자.

인기 레스토랑 & 펍

더 래빗 홀 The Rabbit Hole

특별한 밤을 위한 시크릿 플레이스

차분한 음악이 흐
르는 세련된 분위
기의 술집으로 바,
라운지, 룸, 야외
석 등이 각각 다른
콘셉트로 꾸며져
있다. 젊은 층에게
절대적인 인기를
얻고 있는 곳으로
금요일 밤이면 발

시며 밤 시간을 즐기기에 좋다.

디딜 틈이 없을 정도로 사람들이 몰려든다. 간
단한 타파스 메뉴와 함께 칵테일이나 맥주를 마

MAP p.117-G ◈ **찾아가기** KL 모노레일 Bukit Bintang
역에서 도보 약 10분 ◈ **주소** 16, Changkat Bukit
Bintang, Kuala Lumpur ◈ **전화** 6010-899-3535
◈ **영업** 16:00~01:00(금~토요일 02:00까지) ◈ **휴무** 연중
무휴 ◈ **예산** 칵테일 RM35~45, 맥주 RM20~
◈ **홈페이지** www.rabbithole.com.my

반 26 Baan 26

부담 없이 즐기는 칵테일 한 잔

노랑과 분홍으로 치장한 콜로니얼 양식의 건물에 위치한 반 26은 태국 요리 레스토랑 겸 바로 운영 중이다. 캐주얼한 분위기 속에서 다양한 종류의 칵테일과 맥주를 마실 수 있으며, 음식 맛도 훌륭한 편. 가격도 합리적이다.

MAP p.117-G◈ **찾아가기** KL모노레일 Bukit Bintang역에서 도보 약 8분◈ **주소** 26, Changat Bukit Bintang, Kuala Lumpur◈ **전화** 601-9222-0026◈ **영업** 12:00~02:00◈ **휴무** 연중무휴◈ **예산** 생맥주 RM20~35 ◈ **홈페이지** www.baan26.com

---

하바나 바 & 그릴 Havana Bar & Grill

이국적인 분위기의 인기 펍

창캇 부킷 빈탕 거리 끝자락에 위치한 자유분방한 분위기의 펍으로 오랜 시간 꾸준한 인기를 유지하고 있다. 쿠알라룸푸르의 밤 문화를 즐기기 위해 찾아오는 외국인 여행객들이 많으며, 흥겨운 분위기에서 식사와 술을 즐길 수 있다. 맥주, 와인, 럼, 수입 맥주 등 다양한 주류를 갖추고 있고 해피 아워에는 할인 혜택이 주어진다.

MAP p.117-G◈ **찾아가기** KL 모노레일 Bukit Bintang역에서 도보 약 10분◈ **주소** Changkat Bukit Bintang, Kuala Lumpur◈ **전화** 603-2142-7170◈ **영업** 17:00~03:00◈ **휴무** 연중무휴◈ **예산** 생맥주 RM20~45, 칵테일 RM36~42◈ **홈페이지** www.havanakl.com

힐리 맥스 Healy Mac's

아일랜드 스타일의 바 & 레스토랑

붉은 벽돌과 원목으로 꾸민 실내에는 카운터석과 테이블이 놓여 있고, 가게 앞과 2층에는 시원한 밤 공기를 느끼며 한잔 하기 좋은 테라스석이 마련되어 있다. 포크 너클, 티본 스테이크, 양고기 등의 식사 메뉴가 있고 하우스 칵테일을 비롯해 진, 보드카, 맥주, 위스키 등 다양한 주류를 갖추고 있어 원하는 대로 즐기면 된다.

MAP p.117-G◈ **찾아가기** KL 모노레일 Bukit Bintang역에서 도보 약 8분◈ **주소** 37, Changkat Bukit Bintang, Kuala Lumpur◈ **전화** 601-9380-6588◈ **영업** 14:00~02:00◈ **휴무** 연중무휴◈ **예산** 생맥주 RM20~40 ◈ **홈페이지** www.healymacs.com

메르데카 광장 & 차이나타운 주변
Merdeka Square & Chinatown

드넓은 잔디밭이 깔려 있는 메르데카 광장은 말레이시아의 독립을 선언했던 역사적인 곳으로 광장 주변에는 100년이 훌쩍 넘은 무어 양식의 아름다운 건축물들이 상당수 남아 있다. 광장에서 한 블록 떨어진 곳에는 센트럴 마켓과 리틀 인디아, 홍등이 내걸린 차이나타운도 자리하고 있다. 말레이시아의 역사와 문화를 간직하고 전통을 지키며 살아가는 현지인들의 모습을 엿볼 수 있는 곳이다. 쿠알라룸푸르의 심장부에 해당하는 메르데카 광장과 아침부터 밤까지 활기가 넘치는 차이나타운을 본격적으로 살펴보자.

메르데카 광장 & 차이나타운 주변 추천 코스

★ **코스 총 소요 시간** : 11~12시간

★ **여행 포인트** : 오전에는 메르데카 광장 주변으로 역사적인 관광 명소들과 외곽 지역을 둘러보고 오후에는 차이나타운과 인기 루프톱 바에서 시간을 보내자. 외곽 관광 명소들은 KL 홉온 홉오프 시티투어 버스나 투어 프로그램을 적극 활용하도록 하자.

1DAY

10:30 마지드 자멕 둘러보기

▼ 도보 6분

12:00 센트럴 마켓 구경하고 점심 식사

▼ 도보 5분

14:00 메르데카 광장 주변의 아름다운 건축물 구경하기

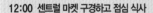

▼ 도보 1분

16:00 쿠알라룸푸르 시티 갤러리 관람하기

▼ 도보 13분

17:30 푸른색 별 모양 지붕이 덮인 국립 모스크 구경하기

▼ 택시 6분

19:00 차이나타운 구경하기

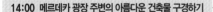

▼ 도보 5분

19:30 올드 차이나 카페에서 저녁 식사

▼ 택시 10분

21:00 인기 루프톱 바에서 마무리

메르데카 광장
Merdeka Square

★
★
★

말레이시아 독립을 선언한 역사적인 광장

'메르데카'는 독립이라는 뜻으로, 1957년 영국 국기를 철거하고 말레이시아 국기를 게양하면서 독립선언을 한 역사적인 장소다. 그 이전에는 로열 셀랑고르 클럽의 크리켓 경기장으로 사용되었고, 현재는 광장 주변에 있는 역사적인 건축물들과 함께 쿠알라룸푸르의 중요한 관광 명소가 되었다. 주말이나 공휴일에는 차량 진입이 통제되어 시민들의 휴식처로 인기가 높고, 여행객들에게는 KL 홉온 홉오프 시티투어 버스나 각종 투어 차량 등이 출발하는 쿠알라룸푸르 여행의 시작점이다. 저녁에는 광장을 둘러싼 건축물에 조명이 들어와 아름다운 풍경을 선사하며 멋진 야경 사진을 찍을 수 있는 명소로 변신한다. 광장 아래 지하에는 카페, 편의점 등이 자리한 다타란 메르데카 플라자(Plaza Dataran Merdeka)가 있다.

MAP p.118-D◆**찾아가기** LRT 켈라나 자야선·암팡선 Masjid Jamek역에서 도보 약 7분◆**주소** Jalan Raja, Kuala Lumpur

국기 게양대 Flagpole

광장에서 가장 먼저 눈에 들어오는 높이 95m
의 국기 게양대에는 말레이시아 국기가 힘차게
나부끼고 있으며 그 주변에는 각 주의 기가 게
양되어 있다. 현재의 국기는 1947년에 개최된
국기 디자인 공모전에서 우승한 모하메드 함자
(Mohamed Hamzah)의 작품이다.

로열 셀랑고르 클럽 Royal Selangor Club

1884년 튜더 왕조 건축 양식으로 지어진 건물
로 당시 쿠알라룸푸르에 거주하던 유럽인들의
크리켓 클럽하우스였다. 식민지 시절에는 각 나
라 상류층 인사들의 사교장으로 이용되었고, 현
재는 말레이시아의 정재계 인사들이 모이는 사
교 클럽으로 이용되고 있다. 일반인들은 입장이
불가능하여 외관만 둘러볼 수 있다.

빅토리안 분수대 Victorian Fountain

국기 게양대 옆에 시원한 물줄기를 내뿜는 빅토
리안 분수대는 1897년 영국 빅토리아 여왕이
하사한 것으로 1904년에 완공되었다. 중앙의
큰 수반을 받치고 있는 기둥에는 날개 달린 동
물들이 조각되어 있는데 100년이 넘은 지금도
정교함을 엿볼 수 있다. 분수대는 녹색, 파란
색, 갈색이 조화를 이뤄 고상한 멋을 내고 있으
며 각각 나무, 하늘, 땅을 상징한다고 한다.

More 메르데카 광장은 말레이시아 독립의 상징

1957년 8월 31일 영국으로부터 독립한 말레이
시아는 매년 독립기념일이면 정부가 주최하는
각종 의전행사와 대규모 축하 퍼레이드를 메르
데카 광장에서 펼친다. 광장에는 수천 명의 시민
들이 모여 손에 국기를 들고 흔들며, 군인들의
거리 행렬도 광장을 기점으로 시작되어 장관을
이룬다. 참고로 현지에서는 메르데카 광장을 '다
타란 메르데카(Dataran Merdeka)'로 표기
한다.

쿠알라룸푸르 시티 갤러리 ★★★
Kuala Lumpur City Gallery

쿠알라룸푸르를 소개하는 시티 갤러리

1899년 영국 식민지 시대에 지어진 건물로 메르데카 광장 남쪽에 위치해 있다. 1층에는 쿠알라룸푸르의 탄생과 역사를 한눈에 볼 수 있는 전시관이 있고, 2층에는 거대한 도시를 축소해 만든 조형물과 영상물이 있다. 갤러리 내에는 쿠알라룸푸르 여행을 도와주는 관광 안내소가 있어 무료 지도와 각종 투어를 제공하고 있다. 그 외에 잠시 쉬어가기 좋은 작은 카페와 쿠알라룸푸르를 테마로 한 우편엽서, 티셔츠, 트윈타워 조형물, 액자 등 다양한 기념품을 구입할 수 있는 기념품 숍이 있다. 갤러리 입구에는 여행객들의 사진 촬영 장소로 유명한 아이 러브 쿠알라룸푸르(I♥KL) 조형물이 있으니 기념사진을 찍어보자. 참고로 입장권으로 카페에서 음료와 도넛을 주문하거나 해당 금액만큼의 기념품을 구입할 수 있다.

MAP p.118-D◆**찾아가기** LRT 켈라나 자야선·암팡선 Masjid Jamek역에서 도보 약 10분◆**주소** 27, Jalan Raja, Dataran Merdeka, Kuala Lumpur◆**전화** 603-2698-3333◆**운영** 09:00~18:00◆**휴무** 화요일◆**요금** 입장료 RM10

술탄 압둘 사마드 빌딩 ★★★
Sultan Abdul Samad Building

웅장하고 아름다운 건축물

1897년 건축가 A.C 노먼의 설계로 지어져 현재는 대법원 건물로 사용되고 있다. 건물 전체의 길이가 무려 137.2m에 이르는데 말굽형 아치 회랑이 이어져 있고, 황동색의 커다란 돔이 이국적인 분위기를 자아낸다. 건물 중앙에는 높이 41.2m의 시계탑이 우뚝 솟아 있으며 '쿠알라룸푸르의 빅벤'으로 불리기도 한다. 일반인들은 내부 입장이 불가능하다.

MAP p.118-E◆**찾아가기** LRT 켈라나 자야선·암팡선 Masjid Jamek역에서 도보 약 5분◆**주소** Bangunan Sultan Abdul Samad, Jalan Raja, Kuala Lumpur

Tip 야경 촬영 명소

매년 1월과 8월에는 야간에 조명을 이용한 일루미네이션 행사가 열리고 주말 밤에는 차량 진입이 통제되어 산책을 즐기거나 아름다운 야경 사진을 찍기 좋다. 삼각대는 필수!

쿠알라룸푸르 도서관
Perpustakaan Kuala Lumpur ★★

건축미가 돋보이는 도서관

부드러운 곡선형의 건물 외관과 커다란 돔 지붕이 인상적인 건물로 1899년 영국 건축가 A.C 노먼의 설계로 지어졌다. 1989년 대대적인 리노베이션을 마치고 시민들을 위한 현대식 도서관으로 재개장했다. 5만 권이 넘는 방대한 서적과 전자 신문, e-book 등의 자료를 보유하고 있으며 오디오 룸과 컨퍼런스 공간, 다용도 홀도 갖추고 있다.

MAP p.118-D◆**찾아가기** LRT 켈라나 자야선 · 암팡선 Masjid Jamek역에서 도보 약 10분◆**주소** 1 Jalan Raja, Dataran Merdeka, Kuala Lumpur◆**전화** 603-2612-3500◆**운영** 10:00~17:00◆**휴무** 매주 월요일, 매월 첫째 토 · 일요일과 공휴일 ◆**홈페이지** kllibrary.dbkl.gov.my

시립 극장
Panggung Bandaraya ★★

새로운 모습으로 재탄생한 시립 극장

1904년 무굴 양식으로 지어진 건물로 한때 시청으로 사용되었으며 현재는 시민들의 문화예술 공간으로 사랑받고 있다. 최대 320여 명을 수용할 수 있는 공연장과 티켓 오피스, 기념품 숍 등이 자리하고 있다.

*현재 리모델링 중으로 입장 불가

MAP p.118-E◆**찾아가기** LRT 켈라나 자야선 · 암팡선 Masjid Jamek역에서 도보 약 3분◆**주소** Jalan Raja, Dataran Merdeka, Kuala Lumpur◆**전화** 603-2602-3335◆**운영** 10:00~20:30◆**휴무** 연중무휴◆**요금** 입장료 무료, 공연 관람료 별도

세인트 메리 대성당
St. Mary's Cathedral
★
★

소박하지만 유서 깊은 대성당

메르데카 광장 북쪽에 붉은 지붕과 하얀 외벽이
눈에 띄는 건물로 쿠알라룸푸르에서 가장 오래
된 영국 성공회 성당이다. 1894년 A.C 노먼
의 설계로 지어졌으며 내부는 하얀 외벽에 오래
된 스테인드글라스 창문과 파이프 오르간이 놓
여 있는 소박하지만 단정한 분위기이다. 매주
일요일 미사가 열리며 최대 200여 명까지 수용
이 가능하다.

MAP p.118-E◆**찾아가기** LRT 켈라나 자야선 · 암팡선
Masjid Jamek역에서 도보 5분◆**주소** Jalan Raja,
Dataran Merdeka, Kuala Lumpur◆**전화** 603-2692
-8672◆**운영** 09:00~13:00, 14:00~16:00
◆**홈페이지** stmaryscathedral.org.my

마스지드 자멕
Masjid Jamek
★
★

이국적인 분위기의 이슬람 모스크

쿠알라룸푸르에서 가장 오래된 이슬람 모스크
로 1909년 북인도 무굴 양식의 돔과 유연한 곡
선미를 자랑하는 아치형 회랑이 특징이다. 국
립 모스크가 생기기 전까지 쿠알라룸푸르를 대
표하는 이슬람 사원이었다. 경내에 들어가려면
몸을 가릴 수 있는 사롱이나 차도르, 긴 바지
등을 착용해야 하며, 예배가 있는 금요일에는
일반인들의 입장을 금한다. ※현재 공사 중

MAP p.118-E◆**찾아가기** LRT 켈라나 자야선 · 암팡선
Masjid Jamek역에서 도보 약 1분◆**주소** Jalan Mahkamah
Persekutuan, City Centre, Kuala Lumpur◆**전화**
603-2693-3708◆**운영** 10:00~12:30, 14:30~21:30
◆**휴무** 금요일

국립 섬유 박물관
National Textile Museum
★
★

붉은 벽돌의 외관이 아름다운 박물관

메르데카 광장 남동쪽에 붉은 벽돌과 석고재를 번갈아 쌓아 올린 무굴-이슬람 양식의 아름다운 건물이다. 무료로 관람할 수 있는 국립 섬유 박물관으로 말레이시아 각 지역의 토착 부족들과 전통 섬유에 관한 방대한 전시물이 있다. 특히 2층에는 다양한 문양과 패턴을 볼 수 있는 직물들과 실크, 바틱, 송켓의 발전사를 알기 쉽게 전시해놓았다. 맞은편 전시관에는 인디아, 바바·뇨냐, 오랑 아슬리 등 토착 원주민들의 전통 의상과 당시 착용하던 벨트, 신발, 장신구 등을 전시하고 있다.

MAP p.118-E◆**찾아가기** LRT 켈라나 자야선·암팡선 Masjid Jamek역에서 도보 약 8분◆**주소** 26, Jalan Sultan Hishamuddin, Kuala Lumpur◆**전화** 603 -2694-3457◆**운영** 09:00~17:00◆**휴무** 연중무휴 ◆**요금** 어른 RM5, 어린이 RM2 ◆**홈페이지** www.muziumtekstilnegara.gov.my

쿠알라룸푸르 기차역
Kuala Lumpur Railway Station
★
★

순백의 외관이 돋보이는 인기 명소

말레이시아 철도를 상징하는 역사적인 건물로 1910년 무어 양식으로 지어졌다. 우아한 아치와 뾰족한 첨탑이 조화를 이룬 세련된 건축미로 유명해 쿠알라룸푸르의 관광 명소로도 인기가 높다. KL 센트럴역이 생기면서 현재는 KTM 커뮤터와 ETS(센트럴-이포)의 발착역으로만 이용되고 있다. 역 구내에는 식당, 우체국, 관광 안내소, 숙박 시설 등이 갖춰져 있다.

MAP p.119-G◆**찾아가기** KTM 커뮤터 Kuala Lumpur 역에서 하차 후 바로◆**주소** Bangunan Stesen Keretapi, Jalan Sultan Hishamuddin, Kuala Lumpur◆**전화** 603-2693-7905◆**운영** 06:30~21:30 ◆**휴무** 연중무휴

비슷한 듯하면서도 다른 말레이시아 철도국

쿠알라룸푸르 기차역과 마주보고 있는 말레이시아 철도국도 대표적인 무어 양식의 건축물로 외벽에 화산암을 사용한 것이 특징이다. 얼핏 보면 외벽의 색만 다르고 비슷한 것처럼 보이지만 아치의 모양이나 크기도 다르고 첨탑의 수도 더 적다. 14세기에 주로 사용하던 그리스 아치와 고딕 아치가 혼합된 구조로 두 건물을 서로 비교하면서 보는 것도 흥미롭다. 철도국 건물은 말레이시아 철도청과 KTM 본사 사무실로 사용되고 있으며 일반인의 출입은 제한된다.

과거로의 시간 여행
쿠알라룸푸르 헤리티지 트레일 가이드

쿠알라룸푸르 헤리티지 트레일(Kuala Lumpur Heritage Trail)은 메르데카 광장을 중심으로 분포된 역사적 건축물들을 둘러보는 것으로 8개의 헤리티지 포인트가 있다. 쿠알라룸푸르 시티 갤러리에서 출발해 로열 셀랑고르 클럽, 세인트 메리 대성당, 시립극장, 구대법원, 술탄 압둘 사마드 빌딩 등 주요 문화유산을 둘러볼 수 있다. 여유가 있고 체력적으로 부담스럽지 않다면 쿠알라룸푸르 기차역까지 둘러보는 것으로 마무리해도 좋다.

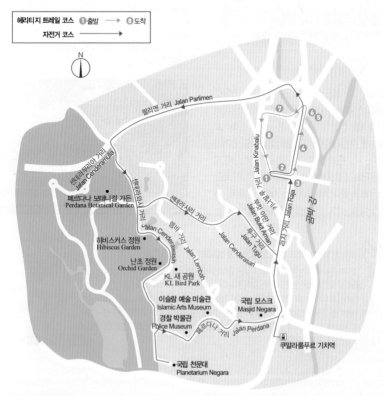

❷ **빅토리안 분수대**
Victorian Fountain

1904년에 지어졌으며 국기 게양대 옆에서 시원하게 물줄기를 내뿜는다.

❶ **쿠알라룸푸르 시티 갤러리**
Kuala Lumpur City Gallery

1899년 영국 식민지 시대에 지어진 건물로 쿠알라룸푸르의 역사를 한눈에 볼 수 있다.

❸ **국립 섬유 박물관**
National Textiles Museum

1905년에 지어졌으며 무굴-이슬람 양식의 아름다운 건물이다.

❹ **술탄 압둘 사마드 빌딩**
Sultan Abdul Samad Building

말레이시아에서 가장 아름답고 정교한 건축물로 1897년에 지어졌다.

❺ **구 대법원 빌딩**
The High Court Building

1909년에 A.C 노먼이 설계했으며 현재는 정보통신멀티미디어부로 사용되고 있다.

❻ **시립 극장** Panggung Bandaraya
1904년에 무굴 양식으로 지어진 건물. 말레이시아 문화유산이다.

❼ **세인트 메리 대성당**

St. Mary's Cathedral

쿠알라룸푸르에서 가장 오래된 영국 성공회 성당으로 1894년 A.C 노먼이 설계했다.

❽ **로열 셀랑고르 클럽** Royal Selangor Club
1884년 튜더 왕조 건축 양식으로 지어진 건물. 내부 관람은 불가능하다.

센트럴 마켓
Central Market
★★★

볼거리와 먹거리가 가득한 쇼핑센터

차이나타운 북쪽에 위치한 쇼핑센터로 파사르 세니(Pasar Seni)라고도 불린다. 1888년부터 재래시장으로 자리를 지켜오다가 1986년 현대식 쇼핑센터로 새롭게 문을 열었다. 연한 하늘색과 흰색으로 단장한 건물은 아르데코 양식의 독특한 외관이 인상적이며 비가 오거나 바람이 부는 날씨에도 편안하게 쇼핑을 즐길 수 있고 냉방시설도 완비되어 있어 쾌적하다. 여행객들이 즐겨 찾는 곳답게 말레이시아의 특산품을 비롯해 식료품, 의류, 액세서리 등이 가득하다. 1층은 공예품과 기념품을 주로 판매하고, 2층은 송켓, 바틱, 전통 원단 및 의류를 취급하는 상점들이 줄지어 있다. 상점 외에도 푸드코트와 레스토랑, 그리고 간단한 먹거리와 커피, 차를 마실 수 있는 현지식 코피티암이 있다. 주말에는 마켓 옆에 있는 공연장에서 민속음악이나 춤 공연 등 다양한 이벤트가 열려 말레이시아 문화를 접할 수도 있다.

MAP p.119-H◆**찾아가기** LRT 켈라나 자야선 Pasar Seni역에서 도보 약 5분◆**주소** 12, Jalan Hang Kasturi, Kuala Lumpur◆**전화** 603-2274-6542◆**운영** 10:00~20:00◆**휴무** 연중무휴
◆**홈페이지** www.centralmarket.com.my

카스투리 워크 Kasturi Walk
카스투리 워크는 센트럴 마켓 야외에 자리한 아케이드로 각종 먹거리와 기념품을 판매하는 노점상들이 늘어서 있다. 망고, 바나나, 코코넛 등의 열대 과일과 떡, 튀김 등의 간식거리를 저렴하게 맛볼 수 있으며 액세서리와 기념품 등을 구경하는 재미가 쏠쏠하다.

센트럴 마켓 아넥스
Cental Market Annexe
★ ★

MAP p.118-E◆찾아가기 LRT 켈라나 자야선 Pasar Seni역에서 도보 약 5분◆주소 The Annexe, Jalan Hang Kasturi, Kuala Lumpur◆전화 603-2070-1137 ◆운영 10:00~19:00◆휴무 연중무휴 ◆홈페이지 www.facebook.com/annexegallery

젊은 작가들의 창작 공간

센트럴 마켓 뒤쪽에 자리한 별관으로 말레이시아의 문화, 예술을 경험할 수 있는 공간이다. 현지인들이 운영하는 화실에서는 관광객을 상대로 초상화나 캐리커처를 그리기도 하고 자신들만의 화풍을 살려 작품 활동을 한다. 1~2층에는 식사를 할 수 있는 카페와 레스토랑, 3~4층에는 독립 예술 영화를 상영하거나 미술품을 전시한 공간도 있다.

아트 하우스 갤러리
Art House Gallery
★ ★

보르네오 토착민들의 공예품을 전시

센트럴 마켓 아넥스 2층에 위치한 갤러리로, 코 심 루엔(Koh Shim Luen)과 같은 말레이시아 현지 아티스트들의 작품을 비롯해 유화, 수채화, 아크릴화를 전시하고 있으며 실험적인 현대 미술 작가들의 작품도 관람할 수 있다. 바로 옆 갤러리는 보르네오 토착 부족들의 앤티크한 조각품과 바바뇨냐와 관련된 그림과 공예품을 전시한다. 특별전을 통해 아시아 각국의 작가들을 만날 수 있는 기회를 제공하기도 한다.

MAP p.118-E◆찾아가기 LRT 켈라나 자야션 Pasar Seni 역에서 도보 약 5분◆주소 Level 2, Annexe Building, Central Market, 10, Jalan Hang Kasturi, Kuala Lumpur◆전화 601-2388-6868◆운영 11:00~19:00 ◆휴무 연중무휴

페탈링 거리
Jalan Petaling
★★★

차이나타운이 있는 길거리 쇼핑의 천국

페탈링 거리는 쿠알라룸푸르의 차이나타운이 있는 거리로 야시장, 스리 마하마리아만 사원, 센트럴 마켓 등이 자리하고 있다. 특히 차이나타운의 야시장은 홍등에 불이 밝혀지는 저녁 무렵부터 본격적으로 시작되어 밤 늦게까지 이어지는 명물 볼거리이다. 시장 안에는 명품 브랜드의 모조품을 파는 가게들과 가방, 의류, 전자제품, 장난감, 액세서리 등을 파는 노점상이 줄지어 있고, 신선한 과일과 꼬치구이, 육포 등 주전부리들을 파는 작은 포장마차들도 가득하다. 시장 입구는 툰탄 쳉록 거리(Jalan Tun Tan Cheng Lock)와 술탄 거리(Jalan Sultan) 두 곳에 있다. 페탈링 거리 주변에는 배낭여행자를 위한 저렴한 숙소가 많고 오래된 전통 가옥을 개조해 만든 갤러리, 카페 등도 속속 문을 열고 있다.

MAP p.119-H◆**찾아가기** LRT 켈라나 자야선 Pasar Seni역에서 도보 약 5분◆**주소** Jalan Petaling, Kuala Lumpur◆**전화** 603-2274-6542◆**운영** 10:00~23:00 ◆**휴무** 연중무휴

스리 마하마리아만 사원
Sri Mahamariamman Temple
★★

화려한 고푸라가 인상적인 힌두교 사원

1873년에 지어진 말레이시아에서 가장 오래된 힌두교 사원으로 여러 차례 보수 공사를 거쳐 지금의 모습으로 완성되었다. 높이 22m의 고푸라(Gopura, 사원으로 들어가는 출입문)에는 힌두교의 신들이 정교하게 조각되어 있으며, 내부에는 금으로 장식된 힌두 여신 마하마리아만이 모셔져 있다. 내벽은 이탈리아와 스페인 풍의 타일을 깔아놓았는데 독특한 힌두 양식을 잘 표현하고 있다. 그뿐만 아니라 사원 안에는 거대한 전차가 있는데, 매년 타이푸삼 축제 기간에 힌두신을 바투 동굴까지 운반하는 데 사용한다.

MAP p.119-H◆**찾아가기** LRT 켈라나 자야선 Pasar Seni역에서 도보 약 3분◆**주소** Jalan Tun H.S. Lee, Kuala Lumpur◆**전화** 603-2078-3467◆**운영** 06:00~01:00 ※보수 공사로 임시 휴업◆**요금** 20cent(신발을 찾고 나올 때 지불)

진씨 서원
Chan See Shu Yuen ★

진씨 일가의 서원

1896년에 지어진 진씨 일가의 선조를 모시는
서원으로 목조 조각과 타일 장식이 화려했던 시
대를 대변한다. 사원으로서의 역할뿐만 아니라
화교들을 위한 모임장소로도 사용되며 주말에
는 무도회나 지역 노래자랑이 개최되기도 한다.

MAP p.119-H◆**찾아가기** KL 모노레일 Maharajalela역
에서 도보 약 5분◆**주소** Jalan Stadium, City Centre,
Wilayah Persekutuan, Kuala Lumpur◆**전화** 603
-2694-3457◆**운영** 09:00~18:00(토요일 14:00까지)
◆**휴무** 일요일

관음사
Kuan Yin Teng ★

중국 화교들의 참배 장소

진씨 서원 근처에 있는 중국식 불교 사원으로
시민들을 위한 든든한 쉼터 역할을 하고 있다.
사원에는 향불을 피울 수 있는 제단이 마련되어
있고 관세음보살과 관제묘를 모시고 있어 차이
나타운 주변에 거주하는 중국계 상인들과 주민
들은 매일 이곳에 들러 기도를 드린다.

MAP p.119-H◆**찾아가기** KL 모노레일 Maharajalela역
에서 도보 약 5분◆**주소** Jalan Maharajalela, Kuala
Lumpur◆**운영** 07:00~17:00◆**휴무** 연중무휴

중국 대회당
Chinese Assembly Hall ★

이주한 화교들의 모임 공간

1923년에 지어진 건물로 중국계 말레이시아인
들을 위한 사교 모임 공간이자 화교들을 위한
결혼식, 이벤트, 모임 등 각종 행사가 열리는
곳이다. 현재는 여성과 청소년 등을 위한 교육
과 세미나를 개최하고 있다. 일부 시설은 일반
인도 출입이 가능하다.

MAP p.119-K◆**찾아가기** KL 모노레일 Maharajalela역
에서 도보 약 5분◆**주소** 1, Jalan Maharajalela, Kuala
Lumpur◆**전화** 603-2274-6645◆**운영** 09:00~18:00
◆**휴무** 토·일요일◆**홈페이지** www.klscah.org.my

페르다나 보태니컬 가든
Perdana Botanical Garden ★★

MAP p.119-G◆**찾아가기** 쿠알라룸푸르 기차역에서 도보 약 15분◆**주소** Jalan Kebun Bunga, Tasik Perdana, Kuala Lumpur◆**전화** 603-2617-6404 ◆**운영** 07:00~20:00◆**휴무** 연중무휴

광대한 녹지와 호수가 있는 생태 공원

1980년 인공 호수 페르다나 호를 중심으로 약 92헥타르의 부지에 조성된 광대한 공원이다. 쿠알라룸푸르 시민들의 소중한 휴식처로 호수 주변의 경치가 아름답기로 유명해 '레이크 가든(Lake Garden)'이라고도 불린다. 공원에는 열대 식물들이 무성한 정원과 사슴 공원, 히비스커스 정원, 난초 정원, 나비 공원, 새 공원 등 다양한 생태 공원으로 조성되어 있다. 전부 둘러보려면 최소 반나절 이상은 소요되는데, 공원을 도는 트램을 타거나 자전거를 대여하면 효과적으로 둘러볼 수 있다. 가든 주변에는 이슬람 예술 미술관, 국립 모스크 등의 관광 명소들이 있어 함께 둘러보면 좋다.

사슴 공원 Deer Park

2헥타르 규모의 부지에 사슴을 방목하고 있으며 네덜란드에서 들여온 종과 말레이시아 숲에서 서식하는 칸실(Kancil) 등이 있다.
요금 월~금요일 무료, 토 · 일요일 · 공휴일 RM1

히비스커스 정원 Hibiscus Garden

말레이시아 국화인 분가 라야(Bunga Raya, 히비스커스의 일종) 정원과 4m 높이의 폭포, 분수 등이 있다.
요금 월~금요일 무료, 토 · 일요일 · 공휴일 RM1

난초 정원 Orchid Garden

800여 종의 다양한 난초를 볼 수 있는 난초 식물관이 있으며 주말에는 난초를 판매하기도 한다.
요금 월~금요일 무료, 토 · 일요일 · 공휴일 RM1

KL 새 공원
KL Bird Park
★
★

3천여 마리의 조류가 서식하는 새 공원

1991년에 개장한 동남아시아 최대 규모의 새 공원으로 약 200여 종, 3천여 마리의 새를 사육하고 있다. 공원은 총 4개의 구역으로 나뉘어 있으며 관람로를 걸으며 다양한 종류의 새를 구경할 수 있다. 새에게 먹이를 주거나 함께 기념사진을 찍을 수도 있다. 그

외에도 새 전시관, 레스토랑, 기념품 숍, 어린이 놀이터 등이 마련되어 있다.

MAP p.119-G◆**찾아가기** 쿠알라룸푸르 기차역에서 도보 약 10분◆**주소** 920, Jalan Cenderawasih, Kuala Lumpur◆**전화** 603-2272-1010◆**운영** 09:00~18:00 ◆**휴무** 연중무휴◆**요금** 어른 RM85, 어린이 RM60 ◆**홈페이지** www.klbirdpark.com

---

이슬람 예술 미술관
Islamic Arts Museum
★
★

MAP p.119-G◆**찾아가기** 쿠알라룸푸르 기차역에서 도보 약 8분◆**주소** Jalan Lembah Perdana, Kuala Lumpur◆**전화** 603-2274-2020◆**운영** 09:30~18:00 ◆**휴무** 연중무휴◆**요금** 어른 RM20, 어린이 RM10 ◆**홈페이지** www.iamm.org.my

다채로운 이슬람 예술품을 전시

미술품, 건축 모형, 코란, 도자기, 무기, 직물, 귀금속 등 약 7천여 점이 넘는 다채로운 이슬람 예술품을 전시하고 있다. 전시관은 2개 층으로 나뉘어 있으며 1층에는 레스토랑과 기념품 숍도 있다. 입구, 바닥, 천장 등 곳곳에 이슬람 문양의 특징인 기하학적 패턴으로 아름답게 장식되어 있어 건물 자체도 볼만하다.

경찰 박물관
Police Museum
★
★

는 전시품 중에는 시대별, 지역별로 달랐던 경찰복, 경찰 마크 등을 비롯해 실제 사용했던 총기류 등도 있어 눈길을 끈다.

MAP p.119-G◆**찾아가기** 쿠알라룸푸르 기차역에서 도보 약 10분◆**주소** 5 Jalan Perdana, Tasik Perdana, Kuala Lumpur◆**전화** 603-2272-5689◆**운영** 10:00 ~17:00◆**휴무** 월요일◆**홈페이지** www.jmm.gov.my

경찰 역사 자료를 전시한 박물관

말레이시아 경찰의 과거부터 오늘날까지 시대별 변천사와 다양한 경찰 관련 용품들을 전시하고 있는 박물관이다. 약 2천500여 점에 이르

국립 모스크
Masjid Negara
★
★

별 모양의 지붕이 상징적인 이슬람 사원

말레이시아에서 가장 큰 이슬람 사원으로 독특한 모양의 지붕과 높이 73m 첨탑이 특징이다. 여느 사원처럼 돔 형태가 아닌 18개의 각으로 이루어진 지붕은 말레이시아의 13개 주와 이슬람교의 5계율을 상징한다고 한다. 최대 8천여 명을 동시에 수용할 수 있는 기도실을 비롯해 작은 연못, 정원 등이 아름답게 조성되어 있다. 경내에 들어가려면 몸을 가릴 수 있는 가운과 히잡을 착용해야 한다(입구에서 대여 가능).

MAP p.119-G◆찾아가기 쿠알라룸푸르 기차역에서 도보 약 5분◆주소 Jalan Perdana, Kuala Lumpur ◆전화 603-2693-7784◆운영 09:00~12:00, 15:00 ~16:00◆휴무 연중무휴◆요금 무료
◆홈페이지 www.masjidnegara.gov.my

국립 천문대
Planetarium Negara
★

우주 과학 관련 전시물이 풍부

우주선, 로켓, 엔진, 추진체 등 실제 사용되는 기기들의 축소 모형과 우주 과학 관련 전시물을 관람할 수 있다. 돔 극장에서는 우주쇼와 우주를 주제로 제작된 영화 등을 상영하며, 천체망원경이 있는 관측소와 우주인처럼 무중력 상태를 체험할 수 있는 공간도 마련되어 있다.

MAP p.119-G◆찾아가기 쿠알라룸푸르 기차역에서 도보 약 20분◆주소 53, Jalan Perdana, Kuala Lumpur ◆전화 603-2273-5484◆운영 09:00~16:30 ※보수 공사로 임시 휴업◆요금 입장 무료, 우주쇼 어른 RM12, 어린이 RM

국립 박물관
Muzium Negara
★
★

말레이시아의 역사와 문화를 한눈에

말레이시아의 역사와 문화를 테마별로 전시하고 있다. 매일 오전 10시에는 가이드 투어가 무료로 진행된다(영어, 중국어, 일본어). 야외 전시장에서는 주석 운반용 증기 기관차, 마차, 미니버스 등을 구경할 수 있다. 미낭카바우 양식의 지붕과 거대한 벽화가 그려져 있는 건물 외관도 눈여겨보자.

MAP p.119-J◆찾아가기 KL 모노레일 KL Sentral역에서 도보 약 10분◆주소 Jabatan Muzium Malaysia, Jalan Damansara, Kuala Lumpur◆전화 603-2267-1111 ◆운영 09:00~17:00 한국어 투어 화·수·둘째, 셋째 주 토요일◆휴무 연중무휴◆요금 어른 RM5, 어린이(6~12세) RM2◆홈페이지 www.muziumnegara.gov.my

국가 기념비
Tugu Negara ★

독립을 위해 싸우다 전사한 병사들을 추모

1948년부터 12년간 말라야 공산당과의 전투에서 전사한 1만1천여 명의 병사들을 추모하기 위해 세워졌다. 높이 15.5m의 청동상으로 미국의 조각가 펠릭스 디 웰던이 1966년에 제작했다. 입구에는 무명 용사들을 기리는 위령탑도

세워져 있다. 기념비 주변으로 분수와 더불어 높게 뻗은 야자수가 잘 조성되어 있어 산책을 겸해 둘러보기 좋다.

MAP p.118-D◆**찾아가기** 쿠알라룸푸르 기차역에서 도보 약 20분◆**주소** Jalan Parlimen, Kuala Lumpur◆**전화** 603-9235-4848◆**운영** 07:00~18:00◆**휴무** 연중무휴

왕궁
Istana Negara ★★

웅장한 위용이 느껴지는 왕궁

말레이시아 국왕이 거주하는 관저로 웅장한 대저택과 아름다운 정원으로 이루어져 있다. 금빛으로 빛나는 22개의 돔과 말레이시아 국화인 히비스커스로 장식된 정문이 말레이 특유의 색채를 보여준다. 왕궁의 하이라이트는 근위병 교대식으로 매일 정오에 진행된다. 근위병

과 함께 촬영은 가능하지만 왕궁 내부의 출입은 제한된다.

MAP 211-A◆**찾아가기** KL 모노레일 KL Sentral역에서 택시로 약 15분◆**주소** Jalan Tuanku Abdul Halim, Bukit Damansara, Kuala Lumpur◆**전화** 603-6200-1000◆**운영** 24시간◆**휴무** 연중무휴
◆**홈페이지** www.istananegara.gov.my

국립 극장
Istana Budaya ★★

세계 10대 극장으로 손꼽히는 극장

파란 지붕이 여러 겹 겹쳐 있는 독특한 형태의 건물 외관이 눈길을 끈다. 랑카위에서 공수한 대리석과 말레이 목재를 사용해 고급스러운 분위기로 꾸민 극장에는 대형 공연장과 매표소, 갤러리, 매점 등이 있다. 국립 교향악단과 민족무용단의 정기 공연이 열리며, 세계 10대 극장으로 손꼽힐 정도로 최첨단 음향 시설을 갖추고 있어 국제적인 뮤지컬과 콘서트도 자주 열린다.

MAP p.211-B◆**찾아가기** KL 모노레일 Titiwangsa역에서 택시로 약 5분◆**주소** Istana Budaya, Jalan Tun Razak, Kuala Lumpur◆**전화** 603-4026-5555◆**운영** 09:00~18:00◆**휴무** 연중무휴◆**요금** 무료(공연 관람 시 극장 매표소에서 티켓 구입 가능)
◆**홈페이지** www. istanabudaya.gov.my

Tip 도심에서 조금 멀리 떨어진 왕궁이나 국립 극장을 일부러 찾아가는 여행자는 그리 많지 않다. 대중교통으로도 가기 어려워 택시를 타고 가야 하는데, 비용도 비용이거니와 돌아올 때도 대기해야 하기 때문에 이용률도 낮다. 가장 좋은 방법은 KL 홉온 홉오프 시티투어 버스나 투어 프로그램을 이용하는 것이다. 주요 관광 명소에 정차하므로 원하는 곳에서 탈 수 있고 원하는 시간만큼 머물다가 다음 버스 시간에 맞춰 다시 타고 돌아오면 된다.

콘탕고
Contango

쿠알라룸푸르 최고의 뷔페

마제스틱 호텔 타워 윙 로비층에 있는 뷔페 레스토랑으로 호텔 투숙객의 조식을 책임지기도 하지만 현지인들에게는 올데이 다이닝 공간으로 더욱 유명하다. 특히 점심과 저녁 뷔페 시간에는 빈자리를 찾기 어려울 정도로 인기가 높다. 실내는 고급스럽고 우아하게 꾸며져 있으며 스테이크, 파스타, 꼬치구이 등을 즉석에서 요리해주는 오픈 키친도 마련돼 있다. 메뉴는 회, 초밥, 샐러드, 딤섬, 피자, 해산물구이, 바비큐 등 아시아 요리와 웨스턴 요리를 골고루 갖추고 있다. 디저트도 계절 과일을 비롯해 달콤한 제과류와 아이스크림, 커피, 음료 등을 무제한 제공한다.

MAP p.119-J◆**찾아가기** 쿠알라룸푸르 기차역에서 도보 약 2분 또는 KL 모노레일 KL Sentral역에서 무료 셔틀버스 이용◆**주소** 5 Jalan Sultan Hishamuddin, Kuala Lumpur◆**전화** 603-2785-8000◆**영업** 점심 뷔페 12:00~14:30, 저녁 뷔페 18:00~22:00◆**예산** 어른 점심 뷔페 RM95, 저녁 뷔페 RM115(금~일요일 RM125), 어린이(12세 이하)는 어른의 절반 요금(세금+봉사료 16% 별도)◆**홈페이지** www.majestickl.com

더 티 라운지
The Tea Lounge

우아하게 애프터눈 티를 즐기고 싶다면

마제스틱 호텔에 있는 티 라운지로 나른한 오후
에 티타임을 즐기며 휴식을 취하기에 더 없이
좋은 곳이다. 로비를 지나면 바로 나오는 일반
라운지는 앤티크한 가구와 소품으로 꾸민 고급
스러운 분위기이며 창 밖으로 정원이 내다보여
청량한 느낌을 준다. 좀 더 프라이빗한 공간을
원한다면 어느 저택의 서재 같은 분위기로 꾸민
라이브러리(Library)나 난초 꽃이 가득 피어
있는 오키드 룸(Orchid Room)이 있으므로
취향대로 즐겨보자. 애프터눈 티 세트를 주문
하면 케이크, 스콘, 샌드위치, 간단한 핑거 푸
드 등으로 구성된 3단 시그너처 하이티
(Signature High Tea)가 나오고, 차와 커피
는 매일 종류가 바뀌며 무제한 제공된다.

MAP p.119-J◆**찾아가기** 쿠알라룸푸르 기차역에서 도보
약 2분 또는 KL 모노레일 KL Sentral역에서 무료 셔틀버
스 이용◆**주소** 5 Jalan Sultan Hishamuddin, Kuala
Lumpur◆**전화** 603-2785-8000◆**영업** 15:00~18:00
◆**휴무** 월요일◆**예산** 애프터눈 티(1인) 일반 라운지 RM60,
오키드 룸 RM80/주말 RM90(세금+봉사료 16% 별도)
◆**홈페이지** www.majestickl.com

시그너처 하이티 구성

• **1단 사보리즈 Savouries**: 따뜻하게 데운 탄두리 치킨, 치킨 파이, 퍼프, 램 소시지 등 간단한 핑거
푸드가 자리한다.
• **2단 스콘 Scones**: 베리 스콘과 플레인 스콘, 참치 샌드위치 등이 놓이며 스콘과 함께 먹는 크림과
잼이 곁들여 나온다.
• **3단 디저트 Dessert**: 맨 위는 주로 디저트가 놓인다. 당근 케이크나 오렌지 무스, 초콜릿 케이크,
라즈베리 바닐라 쿠키, 타르트 등이 나온다.
※ 순서나 세트 메뉴는 그날그날 조금씩 달라지기도 한다.

진저
Ginger

태국 본토의 맛을 느낄 수 있는 곳

센트럴 마켓 2층에 있는 정통 태국식 레스토랑으로 쿠알라룸푸르 내에서

도 맛있기로 손꼽히는 곳이다. 추천 메뉴는 팟 타이나 쇠고기볶음이며, 강한 맛이 부담스럽다면 태국식 볶음밥과 4가지 반찬(닭튀김, 새우조림, 망고 샐러드, 채소)이 함께 나오는 타이 프라이드 라이스(Thai Fried Rice)를 주문해

보자. 가격도 그리 비싸지 않고 맛과 양 모두 만족스럽다. 태국 요리하면 빼놓을 수 없는 똠얌꿍 수프는 양은 적은 편이지만 밥과 함께 먹기 좋고 국물은 강하지 않은 편으로 태국 본토의 맛을 정확히 살리고 있다.

MAP p.119-H◆**찾아가기** LRT 켈라나 자야선 Pasar Seni역에서 도보 약 5분◆**주소** Lot M-12, Central Market, Jalan Hang Kasturi, Kuala Lumpur◆**전화** 603-2022-1190◆**영업** 10:00~22:00◆**휴무** 연중무휴 ◆**예산** 타이 프라이드 라이스 RM23~, 똠얌꿍 RM25~

올드 차이나 카페
Old China Cafe

바바뇨냐 요리로 유명한 곳

허름한 전통 숍하우스에 들어서면 벽에 걸린 예스러운 사진들과 실내에 울려 퍼지는 고전 가요가 이곳의 분위기를 말해준다. 중국과 말레이시아 음식이 결합된 바바뇨냐(Baba-Nyonya) 요리를 선보이며 간단히 차나 커피를 마시기도 좋은 곳이다. 인기 메뉴는 뇨냐 프라이드 라이스 위드 치킨(Nyonya Fried Rice with Chicken). 당근, 오이 등 각종 채소와

새우, 달걀을 넣고 매콤하게 볶은 밥과 바삭하게 튀긴 매콤한 치킨 조각이 함께 나오는데 맛이나 향이 한국인 입맛에 잘 맞는다. 점심시간부터 문을 여니 조금 늦은 시간에 찾아가면 좋다. 센트럴 마켓 2층에도 프레셔스 올드 차이나(Precious Old China)라는 이름으로 운영하고 있다.

MAP p.119-H◆**찾아가기** KL 모노레일 Maharajalela역에서 도보 약 5분◆**주소** 11, Jalan Balai Polis, Kuala Lumpur◆**전화** 603-2072-5915◆**영업** 11:30~22:00 (주문 마감 21:45)◆**휴무** 연중무휴◆**예산** 뇨냐 프라이드 라이스 RM16.90~, 카메론 하이랜드 차 RM8.90, 음료 RM5.90~(세금+봉사료 16% 별도) ◆**홈페이지** www.oldchina.com.my

오로이야
Oloiya

달콤한 육포와 햄버거의 만남

닭고기나 돼지고기를 특제 소스로 숙성시켜 숯불에 구워 만든 육포로 유명하다. 달콤한 맛과 향이 일품인 육포 자체도 맛있지만, 기존 햄버거 패티 대신 육포와 달걀을 넣어 만든 '육포 버거'가 최고의 인기 메뉴. 잘란 알로 거리에도 매장이 있다.

MAP p.119-H◆**찾아가기** LRT 켈라나 자야선 Pasar Seni역에서 도보 약 7분◆**주소** 30, Jalan Hang Lekir, Kuala Lumpur◆**전화** 603-2078-2536◆**영업** 11:00 ~23:00◆**휴무** 연중무휴◆**예산** 육포(500g) RM61, 포크플로스(300g) RM39◆**홈페이지** www.oloiya.com

---

박티 우드랜즈
Bakti Woodlands

컬러풀한 인도 요리의 진수

인도 남북부 요리를 맛볼 수 있는 레스토랑. 밥과 면, 수프, 디저트, 음료까지 갖추고 있으며 난의 종류만도 16가지가 넘는다. 3가지 커리와 짜파티, 볶음밥, 과일과 디저트, 라씨가 포함된 자인 탈리(Jain Thali) 세트면 배불리 먹을 수 있다.

MAP p.118-E◆**찾아가기** LRT 켈라나 자야선·암팡선 Masjid Jamek역에서 도보 약 3분◆**주소** 55, Leboh Ampang, Kuala Lumpur◆**전화** 603-2034-2399◆**영업** 07:30~22:30◆**휴무** 연중무휴◆**예산** 자인 탈리 RM16, 음료 RM3.5~, 라씨 RM7

문트리 하우스
Moontree House

아날로그 감성이 느껴지는 소박한 카페

아담한 실내 한가운데에는 여럿이 앉을 수 있는 넓은 원목 테이블을 놓았고, 양쪽 벽면에는 다양한 책과 수공예 잡화 등을 전시, 판매하고 있다. 커피나 티를 마시면서 조용히 쉬어 가기에 좋으며 조각 케이크, 수제 쿠키, 오믈렛 등을 주문해 간단히 요기를 할 수도 있다.

MAP p.119-H◆**찾아가기** LRT 켈라나 자야선 Pasar Seni역에서 도보 약 5분◆**주소** 6, 1st Floor, Jalan Panggung, Kuala Lumpur◆**전화** 603-2031-0537 ◆**영업** 10:00~19:00◆**휴무** 화요일◆**예산** 아이스커피 RM10, 일반 커피 RM7~ ◆**홈페이지** moontree-house.blogspot.com

붕구스 카우 카우
Bungus Kaw Kaw

현지인처럼 가벼운 한 끼 식사를 원한다면

'포장하다'라는 뜻의 붕구스는 현지 음식인 나
시 르막, 가야 토스트, 음료 등을 포장 판매하
는 테이크아웃 전문점이다. 매장 내에 좌석이
있지만 많은 사람이 이용할 수는 없고 가게 이
름처럼 포장을 해가는 사람이 대부분이다. 바
나나 잎으로 포장한 나시 르막은 매콤한 편. 음
료는 커피와 밀크티 등이 있고, 그중 현지식 커
피가 인기가 있다.

MAP p.119-J◆**찾아가기** KL Sentral역에서 도보 약 5분
(누 센트럴 내 위치)◆**주소** LG Floor, 201, Jalan Tun
Sambanthan, Brickfields, Kuala Lumpur◆**전화**
603-8081-7146◆**영업** 08:00~22:00◆**휴무** 연중무휴
◆**예산** 나시 르막 RM4.60~, 음료 RM3.90~

뇨냐 컬러스
Nyonya colors

가볍게 즐기는 페라나칸 전통 요리

페라나칸 전통 요리
를 바탕으로 한 캐
주얼한 메뉴를 맛
볼 수 있는 곳이
다. 파빌리온, 수리
아 등에도 매장을 운영
하고 있으며 전통적인 느낌과 세련된 분위기를
동시에 느낄 수 있다. 대표 요리인 옐로우 락사
는 뇨냐 스타일로 코코넛 밀크와 커리가 들어가
서 매콤하면서도 진하다. 면은 얇은 면이 사용
된다. 토핑으로 닭고기와 삶은 무를 올려준다.

MAP p.119-J ◈ **찾아가기** KL Sentral역에서 도보 약 5분
◈ **주소** L3 27, Level 3 Nu Sentral, Jalan Tun
Sambanthan, Brickfields, Kuala Lumpur ◈ **전화**
603-7728-2288 ◈ **영업** 10:00~22:00 ◈ **휴무** 연중무휴
◈ **예산** 옐로우 락사 RM14.30~, 첸돌 RM6.50~(봉사료
6% 별도) ◈ **홈페이지** www.nyonyacolors.com

미스터 뚝뚝
Mr. Tuk Tuk

말레이시아에서 태국 요리 즐기기

합리적인 가격에 태국 요리를 맛볼 수 있다. 현
지인들이 선호하는 구성으로 메뉴가 구성되어
있다. 단품 메뉴와 세트 메뉴가 있고, 세트 구
성이 괜찮은 편이다. 세트 메뉴를 주문하면 태
국식 요리와 밥, 샐러드 그리고 음료까지 포함
되어 나온다.

MAP p.119-J ◈ **찾아가기** KL Sentral역에서 도보 약 5분
◈ **주소** 4, Nu Sentral Mall, Kuala Lumpur ◈ **전화**
603-2488-0318 ◈ **영업** 10:00~22:00 ◈ **휴무** 연중무휴
◈ **예산** 세트 메뉴 RM22.90~, 팟타이 RM13.80~(봉사료
6% 별도)

비밥 코리안 푸드
B. bap Korean Food

한국 분식을 먹을 수 있는 캐주얼한 한식당

한국 문화와 음식을 좋아하는 중국인 오너가 운영하는 곳으로 누 센트럴(Nu Sentral) 쇼핑몰 1층에 있다. 인기 메뉴는 돌솥 비빔밥과 채소를 듬뿍 올린 비빔밥으로 한국 고추장을 사용한다. 그 외에도 김밥, 만두, 떡볶이, 라면 등의 분식과 다양한 세트 메뉴를 맛볼 수 있다. 점심시간에는 빈자리가 없을 정도로 인기가 많으며 애비뉴 K에도 지점이 있다.

MAP p.119-J◆**찾아가기** KL 모노레일 · LRT 켈라나 자야선 KL Sentral역에서 도보 1분◆**주소** Nu Sentral, 201 Jalan Tun Sambanthan, Kuala Lumpur◆**전화** 603-2856-9719◆**영업** 10:00~22:00◆**휴무** 연중무휴◆**예산** 비빔국수 RM18, 낙지볶음 RM26, 돌솥 비빔밥 RM23(봉사료 6% 별도)

센트럴 마켓 푸드코트
Central Market Food Court

알뜰하게 즐기는 한 끼 식사

센트럴 마켓 2층에 있는 푸드코트로 쾌적한 분위기와 맛있는 음식으로 현지인과 관광객 모두에게 인기가 높다. 메뉴도 다양하고 가격도 부담 없어 넉넉히 주문해서 푸짐하게 먹기 좋다. 음료와 디저트를 파는 코너도 있어 후식도 즐길 수 있다. 아네카 수프(Aneka Sup)의 박소(Bakso, 완자가 들어간 수프)와 부부르 아얌(Bubur Ayam, 닭죽)이 유명하다.

MAP p.119-H◆**찾아가기** LRT 켈라나 자야선 Pasar Seni역에서 도보 약 5분◆**주소** 12, Jalan Hang Kasturi, Kuala Lumpur◆**전화** 603-2031-0399◆**영업** 10:00~22:00◆**휴무** 연중무휴◆**예산** 식사 RM1~20, 음료 RM2~5◆**홈페이지** www.centralmarket.com.my

탕 시티 푸드코트
Tang City Food Court

상인들이 애용하는 시장 속 푸드코트

근사한 분위기는 아니지만 한 끼 식사를 해결하기에 충분하다. 중국, 태국, 인도, 말레이시아 요리가 있으며 입구에 위치한 '이코노미 라이스(Economy Rice)'가 인기가 있다. 밥과 원하는 반찬을 고를 수 있는데 아무리 많이 담아도 RM20을 넘지 않는다. 똠얌 누들과 비프 누들도 인기.

MAP p.119-H◆**찾아가기** LRT 켈라나 자야선 Pasar Seni역에서 도보 약 7분◆**주소** 20, Jalan Hang Lekir, Kuala Lumpur◆**전화** 603-2078-0511◆**영업** 07:00~23:00◆**휴무** 연중무휴◆**예산** 식사 RM10~20, 음료 RM2~5

누 센트럴
Nu Sentral

최고의 입지를 자랑하는 복합쇼핑몰

쿠알라룸푸르에서 가장 유동인구가 많은 KL 센트럴역 앞에 있는 대형 쇼핑몰이다. 지상 7층으로 구성된 쇼핑몰에는 말레이시아 대표 백화점인 팍슨과 유니클로, H&M 등의 SPA 브랜드 매장이 큰 규모로 자리잡고 있고, 층마다 패션, 액세서리, 뷰티 등 각종 인기 브랜드 매장이 입점해 있다. 또한 다양한 식재료와 수입 제품을 판매하는 슈퍼마켓과 카페, 레스토랑, 패스트푸드점, 푸드코트 등이 있어 먹거리도 풍부하다.

MAP p.119-J◆**찾아가기** KL 모노레일·LRT 켈라나 자야선 KL Sentral역에서 도보 약 1분◆**주소** 201, Jalan Tun Sambanthan, Kuala Lumpur◆**전화** 603-2859-7177◆**영업** 10:00~22:00◆**휴무** 연중무휴
◆**홈페이지** www.nusentral.com

소고
SOGO

중산층들이 주로 가는 일본계 백화점

지하 1층 지상 8층 규모의 대형 백화점으로 LRT 반다라야역과 연결되어 있다. 1층에는 코스메틱 매장과 뷰티 브랜드가 주를 이루고, 2~3층은 남녀 의류 매장이 자리하고 있다. 4층은 아동, 5층은 홈 인테리어 용품 매장이 있다. 지하에는 베이커리와 현지 음식을 간단히 조리해 판매하는 식당과 대형 슈퍼마켓이 있는데 일반 슈퍼마켓보다 훨씬 다양한 품목을 다루고 있다. 저녁 무렵에는 스시나 롤을 할인 판매한다. 6층 식당가는 현지에 거주하는 일본인들이 즐겨 찾는 일식 레스토랑과 중식, 말레이식 레스토랑도 있다.

MAP p.118-B◆**찾아가기** LRT 암팡선 Bandaraya역에서 도보 약 1분◆**주소** 190, Jalan Tuanku Abdul Rahman, Kuala Lumpur◆**전화** 603-2618-1888◆**영업** 10:00~21:30(금·토요일 22:00까지)◆**휴무** 연중무휴
◆**홈페이지** www.sogo.com.my

타나메라
Tanamera

말레이시아의 유명 스파용품 브랜드

천연 성분의 에센셜 오일, 마사지 오일, 페이스
마스크, 스크럽, 보디 & 헤어 제품 등을 판매
하는 곳으로 센트럴 마켓 내에 있다. 말레이시
아의 유명 스파숍에서도 사용할 정도로 퀄리티
를 인정받은 브랜드로, 동일한 제품을 구입해
집에서도 즐길 수 있다. 뷰티 용품 외에도 티,
허브볼, 향초, 바스 솔트 등 다양한 아이템이
있으며 예쁘게 포장한 세트 상품은 선물용으로
도 좋다.

MAP p.119-H◆**찾아가기** LRT 켈라나 자야선 Pasar
Seni역에서 도보 약 5분◆**주소** G25, Central Market,
12 Jalan Hang Kasturi, Kuala Lumpur◆**전화** 603-
2272-2802◆**영업** 11:00~21:00◆**휴무** 연중무휴
◆**홈페이지** www.tanamera.com.my

바스 & 보디 웍스
Bath & Body Works

마니아층을 형성한 보디용품 브랜드

국내에도 상당수의 마니아층을 두고 있는 보디용품 브랜드로 누 센트럴 쇼핑몰 내에 있다. 보디 로션을 비롯해 미스트, 샤워 젤, 캔들 등의 라인업을 갖추고 있으며 향이 무척 다양하다. 여성은 물론 남성을 위한 제품도 충실하고 가격

대도 그리 높지 않다. 다양한 프로모션을 하고 있는 것도 인기 비결 중 하나로 알차게 구성된 패키지 상품이 많아 선물용으로도 구입하기 좋다. 방향제는 플러그가 우리나라와 다르다는 점을 주의하자.

MAP p.119-J◆**찾아가기** KL 모노레일·LRT 켈라나 자야선 KL Sentral역에서 도보 약 2분◆**주소** GF 24 Nu Sentral, 201 Jalan Tun Sambanthan, Kuala Lumpur◆**전화** 603-2276-5145◆**영업** 10:00~22:00 ◆**휴무** 연중무휴
◆**홈페이지** www.bathandbodyworks.com

페드로
Pedro

싱가포르의 인기 슈즈 브랜드

싱가포르를 중심으로 전 세계 75개국에 매장을 두고 있는 슈즈 브랜드로 2014년 누 센트럴 내에 입점했다. 정장용 구두와 스니커즈, 가방, 벨트 등 다양한 제품군을 보유하고 있으며 신상품도 빠르게 업데이트되는 편이다. 모던하고 트렌디한 디자인으로 젊은 층에게 인기를 모으고 있으며, 여성용과 남성용 제품을 고루 갖추고 있다. 특히 활동성을 강조한 남성 컬렉션은 비즈니스 여행자에게 안성맞춤이다. 가격대는 구두나 가방이 RM300 정도.

MAP p.119-J◆**찾아가기** KL 모노레일·LRT 켈라나 자야선 KL Sentral역에서 도보 약 2분◆**주소** CC15 Nu Sentral, 201 Jalan Tun Sambanthan, Kuala Lumpur◆**전화** 603-2276-1225◆**영업** 10:00~22:00 ◆**휴무** 연중무휴◆**홈페이지** www.pedroshoes.com

황홀한 야경에 빠지다
쿠알라룸푸르의 베스트 루프톱 바

쿠알라룸푸르 도심에 있는 고층 건물과 호텔들은 멋진 야경을 조망할 수 있는 뷰 포인트를 갖추고 있다. 대부분 가볍게 한잔 할 수 있는 바나 파인다이닝 레스토랑으로 운영되며 투숙객이 아니어도 들어갈 수 있다. 화려한 조명으로 수놓은 쿠알라룸푸르의 야경을 만끽하고 싶다면 한껏 차려 입고 출동해보자.

마리니스 온 57 Marini's On 57

지금 가장 핫한 루프톱 바

페트로나스 트윈 타워를 가장 가까이에서 볼 수 있는 루프톱 바로 이탈리안 레스토랑과 위스키 & 시가 라운지로 이루어져 있다. 선셋 아워 (17:00~21:00)에는 맥주와 칵테일을 절반 가격에 마시며 멋진 야경을 감상할 수 있다. 인기 칵테일로는 정글 버드(Jungle Bird)가 있다.

MAP p.116-B◆**찾아가기** LRT 켈라나 자야선 KLCC역에서 도보 약 10분(Menara 3 Petronas 57층)◆**주소**

Level 57, Menara 3 Petronas, Persiaran KLCC, Kuala Lumpur◆**전화** 603-2386-6030◆**영업** 17:00~02:00(금·토요일 03:00까지)◆**예산** 맥주류 RM25~42, 칵테일 RM57~60(세금+봉사료 16% 별도)◆**홈페이지** www.marinis57.com

트로이카 스카이 다이닝 Troika Sky Dining

개성만점 레스토랑들의 집합소

5곳의 개성만점 레스토랑과 펍이 한곳에 모였다. 캐주얼한 메뉴를 선보이는 푸에고(Fuego)는 페트로나스 트윈 타워(하나만 보임)를 바라볼 수 있어 인기가 있다. 이 외에도 파인다이닝 레스토랑인 칸타로우프(Cantaloupe), 이탈리안 레스토랑 스트라토(Strato) 등이 있다. 예약은 필수이며 홈페이지를 통해서 가능하다.

MAP p.115-D◆**찾아가기** LRT 켈라나 자야선 Ampang Park역에서 도보 5분◆**주소** Level 23a, Tower B, The Troika, 19 Persiaran KLCC, Kuala Lumpur ◆**전화** 603-2162-0886◆**영업** 18:00~23:30◆**예산** 칵테일 RM45~50(세금+봉사료 16% 별도) ◆**홈페이지**www.troikaskydining.com

스카이 바 Sky Bar

차분한 분위기와 야경을 동시에

트레이더스 호텔 33층에 있는 루프톱 바로 유리로 마감한 벽과 천장을 통해 페트로나스 트윈 타워와 달빛이 한눈에 들어온다. 좌석은 실내 한가운데에 있는 수영장을 따라 양쪽으로 나뉘어 있고 현란한 네온사인과 은은한 조명이 어우러져 독특한 분위기를 자아낸다.

MAP p.116-F◆**찾아가기** LRT 켈라나 자야선 KLCC역에서 도보 약 20분◆**주소** Level 33, Traders Hotel Kuala Lumpur, Kuala Lumpur City Centre, Kuala Lumpur ◆**전화** 603-2332-9888◆**영업** 17:00~24:00(금·토요일 01:00까지)◆**예산** 맥주류 RM37~42, 칵테일 RM48(세금+봉사료 16% 별도)◆**홈페이지** www.shangri-la.com

헬리 라운지 바 Heli Lounge Bar

야외 라운지 바에서 즐기는 야경

메나라 KH 빌딩 34층에 자리한 루프톱 바. 실내 좌석과 야외 라운지로 이루어져 있다. 이곳은 음료(칵테일, 맥주, 소프트 드링크) 2잔이 포함된 입장료를 끊고 입장한다. 페트로나스 트윈 타워와 KL 타워 모두를 바라볼 수 있어 인기 있는 나이트 스폿이다.

MAP p.116-D◆**찾아가기** KL 모노레일 Raja Chulan역에서 도보 약 4분◆**주소** 34 Menara KH, Jln Sultan Ismail, Bukit Bintang, Kuala Lumpur◆**전화** 603-2389-8861◆**영업** 17:00~01:00(금·토요일은 02:00)◆**예산** 입장료 1인 RM100(음료 또는 주류 2잔 포함)

마제스틱 호텔
Hotel Majestic

럭셔리한 객실을 갖춘 특급 호텔

1932년에 개업한 역사와 전통을 자랑하는 호텔로 두 개의 동으로 이루어져 있다. 오리지널 건물인 마제스틱 윙에는 47실의 고품격 스위트룸이 있고, 새로 지은 15층 건물인 타워 윙에는 디럭스룸과 스위트룸으로 구성되어 있다. 클래식하면서도 세련된 분위기이며 최상의 서비스를 자랑한다. 특히 호텔 내 부대시설이 훌륭한 것으로도 유명한데, 쿠알라룸푸르 최고의 뷔페로 손꼽히는 콘탕고(p.182), 영국식 애프터눈 티를 즐길 수 있는 더 티 라운지(p.183) 등 명품 호텔에 어울리는 최고급 부대시설을 갖추고 있다.

MAP p.119-J◆**찾아가기** 쿠알라룸푸르 기차역에서 도보 약 2분 또는 KL 모노레일 KL Sentral역에서 무료 셔틀버스 이용◆**주소** 5, Jalan Sultan Hishamuddin, Kuala Lumpur◆**전화** 603-2785-8000◆**요금** 콜로니얼 스위트 RM800~, 디럭스 RM450~, 주니어 스위트 RM550~◆**홈페이지** www.marriott.com

마제스틱 윙 Majestic Wing

각국의 셀러브리티와 유명인들이 주로 묵는 최상위 스위트룸으로 콜로니얼 스위트(Colonial Suite), 거버너 스위트(Governor Suite), 마제스틱 스위트(Majestic Suite)로 나뉘어 있다. 객실은 귀족풍의 기품 있는 인테리어로 꾸며졌고 넓고 안락하다. 모든 객실에 전담 버틀러가 24시간 서비스를 제공하며, 무료 미니바와 룸서비스(조식) 등의 혜택이 있다. 단, 어린이 투숙은 불가하다.

타워 윙 Tower Wing

새로 지은 건물답게 좀더 현대적인 분위기이며 디럭스룸(Deluxe Room), 주니어 스위트(Junior Suite), 그랜드 스위트(Grand Suite), 프리미어 스위트(Premier Suite)로 나뉘어 있다. 객실은 모던하고 세련된 인테리어로 꾸며졌고 넓고 쾌적하다. 디럭스룸이나 주니어 스위트룸은 신혼부부나 가족 단위 여행객에게 인기가 높다.

마제스틱 호텔의 특별한 혜택

클래식한 욕조
모든 객실에 고급스러운 욕조가 마련되어 있으므로 적극 활용하여 피로를 풀어보자.

최고급 어메니티 망고스틴
모든 객실에 제공되는 어메니티는 열대 과일을 이용해 만든 망고스틴 제품이며 별도 구입도 가능하다.

무료 셔틀버스
호텔 이용객을 위한 무료 셔틀버스가 KL 센트럴역과 부킷 빈탕의 스타힐 갤러리를 왕복 운행한다.

그랜드 하얏트 쿠알라룸푸르
Grand Hyatt Kuala Lumpur

환상적인 뷰와 만족도 높은 부대시설

쿠알라룸푸르 컨벤션 센터에서 도보 2분 거리에 있는 세계적인 호텔로 412개의 일반 객실과 42개의 스위트룸을 갖추고 있다. 체크인을 하기 위해서는 39층에 있는 '스카이 로비(Sky Lobby)'로 가야 하는데, 로비층에 내리자마자 360도로 펼쳐지는 환상적인 뷰에 감탄하게 된다. 객실은 넓고 쾌적하며 페트로나스 트윈 타워를 조망할 수 있는 방도 많은 편이다. 호텔 내 부대시설로는 써티 8(p.145)을 포함한 3개의 레스토랑과 전망 좋은 야외 수영장, 스파 등이 있다. 이왕이면 페트로나스 트윈 타워를 조망할 수 있는 객실이나 다양한 특전이 주어지는 클럽 룸 타입의 객실을 추천한다.

MAP p.116-E◆**찾아가기** KL 모노레일 Raja Chulan역에서 도보 약 10분◆**주소** 12, Jalan Pinang, Kuala Lumpur City Centre, Kuala Lumpur◆**전화** 603-2182-1234◆**요금** 클럽킹 RM650~◆**홈페이지** www.hyatt.com

더 리츠 칼튼 쿠알라룸푸르
The Ritz-Carlton Kuala Lumpur

최상의 서비스를 자랑하는 5성급 호텔

쿠알라룸푸르의 중심인 부킷 빈탕에 위치한 호텔로 호화로운 분위기와 안락함을 느낄 수 있다. 객실은 디럭스룸, 스위트룸, 레지던스 타입으로 나뉘어 있으며 어디에 묵든 모든 부대시설을 이용할 수 있다. 레지던스의 경우 2~3개의 침실과 넓은 거실이 있어 가족 단위 여행객에게 인기가 높다. 부대시설로는 고급 레스토랑과 야외 수영장, 스파, 피트니스 등을 갖추었고 특히 2개 층으로 나뉜 야외 수영장의 분위기가 좋다. 또한 호텔 2층에는 스타힐 갤러리(p.151)와 바로 연결되는 전용 통로가 있어 더욱 편리하게 쇼핑을 즐길 수 있다.

MAP p.117-I ◆찾아가기 KL 모노레일 Bukit Bintang역에서 도보 약 10분 ◆주소 168, Jalan Imbi, Kuala Lumpur ◆전화 603-2142-8000 ◆요금 디럭스 RM550~ ◆홈페이지 www.ritzcarlton.com

퍼시픽 리젠시 호텔 스위트
Pacific Regency Hotel Suites

합리적인 가격과 실용성을 살린 중급 호텔

KL 타워에서 가장 가까운 호텔로 내 집 같은
편안한 분위기의 객실과 야외 수영장, 스파, 피
트니스, 레스토랑 등의 부대시설을 갖추고 있
다. 객실은 꽤 넓은 편이며 요리를 할 수 있는
주방시설과 냉장고, 식탁 등을 갖추고 있어 가
족 단위 여행객에게 인기가 높다. 모든 객실에
서 무료 Wi-Fi를 이용할 수 있고 위성 TV도
제공된다. 호텔 입구까지 긴 언덕을 올라가야
한다는 점이 아쉽지만, 모노레일 라자 출란역
에서 가깝고 쿠알라룸푸르의 번화가인 부킷 빈
탕까지 도보 10분이면 갈 수 있다.

MAP p.116-D◈**찾아가기** KL 모노레일 Raja Chulan역
에서 도보 약 15분◈**주소** KH Tower, Jalan Punchak,
Off Jalan P.Ramlee, Kuala Lumpur◈**전화** 603-
2332-7777◈**요금** 디럭스 킹 스위트 RM165~
◈**홈페이지** www.pacific-regency.com

호텔 마야
Hotel Maya

개성 넘치는 분위기의 부티크 호텔

잘란 암팡(Jalan Ampang) 메인 거리에 있는 5성급 호텔로 페트로나스 트윈 타워와 말레이시아 관광센터, KL 모노레일 부킷 나나스역과 인접해 있어 지리적 장점이 크다. 22층 규모의 호텔은 건물 중앙이 천장까지 뚫려 있는 아트리움 구조로 되어 있어 시원한 개방감이 느껴진다. 객실은 스튜디오(Studio), 주니어 스위트(Junior Suite), 디럭스 스위트(Deluxe Suite)의 세 가지 타입으로 준비되어 있으며, 감각적인 인테리어로 여성 여행객들에게 특히 인기가 높다. 부대시설로는 레스토랑, 스카이라운지, 스파, 피트니스, 제트 분사 장치를 갖춘 하이드로테라피 풀장 등이 있다. 투숙객을 위해 부킷 빈탕과 차이나타운 지역을 운행하는 무료 셔틀버스를 운행하고 있어 편리하게 이동할 수 있다.

MAP p.116-B◆**찾아가기** KL 모노레일 Bukit Nanas역에서 도보 약 5분◆**주소** 138, Jalan Ampang, Kuala Lumpur◆**전화** 603-2711-8866◆**요금** 스튜디오 RM260~◆**홈페이지** www.hotelmaya.com.my

JW 메리어트 호텔
JW Marriott Hotel

부킷 빈탕을 대표하는 5성급 호텔

쿠알라룸푸르 최고의 번화가인 부킷 빈탕에 위치해 있으며 스타힐 갤러리와 지하로 연결되어 있다. 객실은 디럭스룸과 스위트룸이 다양한 타입으로 나뉘어 있으며 인테리어는 깔끔하고 모던하다. 부대시설로 야외 수영장, 스파, 사우나, 레스토랑, 바 등을 다양하게 갖추고 있다. 주변에 스타힐 갤러리, 파빌리온, 패런하이트 88, 랏텐 등의 대형 쇼핑몰이 밀집해 있고 모두 걸어서 갈 수 있는 거리여서 쇼핑을 중요시하는 여

행객에게 최고의 호텔이 될 것이다.

MAP p.117-I◆**찾아가기** KL 모노레일 Bukit Bintang역에서 도보 약 5분◆**주소** 183, Jalan Bukit Bintang, Kuala Lumpur◆**전화** 603-2715-9000◆**요금** 디럭스 RM460~◆**홈페이지** www.marriott.com

더 웨스틴
The Westin

가족 여행객들이 선호하는 5성급 호텔

부킷 빈탕의 메인 로드에 위치해 있으며 파빌리온 쇼핑몰과 마주보고 있다. 객실은 디럭스룸부터 스위트룸까지 7개 타입으로 나뉘어 있으며 그중 주방시설을 갖춘 레지던스 타입은 가족 여행객이나 장기 투숙객들이 선호한다. 모든

객실에 최상의 수면을 도와주는 헤븐리 베드(Heavenly Bed)가 놓여 있는 것도 이 호텔의 자랑이다. 부대시설로는 5개의 테마별 레스토랑, 야외 수영장, 피트니스 등이 있고, 키즈 클럽까지 갖추고 있어 어린이를 동반한 가족 여행객에게 인기가 높다.

MAP p.117-I◆**찾아가기** KL 모노레일 Bukit Bintang역에서 도보 약 7분◆**주소** 199, Jalan Bukit Bintang, Kuala Lumpur◆**전화** 603-2731-8333◆**요금** 디럭스 RM550~◆**홈페이지** www.marriott.com

트레이더스 호텔
Traders Hotel

뛰어난 전망과 만족도 높은 서비스

쿠알라룸푸르 컨벤션 센터 옆에 위치한 4성급 호텔로 뛰어난 전망을 자랑한다. 객실은 모던하고 깔끔한 분위기로 페트로나스 트윈 타워가 보이는 방과 KLCC 공원이 보이는 방으로 나뉘어 있다. 부대시설로는 레스토랑, 스파, 피트니스 등이 있으며 33층의 스카이 바(p.193)는 수영장이 딸린 루프톱 바로 쿠알라룸푸르에서도 유명한 나이트라이프 스폿이다. 호텔 내 모든 곳에서 무선 인터넷이 가능하며, 페트로나스 트윈 타워와 수리아 KLCC까지 버기카 서비스를 무료로 제공한다.

MAP p.116-F♦**찾아가기** LRT 켈라나 자야선 KLCC역에서 도보 약 20분♦**주소** Kuala Lumpur City Centre, Kuala Lumpur♦**전화** 603-2332-9888♦**요금** 디럭스 RM550~♦**홈페이지** www.shangri-la.com

만다린 오리엔탈
Mandarin Oriental

럭셔리 호텔의 선두주자

페트로나스 트윈 타워를 가장 가까이에서 볼 수 있는 호텔로 KLCC 공원과 수리아 KLCC를 걸어서 갈 수 있는 최상의 위치를 자랑한다. 전체적으로 만다린 특유의 중후한 멋과 오리엔탈 분위기가 물씬 풍기는 것이 매력이며, 객실은 골드 컬러로 포인트를 준 고급 패브릭과 클래식한 가구로 꾸며져 있다. 부대시설로 세계 각국의 요리를 즐길 수 있는 다양한 레스토랑과 바, 라운지, 스파 등을 완벽하게 갖추고 있다. 전망 좋은 야외 수영장도 있으며 곡선형으로 디자인된 인피니트 풀이 트윈 타워와 마주하고 있다.

MAP p.116-B♦**찾아가기** LRT 켈라나 자야선 KLCC역에서 도보 약 10분♦**주소** Kuala Lumpur City Centre, Kuala Lumpur♦**전화** 603-2380-8888♦**요금** 트윈 타워 뷰 RM680~♦**홈페이지** www.mandarinoriental.com

포 시즌스 호텔 쿠알라룸푸르
Four Seasons Hotel Kuala Lumpur

페트로나스 타워를 마주하고 있는 로케이션

2018년 개장한 포 시즌스는 209개의 객실과 스위트룸, 장기 투숙 고객을 위한 242개의 레지던스로 구성되어 있다. 호텔 내 6개의 레스토랑과 바도 수준급이며 프라이빗 카바나를 갖춘 야외 풀장과 피트니스, 스파 등을 갖추었다.

레지던스에서 이어지는 쇼핑센터에는 럭셔리 브랜드 매장과 레스토랑, 카페 등이 입점해 있다. 무엇보다 페트로나스 트윈 타워를 마주하고 있는 뷰가 매력적이다. 한국인 직원이 상주하고 있어 의사소통에도 문제가 없다.

MAP p.116-C◆**찾아가기** LRT 켈라나 자야선 KLCC역에서 도보 약 3분◆**주소** 145, Jalan Ampang, Kuala Lumpur◆**전화** 603-2382-8888◆**요금** 시티뷰 룸 RM1000~◆**홈페이지** www.fourseasons.com

파크로열 서비스 스위트
Parkroyal Serviced Suites

내 집처럼 편안한 아파트형 객실

넓은 객실에 완벽한 주방 시설과 거실까지 갖춘 아파트형 구조이며, 밝은 원목과 파스텔톤의 패브릭을 사용해 분위기도 화사하다. 투숙객을 위한 피트니스, 야외 수영장, 비즈니스 센터 등도 무료로 이용할 수 있다. 단체 여행객이나 가족 여행객에게 추천하며 장기 투숙을 하면 할인 혜택도 주어진다. 저렴하게 묵을 수 있는 스페셜 패키지도 있으므로 홈페이지를 확인하자.

MAP p.117-H◆**찾아가기** KL 모노레일 Bukit Bintang 역에서 도보 약 7분◆**주소** 1, Jalan Nagasari, Off Jalan Raja Chulan, Kuala Lumpur◆**전화** 603-2084-1000◆**요금** 스튜디오 RM400~◆**홈페이지** www.panpacific.com

파빌리온 호텔 바이 반얀트리
Pavilion Hotel by Banyan Tree

MAP p.117-I ◆찾아가기 KL 모노레일 Bukit Bintang 역에서 도보 약 5분◆주소 170, Jalan Bukit Bintang, Kuala Lumpur◆전화 603-2117-2888◆요금 시티 오아시스 RM550~◆홈페이지 banyantree.com

합리적인 가격과 위치가 매력적인 호텔

반얀트리 그룹에서 오픈한 파빌리온 호텔 바이 반얀트리는 쿠알라룸푸르 최대 번화가인 부킷 빈탕 지역의 파빌리온 쇼핑센터에 자리한다. 숙박은 물론이고 쇼핑과 엔터테인먼트를 동시에 즐길 수 있어 편리하다. 총 325개의 객실과 스위트룸이 있으며 18층의 풀장은 규모는 작지만 야경을 즐기며 시간을 보내기에 좋다.

임피아나 KLCC
Impiana KLCC

길게 펼쳐진 야외 수영장이 매력

KLCC 지구 한복판에 있는 4성급 호텔로 페트로나스 트윈 타워를 마주하고 있는 야외 수영장이 있다. 519개의 객실과 레스토랑, 스파 등의 부대시설이 있으며 특히 스파는 발리, 말레이, 태국 마사지를 모두 체험할 수 있는 쿠알라룸푸르의 베스트 스파 중 하나다.

MAP p.116-E◆찾아가기 KL 모노레일 Raja Chulan역에서 도보 약 10분◆주소 13, Jalan Pinang, Kuala Lumpur◆전화 603-2147-1111◆요금 슈페리어 RM420~◆홈페이지 www.impiana.com.my

G 타워 호텔
G Tower Hotel

시크한 스타일의 비즈니스 호텔

숙박료는 중급 수준이지만 시설이나 서비스는
5성급 호텔에 뒤지지 않는다. 로비는 11층에
있고 아담한 수영장도 있다. 스카이라인을 만
끽할 수 있는 브리지 바와 멋진 야경이 펼쳐지
는 루프톱 바는 인기 나이트라이프 스폿 중 하
나다. 아이폰 도크와 기호에 맞게 선택 가능한
베개 서비스도 제공한다.

MAP p.115-D◆**찾아가기** LRT 켈라나 자야선 Ampang
Park역에서 도보 약 3분◆**주소** 199, Jalan Tun Razak,

Kuala Lumpur◆**전화** 603-2168-1919◆**요금** 디럭스
RM450~◆**홈페이지** www.gtowerhotel.com

더블트리 바이 힐튼
Doubletree by Hilton

젊은 층에게 인기 있는 세련된 호텔

2010년에 문을 연 힐튼 계열의 호텔로 540개
의 모던한 객실을 보유하고 있으며 젊고 트렌디
한 분위기. 다양한 요리를 맛볼 수 있는 뷔페식
당 마칸 키친(Makan Kitchen)을 비롯해 야
외 수영장, 피트니스 등의 부대시설을 갖추고
있으며 시내 무료 셔틀버스도 운행한다. 단, 인
터넷은 요금을 별도로 지불해야 하므로 예약 시
가급적 조식과 무선 인터넷을 포함시키자.

MAP p.115-D◆**찾아가기** LRT 켈라나 자야선 Ampang
Park역에서 도보 약 7분◆**주소** The Intermark 348,
Jalan Tun Razak, Kuala Lumpur◆**전화** 603-2172-
7272◆**요금** 트윈룸 RM300~◆**홈페이지** hilton.com

베르자야 타임스 스퀘어 호텔
Berjaya Times Square Hotel

쇼핑, 식사, 숙박을 한 번에

타임스 스퀘어 안에 자리하고 있어 쇼핑과 식사
까지 한곳에서 해결할 수 있다. 총 650개의 객
실을 보유하고 있으며 침실과 거실이 분리되어
있을 정도로 넓고 쾌적하다. 두 개의 타워 사이
를 연결하는 공간에는 야외 수영장이 있는데 어
린이 전용 풀도 갖추고 있어 가족 여행객에게
인기 있다.

MAP p.115-K◆**찾아가기** KL 모노레일 Imbi역에서 도보
약 3분◆**주소** 1, Jalan Imbi, Kuala Lumpur◆**전화**
603-2117-8000◆**요금** 슈페리어 RM300~
◆**홈페이지** www.berjayahotel.com

노보텔 쿠알라룸푸르 시티 센터
Novotel Kuala Lumpur City Centre

쇼핑에 중점을 둔 여행자에게 적합한 호텔

부킷 빈탕과 파빌리온 쇼핑몰을 걸어서 5분 이내에 갈 수 있을 정도로 가깝다. 글로벌 체인 호텔답게 깨끗하며 기본적인 호텔 어메니티만을 제공한다. 합리적인 가격대에 만족스러운 시설과 실용적인 인테리어가 장점이다. 16세 이하 어린이는 보호자 동반 시 숙박료가 무료.

MAP p.116-F◆**찾아가기** KL 모노레일 Raja Chulan역에서 도보 약 5분◆**주소** 2, Jalan Kia Peng, Kuala Lumpur◆**전화** 603-2147-0888◆**요금** 슈페리어 RM350~◆**홈페이지** www.novotelklcitycentre.com

힐튼 쿠알라룸푸르
Hilton Kuala Lumpur

대형 수영장과 최고급 시설이 자랑

비즈니스 여행자를 위한 시설이 잘 갖춰져 있는 5성급 호텔로, KL 센트럴역과 마주하고 있어 공항과 도심으로의 이동이 편리하다. 객실은 약간 작은 편이지만 현대적인 감각과 미니멀한 디자인으로 세련되게 꾸며져 있고, 야외 수영장은 시내 최대 규모로 길이 120m에 이른다. 부대시설로 10개의 레스토랑과 14개의 미팅 룸을 갖추고 있어 연중 주요 행사들이 개최된다.

MAP p.119-J◆**찾아가기** KL 모노레일 · LRT 켈라나 자야선 KL Sentral역에서 도보 약 5분◆**주소** 3, Jalan Stesen Sentral, Kuala Lumpur Sentral, Kuala Lumpur◆**전화** 603-2264-2264◆**요금** 디럭스 RM550~◆**홈페이지** hilton.com

르 메르디앙
Le Meridien

리조트 분위기의 고품격 호텔

KL 센트럴역과 연결되어 있어 교통이 편리하고, 리조트 분위기를 만끽할 수 있는 크고 멋진 야외 수영장이 있다. 객실은 클래식룸부터 스위트룸까지 5가지 타입으로 나뉘어 있고 전체적으로 밝고 모던한 분위기이다. 디럭스룸과 클럽 스위트룸은 어린이를 위한 엑스트라 베드와 커넥팅룸 서비스를 제공한다.

MAP p.119-J◆**찾아가기** KL 모노레일 · LRT 켈라나 자야선 KL Sentral역에서 도보 약 5분◆**주소** 2, Jalan Stesen Sentral, Kuala Lumpur Sentral, Kuala Lumpur◆**전화** 603-2263-7888◆**요금** 디럭스 RM520~◆**홈페이지** marriott.com

어로프트 쿠알라룸푸르 센트럴
Aloft Kuala Lumpur Sentral

MAP p.119-J◆찾아가기 KL 모노레일·LRT 켈라나 자야선 KL Sentral역에서 도보 약 5분◆주소 5, Jalan Stesen Sentral, Kuala Lumpur Sentral, Kuala Lumpur◆전화 603-2723-1188◆요금 어로프트룸 RM420~◆홈페이지 marriott.com

스타일리시한 분위기로 인기

KL 센트럴역과 누 센트럴 쇼핑몰이 바로 앞에 있다. 호텔 내 모든 공간이 감각적인 인테리어와 톡톡 튀는 분위기로 여성 여행객들에게 호평을 얻고 있다. 루프톱에는 야외 수영장과 칵테일을 즐길 수 있는 멋진 바가 있고, 그 외에도 레스토랑과 카페, 피트니스 등의 부대시설을 갖추고 있다. 예약 시 페트로나스 트윈 타워가 보이는 방을 선택할 수 있다.

그랜드 밀레니엄
Grand Millennium

부킷 빈탕의 터줏대감

부킷 빈탕 중심부에 있어 인기가 높다. 객실은 디럭스룸부터 스위트룸까지 7가지 타입으로 나뉘며 모든 객실에 넓은 통유리창이 있고 고급 가구와 패브릭으로 우아하게 꾸며져 있다. 아침 식사는 뷔페식으로 제공되며 서비스와 맛 모두 만족도가 높다. 호텔 주변에 대형 쇼핑몰과 유명 레스토랑이 밀집해 있는 점도 장점이다.

MAP p.117-H◆찾아가기 KL 모노레일 Bukit Bintang역에서 도보 약 5분◆주소 160, Jalan Bukit Bintang, Kuala Lumpur◆전화 603-2117-4888◆요금 디럭스 RM490~◆홈페이지 www.millenniumhotels.com

메트로 호텔 @ KL 센트럴
Metro Hotel @ KL Sentral

중저가 체인형 호텔

툰 삼반탄 거리(Jalan Tun Sambanthan)의 대표적인 중저가 호텔로, 총 85개의 객실을 갖추고 있다. 모든 객실은 금연 룸이며 1층에 인디아 맛집인 후센 카페가 있어 인디아계 사람들이 많다. KL 센트럴역 근처에서 가격 대비 깔끔한 숙소를 찾거나 교통을 중요시하는 여행자라면 눈여겨볼 만하다.

MAP p.119-J◆찾아가기 KL 모노레일·LRT 켈라나 자야선 KL Sentral역에서 도보 약 10분◆주소 3, Jalan Thambypillai, Brickfields, Kuala Lumpur◆전화 603-9212-1772◆요금 스탠더드 RM120~

백 홈
Back Home

MAP p.118-E ◆찾아가기 LRT 켈라나 자야선 · 암팡선 Masjid Jamek역에서 도보 약 3분◆주소 30, Jalan Tun H S Lee, Kuala Lumpur◆전화 603-2022-0788 ◆요금 더블 RM140, 4인실 RM64~

게스트하우스의 재발견

위치, 시설, 분위기 모두 만족스러운 게스트하우스로 부티크 호텔처럼 감각적인 인테리어가 돋보인다. 객실은 프라이빗 더블룸을 비롯해 여성 전용 룸, 3인실, 4인실, 도미토리(6~8인)까지 다양하게 갖추고 있고 안전을 위한 24시간 방범카메라도 설치되어 있다. 작은 마당과 주방시설이 있는 식당, 차를 마실 수 있는 라운지도 있다.

라이지스 게스트하우스
Raizzy's Guesthouse

배낭여행자를 위한 안식처

차이나타운 중심부에 있는 인기 호스텔로 배낭여행객들의 인기를 한 몸에 받고 있다. 가격 대비 객실 상태도 무난한 편이다. 화장실과 샤워실은 공동으로 사용해야 하며 1층 로비에는 인터넷을 하거나 커피, 차를 마실 수 있는 라운지 공간이 마련돼 있다. 여행자들끼리 자유롭게 여행 정보를 공유할 수 있다는 점이 큰 장점이다.

MAP p.119-H◆찾아가기 LRT 켈라나 자야선 Pasar Seni역에서 도보 약 5분◆주소 167G, Jalan Tun H S Lee, Kuala Lumpur◆전화 603-2856-3998◆요금 스탠더드 트윈 RM80~, 4인실 RM40

더 익스플로러즈 게스트하우스
The Explorers Guesthouse

차이나타운 내의 인기 게스트하우스

방마다 에어컨이 설치돼 있고 욕실과 화장실은 층마다 하나씩 있어서 사용하는 데 불편함은 없다. 말레이시아 분위기가 물씬 나는 1층 로비에는 아침 식사를 할 수 있는 식당이 있고 각국에서 온 여행자들이 스스럼 없이 친해질 수 있는 자유로운 분위기로 꾸며져 있다. 무선 인터넷은 로비에서만 가능하다. 파사르 세니역에서 가까운 것도 장점이다.

MAP p.118-E◆찾아가기 LRT 켈라나 자야선 Pasar Seni역에서 도보 약 5분◆주소 130, Jalan Tun H S Lee, Kuala Lumpur◆전화 603-2022-2200◆요금 스탠더드 트윈 RM120~, 4인실 RM50

Check

여행 포인트

관광 ★★★★
쇼핑 ★
음식 ★

교통수단

도보 ★★
택시 ★★★
투어차량 ★★★★★

Selangor
셀랑고르

셀랑고르는 말레이시아의 관문 역할을 하는 곳으로 하늘, 바다, 땅을 통해 말레이시아 전역을 연결하고 있다. 차를 타고 조금만 이동하면 울창한 숲으로 둘러싸인 고원지대가 나타나고, 맹그로브숲과 반딧불이를 감상할 수 있는 태초의 마을이 있는가 하면, 오랜 세월 명맥을 이어오고 있는 수상마을도 만날 수 있다. 대부분의 지역이 현지인들이 거주하는 곳이라 쿠알라룸푸르에 비하면 관광객의 수가 눈에 띄게 적지만, 셀랑고르만의 독특한 매력을 알고 싶어 찾아오는 이들의 발걸음이 점차 늘고 있다.

이것만은 꼭!

1. 힌두교 성지 바투 동굴 방문하기
2. 푸트라자야의 현대적 건축물 둘러보기
3. 쿠알라 셀랑고르의 몽키 힐과 반딧불이 투어 체험하기

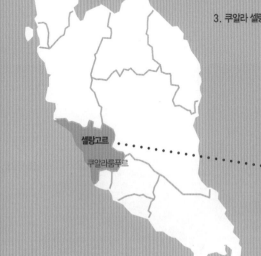

셀랑고르
쿠알라룸푸르

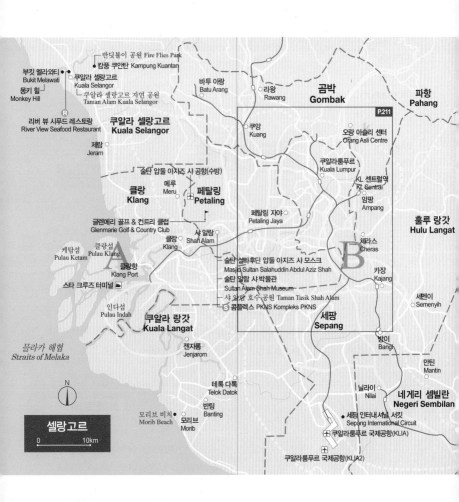

반딧불이 공원 Fire Flies Park
캄풍 쿠안탄 Kampung Kuantan
부킷 멜라와티 Bukit Melawati
몽키 힐 Monkey Hill
쿠알라 셀랑고르 Kuala Selangor
쿠알라 셀랑고르 자연 공원 Taman Alam Kuala Selangor
리버 뷰 시푸드 레스토랑 River View Seafood Restaurant
쿠알라 셀랑고르 Kuala Selangor
바투 아랑 Batu Arang
라왕 Rawang
곰박 Gombak
파항 Pahang
P.211
쿠앙 Kuang
오랑 아슬리 센터 Orang Asli Centre
제람 Jeram
술탄 압둘 아지즈 샤 공항(수방)
쿠알라룸푸르 Kuala Lumpur
클랑 Klang
메루 Meru
페탈링 Petaling
KL 센트럴역 KL Sentral
암팡 Ampang
글렌메리 골프 & 컨트리 클럽 Glenmarie Golf & Country Club
페탈링 자야 Petaling Jaya
홀루 랑갓 Hulu Langat
케탐섬 Pulau Ketam
클랑섬 Pulau Klang
클랑 Klang
샤 알람 Shah Alam
B
체라스 Cheras
클랑항 Klang Port
카장 Kajang
스타 크루즈 터미널
술탄 살라후딘 압둘 아지즈 샤 모스크 Masjid Sultan Salahuddin Abdul Aziz Shah
세멘이 Semenyih
인다섬 Pulau Indah
쿠알라 랑갓 Kuala Langat
술탄 알람 샤박물관 Sultan Alam Shah Museum
샤 알람 호수 공원 Taman Tasik Shah Alam
콤플렉스 PKNS Kompleks PKNS
세팡 Sepang
믈라카 해협 Straits of Melaka
젠자롬 Jenjarom
방이 Bangi
만틴 Mantin
N
테록 다톡 Telok Datok
닐라이 Nilai
네게리 셈빌란 Negeri Sembilan
셀랑고르
0   10km
모리브 비치 Morib Beach
반팅 Banting
모리브 Morib
세팡 인터내셔널 서킷 Sepang International Circuit
쿠알라룸푸르 국제공항(KLIA)
쿠알라룸푸르 국제공항(KLIA2)

곰박
Gombak

프림
Frim

바투 동굴
Batu Caves

곰박역
Gombak

B 국립 동물원
Zoo Negara

로열 셀랑고르 백랍 공장
Royal Selangor Pewter Factory

A

KTM 커뮤터

캄퐁역
Kepong

피 람리 기념관
P. Ramlee Memorial

센툴 티무르역
Sentul Timur

왕사 마주
Wangsa Maju

국립 극장
Istana Budaya

더 커브
The Curve

왕궁
Istana Negara

쿠알라룸푸르 P.114~115
Kuala Lumpur

1 우타마 쇼핑센터
1 Utama Shopping Centre

국립 과학 센터
National Science Centre

페르다나 보태니컬 가든
Perdana Botanical Garden

페트로나스 트윈 타워
Petronas Twin Tower

암팡역
Ampang

KL 타워
KL Tower

쿠알라룸푸르 골프 & 컨트리클럽
Kuala Lumpur Golf & Country Club

방사르
Bansar

KL 센트럴역
KL Sentral

로열 셀랑고르 골프 클럽
Royal Selangor Golf Club

암팡
Ampang

라나 자야역
Kelana Jaya

말라야 대학병원
Universiti Malaya Medical Centre

더 가든 몰
The Garden Mall

국립 경기장
Stadium Merdeka

말라야 대학
University of Malaya

천후궁
Thean Hou Temple

미하르자역
Miharja

타만 타식 페르마이수리
Taman Tasik Permaisuri

타만 자야
Taman Jaya

미드 밸리 메가몰
Mid Valley Megamall

C

태국 사원
Thai Buddhist Chetawan Temple

페탈링 자야
Petaling Jaya

살락 셀라탄
Salak Selatan

KTM 커뮤터

선웨이 라군
Sunway Lagoon

선웨이 리조트 호텔 & 스파
Sunway Resort Hotel and Spa

선웨이 피라미드
Sunway Pyramid

스리 페탈링역
Sri Petaling

숭가이 베시
Sungai Besi

훌루 랑갓
Hulu Langat

다만사라
Damansara

셀랑고르 터프 클럽
Selangor Turf Club

마인스 리조트 시티
The Mines Resort City

마인스 원더랜드 Mines Wonderland

마인스 쇼핑몰 Mines Shopping Mall

D

푸트라자야 보태니컬 가든
Taman Botani Putrajaya

시이버자야 레이크 가든
Taman Tasik Cyberjaya

푸트라 모스크
Patra Mosque

페르다나 푸트라(총리 관저)
Perdana Purta

E

푸트라자야 경계선
W.P. Putrajaya

푸트라자야
Putrajaya

P.219

F

푸트라자야 국제 컨벤션 센터
Putrajaya International Convention Centre

샤 알람
Shah Alam

셀랑고르주의 주도인 샤 알람의 중심에는 녹음으로 둘러싸인 드넓은 호수 공원과 말레이시아 에서 가장 큰 이슬람 사원인 블루 모스크, 역사적 유물이 가득한 술탄 샤 알람 박물관 등의 볼거리가 있다. 도심 외곽에는 현지인들이 즐겨가는 골프 코스와 쇼핑센터, 테마파크 등 다양한 즐길 거리가 자리하고 있다.

세박 베르남
Sabak Bernam

숭가이 베사르
Sungai Besar

울루 셀랑고르
Ulu Selangor

탄종 카랑
Tanjong Karang

세라양
Selayang

곰박(바투 동굴)
Gombak(Batu Cave)

쿠알라 셀랑고르
Kuala Selangor

수방 자야(선웨이 라군)
Subang Jaya(Sunway Lagoon)

암팡
Ampang

카파르
Kapar

샤 알람
Shah Alam

판단
Pandan

울루 랑갓
Ulu Langat

코타 라자
Kota Raja

푸트라자야
Putrajaya

쿠알라 랑갓
Kuala Langat

세팡
Sepang

셀랑고르주 개념도

푸트라자야
Putrajaya

우리나라의 세종시처럼 말레이시아의 정부청사가 있는 행정 수도로 드넓은 호수 곳곳에 자리

한 현대적인 건축물들은 정부 기관의 행정 부처들이다. 전체 면적의 38%가 자연 공원과 인공호수로 조성돼 있으며, 핑크빛 푸트라 모스크와 총리 관저 등 이국적인 풍경을 감상하기 위해 현지인은 물론 관광객들도 많이 찾는다.

쿠알라 셀랑고르
Kuala Selangor

쿠알라룸푸르에서 북서쪽으로 약 80km 떨어진 쿠알라 셀랑고르는 강변을 따라 형성된 수상 촌락과 반딧불이 서식지로 유명하다. 셀랑고르 왕국 시절의 유적이 남아 있는 부킷 멜라와티 역시 여행자들이 즐겨 찾는 명소 중 하나다. 언덕에 올라 귀여운 원숭이들을 만나보고 아름다운 석양을 감상하는 즐거운 시간을 보낼 수 있다.

베르자야 힐스
Berjaya Hills

동화 속 마을처럼 꾸민 테마 리조트가 있으며 16세기 프랑스 알자스 지방의 콜마르 트로피컬을 모델로 지어졌다. 전체적으로 아기자기한 분위기로 현지인들의 가족 나들이와 데이트 코스로 사랑받고 있다. 유럽의 성을 옮겨놓은 듯한 리조트와 일본식 정원, 베르자야 힐스 골프 & 컨트리 클럽도 자리하고 있다.

선웨이 라군
Sunway Lagoon

말레이시아를 대표하는 초대형 워터파크. 셀랑고르주의 수방 자야(Subang Jaya) 인근에 자리하고 있으며 물놀이를 즐길 수 있는 워터파크, 선웨이 리조트 호텔 & 스파, 이집트 스타일로 꾸민 쇼핑몰 등을 갖춘 대규모 복합 공간이다.

바투 동굴
Batu Cave

쿠알라룸푸르 북쪽의 곰박(Gombak) 지역에 위치한 바투 동굴은 힌두교 성지이자 세계적으로 유명한 종유석 동굴이다. 사원 앞에는 시선을 압도하는 거대한 금박 입상이 세워져 있다. KTM 커뮤터 바투 케이브(Batu Cave)역이 신설되어 더욱 편리하게 갈 수 있다.

리조트 월드 겐팅
Resort World Genting

파항주에 속한 고원 리조트 단지로 해발고도 2,000m의 산정에 펼쳐져 있다. 말레이시아의 라스베이거스라 불리기도 하는 대규모 오락 단지로 카지노를 합법적으로 즐길 수 있다. 그 외에도 가족 여행객들이 즐길 수 있는 테마파크, 친스위 사원, 식물원 등 각종 시설을 갖추고 있어 관광지의 역할도 해내고 있다.

샤 알람
Shah Alam

샤 알람은 쿠알라룸푸르가 셀랑고르주에서 분리되어 연방 정부의 직할 도시가 되자 1974년 셀랑고르의 주도로 승격되었다. 이후 셀랑고르주의 정치, 경제, 교육, 문화의 중심지가 되어 비약적인 발전을 거두었다. 시내 중심에는 말레이시아에서 가장 크고 아름다운 모스크로 손꼽히는 블루 모스크가 있고 주변에는 중급 호텔들과 국립 박물관, 쇼핑센터, 테마파크 등이 조성되어 있어 현지인들에게 살기 좋은 도시로 손꼽히고 있다.

가는 방법

▶ **열차**

쿠알라룸푸르 KL 센트럴(KL Sentral)역에서 KTM 커뮤터를 타면 샤 알람(Shah Alam)역까지 약 37분 소요. 샤 알람역에서 시내까지는 택시를 이용한다(요금 RM15~20).

노선 KTM 커뮤터 바투 케이브 – 플라부한 클랑선
운행 1시간에 3~4편 **요금** RM4

술탄 살라후딘 압둘 아지즈 샤 모스크
Masjid Sultan Salahuddin Abdul Aziz Shah

★★★

말레이시아에서 가장 크고 아름다운 모스크

'블루 모스크'라고도 불린다. 첨탑의 높이가 142.3m로 모로코의 킹 하산 2세 모스크가 등장하기 전까지 세계에서 가장 높은 첨탑으로 기네스북에 등재된 바 있다. 현재는 총 2만 4천여 명을 수용할 수 있는 말레이시아 최대 규모의 모스크이자 동남아시아에서 두 번째로 큰 모스크이다. 파란색과 흰색이 조화를 이룬 돔(Dome)과 네 모서리의 첨탑(Minaret)은 저녁이면 조명이 아름답게 밝혀져 신비로운 분위기를 연출한다.

MAP p.210-A◆**찾아가기** 콤플렉스 PKNS 앞 버스 정류장에서 택시로 약 5분◆**주소** Persiaran Masjid, Sector 14, Shah Alam, Selangor◆**전화** 603-5519-9988 ◆**운영** 09:00~12:00, 14:00~16:00, 17:00~18:30 (토·일요일·공휴일만 운영), 금요일은 무슬림에게만 개방 ◆**홈페이지** www.mssaas.gov.my

술탄 알람 샤 박물관
Sultan Alam Shah Museum

★★

셀랑고르주와 관련된 자료를 전시

샤 알람을 포함한 셀랑고르의 왕들이 사용하던 가구와 각종 장식품 등을 전시하고 있다. 왕족의 화려한 생활 양식은 물론 전통 가옥과 시대별 교통수단, 말레이인의 매장 관습을 보여주는 모형 등 일반 서민들의 생활을 엿볼 수 있는 자료도 소개하고 있다. 박물관 중앙에는 4m가 넘는 대형 공룡의 화석이 있고 바깥에는 증기 기관차와 클래식 자동차도 전시하고 있다.

MAP p.210-A◆**찾아가기** 콤플렉스 PKNS 앞 버스 정류장에서 택시로 약 5분◆**주소** Persiaran Bandaraya, Shah Alam, Selangor◆**전화** 603-5519-0050◆**운영** 09:30~17:30(금요일 12:00까지) ※임시 휴무 ◆**홈페이지** www.padat.gov.my

샤 알람 호수 공원
Taman Tasik Shah Alam ★

평온한 호수를 끼고 있는 도심 속 공원

43헥타르에 달하는 샤 알람 호수 공원은 간단한 식사와 음료를 마실 수 있는 레스토랑과 수상 레저 시설 등도 있어 가족 나들이 장소로 그만이다. 인근에는 크지 않은 규모이지만 아이들과 시간을 보내기에 부족함이 없는 샤 알람 웻 월드 워터파크(Shah Alam Wet World Waterpark)도 있다. 공원을 따라 산책을 하거나 카약을 즐기고 푸른 녹음을 만끽하며 산책로를 걸어도 좋다. 석양이 질 무렵 블루 모스크와 어우러지는 풍경도 일품이다. 콤플렉스 PKNS와 인접해 있어 함께 둘러보면 좋다.

MAP p.210-A◆**찾아가기** 콤플렉스 PKNS 앞 버스 정류장에서 도보 약 10분◆**주소** Pesiaran Tasek Seksyen 14, Shah Alam, Selangor◆**전화** 603-5522-2834 ◆**홈페이지** www.mbsa.gov.my

샤 알람의 쇼핑 | SHOPPING

콤플렉스 PKNS
Kompleks PKNS

시내 중심에 자리한 인기 쇼핑몰

샤 알람의 랜드마크 역할을 하는 인기 쇼핑몰이다. 조금 낡긴 했지만 현지인들이 애용하는 곳으로 부스로 나뉘어진 매장에는 옷 가게들이 줄지어 있고, 건물 안쪽에는 맥도날드와 KFC, 서브웨이, 올드 타운 화이트커피 등 인기 패스트푸드점이 자리하고 있다. 쇼핑몰 앞에 있는 버스 정류장은 샤 알람 지역을 운행하는 버스는 물론 다른 지역에서 오는 버스들이 정차해 샤 알람 여행의 시작점이 되고 있다.

MAP p.210-A◆**찾아가기** 샤 알람역에서 택시로 약 10분 ◆**주소** Persiaran Tasek, Seksyen 14, Shah Alam, Selangor◆**전화** 6014-365-9907◆**영업** 10:00~22:00 ◆**휴무** 연중무휴

푸트라자야
Putrajaya

쿠알라룸푸르에서 남쪽으로 약 25km 떨어져 있으며, 1999년 수도 쿠알라룸푸르의 과밀화를 줄이기 위해 정부청사를 이전한 행정 수도이다. 전체 면적의 38%를 자연 공원과 인공 호수가 차지하고 있어 정원 도시라고도 불린다. 드넓은 호수와 핑크빛 푸트라 모스크, 총리 관저 등 전통과 현대의 멋이 어우러진 풍경을 만날 수 있고, 현대 건축물의 경연장이라 할 만큼 다채로운 디자인의 건축물을 둘러볼 수 있어 테마 여행지로도 각광받고 있다. 완벽하게 계획된 행정 도시로 우리나라 세종시의 롤모델이 된 것으로도 알려져 있다.

가는 방법

▶ 열차

쿠알라룸푸르 KL 센트럴(KL Sentral)역 또는 쿠알라룸푸르 공항(KLIA, KLIA2)에서 KLIA 트랜짓을 타면 푸트라자야/사이버자야(Putrajaya/Cyberjaya)역까지 약 20분 소요. 역에서 시내까지는 버스(1시간 간격) 또는 택시를 이용한다(요금 RM15~20).

노선 KLIA 트랜짓 운행 1시간에 2~3편
요금 KL 센트럴역에서 RM14, 공항에서 RM9.40

▶ 푸트라자야 인포메이션 센터 Putrajaya Information Centre
주요 명소, 이벤트, 교통 등의 여행 정보와 지도를 제공한다.

MAP p.219-A
위치 푸트라자야 기차역, 푸트라 광장
운영 09:00~13:00, 14:00~17:00

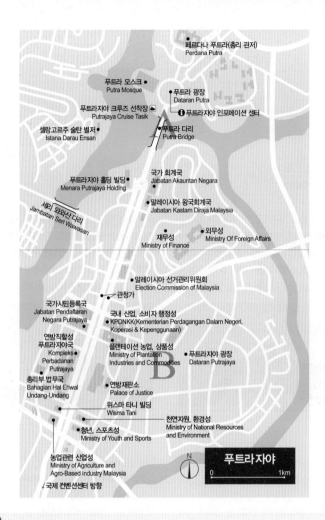

페르다나 푸트라(총리 관저)
Perdana Putra

푸트라 모스크
Putra Mosque

푸트라 광장
Dataran Putra

ℹ 푸트라자야 인포메이션 센터

푸트라자야 크루즈 선착장 🚤
Putrajaya Cruise Tasik

셀랑고르주 술탄 별저
Istana Darau Ensan

푸트라 다리
Putra Bridge

푸트라자야 홀딩 빌딩
Menara Putrajaya Holding

국가 회계국
Jabatan Akauntan Negara

세리 와와산 다리
Jambatan Seri Wawasan

말레이시아 왕국회계국
Jabatan Kastam Diraja Malaysia

재무성
Ministry of Finance

외무성
Ministry Of Foreign Affairs

말레이시아 선거관리위원회
Election Commission of Malaysia

관청가

국가시민등록국
Jabatan Pendaftaran
Negara Putrajaya

국내 산업, 소비자 행정성
KPDNKK(Kementerian Perdagangan Dalam Negeri,
Koperasi & Kepengggunaan)

연방직할성
푸트라자야국
Kompleks
Perbadanan
Putrajaya

플랜테이션 농업, 상품성
Ministry of Plantation
Industries and Commodities

푸트라자야 광장
Dataran Putrajaya

총리부 법무국
Bahagian Hal Ehwal
Undang-Undang

연방재판소
Palace of Justice

위스마 타니 빌딩
Wisma Tani

천연자원, 환경성
Ministry of National Resources
and Environment

청년, 스포츠성
Ministry of Youth and Sports

농업관련 산업성
Ministry of Agriculture and
Agro-Based Industry Malaysia

국제 컨벤션센터 방향

N

푸트라자야

0   1km

More

푸트라자야란?

'왕자'라는 뜻의 푸트라(Putra)와 '성공'이라는 뜻의 자야(Jaya)를 결합하여 지은 이름으로, 세계적으로도 인정받은 성공적인 신행정 수도에 잘 어울리는 이름이다. 말레이시아 정부는 푸트라자야 조성을 위해 9조 7,200억 원을 투자하여 전통과 현대의 멋이 어우러진 예술적인 감각이 돋보이는 도시로 탄생시켰다. 총 49.3㎢에 달하는 푸트라자야에는 모든 중앙 행정 기관이 이전되었다.

편하게 즐기는 푸트라자야 반나절 투어

도보 투어가 불가능한 푸트라자야를 가장 편하게 둘러볼 수 있는 방법은 여행사의 투어 프로그램을 이용하는 것이다. 투어 말레이시아는 한국인이 운영하는 여행사 중 가장 신뢰도가 높은 곳으로 푸트라자야 일일 투어를 전문으로 하고 있다. 크루즈, 쇼핑 투어 등 자유로운 일정으로 푸트라자야를 둘러볼 수 있다. 여행사 투어 정보는 p.79 참조.

푸트라자야의 관광 명소 | SIGHTSEEING

페르다나 푸트라 ★
Perdana Putra

말레이시아 총리 공관으로 연방 정부의 종합청사 기능을 하고 있으며, 푸트라자야 행정 도시 투어의 출발점이다. 이슬람-무굴 양식의 아름다운 건축물로 중앙에 있는 높이 50m의 녹색 돔을 기준으로 좌우 대칭을 이루고 있다.

푸트라 모스크 ★
Putra Mosque

푸트라자야를 상징하는 핑크색으로 칠해진 돔 때문에 핑크 모스크라고도 불린다. 1999년에 완공되었으며 116m의 첨탑은 동남아시아에서 가장 높다. 1만 5천여 명을 수용할 수 있는 본당 내부에 기도를 할 수 있는 공간이 있다.

세리 와와산 다리 ★
Jambatan Seri Wawasan

푸트라자야 총리 공관과 연결되는 8개의 다리 중 하나로 푸트라자야 기차역과 시내 중심을 잇는다. 웅장한 조형물이 있는 현수교로 저녁에는 아름다운 조명이 호수 위로 드리워져 멋진 야경을 감상할 수 있다. 관광객들에게 인기 있는 포토 존으로 유명하다.

푸트라자야 국제 컨벤션 센터 ★
Putrajaya International Convention Centre

2006년에 완공된 국제 컨벤션 센터로 회의장은 3천 명, 연회장은 2천 명까지 수용 가능하다. 푸트라자야 남쪽 언덕에 위치해 있으며 독특한 외관은 펜딩 페락(Pending Perak)이라는 말레이 장신구(벨트)에서 영감을 얻었다고 한다.

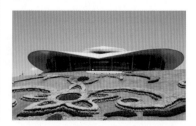

배를 타고 즐기는
푸트라자야 크루즈 투어

최대 120명이 탑승할 수 있는 유람선이나 페라후(Perahu)
라는 말레이 전통 배를 타고 푸트라자야를 둘러보는 투어. 유
람선은 이용 시간에 따라 얼리 버드, 데이 크루즈, 문라이트
크루즈로 나뉘며, 페라후는 요일에 따라 이용 시간이 다르다.
유람선에는 냉방시설이 갖춰져 있어 한낮에도 시원하지만 오
후 시간이 더 운치 있다.

MAP p.219-A ◈ **찾아가기** 푸트라 광장 앞 인포메이션 센터 뒤쪽 계단을 따라 아래층으로 도보 3분 ◈ **주소** Jeti Putra,
Jambatab Putra, Putrajaya, Selangor ◈ **전화** 603-8888-5539 ◈ **홈페이지** www.cruisetasikputrajaya.com

● 운항 정보

종류	운행	소요 시간	요금
슈퍼 세이버(유람선) Super Saver	매일 19:00	25분	어른 RM25, 어린이 RM18
페라후 Perahu	월 · 일요일 · 공휴일 10:00~18:00	25분	어른 RM40, 어린이 RM26
레파-레파 보트 Lepa-Lepa Boat	월 · 일요일 · 공휴일 10:00~18:00	25분	어른 RM40, 어린이 RM26

쿠알라 셀랑고르
Kuala Selangor

쿠알라 셀랑고르는 18세기 중엽부터 약 100년에 걸쳐 술탄이 거주했던 왕국으로, 쿠알라룸푸르에서 북서쪽으로 약 80km 떨어진 셀랑고르강 하구에 자리하고 있다. 강변을 따라 형성된 수상 촌락과 전통 가옥이 늘어선 구시가지, 원숭이들이 살고 있는 작은 언덕과 요새, 등대 등이 남아 있는 부킷 멜라와티는 여행자들에게 인기 있는 명소들이다. 부킷 멜라와티에서 아름다운 석양을 감상하거나 셀랑고르강 인근의 쿠안탄 마을에서 즐기는 반딧불이 체험은 쿠알라 셀랑고르 여행의 하이라이트다.

가는 방법

▶ 버스

쿠알라룸푸르 차이나타운 인근 메단 파사르 버스 정류장(Medan Pasar Bus Stop)에서 100번 버스를 타면 쿠알라 셀랑고르 버스 터미널까지 약 2시간 소요. 터미널에서 부킷 멜라와티까지는 버스나 택시를 이용(요금 RM10~15).

Tip 쿠알라 셀랑고르까지 가는 대중교통도 있지만 쿠안탄 반딧불이 공원이나 해산물 레스토랑 등 관광 명소까지 접근하기는 어려우므로 여행사의 투어 상품을 이용하는 것이 효과적이다. 쿠알라 셀랑고르 일일 투어의 경우 부킷 멜라와티, 몽키 힐, 해산물 저녁 식사, 쇼핑, 반딧불이 투어가 포함되어 있어 편하게 돌아볼 수 있다. 여행사 투어 정보는 p.79 참조.

부킷 멜라와티
Bukit Malawati
 ★ ★

셀랑고르의 역사가 시작되는 곳

나지막한 언덕 위에는 멜라와티 요새와 포대 자리가 남아 있고 1907년에 지어진 등대도 여전히 그 기능을 수행하고 있다. 아름다운 석양이 물들어가는 오후 무렵에는 관광객들이 포대 주변에 걸터앉아 믈라카 해협의 로맨틱한 풍경을 즐기는 명소로 사랑받고 있다. 인근에는 쿠알라 셀랑고르의 역사와 자료를 전시한 박물관도 있다.

MAP p.210-A◆**찾아가기** 쿠알라 셀랑고르 버스 터미널에서 택시로 약 5분 또는 반딧불이 투어 이용◆**주소** Jalan Semarak, Kuala Selangor, Selangor◆**운영** 10:00~18:00(금요일 09:30~12:15, 14:25~17:30)◆**휴무** 월요일

몽키 힐
Monkey Hill
 ★ ★

귀여운 원숭이들과의 만남

부킷 멜라와티 인근의 몽키 힐에는 원숭이들이 살고 있다. 긴꼬리원숭이과인 실버 리프 몽키는 온순하고 사람을 잘 따르는 편이다. 주변에 현지인들이 먹이를 팔고 있으므로 바나나 등을 구입해 원숭이에게 먹이를 주거나 나무와 잔디, 자동차 등에 앉아 있는 야생 원숭이들을 구경하는 것도 재미있다. 단, 귀중품이나 장신구는 가급적 빼놓는 것이 좋다.

MAP p.210-A◆**찾아가기** 쿠알라 셀랑고르 버스 터미널에서 택시로 약 8분 또는 반딧불이 투어 이용◆**주소** Jalan Semarak, Kuala Selangor, Selangor◆**운영** 10:00~18:00(금요일 09:30~12:15, 14:25~17:30)◆**휴무** 월요일

캄풍 쿠안탄
Kampung Kuantan ★★★

세계 3대 반딧불이 서식지

여행자들이 쿠알라 셀랑고르를 찾는 주된 목적은 반딧불이를 보기 위해서다. 숭가이 셀랑고르강이 흐르는 쿠안탄 마을은 반딧불이 집단 서식지로 늦은 밤이 되면 아름다운 반딧불이의 향연이 펼쳐진다. 전통 배를 타고 강 주변의 소네라티아 나무에 서식하고 있는 반딧불이를 관찰하는 투어는 대략 10분 정도 소요된다.

MAP p.210-A◆**찾아가기** 쿠알라 셀랑고르 버스 터미널에서 택시로 약 12분 또는 반딧불이 투어 이용◆**주소** Batang Berjuntal, Kuala Selangor, Selangor◆**전화** 603 -3289-1439◆**운영** 19:30~23:30◆**휴무** 연중무휴◆**요금** 1인 RM15

쿠알라 셀랑고르의 맛집 | RESTAURANT

리버 뷰 시푸드 레스토랑
River View Seafood Restaurant

-3289-2238 ◆**영업** 11:00~20:00◆**휴무** 월요일◆**예산** 단품 요리 RM 13~20, 크랩(1kg) RM50~60

강가에서 즐기는 맛있는 해산물 요리

쿠알라 셀랑고르 인근의 어촌 마을 파시르 페남방(Pasir Penambang)에는 신선한 해산물 요리를 선보이는 전문 레스토랑들이 많은데 그중에서도 호평을 받고 있는 곳이다. 중국식 해산물 구이를 비롯해 새우, 크랩, 볶음밥 등 한국인이 좋아하는 요리가 많고, 강가의 풍경을 바라보며 식사를 즐길 수 있다.

MAP p.210-A◆**찾아가기** 쿠알라 셀랑고르 버스 터미널에서 택시로 약 10분◆**주소** 1, Jalan Besar, Pasir Penambang, Kuala Selangor, Selangor◆**전화** 603

베르자야 힐스
Berjaya Hills

베르자야 힐스는 쿠알라룸푸르에서 약 1시간 거리인 파항(Pahang)주에 위치해 있으며, 동화 속 풍경처럼 예쁘게 꾸며놓은 콜마르 트로피컬 리조트가 자리하고 있다. 리조트 내에는 중세 분위기의 호텔을 비롯해 세계 여러 나라의 음식을 맛볼 수 있는 8개의 레스토랑, 스파 외에도 아름답게 조성한 일본식 정원과 식물원, 골프 & 컨트리 클럽, 미니 동물원, 수영장, 어드벤처 파크 등 다양한 부대시설을 갖추고 있어 즐거운 시간을 보낼 수 있다.

가는 방법

▶ 버스

쿠알라룸푸르의 베르자야 타임스 스퀘어(p.150)에서 출발하는 셔틀버스를 타면 약 60분 소요. 티켓은 타임스 스퀘어와 연결된 베르자야 타임스 스퀘어 호텔에 문의하면 된다. 최소 하루 전에 구입할 것(*티켓 사무소는 월~목요일 10:00~18:00만 운영).

운행 베르자야 타임스 스퀘어 출발 20:30, 리조트 출발 08:00, 10:45, 16:00, 19:30

요금 편도 베르자야 타임스 스퀘어 출발 어른·어린이 RM38, 리조트 출발 어른·어린이 RM28, 왕복 어른 RM60, 어린이 RM55

콜마르 트로피컬 리조트 ★★
Colmar Tropicale Resort

MAP p.107-H ◆ **찾아가기** 쿠알라룸푸르 베르자야 타임스 스퀘어에서 셔틀버스 이용 ◆ **주소** KM48, Persimpangan Bertingkat Lebuhraya Karak, Bukit Tinggi, Bentong, Pahang ◆ **전화** 609-221-3666 ◆ **요금** 디럭스 RM300, 패밀리 RM420
◆ **홈페이지** www.colmartropicale.com.my

즐거움이 가득한 복합 리조트

16세기 프랑스 알자스 지방의 콜마르 마을을 모델로 지어진 테마 리조트로 총 235개의 일반 객실과 스위트룸을 갖춘 호텔을 비롯해 레스토랑, 스파, 골프 & 컨트리 클럽, 수영장, 어드벤처 파크, 식물원 등 다양한 즐길 거리가 있다. 호텔은 룸 타입도 11종류나 되어 선택의 폭이 넓고 패밀리룸이나 4베드룸 등은 가족 단위 여행객에게 제격이다. 객실은 중세시대를 모티브로 아늑하고 편안하게 꾸며져 있으며 창밖으로 보이는 전망도 훌륭하다.

콜마르 트로피컬 광장 Colmar Tropical Square

프랑스 중세 마을의 풍경

콜마르 트로피컬 리조트 단지 내에 있는 광장. 입구에는 셀랑고르 터프클럽에서 기증한 경주마 동상이 서 있으며 잠시 쉬어갈 수 있는 카페 겸 베이커리도 있다. 입구에서 약 200m 정도 걸어가면 나오는 전망대에 오르면 녹음으로 뒤덮인 주위 경관을 한눈에 감상할 수 있다.

More

콜마르(Colmar)란?
프랑스 북동부 알자스주의 대표 여행지로 미야자키 하야오 감독의 〈하울의 움직이는 성〉의 모티브가 된 곳으로 유명하다. 중세시대의 고풍스런 마을 풍경이 남아 있고 작은 베니스라 불리는 운하도 여전히 남아 있다.

재패니스 빌리지 Japanese Village

운치 있는 일본식 정원

리조트 내에 조성된 일본 마을로 다도를 경험할 수 있는 일본식 다실과 금붕어들이 헤엄쳐 다니는 연못, 그리고 그 주위에 잘 가꿔진 일본식 정원 등이 있다. 정원에서 조금 떨어진 보태니컬 가든에는 일식 레스토랑인 료잔테이도 있다. 작은 계곡과 정원을 따라 산책을 하는 것이 전부지만 시원한 고원의 날씨와 이국적인 분위기가 매력이다. 기모노를 대여해 입어볼 수도 있고, 기념품 숍에서 귀여운 열쇠고리나 콜마르 기념품을 구입해도 좋다.

◆**찾아가기** 콜마르 트로피컬 광장 입구에서 셔틀버스 이용 ◆**전화** 609-288-8888 ◆**운영** 10:00~18:00 ◆**요금** 기모노 대여료 RM20

베르자야 힐스 골프 & 컨트리 클럽
Berjaya Hills Golf & Country Club

홀 주중 RM100, 주말 RM140, 캐디 RM55, 부킹비용 RM70, 버기 RM35(세금+봉사료 16% 별도)
◆**홈페이지** www.berjayaclubs.com

한국인들이 즐겨 찾는 인기 골프 코스

말레이시아에서도 손꼽히는 골프 코스로 세계적인 골프 코스 디자이너인 마이클 포엘롯(J. Michael Poetllot)이 디자인했다. 18홀을 갖춘 골프 코스와 클럽 라운지, 호텔, 레스토랑, 수영장 등 다양한 부대시설이 있어 편리하다. 한국 골퍼들이 즐겨 찾는 곳으로 유명해 한식이 제공되기도 한다.

MAP p.107-H ◆**찾아가기** 콜마르 트로피컬 광장 입구에서 셔틀버스 이용 ◆**전화** 609-288-8180 ◆**요금** 골프 RM18

Tip 그 외 즐길 거리

리조트에서 운행하는 무료 셔틀버스를 이용하면 플라잉 폭스(Flying Fox), 캐노피 워크(Canopy Walk) 등을 갖추고 있는 어드벤처 파크와 미니 동물원, 승마장에도 갈 수 있다. 어드벤처 파크는 요금이 다소 비싼 편이어서 이용자가 적지만 미니 동물원은 저렴한 요금(입장료 RM3~6)으로 다양한 동물들을 구경할 수 있어 아이들이 좋아한다. 승마는 초보자의 경우 실내 마장을 돌아보는 체험식이다.

바투 동굴
Batu Caves

쿠알라룸푸르 북쪽의 곰박(Gombak) 지역에 있는 바투 동굴은 힌두교 성지이자 세계적으로 유명한 종유석 동굴이다. 1860년대 초반, 중국 이민자들에 의해 세상에 알려졌고 미국 고고학자에 의해 유명해졌다. 사원 앞에는 금빛으로 빛나는 거대한 입상이 서 있고 계단 끝에는 4억 년 전에 생성된 것으로 알려진 사원 동굴을 포함해 총 4개의 동굴과 석회암 기둥, 힌두신들의 조각상이 자리하고 있다. 힌두교 최대 행사인 타이푸삼(Thaipusam)이 열리는 기간에는 100만이 넘는 순례자들의 행렬과 의식을 관람할 수 있다.

가는 방법

▶ **열차**

쿠알라룸푸르 KL 센트럴(KL Sentral)역에서 KTM 커뮤터를 타면 바투 케이브(Batu Caves)역까지 약 30분 소요.
역에서 동굴 입구까지는 도보 이동(약 5분).

노선 KTM 커뮤터 바투 케이브-플라부한 클랑선
운행 1시간에 3~4편 **요금** RM11.20

바투 동굴
Batu Caves ★
★

쿠알라룸푸르에서 북쪽으로 약 15km 떨어진 산 속에 있는 커다란 종유석 동굴로 사원 동굴을 포함해 총 4개의 동굴로 이루어져 있다. 입구에는 집채만 한 금박 입상이 세워져 있고, 그 옆에 272개의 속죄의 계단이 있다. 가장 큰 동굴인 사원 동굴(Temple Cave)은 길이 400m, 높이 100m에 달하며 다양한 형태의 종유석을 볼 수 있다. 그 외에도 수많은 동굴 생물이 서식하는 다크 동굴(Dark Cave)과 동굴 벽에 힌두 신화가 그려진 갤러리 동굴(Gallery Cave) 등이 있다.

MAP p.211-A◆**찾아가기** KTM 커뮤터 Batu Caves역에서 도보 약 5분◆**주소** Jalan Batu Caves, Gombak, Selangor◆**전화** 603-2287-9422◆**운영** 06:00~22:00

높이 42.7m의 무루간 입상

바투 동굴 정면에 황금색으로 빛나는 거대한 입상은 힌두교의 남신 무루간(Murugan)이다. 태국에서 3년에 걸쳐 제작해 2006년에 공개되었으며, 15만 5천 리터의 콘크리트와 250톤의 철근, 300리터의 금이 사용되었다고 한다. 무루간은 전쟁과 승리의 신으로 '벨(Vel)'이라 불리는 창을 손에 들고 있다.

272개의 속죄의 계단

동굴로 올라가는 계단은 세 갈래로 나뉘는데 각각 과거, 현재, 미래를 의미한다. 힌두교에서는 인간이 일생 동안 272개의 죄를 짓는다고 믿는데, 사원의 계단을 놓을 당시 자신의 죄를 속죄하라는 뜻으로 272개의 계단을 만들었다고 한다. 따라서 모든 죄를 속죄하려면 세 갈래의 계단을 오르고 내려야 한다.

셀랑고르 Area 6

선웨이 라군
Sunway Lagoon

주석 채굴을 하던 넓은 부지를 개발하여 1993년 말레이시아 최고의 워터파크 '선웨이 라군'을 탄생시켰다. 이집트 스핑크스와 피라미드를 테마로 한 쇼핑몰 '선웨이 피라미드'를 비롯해 리조트 호텔과 스파 시설을 갖추고 있다. 파크 안에는 아이스링크, 롤러코스터, 360도 회전 바이킹, 세계 최대 규모의 인공 파도 서핑 등 다양한 놀이 시설이 완비되어 있으며 식사를 할 수 있는 레스토랑과 패스트푸드점, 휴게실도 있다. 연중 다채로운 이벤트가 열리며 주말보다는 평일에 가는 편이 한적해서 좋다. 쿠알라룸푸르와 샤 알람 사이의 페탈링 자야 (Petaling Jaya) 지구에 있다.

가는 방법

▶ **열차**

쿠알라룸푸르 KL 센트럴(KL Sentral)역에서 KTM 커뮤터를 타면 세티아 자야(Setia Jaya)역까지 약 25분 소요. 역에서 BRT 선웨이 라인(BRT Sunway Line) 트램(버스)을 타고 선웨이 라군역에서 하차.

노선 KTM 커뮤터 바투 케이브 – 프라부한 클랑선
운행 1시간에 3~4편
요금 KTM 커뮤터 RM2.60, 트램 RM2.30

선웨이 라군의 관광 명소 | SIGHTSEEING

선웨이 라군 ★★
Sunway Lagoon

말레이시아 No.1 워터파크

세계 최대 규모의 인공 해변을 조성한 워터파크를 비롯해 다양한 어트랙션을 갖춘 어뮤즈먼트 파크와 익스트림 파크, 야생동물을 구경할 수 있는 와일드라이프 파크, 짜릿한 공포 체험을 즐길 수 있는 스크림 파크의 5개 테마파크로 이루어져 있다. 그 외에도 스파와 레스토랑을 갖춘 리조트 호텔과 쇼핑몰 등이 있어 남녀노소 누구나 즐거운 시간을 보낼 수 있다.

MAP p.211-C◆**찾아가기** KTM 커뮤터 Setia Jaya역에서 택시로 약 10분◆**주소** 1, Jalan PJS 11/15, Bandar

Sunway, Subang Jaya, Selangor◆**전화** 603-5639-0000◆**운영** 10:00~23:00◆**휴무** 화요일◆**요금** 자유이용권(일부 놀이기구 제외) 어른 RM220, 어린이(12세 이하) RM185 ※보디보드, 서핑보드 대여료 별도RM32(예치금 포함 RM52), 락커룸 RM25~45
◆**홈페이지** www.sunwaylagoon.com

워터파크 Water Park

아프리카를 테마로 한 워터파크에는 말레이시아 최초의 플로우라이더와 부부젤라 모양의 슬라이드, 5D 워터플렉스 등 다채로운 어트랙션을 갖추고 있다. 주말에는 인공 파도 풀에서 스릴 넘치는 서핑(18:15~19:00)을 즐길 수 있으며 백사장에서는 비치발리볼도 할 수 있다.

어뮤즈먼트 파크 Amusement Park

짧지만 강렬한 롤러코스터, 길이가 428m나 되는 흔들다리, 360도 회전하여 우리가 알고 있는 바이킹보다 더 아찔한 스릴을 만끽할 수 있는 해적선, 어린이를 위한 놀이터 시설 등이 있다.

와일드라이프 파크 Wildlife Park

야생의 세계를 재연해놓은 곳으로 호랑이, 말레이곰, 악어, 비단뱀, 표범, 나무늘보, 아프리칸 피그미 조류, 어류, 파충류, 포유류 등

140여 종의 동식물을 만날 수 있다. 9,800평 규모의 드넓은 파크에는 호수와 마을, 정글 트레일 코스도 갖추고 있으며 야생 동물과 함께하는 체험 프로그램도 준비되어 있다.

익스트림 파크 Extreme Park

페인트 볼을 이용한 사격, 화살을 쏘아 과녁에 명중시키는 양궁, 스피드감을 체험할 수 있는 고 카트(RM20), 4륜 ATV 바이크, 206m의 긴 거리를 단숨에 건너는 플라잉 폭스 G-Force X(RM60), 말레이시아 최초의 번지 점프(RM130), 한적한 호수를 가르는 페달 보트 등 다이내믹한 즐길 거리가 가득하다.

스크림 파크 Scream Park

공포 체험을 만끽할 수 있는 곳으로 영화 속 좀비들과의 대결을 펼쳐보자. 3층으로 구성된 체험관에서 '13일의 금요일'을 연상시키는 실감나는 캐릭터들을 만날 수 있다. 인형에 분장을 해놓은 것이 아니라 직원들이 실제 좀비 분장을 하고 있어 짜릿한 스릴을 즐길 수 있다.

리조트 월드 겐팅
Resort World Genting

쿠알라룸푸르에서 동쪽으로 약 53km 떨어진 파항주의 고원에 위치한 리조트이다. '겐팅 하이랜드(Genting Highlands)'라고도 불리는 말레이시아 최대 규모의 오락 단지로 1965년부터 개발을 시작해 1971년 호텔이 문을 열었고 최근 대대적인 리노베이션을 마쳤다. 카지노를 비롯해 가족 여행자들이 즐길 수 있는 테마파크와 골프 코스 등을 갖추고 있어 관광지의 역할을 톡톡히 해내고 있다.

가는 방법

▸ **버스**

쿠알라룸푸르 KL 센트럴역(KL Sentral) 버스 탑승장에서 겐팅 익스프레스 버스(Genting Express Bus)를 타고 약 1시간 30분 소요.

운행 08:00~20:00 (금~일요일은 15:30~21:00)
요금 어른 RM10, 어린이 RM7

리조트 월드 겐팅의
관광 명소 | SIGHTSEEING

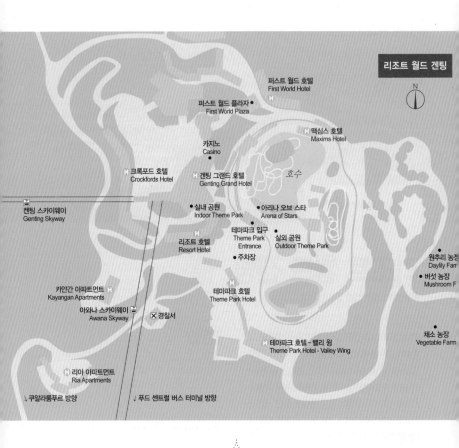

리조트 월드 겐팅

N

퍼스트 월드 호텔
First World Hotel

퍼스트 월드 플라자
First World Plaza

맥심스 호텔
Maxims Hotel

카지노
Casino

크록포드 호텔
Crockfords Hotel

겐팅 그랜드 호텔
Genting Grand Hotel

호수

겐팅 스카이웨이
Genting Skyway

실내 공원
Indoor Theme Park

아리나 오브 스타
Arena of Stars

테마파크 입구
Theme Park
Entrance

실외 공원
Outdoor Theme Park

리조트 호텔
Resort Hotel

주차장

원추리 농장
Daylily Farr

버섯 농장
Mushroom F

카얀간 아파트먼트
Kayangan Apartments

테마파크 호텔
Theme Park Hotel

아와나 스카이웨이
Awana Skyway

경찰서

채소 농장
Vegetable Farm

리아 아파트먼트
Ria Apartments

테마파크 호텔 – 밸리 윙
Theme Park Hotel - Valley Wing

쿠알라룸푸르 방향

푸드 센트럴 버스 터미널 방향

Tip 일일 투어

쿠알라룸푸르 외곽에 위치한 리조트 월드 겐팅은 반 나절 이상의 시간이 소요되므로 인근 관광 명소와 함께 둘러볼 수 있는 투어 상품을 이용하면 보다 효과적이다. 친스위 사원과 케이블카, 바투 동굴, 몽키 힐, 저녁 식사, 반딧불이까지 합리적인 가격으로 편안하게 둘러볼 수 있다. 여행사 투어 정보는 p.79 참조.

겐팅 스카이웨이
Genting Skyway
★
★

리조트는 해발고도 약 2,000m의 고원에 위치해 있어 케이블카를 타고 올라가야 하는데, 창 밖으로 내려다보이는 짙푸른 녹음을 감상하며 짜릿한 공중산책을 즐길 수 있다. 줄을 서지 않고 바로 탈 수 있는 익스프레스(RM30)도 있다.

◆전화 603-2301-6686◆운행 07:30~24:00◆요금 편도 RM16, 왕복 RM30◆홈페이지 www.rwgenting.com

테마파크
Theme Park
★
★

다양한 테마의 놀이기구와 여가를 즐길 수 있는 시설이 들어서 있다. 실외 공원은 20세기 폭스 영화사의 테마파크로 변신해 영화팬을 비롯한 많은 방문객의 사랑을 받고 있다. 실내 공원은 독특한 입체 조형물을 비롯해 사진 찍기 좋은 장소들이 많아 관광객들에게 인기가 높다.

◆전화 603-2301-6686◆운영 11:00~18:00◆휴무 연중무휴◆요금 어른 RM151, 어린이 RM128
◆홈페이지 www.rwgenting.com

카지노
Casino
★
★

합법적으로 카지노를 즐길 수 있는 곳으로 여행 중 행운이 따라올지 모르니 가벼운 마음으로 카지노 게임을 즐겨보자. 입장 시 입구에 여권을 맡겨야 하고, 짐은 유료 보관소에 보관해야 한다. 카메라 소지 불가.

리조트 월드 겐팅 호텔
Resort World Genting Hotels
★
★

리조트 월드 겐팅에서 운영하는 6개의 호텔(Crockfords, Genting Grand, Maxims, Resort Hotel, Awana, First World Hotel)이 있다. 겐팅 스카이웨이 콤플렉스에서 호텔을 오가는 셔틀버스를 제공하고 있다.

Check

여행 포인트

관광 ★★
쇼핑 ★
음식 ★★★

교통수단

도보 ★★★
택시 ★★★
버스 ★

Ipoh
이포

이포는 페락(Perak) 주의 주도로 예로부터 주석 산지로 유명하며 지금도 말레이시아 경제의 요충지로 알려져 있다. 시가지는 이포역 동쪽으로 펼쳐지고 킨타강(Sungai Kinta)을 중심으로 구시가지와 신시가지로 나뉜다. 구시가지에는 콜로니얼풍의 건축물과 역사적 문화유산들이 많이 남아 있어 산책을 즐기기 좋다. 또한 말레이시아의 명물 화이트 커피의 역사가 시작된 곳으로 거리 곳곳에서 세월의 흔적을 느낄 수 있는 커피숍들을 만날 수 있다. 최근에는 젊은 예술가들의 노력으로 전통 가옥을 개조한 카페, 갤러리, 공방 등이 속속 문을 열어 아트타운으로 변신하고 있는 중이다. 말레이시아의 과거와 현재가 공존하는 이포로 짧은 여행을 떠나보자.

이것만은 꼭!

1. 이포의 원조 화이트 커피 마셔보기
2. 구시가지 주변 건축물 둘러보기
3. 거리 곳곳에 숨겨진 벽화 찾아보기

이포
★

쿠알라룸푸르

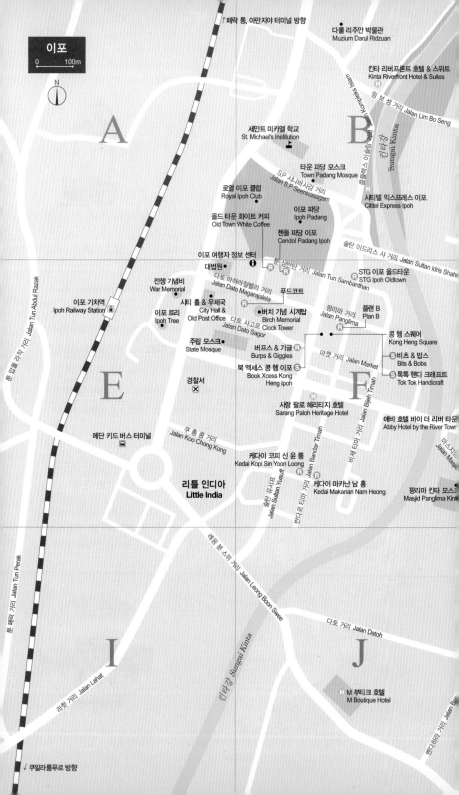

이포

0   100m

N

A

↑ 페락 통, 아만자야 터미널 방향

다룰 리주안 박물관
Muzium Darul Ridzuan

킨타 리버프론트 호텔 & 스위트
Kinta Riverfront Hotel & Suites

B

세인트 미카엘 학교
St. Michael's Institution

타운 파당 모스크
Town Padang Mosque

로열 이포 클럽
Royal Ipoh Club

S.P 시니바사람 거리
Jalan S.P Seenivasagam

시티텔 익스프레스 이포
Cititel Express Ipoh

올드 타운 화이트 커피
Old Town White Coffee

이포 파당
Ipoh Padang

첸돌 파당 이포
Cendol Padang Ipoh

술탄 이드리스 사 거리 Jalan Sultan Idris Shah

이포 여행자 정보 센터

대법원

문 삼반탄 거리 Jalan Tun Sambanthan

STG 이포 올드타운
STG Ipoh Oldtown

전쟁 기념비
War Memorial

다토 마하라잘렐라 거리
Jalan Dato Magarajalela

푸드코트

팡리마 거리
Jalan Panglima

플랜 B
Plan B

이포 기차역
Ipoh Railway Station

시티 홀 & 우체국
City Hall &
Old Post Office

이포 트리
Ipoh Tree

다토 사고르 거리
Jalan Dato Sagor

버치 기념 시계탑
Birch Memorial
Clock Tower

콩 헹 스퀘어
Kong Heng Square

주립 모스크
State Mosque

비츠 & 밥스
Bits & Bobs

버프스 & 기글
Burps & Giggles

마켓 거리 Jalan Market

톡톡 핸드 크래프트
Tok Tok Handicraft

북 엑세스 콩 헹 이포
Book Xcess Kong
Heng Ipoh

E

경찰서

F

사랑 팔로 헤리티지 호텔
Sarang Paloh Heritage Hotel

애비 호텔 바이 더 리버 타운
Abby Hotel by the River Town

메단 키드 버스 터미널

케다이 코피 신 윤 룽
Kedai Kopi Sin Yoon Loong

쿠 총 콩 거리
Jalan Koo Chong Kong

케다이 마카난 남 홍
Kedai Makanan Nam Heong

팡리마 킨타 모스크
Masjid Panglima Kint

리틀 인디아
Little India

레옹 분 스위 거리 Jalan Leong Boon Swee

다토 거리 Jalan Datoh

I

J

라핫 거리 Jalan Lahat

M 부티크 호텔
M Boutique Hotel

↓ 쿠알라룸푸르 방향

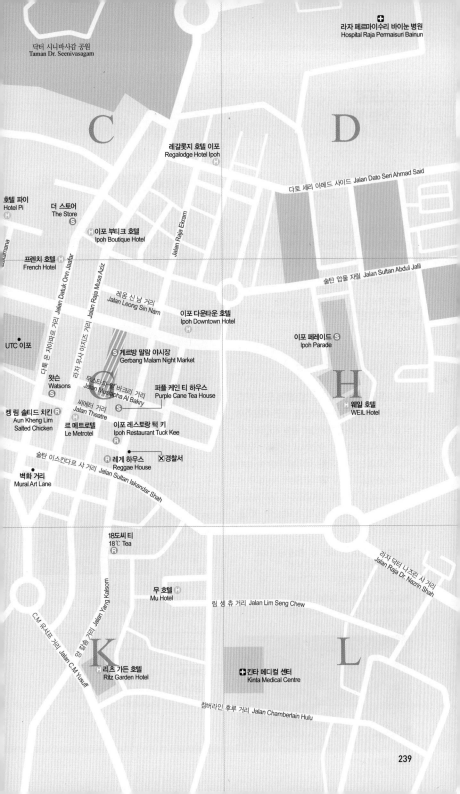

닥터 시니바사감 공원
Taman Dr. Seenivasagam

라자 페르마이수리 바이눈 병원
Hospital Raja Permaisuri Bainun

C

D

레갈롯지 호텔 이포
Regalodge Hotel Ipoh

다토 세리 아메드 사이드 Jalan Dato Seri Ahmad Said

호텔 파이
Hotel Pi

더 스토어
The Store

이포 부티크 호텔
Ipoh Boutique Hotel

Jalan Raja Ekram

술탄 압둘 자릴 Jalan Sultan Abdul Jalil

프렌치 호텔
French Hotel

Sukdhana

Jalan Datuk Om Jaafar

Jalan Raja Musa Aziz

레옹 신 남 거리
Jalan Leong Sin Nam

이포 다운타운 호텔
Ipoh Downtown Hotel

이포 페레이드
Ipoh Parade

UTC 이포

라자 무사 아지즈 거리

더블 어 치아파르 거리

게르방 말람 야시장
Gerbang Malam Night Market

H

왓슨
Watsons

무스타파 알 바크리 거리
Jalan Mustapha Al Bakry

퍼플 케인 티 하우스
Purple Cane Tea House

웨일 호텔
WEIL Hotel

켐 림 솔티드 치킨
Aun Kheng Lim
Salted Chicken

씨에터 거리
Jalan Theatre

르 메트로텔
Le Metrotel

이포 레스토랑 턱 키
Ipoh Restaurant Tuck Kee

술탄 이스칸다르 샤 거리

레게 하우스
Reggae House

경찰서

Jalan Sultan Iskandar Shah

벽화 거리
Mural Art Lane

18도씨 티
18℃ Tea

라자 닥터 나즈린 샤 거리
Jalan Raja Dr. Nazrin Shah

Jalan Yang Kalsom

무 호텔
Mu Hotel

림 셍 츄 거리 Jalan Lim Seng Chew

C.M. 유서프 거리 Jalan C.M Yusuff

K

L

리츠 가든 호텔
Ritz Garden Hotel

킨타 메디컬 센터
Kinta Medical Centre

챔버라인 후루 거리 Jalan Chamberlain Hulu

이포로 가는 방법

Access

열차

쿠알라룸푸르 KL 센트럴(KL Sentral)역에서 ETS 열차를 타면 이포역까지 약 2시간 20분 소요. 티켓은 KL 센트럴역 1층의 ETS 카운터에서 구입하면 된다.

운행 월~목요일 1일 8편, 금~일요일 1일 10편
요금 편도 1인 실버 RM26~27, 골드 RM36~37

장거리 버스

쿠알라룸푸르 공항이나 KL 센트럴역 또는 TBS 버스 터미널에서 장거리 버스를 타면 이포까지 약 3시간 소요. 버스 회사별로 출발 시간과 도착 터미널이 다르므로 잘 확인하고 티켓을 구입하자. 이포에는 아만자야 터미널(Terminal Amanjaya)과 베참 터미널(Bercham Bus Terminal)이 있으며, 터미널에서 구시가지까지 들어가려면 버스나 택시(약 RM20~30)를 이용해야 한다.

쿠알라룸푸르 [KLIA, KLIA2, KL 센트럴역] → 이포
운행 08:30~02:00(1시간 간격으로 운행)
요금 어른 RM40~49, 어린이 RM35~40

쿠알라룸푸르 [TBS 버스 터미널] → 이포
운행 06:45~03:30(30분 간격으로 운행)
요금 RM19~25

아만자야 터미널

3층으로 지어진 현대식 버스 터미널로 푸드코트와 택시 승차장, 상점 등이 자리하고 있다. 이포와 페락주는 물론 공항, 쿠알라룸푸르 등을 연결하는 버스를 운행한다. 이포 시내로 가려면 택시를 이용하면 된다.

주소 1, Persiaran Meru Raya 5, Meru Raya, Ipoh, Perak **전화** 605-526-7718

Tip 이포에서 주변 지역 여행하기

이포에서 기차를 타면 페낭의 버터워스(Butterworth)로 갈 수 있다. 이포 기차역에서 버터워스까지의 요금은 편도 RM33 부터다. 티켓은 기차역 내 매표소에서 바로 발권이 가능하다. 예약 상황에 따라 역방향으로 좌석이 배정되는 경우도 있다.

	이포 → 버터워스
운행	05:30, 11:44, 20:58
운행 횟수	1일 3~4회
소요 시간	ETS Gold 이용 시 약 1시간 45분
요금	1인 RM33~

이포
시내 교통

Transportation

시내버스

이포 시내버스는 페락 트랜짓(Perak Transit)
에서 운영하며 기본요금은 RM1부터 시작된다.
버스 정류장의 위치가 멀고 안내 등이 부족해
여행자보다는 현지인들이 주로 이용한다.

홈페이지 www.peraktransit.com.my

메단 키드 버스 터미널
Medan Kidd Bus Terminal

이포 기차역 부근에 있는 로컬 버스 터미널로
지역 버스의 출발점이자 종점이다. 주요 운행
지역은 이포 시내와 강사르, 카메론 하이랜드,
삼포통, 페락통, 타이핑 등이다. 인근 관광지로
갈 경우 버스에서 하차 후 다시 택시를 타야 하
는 단점이 있으므로 여행사 투어 상품이나 택시
를 대절해서 다녀오는 것이 편리하다.

택시

구시가지와 신시가지 등 대부분의 관광지는 도
보로 이동이 가능하지만 걸어서 이동하기 어려
운 곳은 택시를 타는 것이 효과적이다. 이포 시
내를 이동할 경우 택시 요금은 RM12~15 정
도가 적당하다. 외곽으로 갈 경우에는 흥정을
해야 한다.

이포 여행자 정보 센터
Ipoh Tourist Information Centre(ITIC)
MAP p.238-F
찾아가기 이포 기차역에서 도보 약 5분(올드 타운 화
이트 커피 매장 앞)
주소 Jalan Panglima Bukit Gantang Wahab,
Ipoh, Perak
전화 605-208-3151
운영 월~목요일 08:00~17:00
휴무 금~일요일

아름다운 건축물과 함께하는
이포 헤리티지 트레일 가이드

구시가지에는 이포의 지난 역사를 말해주는 콜로니얼풍의 건축물들이 다수 보존되어 있다. 네오클래식 양식으로 지어진 이포 기차역을 포함해 총 24곳을 둘러볼 수 있는데 여기서는 그중 12곳을 소개한다. 기차역에서 가장 먼 한 친 펫 수까지 모두 돌아보는 데 2~3시간 정도면 충분하므로 아름다운 건축물들을 천천히 감상하며 이 도시의 과거로 시간 여행을 떠나보자.

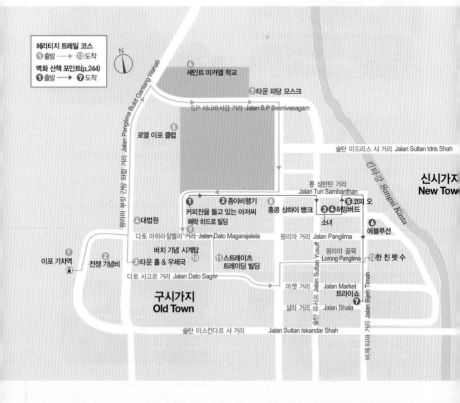

헤리티지 트레일 코스
❶출발 ➝ ⓬도착
벽화 산책 포인트(p.244)
❶출발 ➝ ❼도착

핑리마 부킷 간탕 와합 거리 Jalan Panglima Bukit Gantang Wahab

⑥ 세인트 미카엘 학교

❼ 타운 파당 모스크

S.P 시니바사감 거리 Jalan S.P Seenivasagam

⑤ 로열 이포 클럽

술탄 이드리스 샤 거리 Jalan Sultan Idris Shah

킨타강 Sungai Kinta

신시가지 New Tow

툰 삼반탄 거리 Jalan Tun Sambanthan

❶ ❷종이비행기
커피잔을 들고 있는 아저씨
페락 히드로 빌딩

❽ 홍콩 상하이 뱅크

소녀

❺코피 오
❸❹허밍버드

❹ 대법원

다토 마하라잘렐라 거리 Jalan Dato Magarajalela

❿ 버치 기념 시계탑

핑리마 거리 Jalan Panglima

핑리마 골목 Lorong Panglima

❾에볼루션

이포 기차역

전쟁 기념비

❸타운 홀 & 우체국

⓫스트레이츠 트레이딩 빌딩

다토 사고르 거리 Jalan Dato Sagor

술탄 유서프 거리 Jalan Sultan Yusuff

⓬한 친 펫 수

마켓 거리 Jalan Market
트라이쇼 ❼

비제 티마 거리 Jalan Bijeh Timah

구시가지 Old Town

살라 거리 Jalan Shala

술탄 이스칸다르 샤 거리 Jalan Sultan Iskandar Shah

❶ 이포 기차역
Ipoh Railway Station

1917년에 완공된 네오클래식 양식의 건축물로 이포의 타지마할이라고도 불린다.

❷ 전쟁 기념비
War Memorial

이포 기차역 앞에 있는 기념비로 전쟁으로 인해 목숨을 잃은 참전용사들을 추모한다.

❸ 타운 홀 & 우체국 Town Hall & Old Post Office

1916년에 완공된 네오클래식 양식의 건축물로 타운 홀과 우체국 빌딩으로 사용되었다.

❹ 대법원 High Court

1928년에 완공된 네오클래식 양식의 건축물로 법원으로 사용되고 있다.

❺ 로얄 이포 클럽 Royal Ipoh Club

1895년 유럽인들에 의해 설립된 클럽으로 일본군의 세탁실로 사용된 바 있다.

❻ 세인트 미카엘 학교 St. Michael's Institution

1912년에 설립된 교육시설로 고딕 양식으로 지어졌으며 현재는 고등학교로 사용되고 있다.

❼ 타운 파당 모스크 Town Padang Mosque

1908년에 완공된 무굴 양식의 건축물로 녹색 첨탑과 기둥이 이국적인 분위기를 낸다.

❽ 홍콩 상하이 뱅크
Hongkong and Shanghai Bank

1931년에 완공된 네오르네상스 양식의 건축물로 독립 전까지 이포에서 가장 높은 건물이었다.

❾ 페락 히드로 빌딩
Perak Hydro Building

페락주의 전기를 공급하는 회사로 1930년부터 지금의 자리에 위치하고 있다.

❿ 버치 기념 시계탑
Birch Memorial Clock Tower

페락주 최초의 영국인 거주자 버치를 기념하기 위해 1909년에 지어졌다.

⓫ 스트레이츠 트레이딩 빌딩
Straits Trading Building

이포에서 생산된 주석을 수출하는 회사가 사용했던 건물로 1907년 이탈리안 르네상스 양식으로 지어졌다.

⓬ 한 친 펫 수 Han Chin Pet Soo

1895년에 지어진 건물로 1929년부터 사교 클럽으로 사용되었다.

이포만의 매력이 담긴
이포 벽화 거리 산책

구시가지 곳곳에 숨어 있는 벽화들을 찾아 골목 구석구석을 누벼보자. 벽화 전문 아티스트로 유명한 어니스트 자카레빅(Ernest Zacharevic)은 페낭을 비롯해 쿠알라룸푸르, 조호르바루, 싱가포르 등에 벽화를 그리고 있다. 이포의 올드 타운 화이트 커피는 어니스트와 손잡고 '올드 타운의 예술(Art of OLDTOWN)'이라는 이름으로 구시가지 내에 7점의 벽화를 완성시켰다. 이포 타운과 올드 타운 화이트 커피의 탄생 스토리를 담고 있으며 특유의 화풍으로 따뜻함이 느껴진다.

※모든 벽화에는 GPS 좌표를 표시했다. 구글 맵(google map)에 좌표 값을 입력하면 벽화 위치를 빠르게 찾을 수 있다.

커피잔을 들고 있는 아저씨
Old Uncle With Coffee Cup

- **GPS** : 4.59787,101.076169
- **거리명** : 잘란 다토 마하라잘렐라 Jalan Dato Maharajalela

올드 타운 화이트 커피 매장 건물 옆면에 그려진 벽화로 이포를 상징하는 유명한 작품이다.

종이비행기 Paper Plane

- **GPS** : 4.597715,101.076882
- **거리명** : 잘란 셰이크 아담 Jalan Sheikh Adam

두 명의 아이가 종이비행기를 타고 나는 모습을 그린 벽화로 어린 시절의 추억과 동심을 담고 있다.

코피 오 Kopi-O

- **GPS** : 4.597151,101.078703
- **거리명** : 잘란 툰 삼바탄 Jalan Tun Sambathan

'코피 오'는 말레이어로 블랙커피를 의미한다. 커피가 담긴 5개의 주머니를 그린 벽화로 이포가 화이트 커피의 탄생지임을 말해준다.

허밍버드 Hummingbird

- **GPS** : 4.596704, 101.07843
- **거리명** : 잘란 팡리마 Jalan Panglima

주차장 건물 벽면에 그려진 벽화로 먹이를 찾아 날아드는 벌새를 그린 것이다. 그림을 그릴 당시에는 커다란 나무가 있었다고 한다.

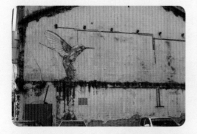

트라이쇼 Trishaw

- **GPS** : 4.59525, 101.078556
- **거리명** : 잘란 살라 Jalan Shala

트라이쇼에 각종 고물과 폐지를 가득 싣는 남성을 그린 벽화로 풍요롭지 못했던 과거의 삶을 엿볼 수 있다

소녀 Girl

- **GPS** : 4.597004, 101.078213
- **거리명** : 잘란 반다르 티마 Jalan Bandar Timah

까치발을 들고 새장에 손을 뻗는 소녀의 모습을 그린 벽화로 플라스틱 의자를 소품으로 사용해 실제인 것 같은 착각이 들게 한다.
*현재 소녀 벽화는 없어지고, 새로운 벽화 작업을 하고 있다.

에볼루션 Evolution

- **GPS** : 4.596343, 101.079138
- **거리명** : 잘란 비제 티마 Jalan Bijeh Timah

수묵화처럼 번지는 특징을 살려 그린 벽화로 주석을 캐며 살아가던 옛 식민지 시절의 모습을 그린 것이다.

🔧 벽화 거리 즐기는 법

잘란 술탄 이스칸다르(Jalan Sultan Iskandar)와 잘란 마스지드(Jalan Masjid) 사이에 자리한 골목에는 약 50여 점의 재미있는 벽화들이 그려져 있다. 인물, 동물, 자연, 풍경 등 페락과 이포를 상징하는 다양한 테마로 그려져 있어 사진 촬영 장소로 인기가 높다. 벽화 그림의 수준도 높고 화분, 에어컨, 창문, 담벼락, 고목나무 등을 소재로 사용한 발상도 재미있다.

이포
추천 코스

★ **코스 총 소요 시간** : 10~12시간

★ **여행 포인트** : 이포 관광은 하루 일정이면 충분히 둘러볼 수 있다. 오전에는 이포 기차역을 시작으로 역사적 건축물들을 돌아보고, 오후에는 벽화 거리를 구석구석 누벼보자. 대부분 걸어서 다닐 수 있으며 조금 멀리 갈 때는 택시를 이용하는 것이 편리하다.

1DAY

09:00 올드 타운 화이트 커피에서 말레이식 아침 식사

▼ 도보 5분

11:00 이포 기차역 주변의 역사적 건축물 둘러보기

▼ 도보 10분

13:00 STG & TEA에서 맛있는 점심 식사

▼ 도보 3분

14:45 벽화 거리 구경하기

▼ 도보 10분

17:00 신시가지 주변 둘러보기

▼ 도보 10분

19:30 턱 키에서 현지 요리로 저녁 식사

이포 기차역
Ipoh Railway Station
★
★
★

건축미가 돋보이는 이포 여행의 출발점

1917년 영국 건축가 아서 베니슨 후백의 설계로 지어진 네오클래식 양식의 건축물로 이포의 타지마할이라고도 불린다. 커다란 돔이 있는 중앙 입구를 중심으로 좌우대칭을 이루고 있어 균형미가 있으며 하얀 외벽과 역 앞 화단의 식물이 어우러져 청량함을 준다. 현재 쿠알라룸푸르와 이포를 연결하는 ETS 열차의 발착역으로 사용되고 있어 이포 여행의 출발점이라 할 수 있다. 건축물로서의 가치도 높지만 영화 촬영지로도 인기가 높아 조디 포스터와 주윤발 주연의 〈애나 앤드 킹〉, 양조위 주연의 〈색계〉에 등장한 바 있다.

MAP p.238-E◆**찾아가기** 쿠알라룸푸르 KL Sentral역에서 ETS 열차로 약 2시간 20분 소요◆**주소** Jalan Panglima Bukit Gantang Wahab, Ipoh, Perak◆**전화** 605-254-0481◆**운영** 07:00~21:30◆**휴무** 연중무휴

버치 기념 시계탑
Birch Memorial Clock Tower
★
★

빅토리안 양식의 시계탑

1909년 페락주 최초의 영국인 거주자였던 버치를 기념하기 위해 지어졌다. 시계탑은 테라코타 기법이 사용됐고 각기 다른 4개의 면은 충성심, 인내, 정의, 용기를 의미하는 조각상이 붙어 있고, 시계탑 아래쪽에는 뉴턴, 모세, 석가모니, 찰스 다윈, 셰익스피어 등 전 세계 44명의 시대별 위인들이 그려져 있다. 시계탑 뒤로 20여 개의 작은 식당이 모인 푸드코트가 있다.

MAP p.238-F◆**찾아가기** 이포 기차역에서 도보 약 5분◆**주소** Jalan Dato Sagor, Ipoh, Perak

벽화 거리
Mural Arts Lane
★★

약 200m 거리에 소박한 벽화가 가득

현지인들이 거주하는 주택 담장과 벽면에 약
50여 점의 벽화가 그려져 있는 곳으로 소박하
면서도 톡톡 튀는 아이디어가 녹아 있다. 화려
한 춤사위를 표현한 중국 사자춤, 인디안 복장
을 한 소년들의 춤, 소년소녀들의 어린 시절 등
다문화 국가인 말레이시아답게 전통과 문화를
테마로 한 다양한 벽화들을 구경할 수 있다. 구
시가지의 역사적 건축물들을 둘러본 후 인근의
킨타 모스크와 함께 둘러보자.

MAP p.239-G ◆**찾아가기** 이포 기차역에서 도보 약 15분
◆**주소** Jalan Masjid, Taman Jubilee, Ipoh, Perak

로스트월드 오브 탐분
Lostworld of Tambun
★★

울창한 열대 우림에 자리한 대형 테마파크

인공 모래 해변과 다양한 물놀이 시설을 갖춘
워터파크를 비롯해 바이킹이나 롤러코스터 등
의 어트랙션을 즐길 수 있는 어뮤즈먼트 파크,
다이내믹한 야외 스포츠 프로그램을 갖춘 어드
벤처 파크, 따뜻한 온천욕을 즐길 수 있는 온천
과 스파, 동물원 등 즐길 거리가 풍부하다. 테
마파크 내에 고급 호텔까지 자리하고 있어 여행
자는 물론 현지인들의 휴가지로도 인기가 높
다. 입장권 하나로 대부분의 시설을 이용할 수

있으며, 온천과 스파는 야간(18:00~23:00)
에만 이용할 수 있다.

MAP 지도 밖 ◆**찾아가기** 이포 기차역에서 택시로 약 25분
◆**주소** 1, Persiaran Lagun Sunway 1, Sunway City
Ipoh, Ipoh, Perak ◆**전화** 605-542-8888 ◆**운영**
11:00~23:00 ◆**휴무** 화요일 ◆**요금** 어른 RM127, 어린이
RM120, 야간 온천 & 스파 RM85(마사지, 스파 요금 별도)
◆**홈페이지** www.sunwaylostworldoftambun.com

이포 파당
Ipoh Padang ★

이포 주민들을 위한 광장

구시가지 한가운데에 펼쳐진 잔디밭으로 현지인들이 휴식을 취하거나 로열 이포 클럽에서 주최하는 각종 스포츠 경기가 열리곤 한다. 파당 중앙에서는 구시가지를 대표하는 건축물들이 한눈에 들어온다. 독립기념일에는 지역 밴드들과 주민들이 모여 행사를 진행한다. 카수아리나 나무는 콜로니얼 시대 이전부터 서 있는 관목이다.

MAP p.238-B◆**찾아가기** 이포 기차역에서 도보 약 5분◆**주소** Jalan S.P Seenivasagam, Ipoh, Perak◆**전화** 605-254-2212◆**홈페이지** www.royalipohclub.org.my

이포 시티 홀
Ipoh City Hall ★★

타운 홀로 더 유명한 시청 건물

1916년 영국 건축가 아서 베니스 후백의 설계로 지어졌으며 좌우 대칭을 이루고 있는 순백의 건물 외관이 아름답다. 콜로니얼 시대를 대표하는 건축물 중 하나로 과거에는 우체국 등으로 사용되었다. 1990년대 초부터 복원 작업이 진행 중이며, 2008년 건물 지하에서 인근 대법원까지 연결된 터널이 발견되기도 했다.

MAP p.238-E◆**찾아가기** 이포 기차역에서 도보 약 5분◆**주소** Jalan Panglima Bukit Gantang Wahab, Ipoh, Perak◆**전화** 605-208-3333◆**운영** 09:30~16:30◆**휴무** 토·일요일◆**요금** 무료(외부 관람만 가능)◆**홈페이지** www.mbi.gov.my

주립 모스크
State Mosque ★★

44개의 돔 장식이 돋보이는 이슬람 사원

이포 구시가지에 자리한 이슬람 사원으로 정식 명칭은 마스지드 술탄 이드리스 샤 리(Masjid Sultan Idris Shah Ii). 44개의 주황색 돔과 높이 38m의 첨탑이 우뚝 솟아 있으며, 모자이크 타일로 우아하게 장식되어 있다. 1968년 완성되었으며 1978년 문을 열었다. 페락주의 주립 모스크로 지역 주민은 물론 말레이시아 전역에서 방문한다.

MAP p.238-E◆**찾아가기** 이포 기차역에서 도보 약 5분◆**주소** Jalan Panglima Bukit Gantang Wahab, Ipoh, Perak◆**전화** 605-254-8853◆**운영** 09:00~21:00◆**휴무** 연중무휴

게르방 말람 야시장 ★
Gerbang Malam Night Market

저녁이면 활기를 띠는 로컬 마켓

신시가지의 중심인 캄다르(Kamdar) 쇼핑몰 뒤편에 있으며 매일 저녁 7시부터 밤 12시까지 야시장이 열린다. 약 200m 정도 되는 거리를 노점들이 가득 채우는데, 옷을 비롯한 각종 생활용품을 저렴하게 판매하며 다양한 로컬 푸드도 맛볼 수 있다. 현지인들의 소박한 일상을 엿볼 수 있어 여행자들도 즐겨 찾는 이포의 인기 명소 중 하나다.

MAP p.239-G◆**찾아가기** 이포 기차역에서 도보 약 20분 ◆**주소** 21, 7, Jalan Dato Tahwil Azhar, Taman Jubilee, Ipoh, Perak◆**운영** 19:00~24:00◆**휴무** 연중무휴

팡리마 킨타 모스크 ★
Masjid Panglima Kinta

이포 최초의 이슬람 사원

이포에서 가장 오랜 역사를 자랑하는 모스크로 1898년 킨타 모하메드 유소프에 의해 지어졌다. 사원은 중앙의 돔과 기도를 할 수 있는 공간, 그리고 두 개의 첨탑으로 구성되어 있다. 건립 당시에는 순백색이었으나 시간이 흐르면서 돔과 외벽에 파란색과 노란색이 더해져 멀리서도 눈에 잘 띈다.

MAP p.238-F◆**찾아가기** 이포 기차역에서 도보 약 17분 ◆**주소** Jalan Masjid, Kampung Kuchai, Ipoh, Perak◆**운영** 08:00~17:00◆**휴무** 연중무휴

콩 헹 스퀘어 ★★
Kong Heng Square

젊은 작가들의 실험적인 공간

젊은 예술가들이 모여 만든 복합 예술 단지로 미술관을 비롯해 공예점, 카페테리아, 레스토랑이 한자리에 모여 있다. 규모는 그리 크지 않지만 기발함과 상상력이 돋보이는 아이템이 많아 구경하는 재미가 있다. 빈티지한 풍경을 배경으로 사진을 찍거나 기념품을 구입하기에도 좋다.

MAP p.238-F◆**찾아가기** 이포 기차역에서 도보 약 8분 ◆**주소** 99, Jalan Sultan Yussuf, Ipoh, Perak◆**운영** 10:00~21:00(상점은 17:00까지)

STG 이포 올드타운
STG Ipoh Oldtown

올드타운 중심의 인기 스폿

올드타운 중심가에 위치한 고급 레스토랑으로 올데이 다이닝이 가능하다. 런치 타임에는 합리적인 가격대의 세트 메뉴를 선보이고 있어 인근 직장인들에게 인기가 높다. 단품 메뉴에 2링깃만 추가하면 데일리 스프와 음료, 디저트가 제공된다. 스타터, 샐러드, 해산물, 피자, 파스타를 비롯해 말레이 요리와 서양 요리 등 다양한 메뉴를 갖추고 있어 선택의 폭이 넓다. 특히 이곳의 삼발 맛을 좋아하는 현지인이 많다.

식사뿐만 아니라 사바 지역에서 재배한 차를 이용한 다채로운 티 상품을 직접 개발하여 판매 하고 있다. 티 섹션은 약 20여 가지 싱글 티와 블렌딩 티를 보유하고 있으니 여행 중 잠시 들러 티타임을 가져보자. 차를 좋아하는 여행자라면 꼭 한번 방문할 만하다.

MAP p.238-F◆찾아가기 이포 기차역에서 도보 약 9분◆주소 18-20 Jalan Tun, ipoh, Perak◆전화 605-243-3116◆영업 12:00~23:00◆휴무 연중무휴◆예산 나시 고렝 캄퐁 Nasi Goreng Kampung RM24, 세트 주문 시 RM2(봉사료 10%+ST 6% 별도), 차(틴케이스 RM38~58)

케다이 코피 신 윤 룽
Kedai Kopi Sin Yoon Loong

이포 화이트 커피의 양대 산맥

맞은편에 있는 남 홍(Nam Heong) 카페와 더불어 이포를 대표하는 화이트 커피 전문점. 여행자들에게는 남 홍 카페가 더 유명하지만 현지인들은 이곳을 원조로 여긴다. 남 홍 카페보다 실내 공간이 조금 더 넓은 편이며 몰려드는 인파들로 빈자리를 찾기 어려울 정도다. 인기 메뉴는 특유의 무늬가 그려진 오래된 커피잔에 담겨 나오는 진한 화이트 커피와 숯불에 구운 카야 토스트. 카운터 옆에서는 자체 제작한 인스턴트커피를 함께 판매하는데 다른 곳에서는 구하기 어려우므로 기념으로 구입해 한국에서도 진한 화이트 커피를 즐겨보자.

MAP p.238-F◆**찾아가기** 이포 기차역에서 도보 약 10분◆**주소** 15A, Jalan Bandar Timah, Ipoh, Perak◆**전화** 605-241-4601◆**영업** 06:00~14:30◆**휴무** 일요일◆**예산** 화이트 커피 RM1.40~2.80, 카야 토스트 RM1.50◆**홈페이지** www.mycofe.com.my

이포 레스토랑 턱 키
Ipoh Restaurant Tuck Kee

말레이식 짜장면으로 유명

1963년에 문을 연 이래 지금까지 한결같은 맛을 선보이는 이포의 유명 맛집이다. 인기 메뉴는 말레이식 짜장면인 유콩호(Yu Kong Hor, 月光河). 면 위에 날달걀을 올리는데 달걀 노른자의 모습이 마치 달과 같다고 하여 '문라이트 누들'이라고도 부른다. 면발의 종류와 양을 선택할 수 있으므로 취향대로 주문하자. 그 외에 계란으로 만든 걸쭉한 수프 아래에 면이 숨어 있는 '왓탄호푼(Wat Tan Hor Fun, 滑蛋河粉)'도 맛있다. 새벽까지 영업을 하므로 저녁을 먹고 출출할 때 시원한 맥주에 닭발이나 주꾸미 조림 등을 안주로 시켜 여유 있게 즐겨보자.

MAP p.239-G◆**찾아가기** 이포 기차역에서 도보 약 20분◆**주소** 61, Jalan Yau Tet Shin, Ipoh, Perak◆**전화** 605-253-7513◆**영업** 13:00~22:00◆**예산** 왓탄호푼 RM10.50~22, 차 RM2.50

올드 타운 화이트 커피
Old Town White Coffee

말레이시아를 대표하는 커피 브랜드

1999년 설립 이후 말레이시아에서 가장 유명한 커피 브랜드이자 카페 체인으로 말레이시아 전역에 246개의 매장을 두고 있다. 그중에서도 본점인 이곳은 넓고 세련된 매장을 자랑하며 일반적인 메뉴 외에 나시 르막이나 면 요리 등의 저녁 식사 메뉴까지 선보인다. 인기 메뉴는 부드러운 빵에 카야잼을 넣은 카야 버터 스팀 브레드. 매장 내에서는 선물용으로 좋은 커피 믹스 세트도 판매한다.

MAP p.238-F◆**찾아가기** 이포 기차역에서 도보 약 5분◆**주소** 3, Jalan Tun Sambanthan, Ipoh, Perak◆**전화** 601-6526-6832◆**영업** 09:00~22:00◆**휴무** 연중무휴◆**예산** 이포 클래식 커피 RM5~7.50, 카야 버터 스팀 브레드 RM5.50(봉사료 6% 별도)◆**홈페이지** www.oldtown.com.my

플랜 B
Plan B

트렌디한 감각이 돋보이는 카페

가벼운 스낵류부터 요리, 디저트, 커피, 주류까지 다양하게 즐길 수 있는 카페. 웨스턴 메뉴를 기본으로 쌀국수나 나시 르막 등 간단한 아시아 요리도 선보인다. 콩 헹 스퀘어(p.250) 내에 위치해 있어 식사 전후에 예쁜 공예품을 파는 숍들을 구경하거나 기념품을 구입하기에도 좋다. 주말에는 사람들이 많이 몰려들어 레스토랑과 주변 상점에 빈자리를 찾기 어려울 정도로 북적인다.

MAP p.238-F◆**찾아가기** 이포 기차역에서 도보 약 7분◆**주소** 75, Jalan Panglima, Ipoh, Perak◆**전화** 605-249-8286◆**영업** 10:00~22:00◆**휴무** 연중무휴◆**예산** 식사류 25~45, 커피 RM9~15, 케이크 RM12~(세금+봉사료 16% 별도)◆**홈페이지** www.thebiggroup.co

케다이 마카난 남 홍
Kedai Makanan Nam Heong

현지인들이 즐겨 찾는 코피티암

플라스틱 간이의자와 둥근 대리석 테이블 몇 개 놓인 작은 커피숍이지만 실내는 언제나 손님들로 북적거린다. 이포의 화이트 커피를 마실 수 있는 곳으로 딤섬과 에그 타르트, 차슈 등을 파는 작은 호커들이 함께 모여 있다. 대부분 현지인들이며 커피나 식사를 하는 사람도 있지만 커피만 구입하기 위해 오는 사람들도 상당하다. 자리가 마땅치 않다면 커피만 사서 나오는 것도 좋다.

MAP p.238-F ◆ **찾아가기** 이포 기차역에서 도보 약 10분 ◆ **주소** 2, Jalan Bandar Timah, Ipoh, Perak ◆ **전화** 6016-553-8119 ◆ **영업** 07:00~16:00 ◆ **휴무** 연중무휴 ◆ **예산** 화이트 커피 RM2.20~3.20, 토스트 RM3.50 ~5.50

18도씨 티
18℃ Tea

타이완식 버블티 전문점

2010년에 문을 연 버블티 전문점으로 모든 재료는 타이완에서 공수하고 조리법도 타이완에서의 방식 그대로를 고수하고 있다. 몸에 좋은 웰빙 차를 비롯해 생과일 주스와 음료 등 다양한 마실 거리가 있다. 냉방시설은 물론 무선 인터넷도 가능해서 더위에 지쳤을 때 들러 쉬어가기에 좋다. 방문한 손님과 함께 사진을 찍는 이벤트도 한다.

MAP p.239-K ◆ **찾아가기** 이포 기차역에서 도보 약 25분 ◆ **주소** 38, Jalan Yang Kalsom, Ipoh, Perak ◆ **전화** 605-241-0276 ◆ **영업** 11:00~21:00 ◆ **휴무** 연중무휴 ◆ **예산** 자스민 그린티 RM6~7 ◆ **홈페이지** www.18ctea.com

첸돌 파당 이포
Cendol Padang Ipoh

현지인들이 즐겨 가는 첸돌 맛집

말레이식 빙수인 첸돌(Cendol)을 저렴한 가격에 즐길 수 있는 곳이다. 조촐한 테이블과 의자가 전부인 소박한 곳이지만 맛만큼은 최고. 현지인들이 즐겨 먹는 두리안 첸돌은 특유의 풍미가 살아 있어 무더위를 날려버리기에 충분하다. 외국인을 위한 사진 메뉴도 있어 주문하기가 편리하며, 점심시간에는 간단한 말레이 가정식도 맛볼 수 있다.

MAP p.238-F ◈ **찾아가기** 이포 기차역에서 도보 약 5분 ◈ **주소** 17, Jalan Tun Sambanthan, Ipoh, Perak ◈ **전화** 6010-393-3364 ◈ **영업** 11:00~18:00 ◈ **휴무** 일요일 ◈ **예산** 리치 첸돌 RM6.50, 주스 및 음료 RM3.50

⚲More 이포의 명물, 포멜로(Pomelo)와 화이트 커피(White Coffee)

동남아시아가 원산지인 포멜로는 감귤과의 일종으로 새콤달콤한 맛이 나는 과일이다. 예로부터 이포는 물이 좋아 품질이 우수하고 당도 높은 포멜로가 생산되는 것으로 유명하다. 거리 곳곳에 포멜로를 묶어 판매하는 상점들을 쉽게 볼 수 있으므로 놓치지 말고 맛보자. 그뿐만 아니라 이포는 화이트 커피의 역사가 시작된 본고장이다. 거리의 상점에는 다양한 맛의 화이트 커피 제품을 저렴하게 판매한다.

비츠 & 밥스
Bits & Bobs

골동품과 앤티크 소품을 판매하는 편집숍

콩 헹 스퀘어(p.250) 내에 있는 작은 상점으로 이포는 물론 쿠알라룸푸르까지 유명세를 떨쳐 주말이면 이곳을 찾는 여행객들이 상당히 많다. 옛 추억을 떠올리게 하는 다양한 물건들을 전시, 판매하고 있는데 장난감과 군것질 등을 비롯해 구석구석 숨어 있는 소품들을 구경하는 재미가 있다. 특히 이곳의 인기를 더해주는 명물 간식인 '아이스 볼(Ice Ball)'은 제빙기로 갈아낸 얼음과 과일 시럽 등으로 맛을 낸 것으로 달콤하고 시원해서 더위에 지쳤을 때 먹으면 좋다.

MAP p.238-F◆**찾아가기** 이포 기차역에서 도보 약 8분 ◆**주소** 99, Jalan Sultan Yussuf, Ipoh, Perak◆**전화** 601-6521-1283◆**영업** 10:00~17:30◆**휴무** 화요일

북 엑세스 콩 헹 이포
Book Xcess Kong Heng Ipoh

구경하는 재미가 있는 빈티지 서점

1908년대 은행으로 사용되던 건물을 그대로 살린 독특한 분위기의 서점으로 말레이시아 및 영어권 책들을 보유하고 있다. 1층은 일반적인 서점의 모습을 하고 있는데 지하로 내려가면 빈티지한 감각으로 무장한 또 다른 공간이 나타난다. 작은 갤러리 공간이 있고, 그 옆으로는 서적들이 빼곡하게 진열되어 있다.

MAP p.238-F◆**찾아가기** 이포 기차역에서 도보 약 6분 ◆**주소** 91, Jalan Sultan Yusof, Ipoh, Perak◆**전화** 605- 246-0019◆**영업** 10:00~20:00◆**휴무** 연중무휴 ◆**홈페이지** www.bookxcess.com

톡톡 핸디 크래프트
Tok Tok Handicraft

세상에 단 하나뿐인 나만의 제품

각종 수공예품과
빈티지 용품을
제작, 판매하는
공방 겸 가게로
구시가지의 잘란

술탄 유소프(Jalan Sultan Yusuff) 거리에 있
다. 여러 제품 중에서도 공예가 출신인 주인이
직접 만들어주는 키홀더와 여권 케이스가 인기
아이템. 원하는 컬러와 이니셜 등을 말하면
5~30분 만에 뚝딱 만들어준다. 가격도 여권
케이스의 경우 RM35~50 수준이다. 그 밖에
도 이포를 테마로 한 캐릭터 엽서와 다양한 기
념품이 있어 구경하는 재미가 쏠쏠하다.

MAP p.238-F◆**찾아가기** 이포 기차역에서 도보 약 7분
◆**주소** 99, Jalan Sultan Yussuf, Ipoh, Perak◆**영업**
10:00~17:30◆**휴무** 화요일

퍼플 케인 티 하우스
Purple Cane Tea House

식사와 차를 즐길 수 있는 티 하우스

전통 차와 다도용품을 판매하는 차 전문 숍으로
쿠알라룸푸르를 비롯해 셀랑고
르, 이포 등에 매장을 두고 있
다. 그중에서도 이포점
은 전시장과 함께 식사

를 할 수 있는 레스토랑이 숍 내에 마련되어 있
다. 매장을 방문하는 모든 손님에게 따뜻한 차
를 내어주며 구입을 원하는 차는 미리 시음해볼
수도 있다. 시기에 따라 할인을 하는 상품을 앞
쪽에 전시한다. 다양한 구성의 차가 예쁘게 포
장되어 있어 선물용으로도 좋다.

MAP p.239-G◆**찾아가기** 이포 기차역에서 도보 약 20분
◆**주소** 2, Jalan Dato Tahwil Azar, Taman Jubilee,
Ipoh, Perak◆**전화** 605-253-3090◆**영업** 11:00~22:00
◆**휴무** 연중무휴◆**홈페이지** www.purplecane.my

무 호텔
Mu Hotel

가격 대비 만족스러운 최신 중급 호텔

최근 신시가지에 문을 연 3성급 호텔로, 낡고 오래된 중저가 호텔이 많은 이 일대에서 비교적 최근에 지어진 호텔이다. 화사하고 밝은 분위기로 꾸민 113개의 객실에는 별도의 플러그 없이 바로 꽂을 수 있는 국제 규격의 플러그 소켓과 USB 포트가 TV와 함께 빌트인되어 있고 무선

인터넷도 제공되어 편리하다. 부대시설로는 올데이 다이닝이 가능한 스트레이트(Streats) 레스토랑과 키즈 클럽, 라운지, 비즈니스 센터, 루프톱 테라스 바 등이 있다. 신시가지의 중심에 위치해 있어 야시장이나 벽화 거리 등으로 이동하기에 편리하며 자전거도 대여해준다(유료). 조식은 뷔페식으로 간단하게 제공된다.

MAP p.239-K◆찾아가기 이포 기차역에서 택시로 약 10분◆주소 18, Jalan Chung On Siew, Ipoh, Perak ◆전화 605-240-6888◆요금 스탠더드 RM180~ ◆홈페이지 www.muhotel.com

M 부티크 호텔
M Boutique Hotel

세 가지 테마로 꾸민 매력적인 부티크 호텔

신시가지에 자리한 부티크 호텔로 감각적인 인테리어와 쾌적한 시설로 젊은 층에게 호평을 받고 있다. 객실은 어드벤처, 마제스틱, 엑셀시오르의 세 가지 테마로 층마다 다르게 꾸며져 있으며, 1인실부터 패밀리룸까지 고루 갖추고 있어 선택의 폭이 넓다. 부대시설로는 올드 타운 화이트 커피(p.253), 부티크, 미팅룸, 피트니스 센터 등을 갖추어 편리하게 이용할 수 있다.

MAP p.238-J ◆ **찾아가기** 이포 기차역에서 택시로 약 10분 ◆ **주소** 2 Hala Datuk 5, Ipoh, Perak ◆ **전화** 605-255-5566 ◆ **요금** 스탠더드 RM180
◆ **홈페이지** www.ipoh.mboutiquehotels.com

더 하벤 리조트 이포
The Haven Resort Ipoh

주방 시설을 갖춘 아파트형 호텔

이포 기차역에서 약 17km 떨어진 울창한 숲속에 자리한 호텔로 리조트 느낌이 물씬 풍긴다. 객실은 호수를 바라볼 수 있게 설계되어 있어 전망이 뛰어나며 집처럼 편안한 분위기로 꾸며져 있다. 부대시설은 인피니티 풀을 비롯해 스파 풀, 레저 풀 등 다양한 테마의 야외 수영장과 가든, 피트니스 센터, 테니스, 배드민턴 코트까지 갖추고 있다. 이포 시내에서 멀다는 것이 단점이지만, 주변에 페락주 최대의 테마파크 로스트월드 오브 탐분과 페락통 동굴사원 등의 관광 명소와 암벽 등반, 짚라인 등 다채로운 체험 시설이 있어 즐길 거리는 풍부하다.

MAP 지도 밖 ◆ **찾아가기** 이포 기차역에서 택시로 약 30분

◆ **주소** Persiaran Lembah Perpaduan, Tambun, Ipoh, Perak ◆ **전화** 605-540-0000 ◆ **요금** 스위트 RM550 ◆ **홈페이지** www.thehavenresorts.com

웨일 호텔
WEIL Hotel

MAP p.239-H◆찾아가기 이포 기차역에서 택시로 약 15분◆주소 292, Jalan Sultan Idris Shah, Ipoh, Perak◆전화 605-208-2228◆요금 슈페리어 RM280~◆홈페이지 www.weilhotel.com

수영장을 갖춘 중급 호텔

신시가지의 케어링 파마시 이포 퍼레이드 (Caring Pharmacy Ipoh Parade) 쇼핑몰 옆에 위치한 중급 호텔로 313개의 객실을 보유하고 있다. 모든 공간이 스타일리시한 분위기로 꾸며져 있어 호평을 받고 있다. 특히 루프톱에 있는 수영장과 바는 로맨틱한 야경을 즐길 수 있어 인기가 높다.

사랑 팔로 헤리티지 호텔
Sarang Paloh Heritage Hotel

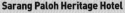

전통 숍하우스를 개조해 꾸민 고풍스러운 호텔

1920~1940년대에 지어진 두 개의 숍하우스 건물을 개조해 호텔로 문을 열었으며 아트 갤러리와 각종 이벤트가 열리는 공간을 갖추고 있다. 객실은 모두 11개로 방마다 다른 콘셉트로 꾸며져 있으며 아늑하고 편안한 분위기이다. 건물 중앙에 있는 작은 정원 외에 별도의 부대시설은 없다.

MAP p.238-F◆찾아가기 이포 기차역에서 도보 약 5분◆주소 16, Jalan Sultan Iskandar, Ipoh, Perak◆전화 605-241-3926◆요금 클래식 스튜디오 RM350~◆홈페이지 www.sarangpaloh.com

애비 호텔 바이 더 리버 타운
Abby Hotel by the River Town

알뜰 여행자를 위한 실속형 호텔

구시가지와 신시가지의 중간쯤에 위치해 있어 양쪽 모두 이동이 수월하다. 객실은 스탠더드룸, 패밀리룸, 도미토리 등 다양하게 갖추고 있으며 깔끔한 분위기에 무선 인터넷도 무료로 제공하여 편리하다. 도미토리의 경우 샤워실과 화장실은 공동으로 사용한다. 객실과 로비 외에 별 다른 부대시설은 없다.

MAP p.238-F◆찾아가기 이포 기차역에서 도보 약 12분◆주소 57, Jalan Sultan Iskandar, Taman Jubilee, Ipoh, Perak◆전화 605-241-4500◆요금 슈페리어킹 RM90~, 4인실 도미토리 RM30◆홈페이지 www.abbyhotel.my

르 메트로텔
Le Metrotel

저렴하고 깔끔한 중저가 호텔

신시가지의 중심에 위치한 중저가 호텔로 30여
개의 객실을 갖추고 있다. 모든 객실에서 무선
인터넷을 무료로 이용할 수 있고 에어컨, TV,

무료 생수 등 기본적인 시설도 잘 갖춰져 있다.
1층에는 베이커리를 비롯해 현지 레스토랑과 상
점 등이 밀집되어 있다. 가격 대비 쾌적하고 편
리한 시설로 실속파 여행자들에게 인기가 높다.

MAP p.239-G◆**찾아가기** 이포 기차역에서 택시로 약 10
분◆**주소** 26, Jalan Theatre, Taman Jubilee, Ipoh,
Perak◆**전화** 605-249-1990◆**요금** 스탠더드 RM120~
◆**홈페이지** www.lemetrotel.com.my

호텔 파이
Hotel Pi

합리적인 가격과 화사한 분위기로 인기

신시가지에 위
치한 소형 호텔
로 합리적인 가
격과 알찬 부대
시설로 인기가
높다. 객실은 기본적인 시설을 갖춘 스탠더드
룸과 넓은 공간에 부티크 호텔처럼 세련되게 꾸
민 시그너처룸으로 나뉜다. 소형 호텔에서는
드물게 피트니스 센터와 아트 갤러리까지 갖추

고 있다. 호텔 주변에 KFC, 피자헛 등의 패스
트푸드점과 쇼핑몰이 있다.

MAP p.239-C◆**찾아가기** 이포 기차역에서 택시로 약 6분
◆**주소** 2, The Host, Jalan Veerasamy, Ipoh, Perak
◆**전화** 605-255-2922◆**요금** 스탠더드 RM120~
◆**홈페이지** www.hotelpi.com.my

More 이포는 변신 중

이포는 말레이시아에서도 유명한 주석 산지로 특히 20세기 초반에 급속한 발전을 이루며 승승장구했다.
그러나 점차 주석 가격이 하락하며 마침내 1970년대 후반 주석광이 폐쇄되자 모든 것이 달라졌다. 사람들은 이
포를 떠나 페낭이나 쿠알라룸푸르로 향했고 도시는 점점 황폐해져 갔다. 그렇게 잠들어가던 도시에 다시금 부활
의 신호탄을 쏘아 올리게 된 데에는 젊은 아티스트들의 역할이 크다. 이포에서 나고 자란 젊은이들이 버려져만
가던 동네 곳곳에 개성 넘치는 프로젝트를 진행하면서 도시는 조금씩 되살아나기 시작했다. 낡고 허름한 건물 외
벽에 벽화를 그려 거리를 아름답게 가꾸고, 독특한 감성으로 무장한 빈티지 카페들과 갤러리가 속속 등장하면서
이포는 과거와 현재가 공존하는 테마를 가진 도시로 변신하고 있다.

Check

여행 포인트

관광 ★★★★
쇼핑 ★★
음식 ★★★

교통수단

도보 ★★★
택시 ★
자전거 ★★★

Melaka
믈라카

쿠알라룸푸르에서 남동쪽으로 약 150km 떨어져 있는 믈라카는 14세기에 건설된 말레이시아에서 가장 오래된 도시이다. 일찍이 동서 교역의 요충지로 크게 번영을 누리면서 여러 국가의 영향을 받았고 그 모습은 도시를 가로지르는 믈라카강을 중심으로 크게 둘로 나뉜다. 강 서쪽에는 무역 왕국 시절에 유입된 중국 문화가 짙게 남아 있고, 동쪽에는 포르투갈, 네덜란드, 영국 등 서양 열강들의 지배를 받을 때 지어진 교회, 광장, 요새 등의 역사적 건축물들이 잘 보존되어 있다. 한 도시에 동서양의 문화와 역사가 공존하는 독특한 도시경관 덕분에 2008년 도시 전체가 유네스코 세계문화유산에 등재되었다. 강변을 따라 이어지는 산책로와 개성 넘치는 숍들은 믈라카 여행의 또 다른 볼거리를 제공하여 말레이시아를 대표하는 관광도시로 거듭나고 있다.

이것만은 꼭!

1. 유네스코 세계문화유산 탐방하기
2. 존커 스트리트와 하모니 스트리트 둘러보기
3. 리버 크루즈 타고 석양 감상하기

● 쿠알라룸푸르

★ 믈라카

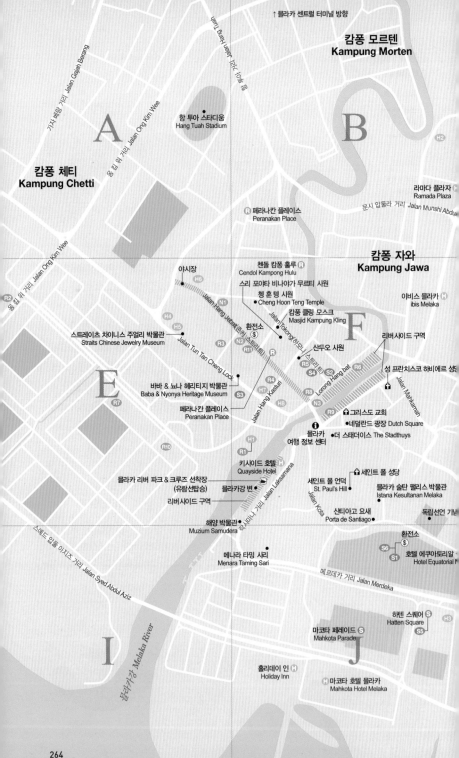

↑ 믈라카 센트럴 터미널 방향

캄퐁 모르텐
Kampung Morten

항 투아 스타디움
Hang Tuah Stadium

캄퐁 체티
Kampung Chetti

라마다 플라자
Ramada Plaza

문시 압둘라 거리 Jalan Munshi Abdu

페라나칸 플레이스
Peranakan Place

캄퐁 자와
Kampung Jawa

야시장

첸돌 캄퐁 훌루
Cendol Kampong Hulu

스리 포야타 비나야가 무르티 사원

이비스 믈라카
ibis Melaka

쳉 훈 텡 사원
Cheng Hoon Teng Temple

캄퐁 클링 모스크
Masjid Kampung Kling

스트레이츠 차이니스 주얼리 박물관
Straits Chinese Jewelry Museum

환전소

산두오 사원

리버사이드 구역

바바 & 뇨냐 헤리티지 박물관
Baba & Nyonya Heritage Museum

성 프란치스코 하비에르 성

페라나칸 플레이스
Peranakan Place

그리스도 교회

네덜란드 광장 Dutch Square

더 스태더이스 The Stadthuys

믈라카
여행 정보 센터

키사이드 호텔
Quayside Hotel

세인트 폴 성당

믈라카 리버 파크 & 크루즈 선착장
(유람선탑승)

세인트 폴 언덕
St. Paul's Hill

믈라카 술탄 팰리스 박물관
Istana Kesultanan Melaka

믈라카강 변

리버사이드 구역

산티아고 요새
Porta de Santiago

독립 선언 기념

해양 박물관
Muzium Samudera

환전소

호텔 에쿠아토리얼 ₪
Hotel Equatorial ₪

메나라 타밍 사리
Menara Taming Sari

메르데카 거리 Jalan Merdeka

하텐 스퀘어
Hatten Square

마코타 페레이드
Mahkota Parade

홀리데이 인
Holiday Inn

마코타 호텔 믈라카
Mahkota Hotel Melaka

센트럴 믈라카
Sentral Melaka

캄퐁 부킷 겐동
Kampung Bukit Gendong

0   300m

N

C   D

부킷 차이나
Bukit China

쥴란 푸테리 항 리 포 거리 Jalan Puteri Hang Li Poh

G

레스토랑

R1 더 리버 그릴 The River Grill		F
R2 낸시스 키친 Nancy's Kitchen		E
R3 일레븐 비스트로 & 레스토랑		
Eleven Bistro & Restaurant		E
R4 카란더 아트 카페 Calanthe Art Café		F
R5 올라 라반데리아 카페 Ola Lavanderia Café		F
R6 라오 산 카페 Lao San Café		F
R7 하우 허 시양 딤섬 How Her Siang Timsum		E
R8 호에 키 치킨라이스 Hoe Kee Chickenrice		F
R9 첸돌 잠 베사르 Cendol Jam Besar		F
R10 존커 스트리트 호커센터		
Jonker Street Hawker Centre		E
R11 더 데일리 픽스 카페 The Daily Fix Café		F

쇼핑

S1 다타란 팔라완 믈라카 메가몰		
Dataran Pahlawan Melaka Megamall		J
S2 오랑우탄 하우스 Orangutan House		F
S3 레드 어스 컬렉션 Red Earth Collection		F
S4 존커 갤러리 Jonker Gallery		F
S5 H&M		J
S6 파디니 Padini		J

나이트라이프

N1 존커 워크 야시장 Jonker Walk Night Market		E
N2 지오그래퍼 카페 Geographér Café		F
N3 하드록 카페 Hard Rock Cafe		F

숙소

H1 카사 델 리오 믈라카 Casa del Rio Melaka		F
H2 더 마제스틱 The Majestic		B
H3 하텐 호텔 Hatten Hotel		J
H4 스위스 호텔 헤리티지 부티크 믈라카		
Swiss Hotel Heritage Boutique		E
H5 호텔 푸리 믈라카 Hotel Puri Melaka		E
H6 존커 부티크 호텔 Jonker Boutique Hotel		E
H7 코트야드 앳 히렌 부티크 호텔		
Courtyard @ Heeren Boutique Hotel		F
H8 진저 플라워 부티크 호텔		
Gingerflower Boutique Hotel		F

파라메스와라 거리 Jalan Parameswara

우종 파시르 거리 Jalan Ujong Pasir

K   L

타만 셍 헹
Taman Seng Heng

만 믈라카 라야
an Melaka Raya

믈라카 거리 Jalan Melaka

쥴란 믈라카 Jalan Melaka

해상 모스크 ↓

믈라카로 가는 방법 — Access

장거리 버스

쿠알라룸푸르에서 믈라카로 가려면 종합버스 터미널인 TBS(Terminal Bersepadu Selatan)에서 장거리 버스를 이용하는 것이 가장 편리하다. TBS로 가는 방법은 KL 센트럴역에서 KLIA 트랜짓(Transit)을 타고 반다르 타식 셀라탄(Bandar Tasik Selatan)역에서 내리면 TBS와 연결된다. TBS에서 믈라카 센트럴 터미널(Melaka Sentral Terminal)까지는 약 2시간 소요.

운행 07:00~22:00(30분 간격)
요금 RM10~15
TBS 홈페이지 www.tbsbts.com.my

믈라카 센트럴 터미널에서 시내로 가기

믈라카 센트럴 터미널에서 시내로 가려면 파노라마 버스(Panorama Bus) 또는 택시를 타면 된다. 버스 요금은 RM2으로 버스에 탑승 후 현금으로 지불한다. 거스름돈을 거슬러주지 않으므로 잔돈을 준비할 것. 택시는 터미널 내에 있는 카운터에서 목적지를 말하면 티켓을 끊어주는데 시내까지의 요금은 정액제로 RM20.

주소 Jalan Sentral, Malacca Town, Melaka
전화 606-288-1340

믈라카 시내 교통 — Transportation

믈라카의 주요 관광 명소는 역사지구 안에 모여 있어서 도보로 쉽게 이동할 수 있다. 택시도 있지만 별로 이용하지 않는 편이며, 트라이쇼(Trishaw)라고 부르는 인력거나 자전거를 주로 이용한다.

믈라카 여행자 정보 센터
Melaka Tourist Information Centre(MTIC)
MAP p.264-F **찾아가기** 네덜란드 광장 근처
주소 Jalan Kota, Melaka
전화 606-288-1549
운영 09:00~17:00 ※보수 공사 중

Tip 믈라카에서 주변 지역 여행하기

믈라카 센트럴 터미널에서 쿠알라룸푸르, 조호르바루, 페낭, 싱가포르 등으로 갈 수 있는 중장거리 버스를 탈 수 있다. 여러 버스 회사 중 트랜스내셔널(Transnational) 회사의 이용률이 높으며, 쿠알라룸푸르 공항으로 가는 공항버스도 있다.

믈라카
추천 코스

★ **코스 총 소요 시간** : 10~12시간

★ **여행 포인트** : 오전에는 믈라카강 서쪽의 차이나타운을, 오후에는 식민지 시대의 유적들이 남아 있는 강 동쪽을 중심으로 돌아본다. 오랜 세월 동안 다양한 문화와 역사가 축적된 도시답게 볼거리가 많으므로 이틀 정도 여유 있게 머물 것을 권한다.

1DAY

10:00 스트레이츠 차이니스 주얼리 박물관 구경하기

▼ 도보 10분

11:30 하모니 스트리트에서 사원 구경하기

▼ 도보 7분

12:30 페라나칸 플레이스에서 뇨냐식 점심 식사

▼ 도보 5분

13:30 네덜란드 광장 주변의 세계문화유산 구경하기

▼ 도보 10분

16:30 박물관 또는 해상 모스크 다녀오기

▼ 택시 15분

18:00 더 데일리 픽스에서 저녁 식사

▼ 도보 8분

19:00 유람선을 타고 믈라카강 변 둘러보기

▼ 도보 10분

20:30 강변에서 맥주 한잔을 마시며 마무리

세계문화유산을 감상하며 걷는
믈라카 헤리티지 트레일 가이드

말레이시아의 역사가 시작된 믈라카는 도시 전체가 유네스코 세계문화유산에 등재된 곳이다. 대부분의 유적지가 네덜란드 광장과 차이나타운 주변에 집중되어 있어 걸어서도 충분히 돌아볼 수 있다. 여행자들에게 추천하는 2가지 산책 코스를 안내한다.

믈라카강 동쪽의 역사지구 소요 시간 : 4시간

믈라카강 동쪽에 자리한 14곳의 명소를 둘러보는 코스. 여행자 정보 센터에서 출발해 유네스코 세계문화유산을 중심으로 돌아본 후 네덜란드 광장에서 마무리한다.

여행자 정보 센터 : 믈라카 여행의 시작점으로 이곳에서 믈라카 시내 지도를 챙기자.

그리스도 교회 : 1753년 네덜란드 건축 양식으로 지어진 붉은 벽돌조 교회

분수대 : '빅토리아 분수'라는 애칭으로 불리는 분수대

풍차 : 네덜란드 광장 앞에 있으며 네덜란드를 상징하는 아이콘

더 스태더이스 : 동남아시아에서 가장 오래된 네덜란드 양식의 건축물로 현재는 역사박물관으로 사용되고 있다.

세인트 폴 언덕 : 믈라카 시내를 조망할 수 있는 언덕으로 성당과 묘지 등의 유적이 남아 있다.

세인트 폴 성당 : 지금은 폐허가 되었지만 믈라카 해협이 한눈에 내려다보이는 인기 명소.

산티아고 요새 : 포르투갈이 지배하던 16세기에 지은 요새로 현재는 관문과 대포만 남아 있다.

믈라카 술탄 팰리스 : 믈라카 술탄 왕조의 궁전을 말레이시아 전통양식으로 복원한 박물관

독립선언 기념관 : 말레이시아의 독립 과정과 관련된 방대한 자료를 소장하고 있다. *현재 보수 공사 중

메나라 타밍 사리 : 말레이시아 최초의 회전식 타워로 시원한 전망을 감상할 수 있다.

해양 박물관 : 과거에 침몰했던 범선을 복원해 해양 박물관으로 사용하고 있다.

네덜란드 광장 : 이국적인 건축물들이 모여 있는 믈라카 여행의 중심

믈라카강 서쪽의 역사지구 소요 시간 : 4시간

믈라카강 서쪽에 자리한 11곳의 명소를 둘러보는 코스. 네덜란드 광장에서 시작해 차이나타운, 존커 스트리트, 하모니 스트리트, 락사마나 스트리트의 성당까지 둘러보고 강변에서 마무리한다.

세인트 폴 언덕

분수대

독립선언 기념관

해양 박물관

네덜란드 광장 : 광장 앞 화단을 지나 작은 다리를 건너면 차이나타운이 시작된다.

바바 & 뇨냐 헤리티지 박물관 · 스트레이츠 차이니스 주얼리 박물관 : 페라나칸 문화를 감상할 수 있는 박물관

존커 스트리트 : 믈라카의 차이나타운으로 옛 건물을 개조한 카페, 상점, 레스토랑이 즐비하다.

청 훈 텡 사원 : 중국식 사원으로 말레이시아에서 가장 오랜 역사를 자랑한다.

캄퐁 클링 모스크 : 1748년에 지어진 말레이시아의 이슬람 초기 모스크

스리 포야타 비나야가 무르티 사원 : 힌두 사원으로 소박하지만 오랜 역사를 자랑한다.

하모니 스트리트 : 중국, 인도, 말레이 사원과 아기자기한 카페, 상점이 모여 있는 거리

산두오 사원 : 1795년에 지어진 중국 도교 사원으로 작지만 화려한 양식이 특징이다.

오랑우탄 하우스 : 믈라카 출신의 아티스트 찰스 참의 갤러리 & 아트 숍으로 티셔츠를 판매한다.

성 프란치스코 하비에르 성당 : 동방의 사도 성 프란치스코 하비에르를 기리기 위한 성당

믈라카강 변 : 믈라카 시내를 가로지르는 강으로 강변을 따라 예쁜 풍경이 펼쳐진다.

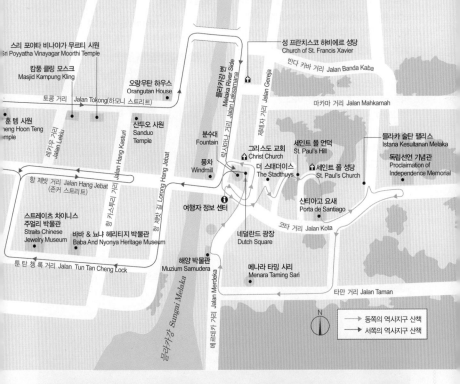

바바 & 뇨냐 헤리티지 박물관

청 훈 텡 사원

하모니 스트리트

캄퐁 클링 모스크

네덜란드 광장
Dutch Square
★
★
★

믈라카의 랜드마크이자 여행의 시작점

믈라카 역사지구의 중심에 있는 광장으로 네덜란드 통치 시절인 1660~1700년대에 지어졌다. 전형적인 유럽식 광장으로 오랫동안 시민들의 공공광장과 쉼터 역할을 해왔으며 지금은 믈라카 여행의 시작점으로 사랑받고 있다. 광장 주변에는 그리스도 교회를 비롯해 시계탑, 빅토리아 분수대, 더 스태더이스 등 테라코타 양식의 붉은 건축물들이 포진하고 있어 이국적인 분위기를 낸다. 또한 믈라카의 명물로 꼽히는 형형색색의 '트라이쇼(Trishaw)'가 대기하고 있고 작은 기념품 가게들도 줄지어 있다. 광장 앞 도로에는 예쁘게 가꾼 화단과 네덜란드를 상징하는 풍차가 세워져 있어 사진 촬영 장소로 인기가 높다. 원형 화단 쪽으로 걸어가면 여행 정보를 얻을 수 있는 여행자 정보 센터가 있으며, 바로 옆에 있는 다리를 건너면 차이나타운으로 이어진다.

MAP p.264-F ◆**찾아가기** 믈라카 센트럴 터미널에서 택시로 약 10분◆**주소** Jalan Gereja, Melaka

세인트 폴 성당
St. Paul's Church
★ ★ ★

믈라카 해협을 한눈에 조망하다

1521년 포르투갈의 두아르테 코엘료에 의해 지어진 예배당으로 세인트 폴 언덕 위에 있다. 가톨릭 포교의 중요한 거점지였으나 네덜란드와 영국군에 의해 파괴되어 지금은 외벽과 12개의 비석만 남아 있다. 성당 앞 공터에는 한 손을 잃은 프란치스코 하비에르의 성상이 세워져 있으며 안쪽으로 들어가면 그의 유골이 9개월 간 안치되었던 자리가 보존되어 있다. 성당으로 올라가는 길이 언덕과 가파른 계단이어서 다소 힘들지만 믈라카 해협과 마을 풍경이 한눈에 펼쳐져 아름다운 전망을 감상할 수 있다. 성당 옆길을 따라 내려가면 독립선언 기념관과 산티아고 요새로 이어진다.

MAP p.264-F◆**찾아가기** 네덜란드 광장에서 더 스태더이스 뒤편의 언덕을 따라 도보 약 10분◆**주소** Jalan Kota, Melaka

✎More 성 프란치스코 하비에르 St. Francis Xavier

1506년 스페인 바스크 지방에서 태어났으며 '동방의 사도'로 유명한 예수회의 공동 창설자로 인도, 일본 등 아시아에서 활발한 선교 활동을 펼쳤다. 말레이시아에서는 믈라카에서 1545년부터 1547년까지 머물렀다. 1552년 중국에서 선종하기까지 위대한 선교사의 삶을 살았으며 그의 유골은 믈라카를 거쳐 현재 인도의 고아(Goa)에 묻혀 있다.

더 스태더이스
The Stadthuys
★★

동남아시아 최초의 네덜란드 양식 건축물

1650년 네덜란드 총독과 관리들의 공관으로 사용하기 위해 지어진 건물이다. 동남아시아에서 가장 오래된 네덜란드 양식의 건축물로, 건축 당시의 모습이 원형 그대로 잘 남아 있다. 현재는 믈라카 왕국 시절부터 내려온 전통 혼례복과 다채로운 유물을 전시하는 박물관으로 사용되고 있다.

MAP p.264-F◆**찾아가기** 네덜란드 광장에서 도보 약 1분 ◆**주소** Jalan Gereja, Melaka◆**전화** 606-284-1934 ◆**운영** 09:00~17:30◆**요금** 박물관 어른 RM12, 어린이 RM6

그리스도 교회
Christ Church
★★

네덜란드 통치 시절의 대표적인 건축물

1753년에 건립된 교회로 네덜란드 건축 기법의 특징을 볼 수 있는 대표적인 건축물 중 하나다. 건축에 사용된 붉은 벽돌은 네덜란드 젤란드(Zeeland)주에서 가져왔으며, 교회의 신도석과 대들보를 보면 이음새가 없는 것이 특징이다. 교회 바닥에는 아르메니아체로 기록된 필체와 네덜란드 묘석도 찾아볼 수 있다. 관광객의 입장은 한시적으로만 허용한다.

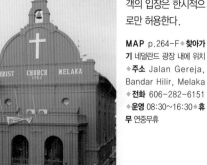

MAP p.264-F◆**찾아가기** 네덜란드 광장 내에 위치 ◆**주소** Jalan Gereja, Bandar Hilir, Melaka ◆**전화** 606-282-6151 ◆**운영** 08:30~16:30◆**휴무** 연중무휴

성 프란치스코 하비에르 성당
Church of St. Francis Xavier
★★

하비에르를 기리기 위한 성당

네덜란드 광장에서 조금 떨어진 락사마나 거리(Jalan Laksamana)에 있는 가톨릭 성당. 1849년 프랑스 신부 파르베(Farve)가 동방에 가톨릭을 포교한 프란치스코 하비에르를 기리기 위해 지었다. 고딕 양식으로 세운 두 개의 쌍둥이 탑이 특징인데 좌측으로 살짝 기울어져 있다.

MAP p.264-F◆**찾아가기** 네덜란드 광장에서 도보 약 3분 ◆**주소** 12, Jalan Banda Kaba, Melaka◆**전화** 606-282-4770

메나라 타밍 사리
Menara Taming Sari
★
★

말레이시아 최초의 회전식 타워 전망대

2008년에 개장한 타워 전망대로 360도 회전식
이라 가만히 있어도 사방의 전경을 볼 수 있다.
지상 80m까지 올라가는 데 약 7분 소요되며,
1회 운행 시 최대 66명까지 탑승이 가능하다.
역사적인 도시 믈라카의 아름다운 전경을 한눈
에 조망할 수 있어 관광객들에게 인기가 높다.

MAP p.264-J◆**찾아가기** 네덜란드 광장에서 도보 약 7분
◆**주소** Jalan Merdeka, Melaka◆**전화** 606-288-
1100◆**운영** 10:00~23:00◆**휴무** 연중무휴◆**요금** 어른
RM23, 어린이 RM15
◆**홈페이지** www.menarataming sari.com

산티아고 요새
Porta de Santiago
★
★
★

믈라카 방어를 위해 포르투갈군이 지은 요새

1511년에 지어진 요새로 에이 파모사(A
Famosa)라고도 부른다. 네덜란드군과 영국
군의 침공으로 파괴된 후 네덜란드인에 의해
복원되었으나 관리가 되지 않아 지금은 관문과
구형 대포들만 남아 있다. 요새 옆으로 난 길을
따라 올라가면 세인트 폴 언덕과 성당으로 이
어진다.

MAP p.264-F◆**찾아가기** 네덜란드 광장에서 도보 약 5분
◆**주소** Jalan Parameswara, Melaka

해양 박물관
Muzium Samudera
★
★
★

믈라카의 해양 역사를 보여주는 박물관

거대한 범선은 과거 믈라카 왕국의 보물을 가득
싣고 본국으로 귀향하던 중 침몰한 포르투갈 선박
(Flor de la Mar)을 복원한 것으로 길이 36m,
폭 8m, 높이 34m에 달한다. 내부에는 당시 믈
라카 항구의 모습을 재현한 모형과 배 모형, 총기
류, 지도 등 해양 자료들이 전시되어 있다.

MAP p.264-F◆**찾아가기** 네덜란드 광장에서 도보 약 5분
◆**주소** Jalan Merdeka, Melaka◆**전화** 606-284-
7090◆**운영** 09:00~11:30, 14:45~17:00◆**휴무** 월요
일◆**요금** 어른 RM20, 어린이 RM10(범선, 해양박물관, 해
군박물관 공통)◆**홈페이지** www.perzim.gov.my

쳉 훈 텡 사원
Cheng Hoon Teng Temple
★
★
★

말레이시아에서 가장 오래된 중국식 사원

1644년 믈라카에 정박한 명나라 정화 장군을 기리기 위해 세워졌다. 도교, 유교, 불교의 융합을 보여주는 사원으로 본당에는 관음보살이 모셔져 있다. 사원의 기둥, 천장, 지붕에 이르기까지 장인 정신이 만들어낸 역작으로 2003년 뛰어난 복원 기술을 인정받아 유네스코 특별상을 수상하기도 했다.

MAP p.264-F◆**찾아가기** 네덜란드 광장에서 도보 약 10분◆**주소** 25, Jalan Tokong, Malaka◆**전화** 606-282-9343◆**운영** 07:00~18:00◆**휴무** 연중무휴◆**홈페이지** www.chenghoonteng.org.my

캄풍 클링 모스크
Masjid Kampung Kling
★
★

초록색 지붕이 인상적인 유서 깊은 모스크

1748년에 목조로 세운 것을 1872년에 재건축하여 지금의 모습으로 보존되어 있다. 말레이시아 초기 모스크의 모습이 상당 부분 남아 있는 건축물로 지붕과 첨탑의 구조는 인도네시아 발리와 수마트라에서 비롯된 양식이다. 사원의 담장은 1868년 첨탑 보호를 위해 세워졌다. 클링(Kling)은 인도계 이슬람교도를 의미한다.

MAP p.264-F◆**찾아가기** 네덜란드 광장에서 도보 약 7분◆**주소** Jalan Tokong, Melaka◆**전화** 606-282-6526◆**운영** 08:00~18:00◆**휴무** 월요일

스리 포야타 비나야가 무르티 사원
Sri Poyyatha Vinayagar Moorthi Temple
★
★

말레이시아 초기에 지어진 힌두 사원

화려한 색채의 외관은 힌두 사원의 특징을 그대로 담고 있으며 비나야가(Vinayaga) 신을 비롯해 여러 힌두 신들을 모시고 있다. 힌두교의 대표 신으로 알려진 코끼리 신, 가네샤(Ganesa)의 상이 외부에 없다는 점이 기존의 힌두 사원과 다른 점이다.

MAP p.264-F◆**찾아가기** 네덜란드 광장에서 도보 약 7분◆**주소** Jalan Tokong, Melaka◆**전화** 606-281-0693◆**운영** 07:00~11:30, 18:00~21:00◆**휴무** 연중무휴

믈라카 술탄 팰리스 박물관 ★★★
Istana Kesultanan Melaka

믈라카 술탄 왕조의 궁전을 복원한 박물관

1456~1477년까지 믈라카를 통치했던 술탄 만수르 샤(Mansur Shah)의 궁전을 복원하여 박물관으로 문을 열었다. 단 하나의 못도 사용하지 않고 목재만을 이용해 집을 짓는 믈라카 전통 건축 양식으로 1985년에 지어졌다. 1층 전시관에는 믈라카 해협을 중심으로 무역을 하던 중국, 인도, 아랍 상인들의 모습과 소품들을 비롯해 말레이 전통 의상, 페라나칸 세라믹과 도자기 등을 전시하고 있다. 2층은 의전 행사에 사용되던 왕실 의상과 술탄의 침실을 구경할 수 있다. 박물관 내부는 신발을 벗고 입장해야 하며 3층을 제외한 1~2층만 관람이 가능하다. 외부에는 산책을 즐길 수 있는 공원도 있다.

MAP p.264-F ◆ **찾아가기** 네덜란드 광장에서 도보 약 5분 ◆ **주소** Jalan Kota, Melaka ◆ **전화** 606-282-7464 ◆ **운영** 09:00~12:45, 14:45~17:00 ◆ **휴무** 월요일 ◆ **요금** 어른 RM20, 어린이 RM10 ◆ **홈페이지** www.perzim.gov.my

독립선언 기념관 ★★
Proclaimation of Independence Memorial

말레이시아의 역사와 독립을 한눈에

1912년 영국인들의 사교클럽으로 지어진 건물로 현재는 말레이시아 독립선언 기념관으로 사용되고 있다. 1층은 말레이시아의 근대사와 관련된 사진, 문서, 소품 등을 이용해 독립을 선언하기까지의 과정을 연대순으로 설명하고 있다. 2층은 독립 당시 군인과 경찰들이 착용하던 의복과 각종 무기, 독립을 기념하는 기록물을 보존하고 있다. 건물 밖에는 말레이시아 초대 총리가 이용하던 의전차량과 경호차량이 전시되어 있다. 대부분의 기록물들은 영어와 말레이어로 표기되어 있다. *현재 보수 공사 중

MAP p.264-F ◆ **찾아가기** 네덜란드 광장에서 도보 약 7분 ◆ **주소** Jalan Parameswara, Melaka ◆ **전화** 606-284-1231 ◆ **운영** 09:00~17:00(금요일 12:00~15:00 휴관) ◆ **휴무** 월요일

스트레이츠 차이니스 주얼리 박물관
Straits Chinese Jewelry Museum
★ ★

140년 전통의 페라나칸 박물관

박물관은 2층으로 구성된 전통 가옥으로 1층은 선조를 모시는 공간과 페라나칸 여성들이 여가 시간을 보내던 방이 있고, 2층은 3개의 테마별

갤러리를 운영하고 있다. 중국, 말레이, 유럽 등 다양한 문화와 융합하며 지켜온 가족의 소장품 들을 전시하고 있다. 전문 가이드가 상주하고 있어 상세한 설명(영어, 중국어)을 들을 수 있다.

MAP p.264-E ◆**찾아가기** 네덜란드 광장에서 도보 약 8분 ◆**주소** 108, Jalan Tun Tan Cheng Lock, Melaka ◆**전화** 606-281-9763 ◆**운영** 10:00~17:00(금~일요일 18:00까지) ※임시 휴업 ◆**휴무** 연중무휴 ◆**요금** 어른 RM15, 어린이 RM10(가이드 투어 포함)

바바 & 뇨냐 헤리티지 박물관 ★
Baba & Nyonya Heritage Museum

4대째 내려오는 페라나칸 저택

페라나칸(Peranakan, 중국 남성과 말레이 여성 사이에 태어난 혼혈 민족)의 후손을 남자는 바바, 여자는 뇨냐라 한다. 바바·뇨냐의 문화와 생활, 역사를 한눈에 볼 수 있도록 꾸민 박물관으로 원래 찬첸 슈(Chan Cheng Siew)라는 중국인의 저택이었다. 박물관 내 진열된 가구와 소품들은 모두 100년 이상 된 진품들로 영국 빅토리아 시대의 화려함이 녹아 있다.

MAP p.264-F ◆**찾아가기** 네덜란드 광장에서 도보 약 7분 ◆**주소** 48, Jalan Tun Tan Cheng Lock, Melaka ◆**전화** 606-283-1273 ◆**운영** 10:00~13:00, 14:00~17:00 ◆**휴무** 월요일 ◆**요금** 어른 RM18, 어린이 RM13(영어, 중국어 가이드 투어 RM25 별도) ◆**홈페이지** www.babanyonyamuseum.com

믈라카강 변
Melaka Riverside
★ ★

운치가 흐르는 강변

믈라카 시내를 가로지르는 믈라카강을 따라 좌우로 예쁜 산책로와 노천카페, 레스토랑 등이 길게 늘어서 있다. 산책로를 따라 천천히 구경하며 걷거나 유람선을 타고 한 바퀴 돌아볼 수도 있다. 저녁에는 가게마다 예쁜 조명을 밝혀 로맨틱한 분위기에서 시원한 맥주 한잔을 즐기기에 더없이 좋다.

MAP p.264-F ◆**찾아가기** 네덜란드 광장에서 도보 약 3분

🌱 More 믈라카를 즐기는 나만의 방법

믈라카 여행은 다양한 방법으로 즐길 수 있다. 이른 아침에는 도보나 자전거를 이용해 믈라카 구석구석을 돌아보고, 날씨가 더워지는 오후 무렵에는 트라이쇼나 리버 크루즈를 타고 둘러보는 방법을 추천한다.

▪ 워킹 투어

가장 쉽게 믈라카를 구경할 수 있는 방법으로 정해진 코스(p.268)를 따라 걷거나 발길 닿는 대로 가보자. 단, 중심거리에서 너무 멀리 나가기보다는 핵심이 되는 거리 순으로 둘러보자. 햇볕을 막을 수 있는 모자, 물, 선크림은 필수. 소요 시간 4시간.

출발 여행자 정보 센터 앞

▪ 자전거 투어

대중교통이 별로 없는 믈라카에서 자전거는 유용한 교통수단. 거리가 단순하고 차도 많지 않아서 자전거를 타기 좋은 환경이다. 대부분의 숙소에서 자전거를 대여해주며 차이나타운 인근, 하모니 스트리트 주변에는 저렴하게 자전거를 대여할 수 있는 가게가 많다. 햇볕이 뜨거운 낮보다는 이른 아침이나 해 질 무렵에 타길 권한다.

요금 1시간 RM3~5, 1일 RM10~15

▪ 트라이쇼 투어

트라이쇼(Trishaw)라 부르는 삼륜 자전거는 믈라카를 가장 편하게 둘러볼 수 있는 이동 수단이자 여행자들에게 특별한 즐길 거리로 인기가 높다. 주인의 취향에 따라 화려하게 꾸민 트라이쇼를 타고 타운을 둘러보자. 네덜란드 광장과 다타란 팔라완 메가 몰 근처에 트라이쇼 기사들이 모여 있으며 흥정을 통해 시간과 코스를 조절할 수 있다.

요금 30분 RM30~40, 60분 RM50~60

▪ 리버 크루즈 투어

믈라카강을 따라 운행하는 리버 크루즈(River Cruise)는 색다른 즐거움이다. 믈라카 리버 파크 & 크루즈(MAP p.264-F)에서 출발해 믈라카의 명소들을 둘러보고 돌아오는 5.5km의 코스다. 소요 시간은 약 45~60분으로 최대 40명까지 탑승이 가능하다. 해 질 무렵에 타면 더욱 운치가 있다.

믈라카 리버 파크 & 크루즈
Melaka River Park & Cruise
찾아가기 네덜란드 광장에서 도보 약 5분 **운영** 09:00 ~23:30 **요금** 어른 RM30, 어린이(2~12세) RM25

더 리버 그릴
The River Grill

고급스런 파인다이닝 레스토랑

카사 델 리오(Casa del Rio) 호텔 내에 있는 올 데이 다이닝 레스토랑. 오전에는 투숙객을 위한 조식 뷔페를 제공하고 점심에는 뇨냐 요리 세트, 저녁에는 그릴에 직접 구운 스테이크와 해산물 요리를 선보인다. 실내는 우아하고 은은한 분위기이며, 믈라카강변의 풍경을 마주하며 식사를 즐길 수 있는 테라스석도 있다. 토요일에는 바비큐 타임이 있고 와인 셀렉션도 풍부해 와인을 좋아하는 여행자들에게 호평을 받고 있다.

MAP p.264-F◆**찾아가기** 네덜란드 광장에서 도보 약 10분◆**주소** 88, Jalan Kota Laksamana, Melaka◆**전화** 606-289-6888◆**영업** 06:00~23:00◆**휴무** 연중무휴◆**예산** 메인 요리 RM35~100, 음료 RM9~23(세금+봉사료 16% 별도)◆**홈페이지** www.casadelrio-melaka.com

낸시스 키친
Nancy's Kitchen

뇨냐 요리 전문 레스토랑

정통 뇨냐 요리를 선보이는 곳으로 코스 메뉴 또는 다양한 단품 메뉴로 즐길 수 있다. 인기 메뉴는 우리의 닭볶음탕보다 조금 시큼한 맛을 내는 치킨 캔들넛(Chicken Candlenut), 진한 새우 국물에 메추리알과 어묵 등을 올린 뇨냐 락사(Nyonya Laksa)가 있다. 뇨냐 요리가 처음이라면 부담 없이 먹을 수 있는 톱 햇(Top Hat)을 추천한다. 식전 요리의 일종으로 바삭하면서도 새콤달콤한 맛이 일품이며 튀긴 스프링롤과 비슷하다. 점심시간에는 손님이 몰리므로 오후 시간을 공략하자.

MAP p.264-E◆**찾아가기** 네덜란드 광장에서 차로 약 5분◆**주소** 13 Jalan KL 3, 8, Taman Kota Laksamana, Melaka◆**전화** 606-283-6099◆**영업** 11:00~17:00(금·토요일·공휴일 21:00까지)◆**휴무** 화요일◆**예산** 식사류 RM10~25(봉사료 6% 별도)

일레븐 비스트로 & 레스토랑
Eleven Bistro & Restaurant

믈라카에서 맛보는 포르투갈 음식

매콤한 삼발 소스로 양념한 삼발 프라운 (Sambal Prawn)과 볶음국수로 유명하다. 삼발 프라운은 먼저 조리한 새우를 넣고 양파와 함께 양념에 조려내는데 새우 특유의 냄새가 없고 매콤한 양념 소스 덕분에 밥과 함께 비벼 먹기에도 좋다. 볶음국수는 두툼한 면과 숙주를 통후추와 함께 볶아낸 요리로 강한 불맛을 느낄 수 있다. 깡꿍(Kangkung)이라 불리는 채소까지 곁들이면 한 끼 식사로 충분하다. 함께 운영하는 비스트로는 늦은 시간까지 영업하는 믈라카의 몇 안 되는 나이트라이프 스폿 중 하나다.

MAP p.264-E◆**찾아가기** 네덜란드 광장에서 도보 약 18분◆**주소** 11, Jalan Hang Lekir, Melaka◆**전화** 606-282-0011◆**영업** 레스토랑 11:30~23:45, 비스트로 18:00~02:00◆**휴무** 연중무휴◆**예산** 면 요리 RM12~28, 삼발 프라운 RM25, 크랩 요리 RM40~50(봉사료 6% 별도)◆**홈페이지** www.elevenbistro.com.my

---

카란더 아트 카페
Calanthe Art Café

말레이시아 커피를 주제로 한 아트 카페

현지의 아티스트들이 직접 참여해 그린 벽화와 그림들로 꾸민 독특한 분위기의 카페. 말레이시아 13개 주에서 수확한 원두를 각 지역의 방식으로 로스팅해 다양한 맛의 커피를 즐길 수 있다. 평소에 강한 블랙커피를 즐겨 마신다면 믈라카 커피를 마셔보자. 커피와 함께 곁들일 수 있는 담백한 카야 토스트도 인기 메뉴 중 하나. 카페 로고가 들어간 커피잔 세트와 커피 제품도 판매한다.

MAP p.264-F◆**찾아가기** 네덜란드 광장에서 도보 약 5분◆**주소** 11, Jalan Hang Kasturi, Melaka◆**전화** 606-292-2960◆**영업** 09:00~22:30◆**휴무** 목요일◆**예산** 커피 RM5.10~15, 식사류 RM15~22(봉사료 6% 별도)

페라나칸 플레이스
Peranakan Place

페라나칸 요리를 선보이는 레스토랑

뇨냐 요리와 현지인들이 좋아하는 메뉴들을 내놓는 체인형 레스토랑으로 페라나칸 분위기가 물씬 풍긴다. 가볍게 먹기 좋은 락사 요리와 나시 르막, 페라나칸 플래터 등이 인기다. 현지

물가에 비하면 조금 비싼 편이다. 외국인을 위한 포토 메뉴가 있으며, 곁들일 수 있는 디저트나 음료도 주문할 수 있다.

MAP p.264-F ◆ **찾아가기** 네덜란드 광장에서 도보 약 3분 ◆ **주소** 54 jalan Hang Jebat, Melaka ◆ **전화** 019-319-8199 ◆ **영업** 10:00～21:00 ◆ **휴무** 연중무휴 ◆ **예산** 파이티(Pai Tee) RM7.90, 뇨냐 락사 RM12.90, 음료 RM3.90(세금포함) ◆ **홈페이지** www.peranakan.com.my

올라 라반데리아 카페
Ola Lavanderia Café

여행자들의 아지트 역할을 하는 카페

오랑우탄 하우스에서 옆 골목(Jalan Tukang Besi)으로 100m 정도 가면 나오는 작고 소박한 카페. 간단한 아침 식사 메뉴와 팬케이크,

샐러드, 토스트 등의 브런치 메뉴를 제공하며 빨래방을 겸하고 있는 점이 특이하다. 주변에 게스트하우스가 많아 여행자들이 아침 식사와 빨래를 해결하기 위해 즐겨 찾는다.

MAP p.264-F ◆ **찾아가기** 네덜란드 광장에서 도보 약 5분 ◆ **주소** 25, Jalan Tukang Besi, Melaka ◆ **전화** 6012-612-6665 ◆ **영업** 08:00～17:00 ◆ **휴무** 일요일 ◆ **예산** 브런치 메뉴 RM11～20

라오 산 카페
Lao San Café

맛있는 첸돌로 유명한 카페

오후 무렵이 되면 약속이나 한 듯이 시원한 생맥주나 말레이식 빙수 '첸돌(Cendol)'을 먹기 위해 사람들이 몰려든다. 시중에서 파는 첸돌과 달리 카페에서 직접 만든 설탕을 넣어 더욱 달달하다. 은은한 코코넛 밀크 향과 판단으로 만든 젤리도 맛이 좋다. 강변을 바라보며 여유를 즐길 수 있는 전망 좋은 카페로 가격도 저렴한 편이다.

MAP p.264-F ◆ **찾아가기** 네덜란드 광장에서 도보 약 5분 ◆ **주소** 82, Lorong Hang Jebat, Melaka ◆ **전화** 606-288-3630 ◆ **영업** 14:00~23:30 ※임시 휴업 ◆ **예산** 첸돌 RM4, 치킨 커리 RM9, 병맥주 RM13~

첸돌 캄풍 훌루
Cendol Kampung Hulu

6012-673-2028 ◆ **영업** 16:00~23:00 ◆ **휴무** 연중무휴 ◆ **예산** 기본 RM9, 두리안 첸돌 RM25(세금 6% 별도)

믈라카 NO.1 첸돌 가게

현지인들이 즐겨 찾는 푸드코트 마칸 애비뉴(Makan Avenue)에 위치하고 있다. 강변을 마주하고 있어 첸돌을 먹으면서 잠시 쉬었다 가기 좋다. 기본 첸돌에 원하는 과일을 토핑으로 올릴 수 있는데 과일마다 가격이 다르다. 열대과일과 아이스크림, 크림치즈를 함께 올려 먹기도 한다. 평상시 먹기 어려운 과일을 올려 색다른 경험을 해보자.

MAP p.264-F ◆ **찾아가기** 네덜란드 광장에서 도보 약 3분 ◆ **주소** 26, Jalan Kampung Hulu, Melaka ◆ **전화**

더 데일리 픽스 카페
The Daily Fix Café

MAP p.264-F ◆**찾아가기** 네덜란드 광장에서 도보 약 10분◆**주소** 55, Jalan Hang Jebat, Melaka◆**전화** 6013-290-6855◆**영업** 09:45~17:30(토·일요일은 08:45분부터)◆**휴무** 연중무휴◆**예산** 단품 메뉴 RM25~

레트로한 실내 분위기가 일품

2014년부터 오랜 시간 한자리에서 한결같은 맛을 지켜오고 있는 믈라카 맛집이다. 간단한 아침 식사 메뉴, 현지식 스파게티와 같은 단품 요리, 커피, 각종 음료 등을 제공한다. 오전부터 영업을 시작해 오후까지만 운영하므로 조금 서둘러야 한다.

하우 허 시앙 팀섬
How Her Siang Timsum

골라 먹는 재미가 있는 딤섬 레스토랑

저렴한 가격에 다양한 종류의 딤섬을 즐길 수 있는 곳이다. 종업원이 들고 나오는 큰 쟁반에 담긴 30여 가지의 딤섬 중 원하는 것을 입맛대로 고르면 된다. 새우살이 들어간 하가우, 쇼마이, 바오가 인기 메뉴. 저녁시간에 문을 열어 새벽까지 영업하는 곳으로 간단한 저녁이나 야식을 즐기기에 좋다.

MAP p.264-E ◆**찾아가기** 네덜란드 광장에서 도보 약 10분◆**주소** 13-15, Jalan Kota Laksamana, Melaka◆**전화** 6019-762-6725◆**영업** 17:00~01:00◆**휴무** 월요일◆**예산** 딤섬 RM3.50~7, 바오 RM7

첸돌 잠 베사르
Cendol Jam Besar

60년을 이어온 첸돌 노점상

네덜란드 광장의 크라이스트 교회 시계탑 맞은 편, 현지인들이 가장 좋아하는 첸돌 맛집이 있다. 작은 노점 옆으로 접이식 테이블과 의자가 펼쳐지면 장사가 시작된다. 첸돌은 우리나라의 빙수와 비슷한 현지식 디저트로, 연한 연두색의 길쭉길쭉한 모양이 먹는 재미를 더한다. 코

넛 밀크와 판단으로 만든 젤리, 팜슈가를 넣어 만드는데, 이곳의 첸돌은 믈라카 설탕을 새용해 단맛이 더 강한 것이 특징이다. 쫄깃한 식감에 시원함과 달콤함이 더해져 말레이시아의 무더운 날씨에 이보다 더 좋은 디저트는 없을 듯하다.

MAP p.264-F ◆ **찾아가기** 네덜란드 광장 건너편 거리에 위치 ◆ **주소** Jalan Laksamana, Melaka ◆ **영업** 10:00~ 19:00 ◆ **휴무** 부정기적 ◆ **예산** 첸돌 RM4.50~, ABC 아이스크림 RM7~

존커 스트리트 호커센터
Jonker Street Hawker Centre

밤에만 문을 여는 호커센터

호커센터는 다양한 종류의 음식을 갖춘 푸드코트와 비슷한데, 음식을 주문하면 테이블로 가져다 주는 점이 다르다. 카사 델 리오 호텔에서 도보 10분 거리에 있는 호커센터로 밤에만 문을 열어 시원한 맥주와 함께 다양한 음식을 맛보기에 좋다. 꼬치구이, 닭 날개 구이, 굴전 등 우리 입맛에 잘 맞는 메뉴도 있다. 가격도 저렴

해 늦은 시간까지 부담 없이 즐길 수 있다.

MAP p.264-E ◆ **찾아가기** 네덜란드 광장에서 도보 약 10 분 ◆ **주소** Jalan Kota Laksamana 1/2, Taman Sri Laksamana, Seksyen 1, Melaka ◆ **영업** 16:30~ 22:00 ◆ **휴무** 목요일 ◆ **예산** 식사류 RM15~30

다타란 팔라완 믈라카 메가몰
Dataran Pahlawan Melaka Megamall

믈라카의 대표 쇼핑몰

믈라카에서 가장 현대적인 쇼핑몰로 문화유산이 즐비한 역사지구의 메르데카 거리에 있다. 각종 의류 브랜드와 화장품 매장이 있고 블랙 캐년, 스타벅스, 스시 킹, 드래곤 아이, 허유산

(許留山) 같은 체인형 레스토랑과 디저트 전문점도 있다. 지하에는 저렴한 로컬 숍과 ATM, 환전소 등 여행자를 위한 시설이 있으며, 길 건너편의 쇼핑몰 하텐 스퀘어(Hatten Square)와 연결되는 지하 상가도 있다.

MAP p.264-J◆**찾아가기** 네덜란드 광장에서 도보 약 10분◆**주소** Jalan Merdeka, Melaka◆**전화** 606-281-2898◆**영업** 10:00~22:00◆**휴무** 연중무휴◆**홈페이지** www.dataranpahlawan.com

오랑우탄 하우스
Orangutan House

유니크한 티셔츠를 살 수 있는 아트 숍

믈라카 출신의 아티스트 찰스 참의 아트 숍으로 건물 외벽 전체에 오랑우탄이 그려져 있어 멀리서도 눈에 잘 띈다. 매장 안으로 들어가면 톡톡 튀는 아이디어와 재치 넘치는 그림이 그려진 다양한 티셔츠를 제작, 판매하고 있다. 티셔츠 가격은 대략 RM30~35 정도이며 세일 상품은 RM15~20으로 저렴하게 구입할 수 있다. 색상과 사이즈도 다양해 믈라카 여행의 기념품으로 인기 있다.

MAP p.264-F◆**찾아가기** 네덜란드 광장에서 도보 약 5분
◆**주소** 59, Lorong Hang Jebat, Melaka◆**전화** 606-282-6872◆**영업** 10:00~18:00◆**휴무** 연중무휴

레드 어스 컬렉션
Red Earth Collection

동양적인 아이템이 가득한 골동품 가게

14년 째 같은 자리를 지켜온 가게로 앤티크 가구를 비롯해 조명, 도자기, 목각 공예품, 액자, 그림, 사진 등 작은 박물관을 연상케 할 정도로 다양한 제품을 갖추고 있다. 특히 꽃, 나무, 봉황 등이 그려진 화려한 페라나칸 문양의 제품이 인기 있는데 찬합 도시락이나 찻잔 세트는 RM400~500, 반찬이나 소스를 담을 수 있는 종지는 RM50~100 정도면 구입할 수 있다. 워낙 진귀한 것들이 많아 구경하는 것만으로도 재미있다.

MAP p.264-F◆**찾아가기** 네덜란드 광장에서 도보 약 5분
◆**주소** 65, Jalan Tun Tan Cheng Lock, Melaka◆**전화** 606-283-9198◆**영업** 13:00~18:00◆**휴무** 목요일

더 데일리 픽스
The Daily Fix

숍하우스를 개조한 기념품 숍 & 카페

앤티크한 소품과 빈티지풍 인테리어로 인기를
모으는 곳이다. 입구에는 열쇠고리, 마그넷,
머그컵, 엽서, 지도 등의 기념품을 판매하고 중
앙에는 백랍 제품과 패브릭 소재의 가방, 파우
치 등을 진열해놓고 있다. 매장 안쪽으로 들어
가면 아기자기하게 꾸민 카페 공간도 마련되어
있어 커피와 함께 수제 케이크, 샌드위치, 바나
나 팬케이크 등을 먹으며 쉬어갈 수 있다.

MAP p.264-F◆**찾아가기** 네덜란드 광장에서 도보 약 8분
◆**주소** 55, Jalan Hang Jebat, Melaka◆**전화** 606-
283-4858◆**영업** 10:00~17:30

존커 갤러리
Jonker Gallery

에스닉한 의류와 센스 있는 기념품

믈라카에만 총 5개의 매장을 운영하고 있다.
의류, 가방, 신발, 액세서리 등 에스닉한 스타
일의 패션 제품과 각종 기념품을 팔고 있다. 각
각의 매장마다 상품 구성이 다르고 다양한 할인
행사를 하여 여행객들의 쇼핑 장소로 인기 있
다. 매장 앞에서 판매하는 60년대 음료는 믈라
카의 명물로 상큼한 과일 맛이 난다.

MAP p.264-F◆**찾아가기** 네덜란드 광장에서 도보 약 5분
◆**주소** 21A, Jalan Hang Jebat, Melaka◆**전화** 606-
286-9840◆**영업** 10:00~17:30(토·일요일 22:00까지)
◆**휴무** 연중무휴◆**홈페이지** www.jonkergallery.com.my

H&M
H&M

실용적인 SPA 브랜드

하텐 스퀘어 1층에 있으며 약 500평에 이르는 넓은 매장에 남성, 여성, 키즈 코너가 나뉘어 있다. 최신 트렌드를 이끄는 인기 브랜드인 만 큼 베이직한 의류부터 패션 액세서리, 가방, 신 발, 화장품 등 다채로운 제품을 갖추고 있으며 저렴한 가격에 쇼핑이 가능하다. 특히 여름 의 류가 다양한 편이다.

MAP p.264-J◆**찾아가기** 네덜란드 광장에서 도보 약 15 분◆**주소** G-008 Hatten Square, Jalan Merdeka, Melaka◆**전화** 606-282-1440◆**영업** 10:00~22:00 ◆**휴무** 연중무휴◆**홈페이지** www.hm.com/my

파디니
Padini

말레이시아 No.1 의류잡화 브랜드

다타란 팔라완 믈라카 메가몰 1층에 있으며 PADINI, VINCCI, P&Co, Seed, MIKI 등 현지의 인기 브랜드를 모아놓은 편집 스토어이 다. 신상품이 나오는 주기가 빠르고 의류는 물 론 핸드백, 지갑, 구두, 액세서리 등 다양한 제 품을 합리적인 가격에 구입할 수 있어 남녀노소 모두에게 인기가 좋다. 브랜드에 따라 할인 판 매와 특별 행사 등을 수시로 진행한다.

MAP p.264-J◆**찾아가기** 네덜란드 광장에서 도보 약 10 분◆**주소** BW-008 & BW-009(Lower Floor), Dataran Pahlawan Melaka Megamall, Jalan Merdeka, Melaka◆**전화** 606-281-1080◆**영업** 10:00~22:00 ◆**휴무** 연중무휴◆**홈페이지** www.padini.com

믈라카의 나이트라이프 | NIGHTLIFE

존커 워크 야시장
Jonker Walk Night Market

믈라카의 주말을 책임지는 야시장

'존커 스트리트' 또는 '존커 워크'라 불리는 잘란 항 제밧(Jalan Hang Jebat) 거리는 17세기에 지어진 전통 주택과 페라나칸 문화가 짙게 남아 있는 믈라카의 차이나타운이다. 2km 남짓한 거리에 앤티크 숍과 기념품 숍이 줄지어 있어 여행객들이 자주 찾는 곳인데, 특히 주말에는 믈라카의 명물로 유명한 야시장이 크게 열린다. 매주 금~일요일 저녁 6시부터 시작해 자정까지 이어지는 야시장에는 각종 식료품과 생활용품, 기념품 등을 파는 좌판들이 빼곡하게 늘어서고 맛있는 먹거리를 파는 노점상들도 들어온다. 또한 존커 스트리트의 중심에 있는 지오그래퍼 카페 주변과 존커 호텔 주변에서는 주민들의 노래자랑과 라이브 밴드 공연 등도 열려 늦은 시간까지 흥겨운 분위기를 만끽할 수 있다.

MAP p.264-E◆**찾아가기** 네덜란드 광장에서 도보 약 5분 ◆**주소** Jalan Hang Jebat, Melaka◆**전화** 606-284-8282◆**영업** 금~일요일 18:00~24:00

인기 먹거리

해산물 볶음면인 차퀘이테오(RM16)

숯불에 구워주는 사테(RM2~)

탱글탱글한 타이완식 소시지 (RM3)

현지인들이 좋아하는 조개찜 (RM16~20)

달콤한 망고빙수(RM9~10)

지오그래퍼 카페
Geographér Café

저녁에는 인기 펍으로 변신

존커 스트리트 중심에 있으며 낮에는 카페로 저녁에는 맥주를 마시며 흥겨운 분위기를 즐길 수 있는 펍으로 인기를 모으고 있다. 메뉴로 말레이 요리와 웨스턴 요리 등을 다양하게 갖추고 있으며, 바닐라 아이스크림에 팜슈가와 아몬드를 뿌린 스위트 믈라카(Sweet Malacca)는 더위에 지쳤을 때 제격이다. 매주 금·토요일 저녁 8시 30분부터는 라이브 공연도 열린다.

MAP p.264-F◆**찾아가기** 네덜란드 광장에서 도보 약 7분◆**주소** 83, Jalan Hang Jebat, Malaka◆**전화** 606-281-6813◆**영업** 12:00~22:00◆**휴무** 수요일◆**예산** 메인 메뉴 RM16~30, 생맥주 RM16~, 디저트 RM10~15 (봉사료 6% 별도)
◆**홈페이지** www.geographer.com.my

하드록 카페
Hard Rock Café

믈라카에서 만나는 하드록 카페

네덜란드 광장에서 차이나타운으로 가는 다리를 건너면 바로 오른쪽에 있어 접근성이 좋다. 글로벌 체인 레스토랑답게 메뉴나 실내 구성은 비슷하다. 주말 저녁에는 할인된 가격에 맥주를 마실 수 있는 로큰롤 프로모션(16:00~21:00)과 라이브 밴드의 공연이 열려 흥겨운 분위기를 즐길 수 있다.

MAP p.264-F◆**찾아가기** 네덜란드 광장에서 도보 약 2분◆**주소** 28, Lorong Hang Jebat, Malaka◆**전화** 606-292-5188◆**영업** 12:00~24:00◆**휴무** 연중무휴◆**예산** 런치 RM45~60, 버거 RM55~, 맥주 RM32~(세금+봉사료 16% 별도)◆**홈페이지** www.hardrock.com

카사 델 리오 믈라카
Casa del Rio Melaka

강변에 위치한 5성급 부티크 호텔

거의 모든 객실에서 믈라카강을 조망할 수 있으며 믈라카의 중심에 위치해 있어 어느 곳을 가든 이동이 편리하다. 객실은 지중해와 페라나칸 스타일을 가미해 품격 있게 꾸몄고 디럭스룸부터 스위트룸까지 다양하다. 부대시설로는 메인 레스토랑 더 리버 그릴(p.278)을 비롯해 칵테일과 라이브 공연 등을 즐길 수 있는 바, 카페 등이 있다. 가장 인기 있는 곳은 루프톱에 있는 인피니티 풀(Infinity Pool)로 수영을 즐기거나 믈라카 해협까지 내려다보이는 아름다운 전망을 감상할 수 있다. 그 밖에도 24시간 이용할 수 있는 피트니스와 다타란 팔라완 믈라카 메가몰까지 운행하는 셔틀버스도 있어 편리하다.

MAP p.264-F◆**찾아가기** 네덜란드 광장에서 도보 약 10분◆**주소** 88, Jalan Kota Laksamana, Melaka◆**전화** 606-289-6888◆**요금** 디럭스 트윈 RM850~◆**홈페이지** www.casadelrio-melaka.com

더 마제스틱
The Majestic

90여 년의 역사를 간직한 럭셔리 호텔

1920년에 지어진 고택의 형태를 그대로 유지하면서 현대식 객실 동을 추가한 구조로 호텔에 묵는 것만으로도 믈라카의 역사와 문화를 경험할 수 있다. 최고급 마감재를 사용한 객실에는 개별 욕조와 풍부한 어메니티를 제공하고 있으며 5성급 호텔다운 품격 있는 분위기를 연출한다. 부대시설로는 야외 수영장, 레스토랑, 스파,

바, 피트니스 센터 등을 갖추고 있으며 뇨냐 요리와 정통 애프터눈 티로 유명해 현지인들도 즐겨 찾는다.

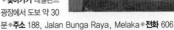

MAP p.264-B
◆**찾아가기** 네덜란드 광장에서 도보 약 30분◆**주소** 188, Jalan Bunga Raya, Melaka◆**전화** 606-289-8000◆**요금** 디럭스킹 RM680~
◆**홈페이지** www.majesticmalacca.com

하텐 호텔
Hatten Hotel

충실한 부대시설을 갖춘 4성급 호텔

다타란 팔라완 믈라카 메가몰 건너편에 있는 최신 호텔로 모던한 인테리어와 충실한 부대시설을 갖추고 있다. 모든 객실은 스위트룸이며 대형 창문을 통해 믈라카 해협과 시내 전경을 조망할 수 있다. 부대시설로는 온 가족이 함께 이용할 수 있는 야외 수영장과 스파, 피트니스, 스카이라운지 등이 있다. 또한 쇼핑과 식도락을 즐길 수 있는 다타란 팔라완 믈라카 메가몰과도

연결된다. 호텔 규모나 전반적인 시설에 비해 객실 요금이 무척 저렴한 편이다.

MAP p.264-J◆**찾아가기** 네덜란드 광장에서 도보 약 15분◆**주소** Hatten Square, Jalan Merdeka, Bandar Hilir, Melaka◆**전화** 606-286-9696◆**요금** 주니어 스위트 RM280◆**홈페이지** www.hattenhotel.com

스위스 호텔 헤리티지 부티크 믈라카
Swiss Hotel Heritage Boutique Melaka

MAP p.264-E◆찾아가기 네덜란드 광장에서 도보 약 10분◆주소 168, Jalan Tun Tan Cheng Lock, Jonker Street, Melaka◆전화 606-284-4111◆요금 슈페리어 RM200◆홈페이지 www.swisshotelmelaka.com.my

가격 대비 만족스러운 소형 부티크 호텔

바바 & 뇨냐 헤리티지 박물관에서 약 300m 떨어져 있으며 호텔 외관이 전형적인 페라나칸 스타일로 되어 있어 멀리서도 눈에 잘 띈다. 객실은 안락한 침구와 원목 가구로 깔끔하게 꾸며져 있으며, 오리엔탈 분위기가 물씬 나는 로비와 식당도 있다. 호텔 뒷문으로 나가면 존커 스트리트와 연결되어 편리하다.

호텔 푸리 믈라카
Hotel Puri Melaka

100년 넘는 오랜 역사를 자랑하는 호텔

스트레이츠 차이니스 주얼리 박물관에서 도보 1분 거리에 있는 고풍스러운 호텔로 건물 내외에 페라나칸 문화가 고스란히 남아 있다. 미리 예약하지 않으면 방이 없을 정도로 인기가 많은데 특히 스위트룸은 페라나칸 스타일로 꾸며져 있어 더욱 인기 있다. 시설 대비 요금이 조금 비싼 편이지만 고택의 향취를 느껴보고 싶은 여행자에게 추천한다.

MAP p.264-E◆찾아가기 네덜란드 광장에서 도보 약 10분◆주소 118, Jalan Tun Tan Cheng Lock, Melaka◆전화 606-282-5588◆요금 스탠더드 RM180~◆홈페이지 www.hotelpuri.com

존커 부티크 호텔
Jonker Boutique Hotel

존커 워크 야시장이 열리는 거리에 위치

총 16개의 객실을 갖춘 작은 호텔이지만 객실이 비교적 넓고 쾌적하며 예쁜 마당도 있다. 모든 객실에 개별 욕조가 놓여 있고 위성 TV, 에어컨, 안전 금고, Wi-Fi 등 기본적인 편의시설이 잘 갖춰져 있다. 기본 객실보다는 디럭스 타입의 객실이 인기가 높다. 야시장이 열리는 주말에는 요금이 RM50가량 추가된다.

MAP p.264-E◆찾아가기 네덜란드 광장에서 도보 약 10분◆주소 82-86 A & B Jalan Tokong, Melaka◆전화 606-282-5151◆요금 슈페리어 RM198~, 디럭스 RM228~◆홈페이지 www.jonkerboutiquehotel.com

코트야드 앳 히렌 부티크 호텔
Courtyard @ Heeren Boutique Hotel

바바뇨냐 스타일이 가미된 부티크 호텔

건물 외관이나 입구는 작지만 로비 안쪽으로 들어가면 상당한 공간이 나타난다. 14개의 기본 객실과 1개의 스위트룸을 운영하고 있으며 이 중 스위트룸은 최대 8명까지 수용할 수 있다. 객실 외에 별다른 부대시설은 없지만 정갈하고 고풍스러운 분위기가 매력이어서 여행자들에게 인기가 높다.

MAP p.264-F ◆**찾아가기** 네덜란드 광장에서 도보 약 5분
◆**주소** 91, Jalan Tun Tan Cheng Lock, Melaka
◆**전화** 606-281-0088 ◆**요금** 슈페리어 RM250
◆**홈페이지** www.courtyardatheeren.com

진저플라워 부티크 호텔
Gingerflower Boutique Hotel

과거와 현재가 공존하는 부티크 호텔

페라나칸 전통 가옥을 보수해 예스러움을 간직한 부티크 호텔로 변신시켰다. 자연 채광이 들어와 전체적으로 밝고 가정집처럼 편안한 분위기를 느낄 수 있다. 객실은 총 13개로 고급 침구와 가구로 쾌적하게 꾸며져 있다. 호텔에는 예전에 사용하던 작은 안뜰과 우물도 있다.

MAP p.264-F ◆**찾아가기** 네덜란드 광장에서 도보 약 5분
◆**주소** 13, Jalan Tun Tan Cheng Lock, Melaka
◆**전화** 606-288-1331 ◆**요금** 슈페리어 RM240~
◆**홈페이지** www.gingerflowerboutiquehotel.com

이비스 믈라카
ibis Melaka

군더더기 없는 이코노미 호텔

대형 호텔이 적은 믈라카 지역에 새롭게 문을 연 이비스 호텔은 합리적인 가격대와 깔끔한 룸컨디션을 바탕으로 빠르게 자리를 잡아가고 있다. 249개의 객실과 펑션룸, 카페, 레스토랑, 피트니스 등의 시설을 갖추고 있으며 무엇보다 풀장을 보유한 몇 안 되는 호텔이다. 네덜란드 광장까지도 도보로 갈 수 있는 거리에 있어 편리하다.

MAP p.264-F ◆**찾아가기** 네덜란드 광장에서 도보 약 7분
◆**주소** 249, Jalan Bendahara, Melaka ◆**전화** 606-222-8888 ◆**요금** 스탠더드 룸 RM260~
◆**홈페이지** www. accorhotels.com

믈라카와 마카오의 역사 산책

믈라카와 마카오는 동시대에 포르투갈의 지배를 받았던 도시로 여러 면에서 닮은 점이 많다. 16세기 초 포르투갈은 해상 실크로드를 완성하기 위해 주요 거점지를 정복하게 되는데, 말레이시아의 믈라카와 중국의 마카오가 가장 대표적인 영토이자 해항 도시였다. 이들은 동남아시아와 인도차이나를 거쳐 인도양과 대서양까지 연결하는 역할을 했다. 포르투갈 군대는 믈라카를 거쳐 싱가포르, 인도네시아, 타이완, 마카오까지 진출하게 된다. 세계 각국의 무역선과 상인들이 드나들던 국제 무역항으로서 서로의 문화를 교류하고 융합하여 새로운 문화를 만들어내기도 했다. 현재 두 도시 모두 유네스코 세계문화유산으로 지정되어 관광도시로서 또 한 번의 닮은 삶을 살고 있으며, 활발한 교류를 통해 서로의 역사와 문화유산의 가치를 공유하고 있다.

광장 번영했던 식민지 시대의 유산으로 당시의 시대적 성향과 문화를 느낄 수 있다.

■ 믈라카의 네덜란드 광장 Dutch Square
붉은 벽돌 건물이 특징이며 도심 속 휴식처로 사랑받고 있다. 광장에는 그리스도 교회, 더 스태더이스, 빅토리아 분수대, 예쁜 화단과 여행자 정보 센터도 자리하고 있다. 믈라카에서도 사람들이 가장 많이 찾는 곳으로 화려하고 귀엽게 장식한 트라이쇼의 행렬을 만날 수 있다.

■ 마카오의 세나도 광장 Senado Square
물결 모양의 타일 바닥이 특징이며 파스텔 톤의 건물들로 둘러싸여 있다. 광장 안에는 유럽의 건축 양식으로 지어진 교회와 성당, 상점 등이 옛 모습 그대로 남아 있다. 마카오의 랜드마크이자 유네스코 세계문화유산으로 하루 종일 여행자들로 붐빈다.

세인트 폴 성당 종교를 넘어 동시대의 포르투갈의 성공과 실패를 느낄 수 있는 상징적인 건축물.

■ 믈라카의 세인트 폴 성당 St. Paul's Church

성당이 있던 터에 외벽과 비석만 남아 있다. 1521년에 지어졌으며 가톨릭 포교의 거점이었다. 성당 앞에는 성 프란치스코 하비에르의 성상이 우뚝 서 있고, 성당 안쪽에는 그의 유해가 안치되었던 자리가 남아 있다.

■ 마카오의 세인트 폴 성당 St. Paul's Church

마카오의 상징으로 1835년 화재로 소실되어 건물 정면만 남아 있다. 건물 전면에는 섬세하고 정교한 조각들로 장식되어 있고 앞쪽으로는 긴 돌계단이 그림처럼 뻗어 있다. 원래 성당은 예수회에서 건립한 선교사 양성 대학으로 사용되었다.

요새 서구 열강으로부터의 침입에 대비한 방어 요새로 당시의 흔적을 만나볼 수 있다.

■ 믈라카의 산티아고 요새 Porta de Santiago

1511년에 지은 포르투갈군의 요새로 관문과 대포만 남아 있다. 1512년 요새가 지어졌을 때의 규모는 산을 에워쌀 만큼 거대했다. 요새 안은 예술가들의 공간으로 사용되기도 하며 세인트 폴 성당으로 이어지는 계단으로 연결된다.

■ 마카오의 몬테 요새 Monte Fort

1617~1626년에 지은 포르투갈군의 요새로 22개의 대포가 남아 있다. 대포는 1662년 딱 한 번 사용되었다고 한다. 세인트 폴 성당을 따라 요새로 올라가면 마카오 전경은 물론 주하이의 모습까지 한눈에 들어오는 전망대가 있다.

Check

여행 포인트

관광 ★★★
쇼핑 ★★
음식 ★★

교통수단

도보 ★★★
택시 ★★★
버스 ★

Johor Bahru
조호르바루

조호르바루는 말레이시아 최남단에 위치한 조호르(Johor) 주의 주도로 1855년 술탄 아부 바카르에 의해 건설되었다. 쿠알라룸푸르에 이어 말레이시아에서 두 번째로 큰 도시로 왕궁, 모스크 등의 전통 건축물과 빌딩숲을 이룬 현대 도시의 모습이 공존한다. 조호르 해협을 사이에 두고 싱가포르와 국경을 마주하고 있으며, 약 1km 남짓한 길이의 코즈웨이(Causeway)라는 제방도로를 건너면 싱가포르 여행까지 즐길 수 있어 더욱 매력적이다. 2012년 아시아 최초로 레고랜드를 개장하면서 가족 여행지로 급부상하여 말레이시아의 새로운 관광도시로 각광받고 있다.

이것만은 꼭!

1. 아시아 최초의 레고랜드 테마파크 즐기기
2. 코즈웨이를 넘어 싱가포르 다녀오기

쿠알라룸푸르

조호르바루
★

스쿠다이
Skudai

테브라
Tebra

페칸 네나스
Pekan Nenas

제람 초
Jeram Choh

캄퐁 초
Kampung Choh

키마 케다이
Kima Kedai

탐포이
Tampoi

아래 지도

제람 바투
Jeram Batu

제루통
Jerutong

푸라이
Pulai

조호르바루
Johor Bahru

림바 테르준
Limba Terjun

겔랑 파타
Gelang Patah

캄퐁 숭아이 멜라유
Kampung Sungai Melayu

캄퐁 람바
Kampung Rambah

말레이시아
Malaysia

A

에스 카랑
S. Karang

B

싱가포르
Singapore

캄퐁 페네록
Kampung Penerok

레고랜드 말레이시아
Legoland Malaysia

워터파크
Water Park

아예르 마신
Ayer Masin

캄퐁 라당
Kampung Ladang

쿠쿱
Kukup

세르캇
Serkat

캄퐁 탄중 아당
Kampung Tanjung Adang

캄퐁 탄중 쿠팡
Kampung Tanjung Kupang

쿠쿱섬
Pulau Kukup

캄퐁 숭아이 보
Kampong Sungai Boh

조호르바루 주변
조호르 수로 Selat Johor

0   10km

탄중 피아이 국립 공원
Taman Negara Tanjung Piai

N

조호르바루
Johor Bahru

0   1km

N

다토 수라이만 거리 Jalan Dato Sulaiman

KSL 시티 몰
KSL CITY Mall

세람팡 거리 Jalan Serampang

자이언트 하이퍼마켓 레저 몰
Giant Hypermarket Leisure Mall

코람 아예르
Kolam Ayer

그랜드 파라곤 호텔
Grand Paragon Hotel

쿠닝 거리 Jalan Kuning

타만 펠랑기
Taman Pelangi

C

D

더블트리 바이 힐튼
Doubletree By Hilton

킴 텡 공원
Kim Teng Park

JB 센트럴 버스 터미널
JB Central 버스 터미널

조호르바루
국제 페리 터미널

콤타르 JBCC
KOMTAR JBCC

홀리데이 인 호텔
Holiday Inn Hotel

테오츄 첸돌 Teochew Chendul

본가 Bornga

시슬 조호르바루 호텔
Thistle Johor Bahru hotel

조호르 컨벤션 센터 JICC

조호르바루 시티 스퀘어
Johor Bahru City Square

더 푸테리 퍼시픽
The Puteri Pacific

여행자 정보 센터

그랜드 블루웨이브 호텔
Grand Bluewave Hotel

시계탑
Clock Tower

CIQ

시트러스 호텔
Citrus Hotel

더 그랜드 제이드 호텔
The Grand Jade Hotel

Jalan Abu Bakar

타만 이스타나
Taman Istana

갤러리아
Galleria

JB 바자르
JB Bazaar

술탄 아부 바카르 모스크
Sultan Abu Bakar State Mosque

조호르 동물원
Zoo Negeri Johor

조호르 주청사

퀸 가든 코피티암
Qin Garden Kopitiam

차이왈라 & 코
Chawalla & Co

히압 주 베이커리
Hiap Joo Bakery

이스타나 베사르
Istana Besar

더 리플레이스먼트 롯지 & 키친
The Replacement Lodge & Kitchen

동가만
Donga Bay

싱가포르
Singapore

코즈웨이
Causeway

조호르바루로 가는 방법

비행기

대한항공과 진에어 등의 항공사에서 인천-조호르바루 노선을 운항 중이다. 쿠알라룸푸르 공항에서 세나이(Senai) 국제공항까지는 비행기로 약 50분 소요. 말레이시아항공, 에어아시아, 파이어플라이 등이 1일 3~4편 운항하고 있다. 공항에서 조호르바루 시내까지는 버스나 택시를 타고 약 30~40분 정도 더 가야 하기 때문에 쿠알라룸푸르에서 조호르바루로 이동 시 비행기보다는 열차나 장거리 버스를 이용하는 것이 편리하다.

세나이 국제공항 홈페이지 www.senaiairport.com

열차

게마스(Gemas)역으로 간 뒤, 게마스역에서 조호르바루 JB 센트럴(JB Sentral)역까지 운행하는 다른 열차로 갈아타야 한다.

운행 KL센트럴-게마스 1일 2회(11:54, 09:49), 게마스-조호르바루 1일 3회(06:10, 07:08, 15:20)
요금 KL센트럴-게마스-JB센트럴 1인 RM51

장거리 버스

쿠알라룸푸르의 종합버스 터미널인 TBS(Terminal Bersepadu Selatan)에서 장거리 버스를 이용해 갈 수 있다. TBS로 가는 방법은 KL 센트럴역에서 KLIA 트랜짓(Transit)을 타고 반다르 타식 셀라탄(Bandar Tasik Selatan)역에서 내리면 TBS와 연결된다. TBS에서 조호르바루의 라킨 버스 터미널(Larkin Bus Terminal)까지는 약 5시간 소요. 터미널에서 조호르바루 시내로 가려면 로컬 버스 또는 택시를 이용한다.

운행 07:45~23:30(30분 간격)
요금 RM34.30~57
TBS 홈페이지 www.tbsbts.com.my

Tip 조호르바루에서 주변 지역 여행하기
• 버스

라킨 버스 터미널에서 쿠알라룸푸르, 믈라카, 싱가포르의 우드랜즈 등으로 갈 수 있는 장거리 버스를 탈 수 있다. 티켓은 온라인(www.busonlineticket.com) 또는 현장에서 구입할 수 있다. 승차권은 매표소에서 원하는 목적지와 시간을 직접 선택하고 결제하는 시스템이며 여행자의 경우 여권을 지참해야 한다. 탑승은 정해진 플랫폼에서 하고, 출발 30분 전에는 터미널에 도착해야 한다.

라킨 버스 터미널 홈페이지 www.expressbusmalaysia.com

조호르바루 시내 교통

버스

시내버스는 노선이 복잡하고 환경도 그리 좋지 않아 여행자가 이용하기에는 불편하다. 레고랜드, 헬로키티 타운 등 조호르바루 외곽의 관광지를 가려면 라킨 버스 터미널 또는 JB 센트럴 버스 터미널에서 타면 된다.

JB 센트럴 버스 터미널 JB Sentral Bus Terminal

조호르바루의 시내버스를 이용할 수 있는 지역 터미널로 JB 센트럴역 1층에 자리하고 있다. 레고랜드, 헬로키티 타운, 프리미엄 아웃렛 등으로 가는 버스를 탈 수 있고, 연결통로를 통해 이민국으로 이동하면 싱가포르행 버스를 탈 수 있다.

택시

기본요금은 일반 택시(빨간색)의 경우 RM3, 고급 택시(파란색)의 경우 RM6이다. JB 센트럴 버스 터미널이나 시티 스퀘어 쇼핑몰 부근에서 쉽게 잡을 수 있으며, 시내에서의 이동은 RM10~15 정도면 충분하다. 퇴근 시간에는 교통량이 많아 혼잡하다.

조호르바루 여행자 정보 센터
Johor Bahru Tourist Information Center (JOTIC)

MAP p.298-D
찾아가기 JB 센트럴역 내
주소 Aras 3, Bangunan JB Sentral, Jalan Jim Quee, Johor Bahru, Johor
전화 607-224-4133
운영 08:00~17:00

Tip 📝 **조호르바루 교통의 중심인 시티 스퀘어**

시티 스퀘어(p.312)는 조호르바루를 대표하는 쇼핑몰이자 조호르바루 교통의 중심이다. 쇼핑몰에서 JB 센트럴 기차역과 JB 센트럴 버스 터미널이 연결되어 있고, 쇼핑몰 앞에는 택시 승차장도 있어 편리하게 이용할 수 있다.

조호르바루
추천 코스

★ **코스 총 소요 시간** : 10시간

★ **여행 포인트** : 시내 관광은 하루면 충분하다. 주요 볼거리들은 기차역을 중심으로 서쪽에 흩어져
있으며 주로 택시로 이동한다. 레고랜드를 갈 계획이라면 시내 관광과 별도로 하루를 잡아야 한다.

1DAY

10:00 술탄 아부 바카르 모스크 구경하기

▼ 도보 3분

11:30 조호르바루 동물원 구경하기

▼ 택시 7분

13:00 더 리플레이스먼트 롯지 & 키친에서 점심 식사

▼ 도보 4분

14:00 인디아 거리 구경하기

▼ 도보 4분

15:00 조호르주 청사 건물에서 기념사진 찍기

▼ 도보 10분

16:00 시티 스퀘어에서 쇼핑하기

▼ 도보 3분

19:00 조호르바루 시티 스퀘어에서 저녁 식사

▼ 도보 8분

20:30 JB 바자르 또는 야시장 구경하기

술탄 아부 바카르 모스크
Sultan Abu Bakar State Mosque ★★★

말레이시아에서 가장 아름다운 이슬람 사원

아부 바카르 술탄에 의해 지어진 이슬람 사원으로 유럽의 궁전을 연상케 하는 아름다운 외관으로 유명하다. 1892년에 착공해 1900년에 완공되었으며 샤 알람의 '블루 모스크'와 더불어 말레이시아에서 가장 아름다운 사원으로 손꼽힌다. 건축 당시에는 황금색이었으나 술탄이 좋아하는 흰색과 푸른색으로 덧칠했다고 한다. 사원 내부는 무슬림 외에는 들어갈 수 없지만 그 외 시설은 일반인에게도 개방하고 있다. 회랑에서 조호르 해협 건너편의 싱가포르가 시야에 들어온다.

MAP p.298-C◆**찾아가기** 시티 스퀘어 쇼핑몰에서 택시로 약 10분◆**주소** Sultan Abu Bakar State Mosque, Johor Bahru, Johor◆**전화** 607-223-4935

조호르 동물원
Zoo Negeri Johor ★★★

동남아시아 최초의 동물원

1927년 술탄 이브라힘의 개인 동물원 용도로 지은 것을 1960년대 조호르주 정부에서 일반인에게 개방했다. 사자, 호랑이, 낙타, 말, 사슴, 원숭이 등의 동물과 각종 열대 조류를 관람할 수 있으며 동물원 내의 인공 호수를 따라 조랑말이나 보트를 타는 체험 프로그램도 운영하고 있다. 주말에는 현지인들의 가족 나들이 코스로 인기가 높다. 규모가 크지 않아 한 시간 정도면 충분히 둘러볼 수 있으며, 술탄 아부 바카르 모스크와 인접해 있으므로 함께 일정을 짜는 것이 좋다.

MAP p.298-C◆**찾아가기** 시티 스퀘어 쇼핑몰에서 택시로 약 10분◆**주소** Zoo Negeri Johor, Jalan Gertak Merah, Johor Bahru, Johor◆**전화** 607-223-0404 ◆**운영** 08:30~18:00 ※임시 휴무◆**요금** 어른 RM2, 어린이 RM1

조호르주 청사
Bangunan Sultan Ibrahim
★★★

Bldg, Jalan Bukit Timbalan, Bandar Johor Bahru, Johor◆**전화** 607-222-3590◆**운영** 08:00〜12:45 (14:00〜16:15에는 허가 후 입장)◆**휴무** 토·일요일 ◆**홈페이지** www.arkib.gov.my

조호르바루의 랜드마크

1940년 술탄 이브라힘에 의해 지어졌으며 말레이 양식에 사라센 양식이 더해진 중후한 건물이다. 제2차 세계대전 때는 일본군의 군사 시설로 사용되었으며 현재는 정부의 업무를 수행하는 청사로 사용되고 있다. 내부 관람은 로비까지 가능하며 사전 허가가 필요하다. 조명이 들어오는 야간에는 또 다른 분위기를 연출한다.

MAP p.298-C◆**찾아가기** 시티 스퀘어 쇼핑몰에서 팀바란 언덕 방향으로 도보 약 10분◆**주소** Sultan Ibrahim

---

이스타나 베사르
Istana Besar
★

웅장한 규모의 술탄 왕궁

1866년 아부 바카르 술탄에 의해 지어진 왕궁으로 16만 평에 이르는 넓은 부지에 자리한 아름다운 건축물이다. 내부에는 아부 바카르 술탄 가문의 애장품과 각종 기록물 등 2만 5천여 점의 소장품을 전시한 박물관과 일본식 정원이 있다. 입장료는 당일 미국달러 환율을 적용한 뒤 현지 통화(링깃)로 지불한다. 주말에는 각종 연회나 공식 행사가 열리므로 방문 전 미리 확인하자.

MAP p.298-C◆**찾아가기** 시티 스퀘어 쇼핑몰에서 택시로 약 10분◆**주소** Jalan Seri Belukar, Kebun Merah, Johor Bahru, Johor◆**전화** 607-224-0555◆**운영** 09:00〜16:00 ※현재 미개방

JB 바자르
JB Bazaar
★★★

현지인들이 즐겨 찾는 야시장

잘란 세겟(Jalan Segget) 사거리에 저녁 6시경부터 문을 여는 시장으로 각종 생활용품과 의류, 신발, 가방, 장난감 등을 저렴하게 판매한다. 중고 상품들도 많아 잘 고르면 아주 저렴한 가격에 괜찮은 물건을 구입할 수도 있다. 천천히 쇼핑을 즐기거나 현지인들의 소박한 생활모습을 구경하기에 좋다.

MAP p.298-D◆**찾아가기** 시티 스퀘어 쇼핑몰에서 도보 약 10분◆**주소** Jalan Segget, Johor Bahru, Johor ◆**운영** 18:00〜22:00◆**휴무** 연중무휴

동심의 세계로 떠나다
레고랜드 말레이시아
Legoland Malaysia

덴마크에서 탄생한 세계적인 어린이 장난감 레고(LEGO)를 테마로 한 테마파크. 유럽과 미국에 이어 아시아 최초의 레고랜드를 2012년 말레이시아에 개장했다. 조호르바루에서 서쪽으로 약 1시간 거리에 있는 누사자야(Nusajaya) 지역에 있으며 말레이시아는 물론 이웃 나라 싱가포르에서도 즐겨 찾는 가족 여행지로 각광받고 있다. 약 30헥타르에 이르는 드넓은 부지에는 다양한 볼거리와 어트랙션을 갖춘 테마파크와 워터파크, 호텔 등이 자리하고 있으며, 어딜 가나 형형색색의 대형 레고 브릭으로 꾸며져 있어 탄성을 자아낸다.

MAP p.298-B◆**찾아가기** 조호르바루 Larkin 센트럴 버스 터미널에서 LM1 버스로 약 60분◆**주소** 7, Jalan Legoland, Bandar Medini, Nusajaya, Johor◆**전화** 607-597-8888◆**운영** 테마파크 10:00~18:00, 워터파크 10:00~18:00 ◆**휴무** 연중무휴◆**요금** 콤보 1일권(테마파크+씨라이프+워터파크) 어른 RM399~, 어린이 RM329~ 테마파크 어른 RM249, 어린이 RM199~ 씨라이프 어른 RM99~, 어린이 RM79~ 워터파크 어른 RM179~, 어린이 RM149~ ◆**홈페이지** www.legoland.my

레고랜드 가는 법

JB 센트럴 버스 터미널에 가면 노란 옷을 입은 버스회사 직원이 목적지와 시간을 큰 소리로 외친다. 레고랜드로 가는 버스는 코즈웨이 링크 (Causeway Link) 회사의 LM1번 버스를 타면 되며 보통 1번 또는 2번 플랫폼에서 출발한다. 요금은 버스에 탑승한 후에 지불하면 된다. 택시 기사들이 버스가 없다는 등의 거짓말을 하면서 호객 행위를 하고 있으므로 주의하자. 버스는 JB 센트럴 버스 터미널에서 출발해 라킨 버스 터미널, 헬로키티 타운을 지나 레고랜드까지 약 60분가량 소요된다.

운행 월~목요일 1일 8회 08:00~18:30(90분 간격), 금~일요일 · 공휴일 1일 12회 08:00~19:00(60분 간격)
요금 RM4.50~5.40

레고랜드 똑똑하게 즐기기

· 테마파크와 워터파크를 모두 즐기려면 콤보 1일권을 구입하는 것이 훨씬 경제적이다.

· 레고랜드 홈페이지에서 할인 프로모션이나 얼리버드 프로그램을 이용하면 최대 20% 할인된 요금으로 이용할 수 있다.

· 파크 내에는 그늘이 거의 없고 낮 시간에는 무척 더우므로 음료, 선크림, 모자 등을 반드시 챙겨가고 곳곳에 있는 레스토랑과 숍에서 틈틈이 쉬어가며 체력을 보충하자.

🍴 레고랜드 호텔에서 보내는 특별한 하룻밤

알록달록한 레고 브릭들로 꾸민 리조트 호텔로 총 249개의 객실을 해적, 모험, 왕국의 세 가지 테마로 아기자기하게 꾸며 어린이를 동반한 가족 여행객들에게 잊지 못할 하룻밤을 선사한다. 기본 객실은 5명까지, 디럭스 스위트룸은 최대 8명까지 수용이 가능하다. 부대시설로는 온 가족이 이용할 수 있는 레고 수영장을 비롯해 마음껏 뛰어놀 수 있는 놀이공간과 레고로 꾸며진 패밀리 레스토랑 등이 있다. 테마파크와 호텔을 함께 묶은 패키지 상품을 이용하면 더 알뜰하게 즐길 수 있다. 예약은 홈페이지에서 가능.

이미지네이션 Imagination

레고 브릭으로 빌딩이나 자동차 등을 직접 만들어볼 수 있는 빌드 & 테스트(Build & Test) 체험장을 비롯해 레고랜드의 전경을 감상할 수 있는 높이 41m의 전망 타워(Observation Tower), 4D 극장, 어린이 전용 놀이터 등이 있다.

레고 테크닉 LEGO® TECHNIC

파크 내 가장 빠른 스피드를 자랑하는 어트랙션 '프로젝트 엑스(Project X)'를 비롯해 레고 아카데미(LEGO® Academy), 테크닉 트위스터(TECHNIC® Twister), 레고 마인드스톰(LEGO®MINDSTORMS®), 아쿠아존 웨이브 레이서(Aquazone Wave Recers) 등이 있다.

미니랜드 Miniland

레고 브릭으로 말레이시아, 싱가포르, 태국, 베트남, 필리핀 등 아시아 17개 국가의 대표적인 도시와 건축물들을 1:20 스케일로 재현해 놓았다. 브릭으로 만든 것이라고는 믿기지 않을 만큼 정교하며 지나가는 행인들까지 배치하여 디테일이 살아 있다.

레고 킹덤 LEGO® KINGDOMS®

중세시대의 성과 더 포레스트멘즈 하이드아웃(The Forestmen's Hideout) 놀이터, 미니 열차 드래곤스 어프랜티스(Dragon's Apprentice), 로열 자우스트(Royal Joust), 짜릿한 스피드를 만끽할 수 있는 롤러코스터 더 드래곤(The Dragon) 등이 있다.

랜드 오브 어드벤처 Land of Adventure

작은 자동차를 타고 표적을 맞추는 로스트 킹덤(Lost Kingdom), 스폰지 공을 던지거나 쏴볼 수 있는 놀이터 파라오 리벤지(Pharaoh's Revenge), 높이 12m에서 하강하며 물보라를 일으키는 디노 아일랜드(Dino Island) 등이 있다. 파라오 모형과 낙타는 인기 포토 존이다.

빅 숍 The Big Shop

레고 브릭을 비롯해 다양한 레고 관련 상품을 구입할 수 있다. 레고 캐릭터 마그넷(RM 9.99), 액자(RM34.95), 열쇠고리 등이 있으며 마니아들에게 인기 있는 브릭들을 무게 단위로 판매하는 것이 이색적이다. 브릭의 경우 100g당 RM35~45에 판매된다.

레고 시티 LEGO® City

아이들이 가장 좋아하는 코스로 일일 소방관이 되어 화재 진압을 해보거나 경찰이 되어볼 수 있는 레스큐 아카데미(Rescue Academy), 멋진 드라이버가 될 수 있는 주니어 드라이빙 스쿨(Junior Driving School), 기차를 타고 레고랜드를 둘러볼 수 있는 레고랜드 익스프레스(LEGOLAND® Express) 등이 있다.

워터파크 Water Park

파도풀을 비롯해 다양한 어트랙션과 카페, 레스토랑 등의 시설이 있다. 크고 작은 워터 슬라이드와 유수풀을 따라 튜브를 타고 놀면서 레고 브릭을 조립할 수 있는 빌드 어 래프트 리버(Build-A-Raft River)도 있다. 구명조끼는 무료로 대여할 수 있으므로 수영복, 수건, 방수팩 등을 준비해가자.

히압 주 베이커리
Hiap Joo Bakery

술탄도 반한 제빵의 명가

1919년에 문을 열어 100년 넘게 이어오고 있는 베이커리로 전통 방식 그대로 화덕에서 구워내는 번과 케이크가 유명하다. 가장 인기 있는 메뉴는 코코넛 특유의 아삭한 식감을 느낄 수 있는 코코넛 번과 스폰지처럼 촉촉하고 달콤한 향이 일품인 바나나 케이크. 오전 11시 30분경에 첫 번째 번이 나온다. 조호르바루는 물론 말레이시아 내에서도 유명한 빵집으로 현 조호르주의 술탄도 이곳의 단골손님 중 한 명이다.

MAP p.298-D◆**찾아가기** 시티 스퀘어 쇼핑몰에서 도보 약 10분◆**주소** 13, Jalan Tan Hiok Nee, Johor Bahru, Johor◆**전화** 607-223-1703◆**영업** 07:30~16:30 ◆**예산** 코코넛 번 RM5~, 바나나 케이크 1박스 RM12

더 리플레이스먼트 롯지＆키친
The Replacement Lodge & Kitchen

만족스러운 브런치 타임을 원한다면

올데이 다이닝 레스토랑으로 카페도 겸하고 있
다. 물은 무료로 제공되며 실내는 쾌적한 냉방
시설이 완비되어 있다. 인기 메뉴는 단연 브런
치로 에그 베네딕트를 응용한 에그 베니(egg
benny)를 추천. 부드러운 달걀과 홀랜다이즈
소스, 크루와상, 햄 등이 나오는데 플레이팅과
맛 모두 만족스럽다. 이 외에도 파스타, 샐러
드, 치킨 콩핏 등도 괜찮다. 식사 외에도 커피
나 음료를 마실 수 있는 카페 공간도 마련되어
있어 인기가 좋다.

MAP p.298-D ◆**찾아가기** 시티스퀘어 쇼핑몰에서 도보 약
10분 ◆**주소** 33, Jalan Dhoby, Johor Bahru, Johor
◆**전화** 6012-547-7885 ◆**영업** 10:00~17:30 ◆**휴무** 연
중무휴 ◆**예산** 브런치 RM25~, 식사류 RM30~40, 커피
RM8~12 ◆**홈페이지** www.themerkgroup.com

퀸 가든 코피티암
Qin Garden Kopitiam

서민들을 위한 현지식 코피티암

현지인들이 즐겨 가는 소박한 식당으로 저렴한 가격에 든든하게 식사할 수 있어 여행자들에게도 인기가 많다. 아침 메뉴는 말레이시아의 대표 가정식인 나시 르막(Nasi Lemak)으로 코

코넛밀크로 지은 밥에 달걀과 삼발 소스가 곁들여지며 토핑과 반찬에 따라 가격이 추가된다. 점심에는 매일 만드는 약 20여 가지의 반찬 중에서 원하는 만큼 골라 담아 밥과 함께 먹을 수 있는 나시 파당(Nasi Padang)이 인기다.

MAP p.298-D◆**찾아가기** 시티 스퀘어 쇼핑몰에서 도보 약 10분◆**주소** 12, Jalan Trus, Bandar Johor Bahru, Johor Bahru, Johor◆**전화** 607-221-1475◆**영업** 07:00~17:00◆**휴무** 금요일◆**예산** 나시 르막 RM2.5~, 나시 파당 RM7~10

차이왈라 & 코
Chaiwalla & Co

나만의 커피를 즐길 수 있는 컨테이너 카페

블랙 컬러의 컨테이너 박스에 문을 연 테이크아웃 커피 전문점으로 독특한 콘셉트 덕분에 젊은 층에게 인기를 모으고 있다. 주문 방법은 원하는 커피의 컵 사이즈와 토핑, 당도를 선택해서 주문 용지에 표시하면 된다. 커피는 주로 인도네시아, 베트남 등에서 공수하며 커피 외에도

밀크티와 시원한 슬러시, 파이, 퍼프 등의 간단한 스낵 메뉴도 갖추고 있다. 가게 앞에 테이블과 의자도 놓여 있어 잠시 쉬어갈 수 있다.

MAP p.298-D◆**찾아가기** 시티 스퀘어 쇼핑몰에서 도보 약 10분◆**주소** Lot 2810, Jalan Tan Hiok Nee, Bandar Johor Bahru, Johor Bahru, Johor◆**전화** 6012-735-3572◆**영업** 11:00~24:00◆**휴무** 연중무휴◆**예산** 커피 RM5.80~15.80, 밀크티 RM9.80~(세금+봉사료 16% 별도)

테오츄 첸돌
Teochew Chendul

말레이 스타일의 빙수 맛집

1936년 페낭 시장에서 작고 허름한 노점으로 시작해 이제는 어엿한 빙수 전문점으로 성장하여 말레이시아 전역에 총 16개의 매장을 두고 있다. 카페처럼 세련된 분위기이며 사진 메뉴판을 갖춰 여행자들도 쉽게 주문할 수 있다. 첸돌은 말레이식 빙수로 갈은 얼음 위에 코코넛밀크와 팜슈가, 토핑 등을 얹어낸다. 달콤하고 시원해서 더위에 지쳤을 때 먹으면 그만이다. 첸돌 외에도 달콤한 샐러드 로작(Rojak), 한 끼 식사로 충분한 국수 아삼 락사(Asam Laksa) 등을 맛볼 수 있다.

MAP p.298-D◆**찾아가기** 시티 스퀘어 쇼핑몰 내 이너 시티(Inner Ciry) 3층◆**주소** MF19A, L3, Johor Bahru City Square, Johor Bahru, Johor◆**전화** 607-224-5333◆**영업** 10:00~22:00◆**휴무** 연중무휴◆**예산** 첸돌 RM7.90~, 아삼 락사 RM13.90~◆**홈페이지** www.chendul.my

본가
Bornga

우삼겹이 맛있는 한식당

한국 외식업계의 거물 백종원이 운영하는 한식당. 양념갈비, 삼겹살, 우삼겹 등의 고기 메뉴를 비롯해 구수한 차돌된장찌개, 김치찌개, 냉면 등 한국 음식들을 맛볼 수 있다. 현지의 레스토랑들에 비해 가격이 조금 높지만 만족스러운 식사를 할 수 있으므로 믿고 찾아가도 된다. 고기는 화로에 직접 구워먹을 수 있으며 정갈한 반찬에 후식까지 깔끔하게 제공된다. 밑반찬도 콩자반, 콩나물 무침, 조개 무침 등 매일 다르게 제공되고 리필도 가능하다.

MAP p.298-D◆**찾아가기** 시티 스퀘어 쇼핑몰 내 이너 시티(Inner Ciry) 3층◆**주소** Unit MF-23, L3, Johor Bahru City Square, Johor Bahru, Johor◆**전화** 607-207-2334◆**영업** 10:00~22:00◆**휴무** 연중무휴◆**예산** 찌개류 RM32~45, 단품 메뉴 RM40~60(봉사료 10% 별도)◆**홈페이지** www.bornga.co.kr

조호르바루 시티 스퀘어
Johor Bahru City Square

조호르바루의 대표적인 복합 쇼핑몰

JB 센트럴 버스 터미널과 기차역에서 나오면 바로 보이는 대형 쇼핑몰로 조호르바루의 랜드마크로 통한다. 패션, 화장품, 레스토랑, 스파, 서점, 영화관 등 200여 개가 넘는 다양한 숍들이 입점해 있는 복합 공간으로 현지인과 여행객 모두에게 인기가 높다.

지하 1층에는 말레이시아 현지 제품을 구입할 수 있는 카피탄(Kapitan) 슈퍼마켓이 있는데 아핫(Ah Huat) 커피를 비롯해 올드 타운 화이트 커피, 과자, 사탕, 초콜릿, 두리안 밀크 캔디, 건조 식품 등을 판매한다. 지인에게 줄 기념품을 사기에 적당하다. 1층 입구 옆에는 카운터와 환전소, 여행사 등도 있다.

MAP p.298-D◆**찾아가기** JB 센트럴 버스 터미널에서 도보 2분◆**주소** Johor Bahru City Square, 108, Jalan Wong Ah Fook, Johor Bahru, Johor◆**전화** 607-226-3668◆**영업** 10:00~22:00◆**휴무** 연중무휴 ◆**홈페이지** www.citysqjb.com

갤러리아
Galleria

현지인들이 애용하는 쇼핑몰

5층으로 구성된 쇼핑몰로 179개의 매장을 갖추고 있으며 깔끔하고 화사한 분위기다. 시티 스퀘어에 비하면 소박한 편이지만 현지인들이 선호하는 중저가 로컬 패션 브랜드와 패스트푸드점, IT 전문점, 슈퍼마켓, 푸드코트 등을 갖추고 있어 편리하다. 특히 푸드코트와 카피탄(Kapitan) 슈퍼마켓은 가격이 저렴해서 찾는 사람들이 많다. 고급 브랜드보다는 실용적이고 합리적인 가격대의 알뜰 쇼핑을 원하는 이들에게 제격이다.

MAP p.298-C◆**찾아가기** 시티 스퀘어 쇼핑몰에서 도보 약 10분◆**주소** Jalan Trus, Johor Bahru, Johor◆**전화** 607-224-7568◆**영업** 10:00~22:00◆**휴무** 연중무휴 ◆**홈페이지** www.galleriakotaraya.com

---

콤타르 JBCC
KOMTAR JBCC

키즈 파크까지 갖춘 최신 복합 쇼핑몰

2014년에 문을 연 4층 규모의 쇼핑몰로 콤타르 빌딩과 연결되어 있다. 쇼핑몰 내에는 메트로자야(Metro Jaya) 백화점을 비롯해 막스 & 스펜서, 카피탄 슈퍼마켓, 파디니 콘셉트 스토어 등 패션부터 생활용품까지 다양한 상품을 갖춘 숍들이 입점해 있다. 3층에는 대형 푸드코트와 아이들이 좋아하는 키즈 파크 '앵그리 버드 액티비티 파크(Angry Birds Acivity Park)'도 있어 조호르바루의 새로운 명소로 주목받고 있다.

MAP p.298-D◆**찾아가기** 시티 스퀘어 쇼핑몰에서 도보 약 1분◆**주소** KOMTAR JBCC, Bandar Johor Bahru, Johor Bahru, Johor◆**전화** 607-267-9900◆**영업** 10:00~22:00◆**휴무** 연중무휴 ◆**홈페이지** www.komtar jbcc.com.my

더블트리 바이 힐튼
Doubletree By Hilton

힐튼 계열의 인기 호텔

JB 센트럴 기차역과 출입국 검문소에서 도보로 갈 수 있는 편리한 위치와 최상의 서비스를 자랑한다. 총 350개의 객실은 힐튼의 명성답게 고급스럽고 쾌적하게 꾸며져 있으며 스위트룸부터는 작은 주방과 세탁기도 갖추고 있다. 부대시설로는 야외 수영장, 레스토랑, 라운지, 바 등이 있다. 요금도 합리적인 편이어서 조호르바루는 물론 싱가포르 여행객들도 이곳에 숙소를 잡을 만큼 인기가 높다.

MAP p.298-C◆**찾아가기** 시티 스퀘어 쇼핑몰에서 도보 약 10분◆**주소** 12, Jalan Ngee Heng, Johor Bahru, Johor◆**전화** 607-268-6868◆**요금** 킹 RM350, 스위트 RM850◆**홈페이지** Hilton.com

홀리데이 인 호텔
Holiday Inn Hotel

시내 중심에 있는 대형 호텔

조호르바루 시내 중심에 위치한 글로벌 체인 호텔로 지난 2020년 문을 열었다. 335개의 객실과 루프톱에 마련된 수영장, 레스토랑, 스파 등의 부대시설도 충실히 갖추고 있다. 객실은 모던하고 깔끔한 분위기로 꾸며졌다. JB센트럴 기차역과 시티 스퀘어, 컨벤션 센터 등도 도보로 이동할 수 있을 정도로 접근성이 뛰어나다.

MAP p.298-D◆**찾아가기** 시티 스퀘어 쇼핑몰에서 도보 3분 ◆**주소** Jalan Tun Abdul Razak, Bandar Johor Bahru ◆**전화** 607-207-8888 ◆**요금** 스탠더드룸 RM330~◆**홈페이지** www.ihg.com

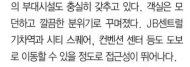

시트러스 호텔
Citrus Hotel

편리한 위치를 자랑하는 중급 호텔

JB 센트럴 기차역과 시티 스퀘어 쇼핑몰에서 아주 가까워 여러모로 편리하다. 24시간 운영하는 로비에는 안전요원이 상주하며 가격 대비 객실 상태도 괜찮은 편이다. 모든 객실에 에어컨, TV, 안전금고, Wi-Fi 등 기본적인 시설을 갖추고 있지만 냉장고는 없다. 시내 중심이라 저녁에는 약간의 소음이 있다.

MAP p.298-D◆**찾아가기** JB 센트럴 기차역에서 도보 약 1분◆**주소** 16, Jalan Station, Johor Bahru, Johor◆**전화** 607-222-2888◆**요금** 스탠더드 RM140◆**홈페이지** www.citrushoteljb.com

---

더 그랜드 제이드 호텔
The Grand Jade Hotel

콜로니얼 스타일의 부티크 호텔

JB 센트럴 기차역에서 가깝지만 동쪽에 위치해 있어 조용한 편이다. 객실은 슈페리어 룸부터 패밀리룸까지 5가지 타입으로 나뉘며 각각 다른 콘셉트로 꾸며져 있다. 시티 스퀘어까지 도보 10분이면 갈 수 있고 가격 대비 만족스러운 시설로 여행자들에게 호평을 받고 있다.

MAP p.298-D◆**찾아가기** 시티 스퀘어 쇼핑몰에서 도보 약 10분◆**주소** 15R & 15S, Jalan Bukit Meldrum, Johor Bahru, Johor◆**전화** 607-222-0118◆**요금** 디럭스 RM180◆**홈페이지** www.thejade.com.my

그랜드 파라곤 호텔
Grand Paragon Hotel

실용적인 중급 호텔

336개의 객실을 갖춘 호텔로 동양적인 분위기가 물씬 풍긴다. 객실은 TV, 사무용 책상을 갖추고 있어 비즈니스 여행자에게 유용하며 야외 수영장과 스파, 살롱 등 부대시설도 충실하다. 무선 인터넷을 무료로 제공하며 인근에는 야시장과 쇼핑몰이 있다. 조호르바루 시내까지는 택시를 이용해야 한다.

MAP p.298-D◆**찾아가기** 시티 스퀘어 쇼핑몰에서 택시로 약 10분◆**주소** 18, Jalan Harimau, Taman Century, Johor Bahru◆**전화** 607-268-5222◆**요금** 스탠더드 RM260◆**홈페이지** www.grandparagonhotel.com.my

국경 너머 떠나는 일석이조
싱가포르 여행

말레이시아와 싱가포르는 조호르 해협을 사이에 두고 약 1km 정도 거리에 있어 함께 여행하기에 좋은 위치에 있다. 특히 말레이시아의 최남단인 조호르바루에서는 싱가포르에 대중교통을 이용해 쉽게 다녀올 수 있다. 이왕 조호르바루까지 왔다면 당일치기 또는 짧은 일정으로라도 싱가포르까지 둘러보는 알찬 여행을 즐겨보자.

말레이시아에서 싱가포르로 가는 방법

쿠알라룸푸르나 페낭 등지에서 출발한다면 기차로 이동하는 것이 편리하지만, 조호르바루에서는 버스도 편리하다. JB 센트럴 버스 터미널에서 싱가포르행 버스를 타면 된다.

● **조호르바루 – 싱가포르 간 주요 버스 노선**

버스 번호	목적지	첫차	막차	요금
CW1	크란지(Kranji)행	04:15	23:00	RM2.60부터, SGD2.60부터
CW2	퀸 스트리트(Queen Street)행	04:15	23:00	RM4.80부터, SGD4.80부터
CW5	뉴톤 서커스(Newton Circus)행	05:00	22:30	RM4.60부터, SGD4.60부터
950	우드랜즈 버스 인터체인지 / MRT 우드랜즈(Woodlands)역행	05:30	23:30	RM3.30부터, SGD3.30부터
170	부킷 티마(Bukit Timah) / 퀸 스트리트(Queen St.)행	05:20	00:10	RM3.30부터, SGD3.30부터

● **싱가포르행 버스 이용 순서**

1. 버스를 타기 전에 시티 스퀘어 쇼핑몰과 연결되는 세관 · 출입국 관리 및 검역소인 CIQ(Custom and Immigration Quarantine Complex)에서 출국 심사를 받는다.
2. 출국 심사 후 CIQ 건물 1층 플랫폼에서 싱가포르행 버스를 타고 싱가포르에 도착하면 체크 포인트에서 출입국 심사가 진행된다.

출입국 심사

싱가포르는 엄연히 다른 국가이기 때문에 여권이 필요하며 출입국 카드도 작성해야 한다. 출입국 카드는 싱가포르 체크 포인트에 비치되어 있다. 싱가포르 시내 중심까지는 우드랜즈(Woodlands) 기준 약 60분 정도 소요된다. 다시 말레이시아로 되돌아오는 경우, 입국 절차의 역순으로 진행된다. 출입국 카드는 버리지 말고 잘 보관하도록 하자.

Tip 버스에 탑승하기 전에 여권과 출입국 카드를 함께 제출하면 된다. 요금은 버스에 탑승한 후에 내면 되고 출퇴근 시간에는 버스가 혼잡할 수 있으므로 피하는 것이 좋다.

싱가포르에서 조호르바루로 가는 방법

● **MRT 우드랜즈역(Woodlands Station)에서 출발하는 경우**
MRT 우드랜즈역과 연결되는 버스 인터체인지에서 조호르바루행 950번 버스를 타면 조호르바루로 갈 수 있다.

● **퀸 스트리트 터미널(Queen Street Terminal)에서 출발하는 경우**
싱가포르의 부기스 지역에 위치한 퀸 스트리트 터미널에서 170번 버스나 익스프레스 버스 등을 타면 조호르바루로 갈 수 있다. 버스에 탑승한 후에도 티켓을 버리지 말고 잘 소지한다. 터미널 앞에는 조호르바루로 가는 택시들도 있어 택시로도 이동이 가능하다.

Check

여행 포인트

휴양 ★★★★★
쇼핑 ★★★
음식 ★★★

교통수단

도보 ★★★
택시 ★★
렌터카 ★★★★★

Langkawi
랑카위

랑카위는 100여 개의 크고 작은 섬으로 이루어진 군도로 말레이반도에서 북서쪽으로 약 30km 떨어져 있다. 말레이시아를 대표하는 휴양지로 섬 전체 면적의 65%가 열대 우림으로 덮여 있고 안다만 해안의 부드러운 백사장에는 특급 리조트들이 보석처럼 숨어 있다. 뱃길을 따라 태초의 자연을 만나거나 맹그로브숲으로 탐함을 떠날 수도 있고 해변에서 붉게 물든 석양을 감상하며 로맨틱한 시간을 보낼 수도 있다. 지상 낙원이라는 표현이 딱 어울리는 아름다운 자연 경관과 다채로운 매력을 품고 있는 랑카위로 떠나보자.

이것만은 꼭!

1. 판타이 체낭 해변에서 여유롭게 비치 라이프 즐기기
2. 오리엔탈 빌리지에서 아찔한 스카이캡 타보기
3. 렌터카 또는 오토바이를 빌려 신나는 드라이브 즐기기
4. 아일랜드 호핑 투어 다녀오기

랑카위
★

쿠알라룸푸르

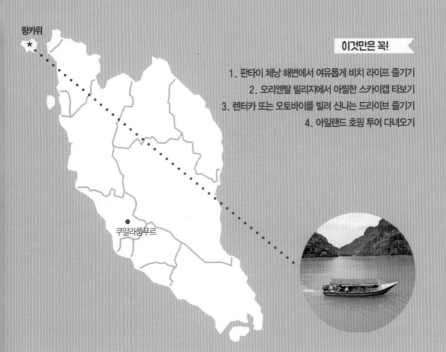

랑카위의 해변 한눈에 보기

판타이 체낭
Pantai Cenang

MAP p.320-A◆**찾아가기** 쿠아 제티 포인트에서 차로 약 30분, 공항에서 차로 약 10분

지금의 랑카위섬이 있기까지 중요한 역할을 해온 지역으로 섬 내에서 가장 긴 해변을 자랑한다. 해변을 따라 다양한 숙소와 레스토랑, 여행사, 상점들이 즐비하여 여행자들의 베이스캠프가 되고 있다. 각종 해양 스포츠를 즐길 수 있으며 석양이 질 무렵의 풍경은 랑카위 최고의 명물로 손꼽는다.

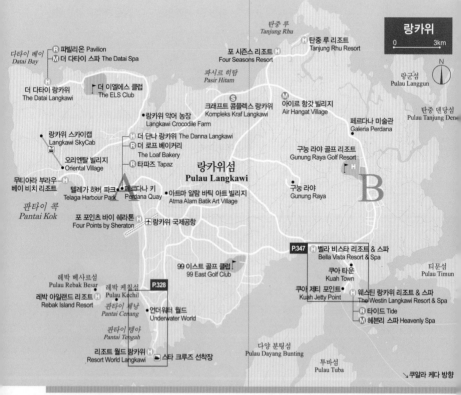

랑카위

0   3km

N

탄중 루
Tanjung Rhu

탄중 루 리조트
Tanjung Rhu Resort

다타이 베이
Datai Bay

파빌리온 Pavilion
더 다타이 스파 The Datai Spa

포 시즌스 리조트
Four Seasons Resort

파시르 히탐
Pasir Hitam

랑군섬
Pulau Langgun

더 다타이 랑카위
The Datai Langkawi

더 이엘에스 클럽
The ELS Club

크래프트 콤플렉스 랑카위
Kompleks Kraf Langkawi

아이르 항갓 빌리지
Air Hangat Village

탄중 덴당섬
Pulau Tanjung Dene

랑카위 악어 농장
Langkawi Crocodile Farm

페르다나 미술관
Galeria Perdana

랑카위 스카이캡
Langkawi SkyCab

더 단나 랑카위 The Danna Langkawi
더 로프 베이커리
The Loaf Bakery
타파즈 Tapaz

랑카위섬
Pulau Langkawi

구눙 라야 골프 리조트
Gunung Raya Golf Resort

오리엔탈 빌리지
Oriental Village

구눙 라야
Gunung Raya

B

무티아라 부라우
베이 비치 리조트
Muriara Burau

텔레가 하버 파크
Telaga Harbour Park

페르다나 키
Perdana Quay

아트마 알람 바틱 아트 빌리지
Atma Alam Batik Art Village

판타이 콕
Pantai Kok

포 포인츠 바이 쉐라톤
Four Points by Sheraton

랑카위 국제공항

P.347

벨라 비스타 리조트 & 스파
Bella Vista Resort & Spa

쿠아 타운
Kuah Town

티문섬
Pulau Timun

레박 베사르섬
Pulau Rebak Besar

레박 케칠섬
Pulau Kechil

P.328

99 이스트 골프 클럽
99 East Golf Club

쿠아 제티 포인트
Kuah Jetty Point

웨스틴 랑카위 리조트 & 스파
The Westin Langkawi Resort & Spa

레박 아일랜드 리조트
Rebak Island Resort

판타이 체낭
Pantai Cenang

언더워터 월드
Underwater World

타이드 Tide
헤븐리 스파 Heavenly Spa

판타이 텡아
Pantai Tengah

다양 분팅섬
Pulau Dayang Bunting

리조트 월드 랑카위
Resort World Langkawi

스타 크루즈 선착장

투바섬
Pulau Tuba

쿠알라 케다 방향

판타이 텡아
Pantai Tengah

판타이 체닝에 비해 한산한 해변으로 비교적 잘 정비된 중심 도로를 따라 고급 리조트와 레스토랑, 스파들이 자리하고 있다. 넓은 백사장이 있으며 해변 초입에는 각종 해양 스포츠를 즐길 수 있는 마린 센터들이 자리하고 있다.

MAP p.320-A◆**찾아가기** 쿠아 제티 포인트에서 차로 약 30분, 공항에서 차로 약 10분

탄중 루
Tanjung Rhu

현지인들이 즐겨 찾는 랑카위섬 북쪽의 해변으로 고급 리조트인 포 시즌스와 탄중 루 리조트가 자리하고 있다. 해변의 모래가 깨끗하고 고운 편이어서 해수욕을 즐기기에도 좋다. 해가 질 무렵에는 작은 푸드 트럭과 사테 가게가 문을 연다.

MAP p.320-B◆**찾아가기** 쿠아 제티 포인트에서 차로 약 30분, 공항에서 차로 약 30분

다타이 베이
Datai Bay

말레이시아에서도 손꼽히는 아름다운 해변으로 투명하게 빛나는 바다를 볼 수 있다. 백사장의 모래가 곱고 물이 빠지고 나면 리프들이 나타난다. 열대 우림으로 둘러싸여 있으며 고급 리조트인 안다만과 더 다타이 리조트가 자리하고 있다.

MAP p.320-A◆**찾아가기** 쿠아 제티 포인트에서 차로 약 45분, 공항에서 차로 약 30분

판타이 콕
Pantai Kok

정부 방침에 의해 숙소나 식당을 운영할 수 없어 랑카위에서 가장 조용하고 자연 그대로의 모습을 유지하고 있다. 인적이 드물지만 조용히 휴식을 즐기고 싶은 사람에게 최고의 해변이다. 현지인들이 주로 찾는다.

MAP p.320-A◆**찾아가기** 쿠아 제티 포인트에서 차로 약 20분, 공항에서 차로 약 15분

랑카위로 가는 방법

비행기

쿠알라룸푸르 공항에서 랑카위 공항까지는 비행기로 약 60분 소요. 국적기인 말레이시아항공과 저가 항공사인 에어아시아, 파이어플라이 등이 1일 5~7편 운항하고 있다. 공항에서 시내까지는 택시나 렌터카로 이동한다. 택시는 공항 내 택시 티켓 판매소에서 호텔 이름을 말하면 정해진 금액의 택시 티켓을 발급해준다.

랑카위 국제공항 홈페이지 www.langkawiairport.com

페리

랑카위의 페리 터미널은 쿠아 제티 포인트(Jetty Point)로 말레이시아의 쿠알라 펠리스(Kuala Perlis), 쿠알라 케다(Kuala Kedah), 페낭(Penang)을 오가는 페리가 발착한다. 제티 포인트에서 쿠아 타운까지는 도보로 이동이 가능하지만 판타이 체낭, 다타이, 안다만 등으로 가려면 택시나 렌터카를 이용해야 한다. 택시 요금은 판타이 체낭까지 약 RM30, 안다만까지 약 RM70 정도이다. ※현재 운항 중지

랑카위 페리 터미널 홈페이지 www.langkawi-ferry.com

● 쿠알라 펠리스 · 쿠알라 케다 → 랑카위

구간	쿠알라 펠리스 → 랑카위	쿠알라 케다 → 랑카위
운항	07:00~19:00	07:00~19:00
소요 시간	1시간 15분	1시간 45분
요금 (편도)	어른 RM18 어린이 RM13	어른 RM23 어린이 RM17

● 페낭 ↔ 랑카위

구간	페낭 → 랑카위	랑카위 → 페낭
운항 시간	1일 2회 (08:30, 14:00)	1일 2회 (10:30, 15:00)
소요 시간	3시간	3시간
요금 (편도)	어른 RM60 어린이 RM45	어른 RM60 어린이 RM45

쿠아 제티 포인트 Kuah Jetty Point

랑카위섬과 페낭섬, 말레이시아 본토의 쿠알라 펠리스, 쿠알라 케다를 오가는 페리가 발착하는 터미널이다. 인근에는 랑카위의 상징인 이글 스퀘어와 여행자 정보 센터, 각종 투어 상품을 예약할 수 있는 여행사, 렌터카 사무소 등이 자리하고 있다.

랑카위
시내 교통

Transportation

택시

랑카위의 대중교통은 택시이며 행선지에 따라 요금이 정해져 있다. 쿠아 제티 포인트의 택시 티켓 판매소에서 행선지를 말하면 정해진 금액의 티켓을 발급해준다. 이동 중에 택시를 이용할 경우에는 티켓 판매소의 요금을 기준으로 운전사와 흥정을 하고 탄다. 쿠아 시내에서는 RM12~20 정도이며 가장 먼 다타이 지역까지는 RM85 정도.

렌터카

랑카위에서는 렌터카를 이용해 다니는 것이 편리하다. 도로가 단순하고 교통 체증도 거의 없어 드라이브를 즐기기에 제격이다. 무엇보다 일일이 택시를 부르는 번거로움이 없으며 대여료와 유류비도 저렴해서 택시보다 오히려 경제적이다. VIVA나 MYVI 등 소형 자동차의 경우 하루 요금이 RM90~100 정도. 다만 운전석이 우리나라와 반대이므로 주의하자. 렌터카를 이용하려면 국제운전면허증이 필요하고 업체에 따라

일정 금액의 예치금을 지불해야 한다. 공항이나 쿠아 제티 포인트에 렌터카 업체들이 다수 있다.

오토바이

소형 오토바이의 경우 하루에 RM30~40 정도면 대여할 수 있으며 판타이 체낭 중심가나 쿠아 제티 포인트에 업체들이 모여 있다. 렌터카와 마찬가지로 국제운전면허증이 필요하다. 헬멧과 방어 운전은 필수이며 안전속도를 지키는 것이 중요하다.

랑카위 여행자 정보 센터
Langkawi Tourist Information Centre
MAP p.347-E
찾아가기 쿠아 제티 포인트 내
주소 Kompleks Jetty Point, 16 & 17, Jalan Jetty, Kuah, Langkawi
전화 604-966-0494
운영 09:00~20:00

Tip 주유소 위치를 확인하자

렌터가를 이용할 경우 미리 주유소의 위치를 파악해두는 것이 좋다. 렌터카 업체나 여행자 정보 센터에서 제공하는 지도에 주유소의 위치가 표시되어 있으므로 참고하자. 주유비는 리터당 약 RM2.5(약 698원) 정도로 저렴하다.

짜릿한 액티비티의 천국
랑카위의 다양한 즐길 거리

랑카위 여행의 하이라이트는 대자연의 신비로움과 때 묻지 않은 섬들을 오가며 자연을 만끽하는 것이다. 여행자는 개별적으로 또는 여행사의 투어 상품을 이용해 보다 쉽고 간편하게 랑카위의 다채로운 투어와 액티비티를 즐길 수 있다.

맹그로브 투어 Mangrove Tour

맹그로브 늪지와 킬림 지오포레스트 파크(Kilim Geoforest Park)를 함께 둘러보는 랑카위섬의 인기 투어. 킬림 지오포레스트 파크는 2006년 유네스코 세계지질공원으로 지정된 맹그로브 집단 자생지로, 킬림강을 둘러싼 천혜의 자연 경관을 만끽할 수 있고 어린이들의 체험학습장으로도 인기가 높다. 투어는 1시간부터 4시간까지 다양한 코스가 있으며 식사가 포함된 코스도 있다. 1시간 코스는 박쥐 동굴, 맹그로브숲, 독수리 먹이 주기 등으로 구성되어 있으며 코스에 따라 아낙 티쿠스(Anak Tikus)와 랑군(Langgun)섬 등을 둘러볼 수도 있다.

© 말레이시아 관광청

신청 및 문의처

아트르 트래블 & 투어 Asthar Travel & Tours

찾아가기 AB 모텔 인근. 체낭 몰에서 도보 약 5분 **주소** Pantai Cenang, Langkawi **전화** 604-955-1037 **요금** 1인 RM50~400(점심 식사 포함 여부와 투어 시간에 따라 다름, 판타이 체낭 내 호텔 픽업 & 드롭 포함)

수상 스포츠 Water Sports

랑카위섬의 판타이 텡아 해변은 수심이 완만하고 파도가 적어 제트 스키, 파라세일, 바나나 보트 등 수상 스포츠를 즐기기에 안성맞춤이다. 해변 앞에는 각종 수상 스포츠를 예약할 수 있는 전용 카운터도 자리하고 있어 편리하다. 여러 업체가 모여 있는데 안전상의 문제도 있으므로 믿을 수 있는 업체를 선별하여 즐겨보자.

신청 및 문의처

웨이브퀘스트 Wavequest

찾아가기 판타이 텡아 해변 입구 **주소** Jalan Telok Baru, Pantai Tengah, Langkawi **전화** 6012-475-5662 **운영** 09:30~18:00 **휴무** 연중무휴 **요금** 파라세일 RM150, 제트 스키 RM150~200, 바나나 보트 RM150~

아일랜드 호핑 투어 Island Hopping Tour

스피드 보트를 타고 랑카위의 크고 작은 섬들을 둘러보는 아일랜드 호핑 투어는 랑카위 관광의 하이라이트. 특히 유네스코에서 지정한 생태 공원 중 하나인 분팅 생태공원과 주변 섬을 다녀오는 투어는 가격도 저렴한 편이어서 부담 없이 즐기기 좋다. 투어는 임산부섬이라 불리는 담 호수에서 물놀이를 즐긴 후 베라스 바사섬(Pulau Beras Basah)으로 이동하여 스노클링을 하거나 해변에서 시간을 보내고 독수리 구경으로 마무리한다. 예약은 쿠아 제티 포인트 내에 있는 여행사 또는 판타이 체낭의 여행사를 통해 할 수 있다. 식사가 포함될 경우 요금이 올라간다.

신청 및 문의처

클룩 Klook

요금 1인 RM40~(교통편 미포함), 1인 RM50~(호텔 픽업 & 샌딩 포함) ● **홈페이지** www.klook.com

파야르섬 코랄 아일랜드 투어
Pulau Payar Coral Island Tour

랑카위의 군도 중 하나인 파야르섬은 코랄 아일랜드 투어를 즐길 수 있는 곳이다. 주 섬인 랑카위와 페낭섬 사이에 위치하며 랑카위에서는 약 35km 정도 떨어져 있다. 스노클링이나 다이빙, 물놀이 등 수상 스포츠를 즐길 수 있고 아름다운 믈라카 해협을 둘러볼 수 있어 여행자들에게 인기가 높다. 오전에 출발해 오후에 돌아오는 일일 투어 형태로 진행되며 투어 신청 시 호텔 트랜스퍼, 점심 식사(도시락), 스노클 장비 이용료가 포함된다.

신청 및 문의처

투어말레이시아 Tour Malaysia

요금 어른 RM330~, 어린이 RM270~(호텔 픽업 & 샌딩, 선상 뷔페식 점심 식사 포함)

Tip▸ 투어 신청하기

다양 분팅섬(Pulau Dayang Bunting), 베라스 바사섬(Pulau Beras Basah), 파야르섬(Pulau Payar) 등으로 호핑 투어를 하려면 쿠아 제티 포인트에 있는 투어 회사의 프로그램을 이용하면 된다. 신청은 호텔 또는 각 투어 접수처에서 바로 할 수 있으며 요금도 대체로 비슷하다. 외곽 지역의 일부 호텔을 제외하면 호텔 픽업과 드롭 서비스를 제공한다. 업체에 따라 요금이 다를 수 있으므로 미리 문의해보자. 투어는 조인 투어를 기준으로 한다.

SPECIAL

아름다운 페어웨이를 갖춘
랑카위의 인기 골프 코스

랑카위에는 휴양과 골프를 동시에 즐길 수 있는 유명 골프 클럽이 다수 있다. 특히 더 이엘에스 클럽과 99 이스트 골프 클럽은 랑카위의 아름다운 풍경을 감상하며 플레이할 수 있어 인기가 높다. 랑카위의 대자연과 하나 되어 호쾌한 드라이버샷을 날려보자.

더 이엘에스 클럽 The ELS Club

어니 엘스가 디자인한 최고의 골프 클럽
다타이(Datai)만을 끼고 있는 18홀 챔피언십 골프 코스로 총 길이 6,760야드를 자랑한다. 2014년 랑카위섬 북서쪽의 열대 우림 속에 개장했으며 벙커가 없는 코스로도 유명하다. 18개의 홀 중 5개(5, 7, 8, 16, 17번 홀)는 바다와 맞닿아 있는 오션 사이드로 조성되어 멋진 경관을 자랑한다. 클럽하우스는 75명까지 수용 가능한 다이닝 공간과 골프 숍, 락커룸, 드라이빙 라운지 등의 부대시설을 갖추고 있으며 셔틀 서비스와 무선 인터넷도 제공한다.

MAP p.320-A ◆**찾아가기** 랑카위 공항에서 차로 약 60분 ◆**주소** Jalan Teluk Datai, Langkawi ◆**전화** 604-959-2700 ◆**운영** 티오프 07:30~16:30 ◆**요금** 그린피 18홀 RM550~650(버기, 보험료 포함) ◆**홈페이지** www.elsclubmalaysia.com

99 이스트 골프 클럽 99 East Golf Club

로스 왓슨이 디자인한 골프 코스
쿠아 타운과 판타이 체낭 중간 지점에 위치한 명문 골프 코스로 편리한 접근성을 자랑한다. 랑카위에서 가장 오래된 골프장이었는데 2012년 로스 왓슨의 설계로 재개장되었다. 자연을 그대로 살려 디자인한 코스는 총 길이 7,330야드에 18홀 파 72로 이루어져 있다. 미국의 골프 전문업체인 트룬(Troon)이 관리하고 있어 잔디밭 상태가 좋고 와일드 페어웨이가 특징이다. 코스가 완만하고 개방감이 좋아 아마추어도 쉽게 적응할 수 있다.

MAP p.320-A ◆**찾아가기** 랑카위 공항에서 차로 약 45분 ◆**주소** Jalan Bukit Malut, Mukim Ulu Melaka, Langkawi ◆**전화** 604-952-3012 ◆**운영** 티오프 07:30~17:30 ◆**요금** 그린피 18홀 RM350~450(버기 별도, 보험료 포함) ◆**홈페이지** www.99east.com

판타이 체낭
Pantai Cenang

랑카위섬 남서부에 있는 해변으로 새하얗고 고운 입자의 모래사장이 약 2km에 걸쳐 길게 이어져 있다. 쿠아 제티 포인트에서 차로 약 30분이면 갈 수 있는 거리로 리조트와 레스토랑, 마사지 숍, 상점 등이 즐비해 하루 종일 사람들의 왕래가 끊이지 않는다. 에메랄드빛을 띠는 바다에는 해수욕이나 파라세일, 바나나보트, 제트 스키 등의 해양 스포츠를 즐기는 사람들로 언제나 활기가 넘친다. 석양이 질 무렵이면 하늘과 바다를 붉게 물들이는 멋진 풍경이 펼쳐져 로맨틱한 분위기를 연출한다.

 교통

판타이 체낭 내의 교통수단은 택시를 이용하거나 렌터카, 오토바이를 대여해서 다니는 것이 효과적이다. 택시 요금은 행선지에 따라 정해져 있으며, 렌터카나 오토바이는 쿠아 제티 포인트 또는 판타이 체낭 중심가에 있는 렌탈 업체를 이용하면 된다.

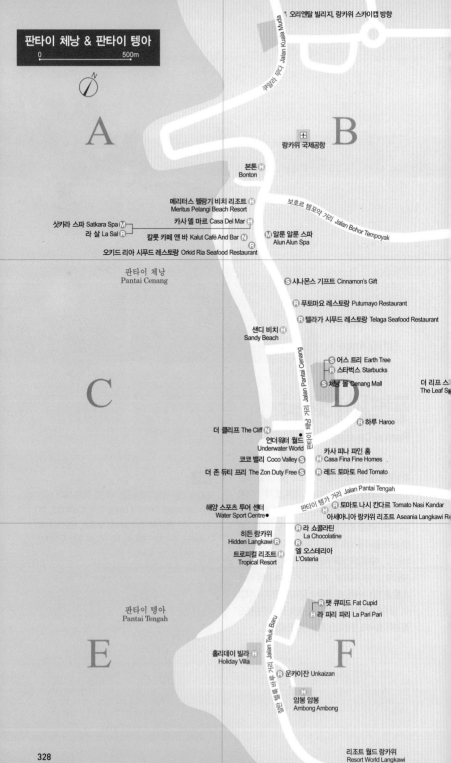

판타이 체낭 & 판타이 텡아

0 _____ 500m

N

A

B

오리엔탈 빌리지, 랑카위 스카이캡 방향

쿠알라 무다 Jalan Kuala Muda

랑카위 국제공항

본톤
Bonton

메리터스 펠랑기 비치 리조트 Ⓗ
Meritus Pelangi Beach Resort

보호르 템포약 거리 Jalan Bohor Tempoyak

삿카라 스파 Satkara Spa Ⓜ
라 살 La Sal Ⓡ

카사 델 마르 Casa Del Mar Ⓗ

칼룻 카페 앤 바 Kalut Café And Bar Ⓝ

알룬 알룬 스파 Ⓜ
Alun Alun Spa

오키드 리아 시푸드 레스토랑 Orkid Ria Seafood Restaurant

판타이 체낭
Pantai Cenang

Ⓢ 시나몬스 기프트 Cinnamon's Gift

Ⓡ 푸토마요 레스토랑 Putumayo Restaurant

Ⓡ 텔라가 시푸드 레스토랑 Telaga Seafood Restaurant

샌디 비치 Ⓗ
Sandy Beach

Ⓢ 어스 트리 Earth Tree
스타벅스 Starbucks

Ⓢ 체낭 몰 Cenang Mall

C

더 리프 스
The Leaf S

D

Jalan Pantai Cenang

Ⓡ 하루 Haroo

더 클리프 The Cliff Ⓝ

언더워터 월드
Underwater World

코코 밸리 Coco Valley Ⓢ

더 존 듀티 프리 The Zon Duty Free Ⓢ

카사 피나 파인 홈 Ⓗ
Casa Fina Fine Homes

Ⓡ 레드 토마토 Red Tomato

판타이 텡가 거리 Jalan Pantai Tengah

해양 스포츠 투어 센터 ●
Water Sport Centre

Ⓡ 토마토 나시 칸다르 Tomato Nasi Kandar
아세아니아 랑카위 리조트 Aseania Langkawi R

히든 랑카위 Ⓡ
Hidden Langkawi

Ⓡ 라 쇼콜라틴
La Chocolatine

트로피컬 리조트 Ⓡ
Tropical Resort

엘 오스테리아
L'Osteria

판타이 텡아
Pantai Tengah

Ⓡ 팻 큐피드 Fat Cupid
Ⓗ 라 파리 파리 La Pari Pari

E

F

홀리데이 빌라 Ⓗ
Holiday Villa

Jalan Teluk Baru

운카이잔 Unkaizan

암봉 암봉 Ⓗ
Ambong Ambong

리조트 월드 랑카위
Resort World Langkawi Ⓗ

판타이 체낭
추천 코스

★ **코스 총 소요 시간** : 12시간
★ **여행 포인트** : 오전에는 리조트 내 수영장이나 해변에서 여유롭게 시간을 보내자. 투어를 하거나 인근 관광지를 다녀올 경우에는 점심시간 전후로 여행사 프로그램이나 렌터카, 오토바이를 이용하자.

1DAY

10:00 리조트 수영장에서 수영하기

▼ 도보 10분

11:30 판타이 체낭에서 수상 스포츠를 즐긴 후 점심 식사

▼ 차로 35분

14:30 오리엔탈 빌리지 구경하기

▼ 케이블카 10분

13:30 스카이캡을 타고 랑카위 전경 감상하기

▼ 차로 7분

17:00 텔레가 하버에서 쉬어가기

▼ 차로 25분

19:00 더 브래서리에서 저녁 식사와 야경 감상

▼ 도보 5분

20:30 체낭 몰에서 쇼핑하기

▼ 도보 5분

21:30 판타이 체낭 비치 프런트 바에서 칵테일을 마시며 마무리

랑카위 스카이캡
Langkawi SkyCab
★ ★ ★

랑카위를 한눈에 볼 수 있는 케이블카

랑카위섬 북서쪽의 오리엔탈 빌리지 내에 있는 인기 명소. 케이블카를 타고 해발 708m까지 올라가는데 마친창(Machinchang)산 일대와 랑카위섬의 아름다운 경치를 파노라마로 감상할 수 있다. 정상까지는 약 15분 정도 소요되며 중간 정류장에 내려서 구경을 하다가 다시 탈 수도 있고 곧바로 정상까지 갈 수도 있다. 정상에 도착하면 멀리 태국의 섬들까지도 볼 수 있는 전망대와 음료를 마실 수 있는 카페가 있다. 기상 상태가 좋지 않은 날에는 운행을 중단하며, 매월 1회 케이블카 정기점검을 위해 휴장한다.

MAP p.320-A ◆**찾아가기** 랑카위 공항에서 차로 약 45분 ◆**주소** Cable Car Station, Oriental Village, Burau Bay, Langkawi ◆**전화** 604-959-4225 ◆**운영** 10:00~18:00 ◆**휴무** 매월 1회(날짜는 홈페이지 참조) ◆**요금** 어른 RM85, 어린이 RM65 익스프레스 어른 RM135, 어린이 RM140 ◆**홈페이지** www.panoramalangkawi.com

Tip

스카이브리지 SkyBridge
오리엔탈 빌리지 내에 있는 또 다른 인기 시설로 산 속을 휘감듯이 설계한 구름다리에서 아찔한 공중산책을 즐길 수 있다. 케이블카 정상에서 10분 정도 걸어가면 되며 입장은 10:00~18:30에 가능하다.

요금 어른 RM6, 어린이 RM4

오리엔탈 빌리지
Oriental Village

★
★★
★

랑카위 유일의 테마 공원

마친창산 초입에 연못을 따라 붉은색 전통 가옥들이 늘어선 운치 있는 테마 공원이다. 공원 내에는 20여 개의 면세 상점과 다양한 요리를 맛볼 수 있는 레스토랑, 카페, 스파, 갤러리, 호텔 등이 자리하고 있다. 또한 다양한 액티비티 프로그램을 즐길 수 있어 랑카위섬의 관광 명소로 사랑받고 있다. 입장료는 무료이지만 공원 내 어트랙션이나 액티비티를 이용할 경우에는 각각의 요금을 내야 한다. 콤보 티켓을 구입하면 좀 더 경제적으로 즐길 수 있다.

MAP p.320-A ◆**찾아가기** 랑카위 공항에서 차로 약 45분 ◆**주소** The Oriental Village, Burau Bay, Langkawi ◆**전화** 604-959-3099 ◆**운영** 08:30~18:00 ◆**휴무** 연중무휴 ◆**요금** 무료

아트마 알람 바틱 아트 빌리지 ★★
Atma Alam Batik Art Village

전통 바틱 제작 과정을 볼 수 있는 아트 빌리지

1987년 화가 아자 오스만(Aza Osman)과 바틱 디자이너 사다(Sada)가 설립한 곳이다. 전통 목조 건물 내에 있는 매장에는 전통미를 살리면서도 모던한 디자인을 가미한 의류, 액세서리, 그림, 장신구, 기념품 등 다채로운 수공예 제품을 전시, 판매하고 있다. 하나하나 수작업으로 만들어 정교함과 디테일이 살아 있다. 빌리지 한편에는 바틱 제작 과정을 견학하고 직접 만들어볼 수 있는 워크숍도 마련되어 있다.

MAP p.320-A◆**찾아가기** 랑카위 공항에서 차로 약 5분 ◆**주소** Atma Alam Batik Art Village, Padang Matsirat, Langkawi◆**전화** 604-955-2615◆**운영** 10:00~18:00◆**휴무** 화요일 ◆**홈페이지** www.atma alam.com

언더워터 월드 ★★★
Underwater World

말레이시아 최대 규모의 아쿠아리움

500여 종 4천여 마리의 해양생물을 만나볼 수 있는 아쿠아리움으로 판타이 체낭 중심부에 자리하고 있다. 내부는 총 7개 섹션으로 나뉘어 있으며 자이언트 스팅 레이, 발라샤크, 동갈치, 메기 등의 민물 어종을 비롯해 버터플라이피시, 해마, 대왕조개, 모레이 일, 라이온 피시, 거북 등이 서식하고 있다. 그중 남극관에서는 머리에 노란 깃털이 있는 바위뛰기 펭귄(Rockhopper Penguin)에게 먹이를 주는 모습을 직접 구경할 수 있어 아이들이 좋아한다.

MAP p.328-D◆**찾아가기** 랑카위 공항에서 차로 약 15분 ◆**주소** Jalan Pantai Cenang, Langkawi◆**전화** 604-955-6100◆**운영** 10:00~17:00◆**요금** 어른 RM53, 어린이 RM43 ◆**홈페이지** www.underwaterworld-langkawi.my

이국적인 정취가 흐르는 유럽풍 항구
페르다나 키(Perdana Quay)

랑카위섬 서쪽에 자리한 텔라가 하버 파크(Telaga Harbour Park) 내에 조성된 복합 단지로 마리나 시설과 호텔, 면세점, 스파, 레스토랑, 바 등이 모여 있다. 오래전부터 유럽을 비롯한 전 세계 요트족들의 단골 정박지로 사랑을 받아온 곳답게 이국적인 분위기가 물씬 흐른다. 특히 항구를 향해 있는 우드 데크에는 세계 여러 나라의 요리를 맛볼 수 있는 레스토랑과 분위기

좋은 바들이 줄지어 있어 저녁노을을 보며 식사를 하거나 맥주나 와인을 마시며 로맨틱한 시간을 즐길 수 있다. 랑카위섬에서 판타이 체낭을 제외하고 늦게까지 영업하는 몇 안 되는 곳이다.

MAP p.320-A◆**찾아가기** 랑카위 공항에서 차로 약 20분 ◆**주소** Telaga Harbour Park, Jalan Pantai Kok, Langkawi◆**전화** 604-959-1826◆**운영** 11:00~23:00 ◆**휴무** 연중무휴

인기 카페 & 레스토랑

타파즈 Tapaz

스페인 풍으로 꾸민 레스토랑으로 항구의 풍경이 한눈에 들어오는 곳에 위치해 있어 뷰가 좋다. 신선한 해산물과 채소가 어우러진 지중해식 요리를 선보이며 나초, 치킨 윙, 오징어 튀김, 어니언 링 등 가벼운 안주와 함께 맥주나 와인을 즐기기 좋다.

전화 6012-329-4094◆**영업** 07:00~22:00(화요일 11:30까지)◆**휴무** 연중무휴◆**예산** 런치세트 RM20~30, 맥주 RM12~15(봉사료 10% 별도)

더 로프 페르다나 키 The Loaf Perdana Quay

마하티르 총리가 일본에 방문했을 때 그 맛에 반해 랑카위섬에 지점을 내도록 부탁했을 만큼 빵 맛이 좋다. 2006년 말레이시아 1호점으로 문을 열어 매일 만드는 신선한 빵을 판매한다. 커피나 주스와 함께 먹으며 쉬어가기 좋고 식사 메뉴도 다양하다.

전화 604-959-4866◆**영업** 09:00~18:00◆**휴무** 연중무휴◆**예산** 음료 RM12, 식사류 RM15~23(봉사료 10% 별도)

라 살
La Sal

해변에서 즐기는 로맨틱 디너

판타이 체낭의 카사 델 마르 리조트에서 운영하는 올데이 다이닝 레스토랑. 실내에도 좌석이 있지만 고운 모래 위에 마련한 비치 테이블이 인기가 높다. 저녁 무렵 붉게 물드는 석양과 잔잔한 바다를 바라보며 즐기는 식사는 특별한 추억으로 남게 될 것이다. 메뉴는 육류와 해산물을 이용한 단품 요리와 코스 요리를 선보인다. 신선한 새우와 오징어, 아스파라거스를 곁들인 해산물 리조토는 재료 본연의 맛이 살아 있다. 랑카위 최고의 칵테일로 손꼽히는 믹스 베리 모히토 칵테일도 맛보자.

MAP p.328-B ◆ **찾아가기** 랑카위 공항에서 차로 약 15분 ◆ **주소** Casa del Mar, Jalan Pantai Cenang, Langkawi ◆ **전화** 604-955-2388 ◆ **영업** 07:00~11:00, 12:00~23:00 ◆ **휴무** 연중무휴 ◆ **예산** 파스타 RM43~, 스테이크 비프 피렛 RM78~(봉사료 10% 별도) ◆ **홈페이지** www.casadelmar-langkawi.com

운카이잔
Unkaizan

맛도 분위기도 좋은 일식 레스토랑

판타이 텡아의 짙푸른 녹음 속에 자리한 정통
일식 레스토랑. 탁 트인 야외 정원에 마련된 테
라스석과 실내석이 있으며 메뉴는 생선회, 스
시 정식, 장어구이, 새우튀김 등 다양하다. 우
동 또는 차가운 소바를 기호에 따라 선택할 수
있는 스시 세트는 5가지 초밥이 포함된다. 인
기 메뉴는 철판 스테이크와 볶음밥, 된장국이
함께 제공되는 데판야키 세트로 가격도 합리적
이다. 입구에 있는 칠판에 오늘의 추천 요리가
적혀 있으므로 확인해보자.

MAP p.328-F ● **찾아가기** 체낭 몰에서 차로 약 5분 ● **주소**
Lot 395 Jalan Telok Baru, Pantai Tengah, Langkawi
● **전화** 604-955-4118 ● **영업** 18:00~22:30 ● **휴무** 수요
일 ● **예산** 스시 세트 RM65, 데판야키 세트 RM68~89(봉사
료 10% 별도) ● **홈페이지** www.unkaizan.com

파빌리온
Pavillion

랑카위 최고의 태국 요리

더 다타이 리조트 내에 있는 태국 요리 전문 레스토랑. 말레이시아가 지리적으로 태국과 가까워 태국 요리를 선보이는 레스토랑이 꽤 많지만 맛으로는 이곳을 따라올 곳이 없다. 신선한 그린 파파야로 만든 새콤한 샐러드 쏨땀은 식전 요리로 인기 있고, 게에 커리와 달걀을 더해 볶

은 푸팟퐁커리는 한국인 입맛에도 잘 맞는다. 태국 음식을 좋아하는 사람이라면 일부러 찾아가는 수고가 아깝지 않을 것이다. 주변에 숲이 우거져 있어 아름다운 자연 경관도 즐길 수 있다. 인기가 많은 곳이므로 미리 예약을 하고 가는 것이 좋다.

MAP p.320-A◆**찾아가기** 랑카위 공항에서 차로 약 40분◆**주소** The Datai Langkawi, Jalan Teluk Datai, Langkawi◆**전화** 604-950-0500◆**영업** 18:30~22:30◆**휴무** 연중무휴◆**예산** 쏨땀 RM55, 뽀암꽁 RM36(세금+봉사료 16% 별도)◆**홈페이지** www.thedatai.com

레드 토마토
Red Tomato

여행자들의 아지트

판타이 체낭에서 여행자들에게 가장 인기가 많은 레스토랑으로 모던하고 세련된 스타일을 자랑한다. 아침부터 저녁 늦게까지 식사를 제공하며 피자, 파스타, 샌드위치 등의 메뉴를 갖추

고 있다. 대표 메뉴로는 시금치, 연어, 베이컨 위에 베어네이즈 소스를 올린 에그 베네딕트와 아보카도를 넣은 샌드위치가 있다. 채식주의자를 위한 메뉴도 다양하게 마련되어 있다.

MAP p.328-D ● **찾아가기** 체낭 몰에서 도보 약 5분 ● **주소** 5, Casa Fina Avenue, Pantai Cenang, Langkawi ● **전화** 6012-513-6046 ● **영업** 09:00~17:00(화요일은 15:00~22:30) ● **휴무** 월요일 ● **예산** 샐러드 RM25.50~40, 샌드위치 RM16.50~25.50(봉사료 10% 별도) ● **홈페이지** www.redtomatorestaurant.com.my

오키드 리아 시푸드 레스토랑
Orkid Ria Seafood Restaurant

판타이 체낭 No.1 해산물 레스토랑

현지인과 관광객 모두에게 인기가 높은 곳. 새우, 게, 조개, 생선 등 신선한 해산물 요리를 즐길 수 있다. 매콤달콤한 칠리소스나 고소한 버

터를 이용한 요리들은 한국인 입에도 잘 맞는다. 타이거 버터 프라운과 칠리 크랩이 대표 메뉴. 원하는 재료를 골라 무게를 재고 나면 조리가 시작된다.

MAP p.328-D ● **찾아가기** 판타이 체낭의 카사 델 마르 리조트에서 도보 약 2분 ● **주소** Lot 1225, Jalan Pantai Cenang, Langkawi ● **전화** 604-955-4128 ● **영업** 12:00~15:00, 18:00~23:00 ※임시 휴업

히든 랑카위
Hidden Langkawi

비치프런트 레스토랑 겸 펍

판타이 텡아 해변 바로 앞에 위치한 분위기 좋은 비치프런트 서양식 레스토랑 겸 펍으로 피자, 햄버거, 나초, 타코 등 식사 메뉴와 음료를 즐길 수 있다. 바다와 해변을 마주할 수 있는 빈백에 자리를 잡고 간단히 식사를 즐겨도 좋고

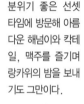

분위기 좋은 선셋 타임에 방문해 아름다운 해넘이와 칵테일, 맥주를 즐기며 랑카위의 밤을 보내기도 그만이다.

MAP p.328-F **찾아가기** 판타이 텡아의 그린 빌리지에서 도보 약 10분 **주소** 2461, Jalan Pantai Tengah, Langkawi **전화** 6012-557-0570 **영업** 12:00~24:00 **휴무** 연중무휴 **예산** 식사 RM20~60

팻 큐피드
Fat Cupid

시원한 야외 풀사이드 레스토랑

화이트를 메인 컬러로 꾸민 카페 & 레스토랑으로 아담한 야외 수영장과 주변을 둘러싼 푸른 녹음이 어우러져 청량한 느낌이다. 말레이 음식부터 웨스턴 음식까지 폭넓은 메뉴를 갖추고 있으며 오후 2시까지는 브렉퍼스트 & 브런치

로 제공된다. 닭가슴살과 모차렐라 치즈, 달걀을 넣은 치킨 샌드위치나 피시 & 칩스는 가볍게 즐길 수 있는 메뉴로 양도 푸짐하다.

MAP p.328-F **찾아가기** 판타이 텡아의 그린 빌리지에서 도보 약 5분 **주소** 2273, Jalan Teluk Baru, Kampung Tasek Anak, Langkawi **전화** 604-955-3010 **영업** 11:00~15:00, 18:00~22:00 **휴무** 화~수요일 **예산** 시그니처 테스팅 플레이트 RM30, 사테 RM25, 음료 RM7~(봉사료 10% 별도)

텔라가 시푸드 레스토랑
Telaga Seafood Restaurant

판타이 체낭 인기 해산물 레스토랑

현지인과 관광객 모두에게 인기가 높은 곳. 새우, 게, 조개, 생선 등 신선한 해산물 요리를 한자리에서 즐길 수 있다. 매콤달콤한 칠리소스와 고소한 버터소스는 한국인 여행자의 입에도 잘 맞는 편. 타이거 버터 프라운 새우와 칠리 크랩이 대표 메뉴. 원하는 재료를 고른 뒤 요리 방식을 선택하면 된다. 호수 옆에 자리해 전망이 좋으며 가족 단위로 방문하는 사람들이 많다.

MAP p.328-D ◈**찾아가기** 체낭몰에서 도보 약 5분 ◈**주소** Lot 1225, Jalan Pantai Cenang, Langkawi ◈**전화** 6013-350-8171 ◈**영업** 16:00~24:00 ◈**휴무** 연중무휴 ◈**예산** 타이거 프라운 새우 RM20~25(100g), 머드 크랩 RM15~18(100g)

푸토마요 레스토랑
Putumayo Restaurant

오리엔탈 메뉴가 인기

현지인들이 즐겨 찾는 맛집으로 다채로운 요리를 맛볼 수 있다. 랍스터, 새우, 오징어 등의 해산물을 이용한 시푸드 요리부터 볶음밥, 홍콩식 면 요리 등 중국식 요리법이 더해진 오리엔탈 메뉴들도 많다. 타이거프라운 등의 새우 요리가 인기 메뉴다.

MAP p.328-D ◈**찾아가기** 체낭 몰에서 도보 약 10분 ◈**주소** Lot 1584, Jalan Pantai Chenang ◈**전화** 604-953-2233 ◈**영업** 14:00~23:00 ◈**휴무** 연중무휴 ◈**예산** 조개 RM50~, 오징어 RM35~, 단품 메뉴 RM30~ ◈**홈페이지** beacons.ai

크래프트 콤플렉스 랑카위
Kompleks Kraf Langkawi

말레이시아 전통 예술 공예 단지

쿠알라룸푸르와 함께 말레이시아 정부에서 운영하는 2개의 복합 공예 단지 중 하나로 랑카위 섬 북부에 있다. 전시관에서는 말레이시아 전통 수공예품을 전시, 판매하고 있으며 각종 기념품을 판매하는 상점들도 모여 있다. 함께 운영 중인 헤리티지 크래프트 박물관에서는 말레이시아 전통 문화와 역사를 살펴볼 수 있다. 그 외 음료를 마시며 쉬어갈 수 있는 쉼터와 아트 갤러리도 있다. 현대식 쇼핑센터가 아닌 지역의 특산품과 전통 문화를 경험할 수 있는 곳을 찾는다면 방문해보기를 권한다.

MAP p.320-A◆**찾아가기** 체낭 몰에서 차로 약 35분 ◆**주소** Tekuk Yu, Mukim Bohor, Langkawi◆**전화** 604-959-1913◆**영업** 10:00~18:00◆**휴무** 연중무휴 ◆**홈페이지** www.kraftangan.gov.my

More 헤리티지 크래프트 박물관 Heritage Craft Museum

크래프트 콤플렉스 랑카위 내에 있는 박물관으로 말레이시아의 전통 문화와 역사를 모형으로 전시하고 있다. 농경 문화에서 비롯된 농기구와 수렵 도구 등 과거의 모습을 섬세하게 재현해놓았다. 전통 낚싯배와 낚시 도구, 어망들도 볼 수 있으며 각종 무기와 전통 악기 등을 흥미롭게 구경할 수 있다. 아이를 동반한 가족 여행객들에게 제격이다.

시나몬스 기프트
Cinnamon's Gift

다채로운 아이템이 있는 기념품 숍

목걸이, 팔찌, 귀걸이 등 세련되고 독특한 디자인의 액세서리와 각종 기념품을 판매하고 있다. 기념품은 말레이시아를 상징하는 바틱이나 전통 공예품, 조각상 등 다양한 아이템을 갖추고 있어 여행자들에게 인기 있다. 세라믹 접시와 그릇, 앙증맞은 코끼리 조각상은 RM10 정도면 구입할 수 있으며, 가격표가 붙어 있어 흥정을 할 필요도 없다.

MAP p.328-D◆**찾아가기** 체낭 몰에서 도보 약 7분◆**주소** 17, Mali Walk, Malibest Resort, Langkawi◆**전화** 6012-475-0469◆**영업** 13:00~23:00◆**휴무** 연중무휴

어스 트리
Earth Tree

100% 천연재료를 사용한 유기농 화장품

과일, 꽃, 허브 등 자연에서 채취한 식물 뿌리나 껍질에서 추출한 오일을 사용해 만든 천연 화장품으로 유명하다. 기초 화장품은 물론 보디 용품, 비누, 스크럽 등 종류도 다양하며 화학적 첨가물이 들어가지 않은 순한 제품으로 인기가 높다. 클렌징 오일과 천연 비누, 립밤 등이 특히 인기 있다.

MAP p.328-D◆**찾아가기** 체낭 몰 2층◆**주소** Lot 2605, Cenang Mall, Jalan Pantai Cenang, Langkawi◆**전화** 604-955-4150◆**영업** 10:00~22:00◆**휴무** 연중무휴 ◆**홈페이지** www.naturallogicskincare.com

Tip 랑카위는 면세 쇼핑의 천국

랑카위의 또 하나의 즐길 거리는 쇼핑! 섬 전체가 면세구역으로 지정되어 있고 특히 술, 담배, 초콜릿 등은 말레이시아에서도 가장 저렴하다. 특히 술은 맥주부터 양주까지 종류도 다양하고 가격도 다른 지역에 비해 월등히 저렴하다. 쿠알라룸푸르에서 2천 원 이상의 가격에 판매되는 수입 캔맥주를 랑카위에서는 6백 원가량에 구입할 수 있으므로 부담 없이 즐겨보자.

체낭 몰
Cenang Mall

판타이 체낭에서 유일한 현대식 쇼핑몰

2층 규모의 쇼핑몰로 기념품이나 초콜릿, 술 등의 면세품을 사기에 좋다. 공항이나 말레이시아 내 어느 면세점보다도 저렴한 가격에 구입할 수 있어 인기가 많다. 1층에 있는 메이뱅크에서는 환전을 할 수 있는데 환율이 좋기로 유명하다. 스타벅스, 올드 타운 화이트 커피, KFC, 맥도날드 등이 입점해 있어 시원한 에어컨 바람을 쐬며 잠시 쉬어가기에도 좋다.

MAP p.328-D◆**찾아가기** 랑카위 공항에서 차로 약 15분 ◆**주소** Jalan Pantai Cenang, Langkawi◆**전화** 604-953-1188◆**영업** 11:00~23:00◆**휴무** 연중무휴

더 존 듀티 프리
The Zon Duty Free

중저가 상품을 주로 판매하는 아웃렛

랑카위에서는 판타이 체낭과 오리엔탈 빌리지에 매장이 있고 그 밖에도 쿠알라룸푸르 공항을 비롯해 여러 곳에서 운영 중인 말레이시아 대표 쇼핑 아웃렛. 판타이 체낭점은 언더월터 월드 인근에 자리하고 있어 접근성이 뛰어나다. 로컬 브랜드를 비롯해 주류, 담배, 향수, 가방, 선글라스 등을 면세 가격으로 구입할 수 있다. 특히 초콜릿과 술 종류가 많고 저렴하다.

MAP p.328-D◆**찾아가기** 체낭 몰에서 도보 약 5분◆**주소** Lot 970, 971, 973, Underwater World, Jalan Pantai Cenang, Langkawi◆**전화** 604-641-3200 ◆**영업** 10:00~19:00(금~일요일 21:00까지)◆**휴무** 연중무휴◆**홈페이지** www.zon.com.my

코코 밸리
Coco Valley

달콤한 초콜릿과 주류가 가득

초콜릿을 좋아하는 여행자라면 주목해볼 만하다. 초콜릿 전문 매장이 마련되어 있어 다양한 종류의 초콜릿을 면세 가격으로 구입할 수 있다. 그 밖에도 술, 담배, 밀크티, 커피, 시계, 여행용 가방도 판매한다. 주류의 경우 선택의 폭이 넓고 가격도 다른 곳에 비해 좀 더 저렴한 편이다. 더 존과 주방용품을 판매하는 와리산 면세점과도 연결되어 있다.

MAP p.328-D◆**찾아가기** 랑카위 언더워터 월드 옆◆**주소** Jalan Pantai Cenang, Langkawi◆**전화** 604-955-6100◆**영업** 10:00~19:00(금~일요일 21:00까지)◆**휴무** 연중무휴

판타이 체낭의 스파 | SPA

더 리프 스파
The Leaf Spa

라 빌라 랑카위에서 운영하는 스파

프라이빗한 분위기와 숙련된 테라피스트들의 스킬로 만족도 높은 서비스를 받을 수 있다. 말레이 전통 마사지를 비롯해 아로마 테라피, 스크럽 등의 기본 프로그램은 물론 티 시음, 플라워바스,

마사지 등이 포함된 허니문 패키지 메뉴도 합리적인 요금에 제공된다. 여행의 피로를 풀어주는 말레이 전통 마사지와 아로마 테라피는 근육과 긴장 이완에 효과가 좋다.

MAP p.328-D◆**찾아가기** 체낭몰 랑카위에서 차로 약 7분 ◆**주소** MK, Jalan Pantai Tengah, Langkawi◆**전화** 6013-511-8800◆**영업** 09:00~21:00◆**휴무** 연중무휴 ◆**예산** 아로마 테라피(60분) RM188, 말레이 전통 마사지 (90분) RM268(세금+ 봉사료 16% 별도) ◆**홈페이지** ww.lavillalangkawi.com

알룬 알룬 스파
Alun Alun Spa

랑카위에서도 손꼽히는 인기 스파

쿠아 타운, 판타이 텡아, 판타이 체낭 세 곳에서 운영 중이며 그중 판타이 체낭점이 가장 규모가 크다. 커플룸을 포함해 총 11개의 스파룸과 개인 욕조를 갖추고 있으며 앤티크한 가구와 조각상으로 꾸며 따뜻한 분위기이다. 마사지, 보디 트리트먼트, 페이셜, 네일, 헤어까지 다양한 프로그램이 있는데, 가장 인기 있는 것은 아로마 테라피 핫 텁(Hot Tub),

족욕, 마사지가 포함된 레인포레스트 프로그램이다. 각종 스파 용품과 인테리어 소품, 액세서리 등을 판매하는 숍도 함께 운영하고 있다.

MAP p.328-B◆**찾아가기** 판타이 체낭의 카사 델 마르 리조트 건너편◆**주소** Lot 48, Jalan Pantai Cenang, Langkawi◆**전화** 604-953-3838◆**영업** 12:00~22:00 (금~일요일 23:00까지)◆**휴무** 연중무휴 ◆**예산** 레인포레스트 프로그램(120분) RM275, 알룬 알룬 웨이브 마사지(60분) RM160◆**홈페이지** www.alunalunspa.com

더 다타이 스파
The Datai Spa

MAP p.320-A◆찾아가기 랑카위 공항에서 차로 약 40분
◆주소 The Datai Langkawi, Jalan Teluk Datai,
Langkawi◆전화 604-9500-500◆영업 10:00~19:00
◆휴무 연중무휴◆예산 말레이 보디 스크럽(45분) RM270,
퉁쿠 바투(90분) RM450◆홈페이지 www.thedatai.com

숲속에서 즐기는 고급 스파

더 다타이 리조트에서 운영하는 야외 스파로 울
창한 숲속에서 신선한 공기를 마시며 편안하게
스파를 즐길 수 있다. 시그너처 트리트먼트인
퉁쿠 바투(Tungku Batu)는 따뜻한 스톤을 이
용해 뭉친 근육을 풀어주고 생강, 시나몬, 라
임, 판단 잎 등 식물 성분의 에센셜 오일로 마
사지하여 혈액 순환을 좋게 한다. 리조트 이용
객뿐만 아니라 외부 게스트도 이용이 가능하며
미리 예약을 하고 가야 한다.

삿카라 스파
Satkara Spa

깔끔한 시설의 중급 스파

판타이 체낭의 카사 델 마르 리조트 내에 있는
스파로 적당한 가격대에 즐길 수 있어 인기가
높다. 다양한 마사지 프로그램이 있는데 삿카
라 샘플러 코스는 90분 동안 머리, 어깨, 얼굴

마사지를 한 번에 받을 수 있어 가장 인기 있
다. 낮(10:00~15:00)에 가면 다른 시간보다
더 저렴하다.

MAP p.328-B◆찾아가기 체낭 몰에서 도보 약 10분◆주
소 Casa Del Mar Langkawi, Jalan Pantai Cenang,
Langkawi◆전화 604-955-2388◆영업 10:00~19:00
◆휴무 연중무휴◆예산 삿카라 샘플러(90분) RM242~
264, 전통 말레이 마사지(60분) RM159~176(세금+봉사
료 16% 별도)
◆홈페이지 www.casadelmar-langkawi.com

칼룻 카페 앤 바
Kalut Café And Bar

요즘 핫한 비치 바

판타이 체낭 해변에서 가장 인기 있는 바이다. 주변이 어둑어둑해지면 이곳에서 칵테일을 마시며 아름다운 선셋을 감상해보자. 해피 아워 (오후 6시)를 이용하면 할인된 가격에 칵테일이나 음료를 즐길 수 있다. 해변 앞쪽 자리를 선점하려면 조금 서둘러야 한다.

MAP p.328-B◆**찾아가기** 체낭 몰에서 도보 약 10분◆**주소** 2 Jalan Pantai Cenang, Langkawi◆**전화** 6017 -348-5515◆**영업** 18:00~01:00◆**휴무** 연중무휴◆**예산** 칵테일 RM30~40, 목테일 RM20~30

더 클리프
The Cliff

근사한 야경을 감상할 수 있는 곳

이름처럼 판타이 체낭 절벽 위에 자리하고 있는 레스토랑 & 바. 낮에 가도 좋지만 아름다운 일몰과 야경을 즐길 수 있는 저녁에 가기를 추천한다. 시원한 바닷바람을 느낄 수 있고 요리도 만족도가 높다. 식사를 하려면 일찍 가서 좋은 자리를 배정받자.

MAP p.328-D◆**찾아가기** 언더워터 월드 골목으로 도보 약 3분◆**주소** Lot 63 & 40, Jalan Pantai Cenang, Langkawi◆**전화** 604-953-3228◆**영업** 12:00~22:00 ◆**휴무** 연중무휴◆**예산** 메인 코스 RM40~70(와인 한잔 포함), 칵테일 RM14~(봉사료 10% 별도) ◆**홈페이지** www.thecliflangkawi.com

쿠아
Kuah

쿠아는 랑카위섬 동쪽에 위치한 지역으로 여행자들보다는 현지인들이 주를 이루는 생활 터전이다. 랑카위의 상징인 이글 스퀘어를 비롯해 섬과 다른 지역을 연결하는 페리 터미널, 섬 내 투어 상품을 예약할 수 있는 쿠아 제티 포인트, 중소형 면세점과 중저가 숙소들이 자리하고 있는 쿠아 타운으로 이루어져 있다. 특히 초콜릿, 술 등을 저렴하게 파는 면세점들이 곳곳에 포진해 있어 알뜰 쇼핑을 즐길 수 있다.

교통

쿠아 타운 내에서는 걸어서 이동할 수 있지만 그 외 지역으로 갈 경우에는 택시를 이용하거나 렌터카, 오토바이를 대여해서 다닌다. 택시 요금은 행선지에 따라 정해져 있으며, 렌터카나 오토바이는 쿠아 제티 포인트에 있는 렌탈 업체를 이용하면 된다.

쿠아 타운

0   250m

← 랑카위 국제공항 방향

→
아이르 항갓,
탄중 루 방향

A

다양 베이 셔비스드 아파트먼트 & 리조트
Dayang Bay Serviced Apartment & Resort

심포니 리조트
Simfoni Resort Ⓗ

B

호텔 그랜드 콘티넨탈 Ⓗ
Hotel Grand Continental

랑카위 퍼레이드 Ⓢ
Langkawi Parade

호텔 랑카수카
Hotel Langkasuka

KFC

벨라 비스타 리조트 & 스파 Ⓗ
Bella Vista Resort & Spa

완 타이 Wan Thai

샤크 핑 Ⓡ Shark Fing
알티스 호텔 Ⓗ
Altis hotel

원더랜드 푸드 스토어 Ⓡ
Wonderland Food Store

아예르 항갓 거리 Jalan Ayer Hangat

더 베이뷰 호텔 랑카위 Ⓗ
The Bayview Hotel Langkawi

Jalan Pandak Mayah 1

C

파라다이스 크래프트 Ⓢ
Paradise Craft

택시 승차장
Jalan Pandak Mayah 5

커피 타임 Ⓡ Coffee Time

더 스파 숍 Ⓢ The Spa Shop

랑카위 사가 쇼핑센터
Langkawi Saga Shopping Centre

워터 가든 호커센터
Water Garden
Hawker Centre

D

랑카위 업타운 호텔 Ⓗ
Langkawi Uptown Hotel

하루
Haroo

Jalan Lencongan Putra 3

드 바론 리조트 랑카위 Ⓗ
De Baron Resort Langkawi

랑카위 바론 호텔
Langkawi Baron Hotel

야시장 Night Market
(수・토요일)

알 하나 모스크 ·
Masjid Al-hana

이글 베이 호텔 Ⓗ
Eagle Bay Hotel

랑카위 시뷰 호텔
Langkawi Seaview Hotel Ⓗ

이글 스퀘어 ·
Eagle Square

랑카위 페어
Langkawi Fair

제티 포인트 푸드코트
Jetty Point Food Court Ⓡ

르젠다 공원
Legenda Park

Ⓢ
Ⓡ

제티 포인트
Jetty Point

맥도날드 Ⓡ
Papparich Langkawi

파파리치 랑카위
Papparich Langkawi

E

페리 터미널

스타벅스
Starbucks

ℹ️여행자 정보 센터

제티 포인트 콤플렉스 Ⓢ
Jetty Point Complex

F

로열 랑카위 요트 클럽 ·
Royal Langkawi Yacht Club

더 웨스틴 랑카위 리조트 Ⓗ
The Westin Langkawi Resort

타이드 Ⓡ Tide

헤븐리 스파 Ⓜ Heavenly Spa

347

쿠아 타운 추천 코스

★ **코스 총 소요 시간** : 12시간

★ **여행 포인트** : 쿠아 제티 포인트에는 아일랜드 호핑 투어, 맹그로브 투어 등 다양한 투어 프로그램을 제공하는 여행사들이 모여 있다. 렌터카와 오토바이 대여도 가능하므로 쿠아 타운을 둘러보기 전에 필요한 것들을 예약하자.

1DAY

08:30 아일랜드 호핑 또는 맹그로브 투어 참가

▼ 도보 1분

11:00 수상 스포츠 즐기기

▼ 도보 1분

12:00 현지식으로 점심 식사

▼ 차로 10분

14:00 쿠아 타운 관광 또는 렌터카로 섬 일주하기

▼ 차로 10분

18:00 제티 포인트 인근의 이글 스퀘어에서 기념사진 찍기

▼ 차로 10분

19:00 원더랜드 푸드 스토어에서 맛있는 해산물 요리로 저녁 식사

▼ 차로 10분

20:00 스파를 받으며 마무리

이글 스퀘어
Eagle Square

★
★
★

랑카위섬의 상징인 독수리 상이 있는 광장

거대한 독수리 상이 있는 이글 스퀘어는 랑카위를 대표하는 랜드마크. 하늘 위로 비상하는 힘찬 독수리의 모습을 형상화한 조형물의 높이는 무려 12m에 달한다. 원래 랑카위라는 지명은 독수리를 의미하는 헤랑(Helang)과 적갈색을 의미하는 카위(Kawi)에서 비롯됐다고 한다. 광장은 물 위에 떠 있는 별 모양의 구조로 독수리 상과 야외 테라스, 다리로 이루어져 있다. 여행자들의 기념사진 촬영 장소로 인기 있는 독수리 상은 광장 끝자락에 자리하고 있다. 그 앞에 19개의 아치형 지붕이 덮인 테라스가 있고 내부에는 스낵과 음료, 각종 기념품을 판매하는 상점들이 있다. 광장에서는 주변 섬을 오가는 페리와 전통 배를 구경할 수 있고 시원한 바닷바람을 즐길 수 있어 현지인들의 휴식처로도 사랑받는다. 광장을 연결하는 다리를 건너면 랑카위의 전설이 담긴 르젠다 공원이나 페리를 탈 수 있는 제티 포인트로 갈 수 있다. 저녁에는 은은한 조명이 들어와 멋진 야경을 감상하거나 연인들의 데이트 코스로도 인기 있다.

MAP p.347-E◆**찾아가기** 쿠아 제티 포인트에서 도보 약 5분

르젠다 공원
Legenda Park ★★

랑카위의 전설을 담은 공원

거대한 열대나무와 연못으로 아름답게 가꿔진 드넓은 공원이다. 공원 내에는 랑카위섬에 전해 내려오는 전설을 담은 다양한 조형물이 있어 천천히 둘러보며 산책하기에 좋다. 햇볕이 뜨거운 한낮은 가급적 피하는 것이 좋다. 이글 스퀘어와 함께 둘러보거나 랑카위 페어로 가는 길에 잠시 들러보자.

MAP p.347-F◆**찾아가기** 이글 스퀘어에서 도보 약 5분 ◆**주소** Kuah, Langkawi◆**전화** 603-966-4223◆**운영** 09:00~19:00◆**휴무** 연중무휴

알 하나 모스크
Masjid Al-hana ★

랑카위에서 가장 큰 이슬람 사원

랑카위섬 내에 있는 28개의 모스크 중 가장 큰 규모를 자랑한다. 황금색 돔과 첨탑으로 구성된 사원으로 우즈베키스탄과 말레이시아 전통 사원의 형태를 띠고 있다. 사원 내에는 코란을 가르치는 교육 시설과 휴게 시설이 있다. 매주 금요일에는 이슬람교 신자들이 기도와 참배를 드리기 위해 사원을 찾는다.

MAP p.347-D◆**찾아가기** 이글 스퀘어에서 도보 약 15분 ◆**주소** Lencongan Putra 2, Kuah, Langkawi◆**운영** 09:00~18:00◆**휴무** 연중무휴

랑카위 악어 농장
Langkawi Crocodile Farm ★

아찔한 악어 쇼를 볼 수 있는 농장

1천여 마리의 악어를 보호하고 있는 농장으로 하루에 2번 아찔한 악어 쇼가 열린다(11:15, 14:45). 숙련된 조련사들이 악어 입에 손을 넣거나 등에 올라타 우스꽝스러운 몸짓을 하는 등 완벽한 공연으로 관광객들에게 즐거움을 준다. 쇼를 관람하고 난 후에는 식당에서 식사를 하거나 기념품 숍에서 악어가죽으로 만든 구두, 벨트, 지갑 등을 구입할 수 있다.

MAP p.320-A◆**찾아가기** 쿠아 제티 포인트에서 차로 약

45분◆**주소** Jalan Datai, Kubang Badak, Mukim Air Hangat, Langkawi◆**전화** 604-950-2061◆**운영** 09:30~18:00◆**휴무** 연중무휴◆**요금** 어른 RM48, 어린이 RM38, 카메라 RM1, 비디오카메라 RM5 ◆**홈페이지** www.crocodileadventureland.com

페르다나 미술관
Galeria Perdana

★★

9천여 점의 다양한 전시물

랑카위섬 북동쪽에 위치한 미술관으로 마하티르 총리가 재직 기간 중 국내외에서 받은 선물과 개인 소장품을 전시하고 있다. 소장품이 워낙 많아 2천여 점씩 순차적으로 전시한다. 가장 인기 있는 곳은 자동차의 역사를 살펴볼 수 있는 전시관으로 옛날 자동차부터 포뮬러 원 레이스에 사용하는 최첨단 기계까지 있다. 그 외에도 각종 전통 공예품과 도자기 등 다양한 전시물을 관람할 수 있다.

MAP p.320-B◆**찾아가기** 쿠아 제티 포인트에서 차로 약 20분◆**주소** Jalan Ayer Hangat, Mukim Kilim, Langkawi◆**전화** 604-959-1498◆**운영** 08:30~17:30 ※임시 휴업◆**요금** 어른 RM10, 어린이 RM5 ◆**홈페이지** www.jmm.gov.my

---

로열 랑카위 요트 클럽
Royal Langkawi Yacht Club

★★

랑카위 요트의 메카

말레이시아에서 가장 큰 규모를 자랑하는 항구를 보유하고 있으며 매년 3월에는 랑카위 국제 레가타 요트 대회가 열린다. 마리나 주변으로는 레스토랑 겸 펍이 자리하고 있어 석양을 감상하며 식사를 즐길 수 있다. 다이빙 오피스와 선세일 아시아 퍼시픽, 심슨 마린 등의 해양 업체와 세일러들을 위한 정비 공간까지 갖춘 대규모 요트 클럽이다.

MAP p.347-E ◆**찾아가기** 쿠아 제티 포인트에서 도보 약 5분◆**주소** Jalan Dato Syed Omar, Kuah, Langkawi◆**전화** 604-966-4078◆**운영** 10:00~18:00 ◆**휴무** 연중무휴 ◆**홈페이지** www.langkawiyachtclub.com

원더랜드 푸드 스토어
Wonderland Food Store

쿠아 타운 최고의 해산물 레스토랑

현지인과 여행객 모두에게 사랑받는 맛집으로 중국식 해산물 요리와 각종 식사 메뉴를 갖추고 있다. 가장 인기 있는 메뉴는 매콤하게 볶아낸 채소 요리 삼발 깡꽁(Sambal Kangkong)과 칠리 크랩(Chilli Crab)으로 밥과 함께 주문해서 먹으면 든든한 한 끼 식사가 된다. 식사는 야외에 마련된 테이블에서 하는데 시간이 흐를수록 빈자리를 찾기 어려우므로 조금 일찍 가서 좋은 자리를 선점하자.

MAP p.347-D◈**찾아가기** 쿠아 제티 포인트에서 차로 약 10분, 랑카위 퍼레이드에서 도보 약 10분◈**주소** 179, 180, 181, Persiaran Mutiara 2, Pusat Perdagangan Kelana Mas, Langkawi◈**전화** 6012-494-6555

◈**영업** 18:00~22:30◈**휴무** 화요일◈**예산** 크랩(100g) RM10~, 조개 요리 RM15~25, 해산물 볶음밥 RM10, 맥주 RM5~18

타이드
Tide

로맨틱한 분위기의 고급 레스토랑

웨스틴 리조트에 있는 오픈 에어 스타일의 레스토랑으로 바닷가 경치를 감상하며 식사를 즐길수 있다. 태국식 타파스 요리와 이탈리안 파스타, 스테이크 등을 선보이며 디너 타임에는 싱싱한 해산물을 맛볼 수 있는 시푸드 코너도 운영한다. 은은한 조명이 들어오는 저녁에 와인을 곁들여 로맨틱한 식사를 하기에 제격이다.

MAP p.347-E ◆ **찾아가기** 쿠아 제티 포인트에서 도보 약 15분 ◆ **주소** The Westin Langkawi Resort & Spa, Jalan Dato Syed Omar, Kuah, Langkawi ◆ **전화** 604-960-8888 ◆ **영업** 12:00~22:30 ◆ **휴무** 연중무휴 ◆ **예산** 파스타 RM58 ~62, 그릴 프라운 RM88~120, 스테이크 RM98~(봉사료 10% 별도)

하루
Haroo

한국 음식이 그리울 때

랑카위섬의 인기 한식당. 판타이 체낭점(워터월드 인근)에 이어 쿠아 타운에 2호점을 열었다. 정갈하게 차려 나오는 전라도식 한식과 런치 세트는 한국인 여행자뿐 아니라 현지인들에게도 인기 메뉴. 칼칼한 김치찌개나 오징어 덮밥으로 더위에 잃어버린 입맛을 찾거나 파전이나 두부김치를 시켜 한국 술과 함께 즐겨도 좋다.

MAP p.347-D ◆ **찾아가기** 쿠아 제티 포인트에서 차로 약 6분, 아지오 면세점 옆 ◆ **주소** 75 Tingkat Bawah, Jalan Pandak Mayah7, Kuah, Langkawi ◆ **전화** 6012-514-0049 ◆ **영업** 18:30~22:00 ◆ **휴무** 연중무휴 ◆ **예산** 김치찌개 RM28, 불고기 RM30, 오징어 볶음 RM35

쿠아 타운의 쇼핑 | SHOPPING

랑카위 페어
Langkawi Fair

중저가 브랜드들이 가득한 쇼핑몰

쿠아 제티 포인트 인근에 있는 아담한 쇼핑몰로 저렴하면서 실용적인 제품이 많은 것이 특징이다. 브랜드 아웃렛이나 신발, 가방 매장은 상시 세일을 하고 있어 알뜰 쇼핑을 즐길 수 있다. 현지인들이 즐겨 가는 파파리치, 맥도날드 등의 패스트푸드점이 있고, 쇼핑몰 뒤쪽에는 빌리온 슈퍼마켓을 비롯한 기념품 매장과 환전소, 푸드코트, 5D 아트 뮤지엄도 운영 중이다.

MAP p.347-F◆**찾아가기** 쿠아 제티 포인트에서 도보 약 10분◆**주소** Lot FF8, Jalan Persiaran Putra, Kuah, Langkawi◆**전화** 604-969-8100◆**영업** 10:00~22:00 ◆**휴무** 연중무휴

랑카위 퍼레이드
Langkawi Parade

랑카위에서 가장 큰 복합 쇼핑몰

랑카위섬에서 유일하게 영화관까지 갖추고 있는 대형 복합 쇼핑몰로 가장 최근에 문을 열었다. 168개의 객실을 갖춘 호텔과 백화점, 대형 슈퍼마켓이 한자리에 있고 여행자를 위한 환전소와 ATM도 갖추고 있어 편리하다.

MAP p.347-B◆**찾아가기** 쿠아 제티 포인트에서 차로 약 10분◆**주소** A-14-15, Pokok Asam, Kuah, Langkawi ◆**전화** 604-966-5017◆**영업** 10:00~22:00◆**휴무** 연중무휴◆**홈페이지** www.langkawi-parade.com

제티 포인트 콤플렉스
Jetty Point Complex

쿠아 항과 연결된 복합 상가

2층 규모의 상업시설로 랑카위에서 가장 유동 인구가 많고 활기차다. 상가에는 여행자 정보 센터를 비롯해 렌터카 사무소, 각종 투어 예약 사무소, 환전소 등이 모여 있어 편리하다. 그 외에도 KFC, 스타벅스, 푸드코트, 편의점, 기념품 숍, 면세점 등이 있어 간단한 식사와 쇼핑을 할 수 있다.

MAP p.347-E◆**찾아가기** 쿠아 제티 포인트에서 도보 1분, 랑카위 공항에서 차로 약 30분◆**주소** 15, Kompleks Perniagaan Kelibang, Kuah, Langkawi◆**전화** 604-966-7560◆**영업** 14:00~23:00◆**휴무** 연중무휴 ◆**홈페이지** www.jettypoint.com

파라다이스 크래프트
Paradise Craft

특별한 기념품을 찾는다면

쿠아를 비롯해 판타이 체낭 등 랑카위섬 내에 6개의 매장을 운영하고 있는 체인형 기념품 숍으로 여행자들이 즐겨 가는 곳에는 어김없이 자리하고 있다. 랑카위의 상징인 독수리 상과 각종 마그넷, 목각 공예품 등 여행의 추억을 담을 수 있는 다양한 아이템이 있다. 정찰제로 운영되어 바가지를 쓸 염려도 없다.

MAP p.347-D◆**찾아가기** 쿠아 제티 포인트에서 차로 약 6분◆**주소** 5, Tingkat Bawah Jalan Pandak Mayah 5, Kuah, Langkawi◆**전화** 604-966-5727◆**영업** 10:00~22:00◆**휴무** 일요일

랑카위 사가 쇼핑센터
Langkawi Saga Shopping Centre

쿠아 시내의 중심가

'쿠아 타운'이라고도 불리는 시내 중심가로 중소형 면세점들이 포진해 있다. 대부분의 면세점은 술, 초콜릿, 담배, 향수들을 판매하며 제품도 동일하고 가격도 거의 비슷하다. 다만 면세점에 따라 할인 행사나 프로모션이 다르게 진행되므로 조금 발품을 팔면 알뜰 쇼핑을 할 수 있다.

MAP p.347-D◆**찾아가기** 쿠아 제티 포인트에서 차로 약 5분◆**주소** Jalan Pandak Mayah 5, Taman Bendang Baru, Kuah, Langkawi◆**영업** 11:00~20:00

더 스파 숍
The Spa Shop

질 좋은 스파 용품을 저렴하게 구입

스파 용품 전문 숍으로 화이트 티, 장미, 산달우드, 자스민 등을 주재료로 만든 마사지 오일을 비롯해 오가닉 비누, 보디 스크럽, 헤어 샴푸 등 다양한 제품을 판매한다. 가장 인기 있는 제품은 오가닉 데이 크림으로 건성, 지성, 민감성 등 피부 타입에 상관 없이 사용할 수 있다. 제품의 질이 좋고 가격도 부담 없어 선물용으로도 제격이다.

MAP p.347-D◆**찾아가기** 쿠아 제티 포인트에서 차로 약 5분◆**주소** 52, Jalan Pandak Mayah 5, Pusat Bandar, Kuah, Langkawi◆**전화** 604-966-8078 ◆**영업** 10:00~19:00◆**휴무** 일요일

쿠아 타운의 스파 | SPA

헤븐리 스파
Heavenly Spa

웨스틴 리조트에서 운영하는 럭셔리 스파

쿠아에서 가장 고급스런 시설과 서비스를 자랑하는 스파로 안다만 해의 아름다운 경치까지 즐길 수 있다. 16개의 트리트먼트 룸과 야외에는 스파 전용 풀장, 터키식 하맘도 갖추고 있다. 말레이 전통 마사지를 비롯한 다양한 마사지와 스킨 케어, 보디 트리트먼트 등의 프로그램이 마련되어 있어 선택의 폭이 넓다. 가장 인기 있는 헤븐리 스파 시그너처 마사지는 뭉친 근육을 풀어주어 혈액 순환을 돕는다. 밤 12시까지 영업하므로 숙소에서 체크아웃을 한 후 비행기나 페리로 이동하기 전까지 피로를 풀어보는 것도 좋다.

MAP p.347-E◆**찾아가기** 쿠아 제티 포인트에서 차로 약 5분◆**주소** Jalan Pantai Dato Syed Omar, Langkawi◆**전화** 604-960-8888◆**영업** 10:00~19:00◆**휴무** 연중무휴◆**예산** 헤븐리 스파 시그너처 마사지(80분) RM360, 말레이 전통 마사지(60분) RM310(세금+봉사료 16% 별도)

아이르 항갓 빌리지
Air Hangat Village

현지인들이 즐겨 가는 아담한 온천 단지

족욕을 즐길 수 있는 3개의 야외 온천과 12개의 독립된 자쿠지 시설, 민속춤 공연장, 기념품 숍, 레스토랑 등이 공원처럼 조성되어 있다. 현

지인들이 즐겨 찾는 곳은 야외에 있는 2개의 욕장으로 관절염에 효과가 있다고 한다. 작은 정자에서 15분 동안 받을 수 있는 발 마사지는 RM15로 저렴하지만 피로가 확 풀릴 만큼 시원하다. 쿠아 타운에서 다소 멀기 때문에 일부러 찾아가기는 부담스러운 것이 흠이다. 인근에 있는 악어 농장이나 페르다나 미술관과 함께 일정을 짜면 효과적이다.

MAP p.320-B◆**찾아가기** 쿠아 제티 포인트에서 차로 약 30분◆**주소** 16, Jalan Air Hangat, Langkawi◆**전화** 604-959-1357◆**영업** 09:00~17:30 ※임시 휴업◆**예산** 자쿠지 RM199(2인), 말레이 전통 마사지(60분) RM130, 발 마사지(45분) RM50(세금+봉사료 16% 별도)

356 서말레이시아

랑카위의 숙소 | HOTEL

포 시즌스 리조트
Four Seasons Resort

자연으로 둘러싸인 럭셔리 리조트

랑카위섬 북쪽의 탄중 루 지역에 위치한 특급
리조트. 객실은 말레이 분위기를 살린 파빌리온
과 레지던스 타입의 빌라로 나뉘며 잘 가꿔진
정원 사이사이에 독립적으로 배치되어 있다. 리
조트 내에서는 버기카로 이동해야 할 정도로 규
모가 넓고 부대시설로 레스토랑, 스파, 피트니
스, 테니스 코트, 수영장 등이 충실하게 갖추어
져 있다. 리조트 앞에는 풍광 좋은 해변 백사장
이 펼쳐져 있으며 해양 스포츠, 암벽 등반, 사
이클링 등 자체적으로 운영하는 프로그램도 많
아 여행의 재미를 만끽할 수 있다.

MAP p.320-B◆**찾아가기** 랑카위 공항에서 차로 약 30분
◆**주소** Jalan Tanjung Rhu, Langkawi◆**전화** 604-
950-8888◆**요금** 멜라루카 파빌리온 RM2,500~
◆**홈페이지** www.fourseasons.com

더 다타이 랑카위
The Datai Langkawi

원생림에 둘러싸인 시크릿 리조트

중후함과 현대적인 감각을 살린 호화 리조트로 랑카위섬 북서쪽의 열대 우림 속에 자리하고 있다. 누구에게도 방해받지 않고 온전한 휴양을 즐기고 싶은 여행자라면 주저 없이 선택해도 좋을 프라이빗한 곳이다. 객실은 고급 풀 빌라와 스위트룸을 포함해 총 125실을 갖추고 있으며

짙은 원목과 그에 어울리는 패브릭으로 품격 있게 꾸며져 있다. 가장 인기 있는 객실은 해변 쪽에 자리한 비치 빌라로 넓은 정원과 개별 수영장을 갖추고 있다. 부대시설로는 파빌리온 (p.336)을 포함한 고급 레스토랑과 라운지, 스파(p.344), 골프 코스 등이 있으며 어느 곳에서나 최상의 서비스를 받을 수 있다.

MAP p.320-A◆**찾아가기** 랑카위 공항에서 차로 약 35분 ◆**주소** Jalan Teluk Datai, Langkawi◆**전화** 604-9500-500◆**요금** 디럭스 RM1,400 ◆**홈페이지** www.thedatai.com

더 다타이의 특별한 매력

- 리조트에서 북쪽으로 이어진 길로 내려가면 아름다운 해변이 나타난다. 바다 또는 비치 풀에서 수영을 즐기거나, 비치 클럽에서 시원한 맥주를 마시며 그림 같은 경치를 즐겨보자.
- 호텔 내에 있는 파빌리온 레스토랑은 멀리서도 일부러 찾아올 만큼 인기가 높다. 태국 요리 전문 레스토랑으로 특급 서비스를 받으며 근사한 저녁 식사를 즐길 수 있다.

카사 델 마르
Casa Del Mar

지중해 스타일의 이국적인 리조트

판타이 체낭 해변에 위치한 리조트 호텔로 위치, 시설, 서비스 모두 높은 평점을 받고 있는 곳이다. 모든 객실은 스위트룸으로 내 집처럼 편안한 분위기에서 리조트 라이프를 만끽할 수 있도록 세심하게 꾸며져 있으며 욕실도 넓어 편리하다. 부대시설로는 올데이 다이닝 레스토랑 '라 살(p.334)'과 스파(p.344), 피트니스 등이 있고 초고속 인터넷도 무료로 이용할 수 있다. 호텔 앞쪽에 있는 야외 수영장에는 비치 베드가 놓여 있어 독서를 하거나 태닝을 즐기며 여유로운 시간을 보낼 수 있다. 판타이 체낭의 중심가에서도 가까워 레스토랑이나 쇼핑몰까지 충분히 걸어서 갈 수 있는 거리이다.

MAP p.328-B◆**찾아가기** 랑카위 공항에서 차로 약 10분 ◆**주소** Jalan Pantai Cenang, Langkawi◆**전화** 604-955-2388◆**요금** 카사 시뷰 스튜디오 스위트 RM1,050 ◆**홈페이지** www.casadelmar-langkawi.com

카사 델 마르의 특별한 매력

- 객실은 독채 스타일이라 프라이빗하게 머물 수 있으며, 객실 내에는 에스프레소 머신과 캡슐이 넉넉하게 준비되어 있어 테라스에 앉아 여유롭게 커피 타임을 즐기기 좋다.
- 호텔 내 야외 수영장은 규모는 그리 크지 않지만 판타이 체낭 해변과 바로 이어져 있어 접근성이 뛰어나다. 피로를 풀어주는 자쿠지 시설도 마련되어 있으므로 함께 즐겨보자.

더 웨스틴 랑카위 리조트
The Westin Langkawi Resort

쿠아 지역을 대표하는 독보적인 리조트

중저가 숙소들이 주를 이루는 쿠아 지역에서 가장 호화로운 시설을 갖춘 리조트 호텔이다. 바다와 맞닿아 있는 넓은 부지에는 인피니티 풀을 포함한 4개의 수영장과 넓은 정원이 아름답게 가꾸어져 있다. 객실은 가든 뷰와 오션 뷰로 나뉘며 웨스틴 특유의 화사하고 아늑한 인테리어

로 꾸며져 있다. 가족 여행객이나 신혼부부에게 인기 있는 빌라형 객실에는 야외 수영장이 딸려 있어 바다를 바라보며 수영을 즐기거나 태닝을 하며 시간을 보내기 좋다. 부대시설도 레스토랑(p.353), 스파(p.356), 테니스 코트, 피트니스, 키즈 클럽 등 충실하게 갖춰져 있다.

MAP p.347-E◆**찾아가기** 쿠아 제티 포인트에서 차로 약 5분◆**주소** Jalan Pantai Dato Syed Omar, Kuah, Langkawi◆**전화** 604-960-8888◆**요금** 슈페리어 RM620, 1베드룸 빌라 RM2,500
◆**홈페이지** marriott.com

더 웨스틴 랑카위 리조트의 특별한 매력

- 리조트의 규모가 상당히 크고 수영장들 간에도 꽤 거리가 있으므로 리조트 내에서는 무료로 이용할 수 있는 버기카를 타고 이동하자.
- 웨스틴의 헤븐리 스파(Heavenly Spa)는 랑카위에서도 손꼽히는 고급 스파로 이곳에 묵는다면 꼭 한 번 경험해보자.

탄중 루 리조트
Tanjung Rhu Resort

올 인클루시브 패키지를 운영하는 리조트

탄중 루 해변 끝자락에 위치한 5성급 리조트로 신혼부부나 가족 여행객에게 특히 인기가 높은 올 인클루시브 패키지를 운영하고 있다. 이 패키지를 이용하면 공항 픽업 및 드롭을 비롯해 모든 다이닝과 룸서비스를 무제한 이용할 수 있다. 객실은 모두 스위트룸으로 넓고 세련되게 꾸며져 있으며 부대시설도 충실하게 갖추어져 있다. 한적하게 즐길 수 있는 프라이빗 비치와 멋진 풍광이 펼쳐지는 야외 수영장도 있다. 홈페이지를 통해 예약하면 다양한 프로모션을 이용할 수 있어 좀 더 합리적이다.

MAP p.320-B◆**찾아가기** 랑카위 공항에서 차로 약 30분 ◆**주소** Mukim Ayer Hangat, Langkawi◆**전화** 604-959-1033◆**요금** 다마이 스위트 RM650 ◆**홈페이지** www.tanjungrhu.com.my

더 단나 랑카위
The Danna Langkawi

지중해풍 분위기를 간직한 리조트

랑카위섬 서쪽의 텔라가 하버 파크(Telaga Harbour Park) 내에 있는 5성급 리조트 호텔. 콜로니얼 양식의 화이트 톤 건물에 뛰어난 전망을 자랑하는 객실이 자리하고 있고, 녹음으로 둘러싸인 정원 사이에는 해변과 마주한 3단 깊이의 야외 수영장이 있다. 호텔 주변에 페르다나 키(p.333), 오리엔탈 빌리지(p.331), 랑카위 스카이캡(p.330) 등의 관광 명소가 있으며, 저녁에는 라이브 밴드 공연을 즐기거나 요트가 늘어선 부둣가에서 로맨틱한 시간을 보낼 수도 있다. 홈페이지를 통해 예약하면 다양한 프로모션을 이용할 수 있다.

MAP p.320-A◆**찾아가기** 랑카위 공항에서 차로 약 20분
◆**주소** Telaga Harbour Park, Pantai Kok, Langkawi
◆**전화** 604-959-3288◆**요금** 머천트룸 RM1,150
◆**홈페이지** www.thedanna.com

메리터스 펠랑기 비치 리조트
Meritus Pelangi Beach Resort

판타이 체낭의 대표 리조트

1989년에 문을 열어 지금까지 꾸준한 인기를 모으고 있는 리조트 호텔로 천혜의 자연환경 속에 자리하고 있다. 말레이 전통 가옥의 멋을 살린 건물 내에 352개의 고급 객실을 갖추고 있고, 야자수로 둘러싸인 야외 수영장에서 몇 발짝만 걸어가면 멋진 해변이 나타난다. 부대시설로는 분위기 좋은 레스토랑과 라운지, 풀사이드 바, 스파, 피트니스 등이 충실하게 갖춰져 있다. 낮에는 에메랄드빛 바다에서 수영을 즐기고 저녁에는 해변을 따라 조성된 산책로를 거닐며 분위기를 만끽할 수 있어 허니문 여행객에게 특히 인기가 많다.

MAP p.328-B◆**찾아가기** 랑카위 공항에서 차로 약 10분
◆**주소** Pantai Cenang, Langkawi◆**전화** 604-952-8888◆**요금** 슈페리어 RM800~
◆**홈페이지** www.pelangiresort.com

리조트 월드 랑카위
Resort World Langkawi

마리나 시설을 갖춘 리조트

랑카위섬 최남단에 위치해 있으며 리조트 전용
요트 계류장과 해양 스포츠 시설을 운영하고 있
다. 대부분의 객실에서 바다를 조망할 수 있고
부대시설로는 뷔페식으로 제공되는 야외 레스
토랑과 라운지, 피트니스, 스파, 수영장 등을
갖추고 있다. 백사장이 없는 대신 리조트를 둘
러싸고 있는 우드 데크에서 바다를 바라보며 산
책을 즐길 수 있다. 판타이 체낭에서 떨어져 있
어 아쉽지만 자체적으로 운영하는 데일리 프로

그램이 다양하게 구성되어 있어 가족 여행객들
의 만족도가 높다.

MAP p.328-F◆**찾아가기** 랑카위 공항에서 차로 약 20분
◆**주소** Tanjung Malai, Langkawi◆**전화** 604-955-
5111◆**요금** 디럭스 시뷰 RM300
◆**홈페이지** www.rwlangkawi.com

아세아니아 랑카위 리조트
Aseania Langkawi Resort

합리적인 가격의 중급 리조트

판타이 체낭과 판타이 텡아의 중간 지점에 위치한 리조트 호텔로 217개의 객실과 야외 수영장, 레스토랑, 피트니스, 스파 등의 부대시설을 갖추고 있다. 특히 야외 수영장은 길이 154.4m

로 말레이시아에서 가장 길고, 웨이브 풀과 자쿠지, 어린이를 위한 슬라이드까지 갖추고 있어 워터파크 분위기를 즐길 수 있다. 백사장이 펼쳐진 해변까지는 걸어서 5분이면 갈 수 있다.

MAP p.328-D◈**찾아가기** 랑카위 공항에서 차로 약 20분◈**주소** Simpang 3, Jalan Pantai Tengah, Mukim Kedawang, Langkawi◈**전화** 604-955-2020◈**요금** 디럭스 RM300~, 트리플 RM380~◈**홈페이지** www.aseanialangkawi.com

더 베이뷰 호텔 랑카위
The Bayview Hotel Langkawi

쿠아 타운에 있는 시티 호텔

총 282개의 객실을 갖추고 있는 중급 호텔로 객실은 바다가 보이는 방과 산이 보이는 방으로 나뉘는데 이왕이면 바다가 보이는 방을 선택하

자. 호텔 주변에 레스토랑과 면세점 등 여행자를 위한 편의시설이 많아 편리하다. 가족 여행객과 허니문 여행객을 위해 다양한 특전이 있는 패키지 프로그램도 운영하고 있다.

MAP p.347-D◈**찾아가기** 쿠아 제티 포인트에서 차로 약 10분◈**주소** Jalan Pandak Mayah 1, Pusat Bandar Kuah, Langkawi◈**전화** 604-966-1818◈**요금** 디럭스 RM290~◈**홈페이지** www.bayviewhotels.com

랑카위 업타운 호텔
Langkawi Uptown Hotel

저렴하고 깔끔한 호텔

쿠아 타운 내에 있는 저가 호텔로 42개의 객실을 운영하고 있다. 방에는 위성 TV, 에어컨, 화장실, 욕실, 무료 Wi-Fi 등의 시설이 잘 갖춰져 있고 2~4인이 사용할 수 있는 방도 있다. 리셉션에서는 랑카위 여행 정보를 제공하며 투어 상품도 예약할 수 있다. 호텔 주변에 면세점 등의 숍과 레스토랑이 많아 편리하다.

MAP p.347-D◆**찾아가기** 쿠아 타운의 엉클자이 카페에서 도보 1분◆**주소** 69-78, Jalan Pandak Mayah 7 Taman Bendang Baru, Langkawi◆**전화** 604-966-3220◆**요금** 스탠더드 RM90

라 파리 파리
La Pari Pari

화이트 톤으로 꾸민 소형 부티크 호텔

녹음으로 둘러싸인 정원에 하얀 단층 건물이 여러 채 자리하고 있고 가운데에는 아담한 풀장과 예쁜 테이블세트가 놓여 있어 이국적인 분위기가 느껴진다. 정원에 있는 풀사이드 레스토랑 팻 큐피드(p.338)에서 아침 식사를 할 수 있다. 최소 2박 이상 예약이 가능하며 전반적인 수준에 비해 요금이 다소 비싼 편이다.

MAP p.328-F◆**찾아가기** 판타이 텡아의 그린 빌리지에서 도보 약 5분◆**주소** 2273, Jalan Teluk Baru, Kampung Tasek Anak, Langkawi◆**전화** 604-955-3010◆**요금** 더블 RM330◆**홈페이지** www.laparipari.com

카사 피나 파인 홈
Casa Fina Fine Homes

판타이 체낭 중심가에 있는 중급 호텔

캐빈 스타일의 독립적인 객실과 2베드룸에 거실까지 갖춘 빌라형 객실이 있어 가족 여행객에게 특히 인기가 높다. 호텔 주변에 숍과 레스토랑이 줄지어 있고 판타이 체낭 해변이나 언더워터 월드도 걸어서 갈 수 있어 편리하다. 객실도 비교적 넓고 에어컨, 미니 냉장고, TV, 샤워시설 등 잘 갖춰져 있어 요금 대비 흠잡을 데가 없는 곳이다.

MAP p.328-D◆**찾아가기** 판타이 체낭의 맥도날드 건너편 골목으로 도보 1분◆**주소** 53, Pantai Cenang, Langkawi◆**전화** 604-953-3555◆**요금** 캐빈형 디럭스 RM188~, 스탠더드 킹 RM138~

Check

Penang
페낭

말레이반도 서해안에 위치한 페낭은 '동양의 진주'라는 애칭을 가진 아름다운 섬이다. 섬의 중심 도시인 조지타운은 식민지 시대에 지어진 역사적 건축물과 수 세기 동안 다민족이 어우러져 살면서 남긴 문화유산들이 고스란히 간직되어 동서 문화의 절묘한 조화를 볼 수 있고, 아름다운 풍광을 자랑하는 바투 페링기 비치는 해양 스포츠의 천국으로 이름이 있다. 한낮의 더위가 꺾이는 저녁에는 세계 여러 나라의 음식을 맛볼 수 있는 호커센터에서 저렴한 가격에 푸짐한 미식 여행도 즐길 수 있다. 볼거리와 즐길거리, 먹거리로 가득한 페낭을 알차게 즐겨보자.

이것만은 꼭!

1. 조지타운 지역의 유네스코 세계문화유산 탐방하기
2. 시끌벅적한 호커센터에서 맛있는 페낭의 요리 맛보기
3. 고원에 자리한 켁록시 사원과 페낭 힐 다녀오기
4. 바투 페링기 해변에서 신나는 수상 스포츠 즐기기
5. 아기자기한 카페에서 티타임 즐기기

페낭
★

쿠알라룸푸르

오리앤탈 시푸드
Oriental Seafood

거니 드라이브 호커센터
Gurney Drive Hawker Centre

팍슨 백화점 Parkson Department
거니 플라자 Gurney Plaza

지 호텔
G Hotel

거니 파라곤
Gurney Paragon

중국인 묘지
Cantonese Cemetery

A

G 호텔 켈라웨이
G Hotel Kelawai

골든 게이트 스팀보트
Golden Gate Steamboat

B

거니 대로 Persiaran Gurney

발리 하이 시푸드 레스토랑 마켓
Bali Hai Seafood Market

조지타운 시티 호텔
Georgetown City Hotel

버마 거리 Jalan Burma

왓 차야망칼라람
Wat Chayamangkalaram

버마 사원
Burmese Temple

에버그린 라우렐
호텔 페낭
Evergreen Laurel
Hotel Penang

켈라와이 거리 Jalan Kelawai

페낭 위생 병원
Penang Adventist Hospital

팔라퀸 헤리타지 스위트
Palanquinn Heritage Suites

버마 거리 Jalan Burma

E

태국 영사관

페낭 스포츠 클럽
Penang Sports Club

F

페낭 승마장
Penang Polo

거니 드라이브 호커센터
Gurney Drive Hawker Centre

스타벅스
Starbucks

거니 대로 Persiaran Gurney

홉온 홉오프
시티투어 버스
1번 정류장

거니 드라이브
Gurney Drive

거니 드라이브

0   100m

N

G 호텔 G Hotel

거니 플라자
Gurney Plaza
팍슨 백화점
Parkson Department

저스트 푸드
Just Food

거니 대로 Persiaran Gurney

왕스 호텔 @ 거니 드라
Wang/s Hotel @ Gurney

맥도날드

거니 파라곤
Gurney Paragon

커피 아일랜드
Coffee Island

I

G 호텔 켈라웨이
G Hotel Kelawai

골든 게이트 스팀보트
Golden Gate Steamboat

J

발리 하이 시푸드 마켓
Bali Hai Seafood Market

라마 마스지드 사원
Masjid Lama Jamek

홉온 홉오프
시티투어 버스
17번 정류장

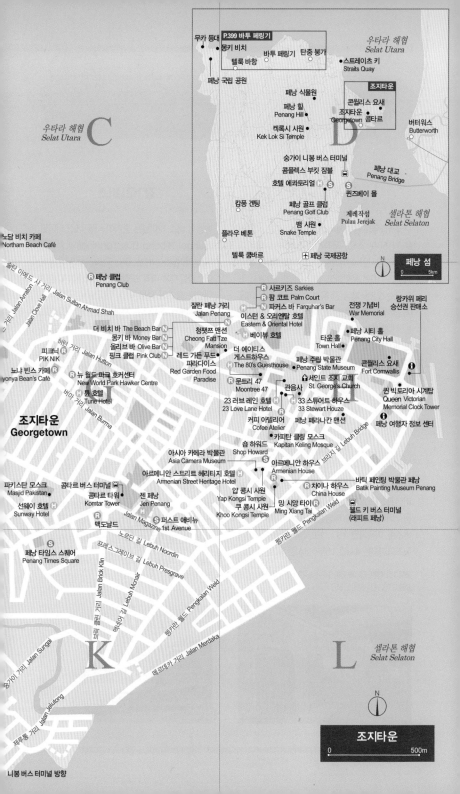

무카 등대
몽키 비치
Monkey Beach

P.399 바투 페링기
바투 페링기   탄중 붕아
Batu Ferringhi

텔룩 바항

페낭 국립 공원

우타라 해협
Selat Utara

스트레이츠 키
Straits Quay

페낭 식물원
페낭 힐
Penang Hill
켁록시 사원
Kek Lok Si Temple

조지타운
콘월리스 요새
조지타운
Georgetown 콤타르

버터워스
Butterworth

우타라 해협
Selat Utara

C

노담 비치 카페
Northam Beach Café

숭가이 니봉 버스 터미널
콤플렉스 부킷 잠불
호텔 에콰토리얼 H
S

페낭 대교
Penang Bridge

캄풍 겐팅

페낭 골프 클럽
Penang Golf Club

퀸즈베이 몰

제레작섬
Pulau Jerejak

셀라톤 해협
Selat Selaton

플라우 베톤

뱀 사원
Snake Temple

텔룩 쿰바르

페낭 국제공항

N

페낭 섬

0   5km

D

페낭 클럽
Penang Club

블탄 아메드 사 거리 Jalan Sultan Ahmad Shah

러브 거리 Jalan Clove Hall

: 거리 Jalan Amaton

잘란 페낭 거리
Jalan Penang

더 비치 바 The Beach Bar
몽키 바 Money Bar
올리브 바 Olive Bar
핑크 클럽 Pink Club

청팻쯔 맨션
Cheong Fatt Tze
Mansion
레드 가든 푸드
파라다이스
Red Garden Food
Paradise

사르키즈 Sarkies
팜 코트 Palm Court
파커스 바 Farquhar's Bar
이스턴 & 오리엔탈 호텔
Eastern & Oriental Hotel

베이뷰 호텔

더 에이티스
게스트하우스
The 80's Guesthouse

문트리 47
Moontree 47

23 러브 레인 호텔
23 Love Lane Hotel

33 스튜어트 하우스
33 Stewart Houze

전쟁 기념비
War Memorial

타운 홀
Town Hall

페낭 주립 박물관
Penang State Museum

세인트 조지 교회
St. George's Church

관음사

랑카위 페리
승선권 판매소

페낭 시티 홀
Penang City Hall

콘월리스 요새
Fort Cornwallis

i

퀸 빅토리아 시계탑
Queen Victoria
Memorial Clock Tower

피크닉
PIK NIK

뇨냐 빈스 카페
Nyonya Bean's Café

뉴 월드 파크 호커센터
New World Park Hawker Centre
튠 호텔
Tune Hotel

헤런 거리 Jalan Hutton

버마 거리 Jalan Burma

조지타운
Georgetown

파키스탄 모스크
Masjid Pakistan

선웨이 호텔
Sunway Hotel

콤타르 버스 터미널
콤타르 타워
Komtar Tower

젠 페낭
Jen Penang

맥도날드

아시아 카메라 박물관
Asia Camera Museum

아르메니안 스트리트 헤리티지 호텔
Armenian Street Heritage Hotel

잘란 매거진 거리
Jalan Magazine

퍼스트 애비뉴
1st Avenue

커피 아텔리어
Cofee Atelier

숍 하워드
Shop Howard

아르메니안 하우스
Armenian House

얍 콩시 사원
Yap Kongsi Temple
쿠 콩시 사원
Khoo Kongsi Temple

페낭 페라나칸 맨션

카피탄 클링 모스크
Kapitan Keling Mosque

차이나 하우스
China House

밍 시앙 타이
Ming Xiang Tai

페낭 여행자 정보 센터

바틱 페인팅 박물관 페낭
Batik Painting Museum Penang

웰드 키 버스 터미널
(래피트 페낭)

페낭 타임스 스퀘어
Penang Times Square

노르딘 길 Lebuh Noordin

프레스그레이브 길 Lebuh Presgrave

브릭 클린 거리 Jalan Brick Klin

모타리 길 Lebuh Motalli

펭카란 웰드 Pengkalan Weld

K

슝가이 거리 Jalan Sungai

제룽통 거리 Jalan Jelutong

메르데카 거리 Jalan Merdeka

셀라톤 해협
Selat Selaton

L

N

니봉 버스 터미널 방향

조지타운

0   500m

페낭으로 가는 방법

비행기

쿠알라룸푸르 공항에서 페낭 공항까지는 비행기로 약 50분 소요. 국적기인 말레이시아항공과 저가 항공사인 에어아시아, 파이어플라이 등이 1일 8~10편 운항하고 있다. 우리나라에서 바로 가는 인천-페낭 간 직항 전세기 노선은 여름에 한시적으로 운항한다. 페낭 공항에서 조지타운 시내까지는 버스나 택시로 갈 수 있다. 버스는 401E번을 타면 콤타르 버스 터미널까지 약 1시간 30분, 택시는 약 40분 정도 소요된다.

페낭 국제공항 홈페이지 www.penangairport.com

장거리 버스

페낭의 버스 터미널은 숭가이 니봉 버스 터미널(Sungai Nibong Bus Terminal)과 콤타르 버스 터미널(Komtar Bus Terminal) 두 곳이다. 출발지에 따라 도착하는 터미널이 다른데 대부분 숭가이 니봉 버스 터미널에 도착한다. 터미널에서 조지타운 시내까지는 콤타르 버스 터미널행 버스(RM2)나 택시(RM25~30)를 이용하면 된다.

쿠알라룸푸르 [TBS 버스 터미널] → 페낭 [숭가이 니봉 버스 터미널]
운행 07:00~23:59(30분 간격)
소요 시간 약 5시간 **요금** RM35~40

열차

쿠알라룸푸르 KL 센트럴(KL Sentral)역에서 버터워스(Butterworth)까지 열차를 타고 간 다음, 버터워스에서 페낭섬을 오가는 페리 또는 버스를 이용하면 된다. KL 센트럴역에서 버터워스역까지는 4시간 15분~4시간 30분 소요.

운행 1일 4회(ETS 09:30, 10:40, 20:50, 00:13)
요금 ETS 1인 RM62~85

페리

페낭과 버터워스를 연결하는 페리가 약 20분 간격으로 운항된다. 소요 시간은 편도 약 15분 정도이며, 요금은 어른 RM1.20, 어린이 RM0.60.

운항 페낭 → 버터워스 07:00~19:00, 버터워스 → 페낭 06:30~18:30

페낭
시내 교통

Transportation

버스

페낭섬을 운행하는 버스 노선은 총 28개이며, 그중 여행객이 주로 가는 조지타운과 바투 페링기는 100번 대 버스가 다닌다. 요금은 거리에 따라 다르며 RM1.40부터 시작된다. 버스 노선 및 정류장, 요금 등에 관한 정보는 홈페이지 참조.

홈페이지 www.myrapid.com.my

택시

미터제가 아닌 거리별 정액제로 운행한다. 장거

리일 경우 흥정을 하는 것이 좋다. 조지타운을 기준으로 인근 지역은 RM15~20, 거니 드라이브까지는 RM20~25, 바투 페링기까지는 RM30~35, 페낭 힐까지는 RM35~40 정도면 이동이 가능하다. 대부분 흥정을 한 후에 타며, 밤 12시가 넘으면 50% 할증 요금이 추가된다.

Tip 페낭에서 주변 지역 여행하기

페리

페낭 항(Penang Port)에서 슈퍼 패스트 페리(Super Fast Ferry)를 타고 말레이시아의 휴양섬 랑카위에 다녀올 수 있다. 비행기도 있지만 공항까지 멀리 떨어져 있어 불편하다. 랑카위섬까지는 약 2시간 45분 걸리며 티켓은 퀸 빅토리아 시계탑 인근의 여행사에서 구입하면 된다.

운항 1일 3회(08:15, 08:30, 14:00*, *월·수·금요일만 운행) ※임시 휴업
요금 어른 RM70, 어린이 RM51.30

페낭 홉온 홉오프 시티투어 버스 심층 해부!

페낭의 주요 관광 명소를 도는 2층짜리 투어 버스로 빠른 시간 안에 페낭을 돌아보고 싶을 때 유용하다. 도심을 중심으로 대표 관광지 11곳을 돌아보는 시티(City) 노선이 있다. 원하는 곳에 내려서 관광을 즐기고 다음 버스 시간에 맞춰 다시 타면 된다. 차내에서는 관광 명소에 대한 안내와 오디오 가이드, Wi-Fi, 냉방시설 등 여행자를 위한 편의시설이 잘 갖춰져 있다. 티켓은 지정 매표소 또는 버스 안에서도 구입이 가능하다.

운행 09:00~18:00(20~30분 간격) ※임시 운영 중지 **요금** 어른 RM45, 어린이 RM25 **홈페이지** www.myhoponhopoff.com
*페낭 힐, 켁록시 사원은 5번 정류장(Chowrasta)에서 출발하는 버스로 환승해야 한다.

페낭 홉온 홉오프 시티투어 버스 정류장

01 페낭 로드 Penang Road
02 출리아 거리 Chulia Street
03 유네스코 헤리티지 Unesco Heritage
04 콤타르 Komtar
05 초우라스타 Chowrasta
06 리클라이닝 부다 Reclining Buddha

07 거니 드라이브 Gurney Drive
08 이스턴 & 오리엔탈 호텔
　　Eastern & Oriental Hotel
09 포트 콘월리스 Port Cornwallis
10 크란 제티스 Clan Jetties
11 스트리트 오브 하모니 Street of Harmony

인기 정류장

② 출리아 거리 Chulia Street

페낭 요리를 식당들과 카페, 베이커리, 상점 등이 밀집되어 있는 거리로 맛있는 식사와 쇼핑을 할 수 있어 여행자들이 즐겨 찾는다.

③ 유네스코 헤리티지 Unesco Heritage

영국 식민지 시대에 지어진 건축물을 비롯해 말레이, 중국, 힌두 사원 등 다양한 볼거리가 있는, 유네스코 세계문화유산으로 지정된 거리.

④ 콤타르 Komtar

페낭의 랜드마크로 64층 높이의 복합 빌딩. 빌딩 내에는 수백 개의 매장이 들어선 대형 쇼핑몰과 버스 터미널, 여행자 정보 센터 등이 있다.

⑤ 초우라스타 Chowrasta

페낭을 대표하는 관광 명소인 켁록시 사원과 해발 830m에 자리하고 있는 페낭 힐로 가는 셔틀을 갈아탈 수 있는 환승역이다. 페낭 힐 정상에 오르면 시내 전경은 물론 바다 건너 말레이시아 본토까지 한눈에 들어온다.

⑥ 리클라이닝 부다 Reclining Buddha

와불상이 모셔진 왓차야망칼라람과 금박 입상을 구경할 수 있는 버마 사원이 있다. 인근에는 거니 플라자, 거니 파라곤 몰 등이 있다.

⑦ 거니 드라이브 Gurney Drive

페낭 여행의 출발점으로 거니 파라곤 몰과 거니 플라자, G 호텔, 페낭 최고의 호커센터가 자리하고 있다.

⑧ 이스턴 & 오리엔탈 호텔
Eastern & Oriental Hotel

콜로니얼 양식이 돋보이는 호텔로 레스토랑과 애프터눈 티를 마실 수 있는 카페, 바 등이 있다. 인근에 중국 부호 청팻쯔의 저택을 개조한 부티크 호텔 블루 맨션도 자리하고 있다.

⑨ 콘월리스 요새 Fort Cornwallis

별 모양의 방어 요새. 인근에는 퀸빅토리아 시계탑, 페낭 시티 홀, 타운 홀, 세인트 조지 교회 등이 있다.

Tip 페낭의 홉온 홉오프 시티투어 버스는 금요일, 토요일, 일요일만 운영된다. 각 정류장 별 마지막 버스 시간을 고려하여 일정을 짜도록 하자.

조지타운
Georgetown

페낭을 대표하는 도시로섬 북서쪽에 위치해 있다. 1786년 영국 동인도회사의 거점지가 되어 동서 교역의 중심이 되었고 유럽, 중국, 인도 등 여러 민족이 들어와 정착하고 살면서 다양한 문화를 뿌리내렸다. 동서양의 건축물과 문화가 어우러진 독특한 도시 경관 덕분에 2008년 유네스코 세계문화유산에 등재되었다. 거리 곳곳에 이 도시의 역사를 말해주는 건축물과 관광 명소들이 즐비하고, 젊은 예술가들이 그린 서정적인 벽화가 숨어 있는 허름한 골목길도 놓칠 수 없다. 걷다가 지치면 페낭의 명물 트라이쇼도 타보면서 페낭의 과거로 시간 여행을 떠나보자.

교통

▶ **도보**
차이나타운이나 역사지구 등은 걸어서 충분히 다닐 수 있다. 보행자 도로를 따라 천천히 둘러본다. 기타 지역으로 이동할 때는 버스나 택시를 이용한다.

▶ **자전거**
구석구석 볼거리가 많은 조지타운에서는 자전거를 타고 다니는 여행객들을 자주 볼 수 있다. 특히 차이나타운 쪽은 차가 다니지 않는 골목이 많아 자전거가 오히려 편하다. 다만 날씨가 더우므로 선크림, 모자, 물 등을 반드시 챙기도록 하자.

▶ **트라이쇼**
삼륜자전거로 두 개의 바퀴가 있는 앞쪽에 손님을 태우고 뒤쪽에서 운전사가 끌고 가는 이색적인 교통수단이다. 조지타운 내의 요금은 1시간에 RM60 정도인데 타기 전에 흥정을 해야 한다. 걷기 귀찮을 때 타면서 편하게 둘러볼 수 있어 좋다.

조지타운 추천 코스

Best Course

★ **코스 총 소요 시간** : 11~12시간

★ **여행 포인트** : 쿠 콩시 사원을 시작으로 차이나타운과 벽화들을 둘러보고 서양식 건축물들이 남아 있는 동북쪽 역사지구로 넘어가자. 홉온 홉오프 시티투어 버스를 이용하면 편하다.

1DAY

09:30 쿠 콩시 사원 관람하기

▼ 도보 3분

10:10 캐논 광장 주변과 사원 둘러보고 맛있는 바오 먹기

▼ 도보 5분

12:10 벽화 거리 산책하기

▼ 도보 5분

13:30 차이나 하우스에서 점심 식사

▼ 도보 10분

14:30 배낭여행자들의 베이스캠프 로롱 스튜어트 골목 탐방

▼ 도보 10분

15:30 조지타운의 세계문화유산 둘러보기

▼ 도보 16분

18:30 레드 가든 푸드 파라다이스에서 공연 관람하며 저녁 식사

▼ 택시 8분

20:00 콤타르 타워 주변 쇼핑몰에서 쇼핑하기

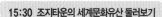

동서양이 공존하는
조지타운 헤리티지 트레일 가이드

유네스코 세계문화유산에 등재된 조지타운에는 영국
식민지 시대에 지어진 건축물과 오랜 세월 다양한 민
족이 모여 살면서 남긴 역사적 유산들이 상당수 남아
있다. 동서양의 종교, 문화, 건축 양식 등이 절묘하
게 조화를 이루고 있는 도시 곳곳의 명소들을 찾아가
보자.

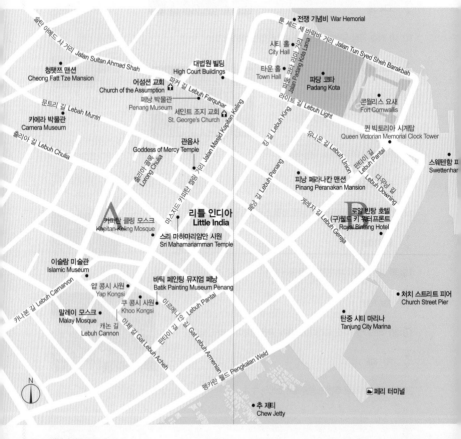

시티 홀 City Hall

1903년에 지어진 영국식 건축물로 현재는 페낭 시의회 건물로 사용되고 있다.

쿠 콩시 사원
Khoo Kongsi Temple

중국 전통 가옥으로 화려함과 정교함을 자랑한다.

세인트 조지 교회 St. George's Church

1818년에 지어진 교회로 페낭에서 가장 오래된 서양 건축물이다.

얍 콩시 사원 Yap Kongsi Temple

1920년대에 지어진 얍씨 가문의 템플하우스

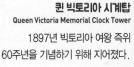

퀸 빅토리아 시계탑
Queen Victoria Memorial Clock Tower

1897년 빅토리아 여왕 즉위 60주년을 기념하기 위해 지어졌다.

카피탄 클링 모스크 Kapitan Keling Mosque

1801년 인도 무굴 양식으로 지어진 모스크로 아름다운 건축미를 자랑한다.

페낭 박물관 Penang Museum

1816년에 지어졌으며 페낭의 역사를 말해주는 다양한 문화재를 전시하고 있다.

타운 홀 Town Hall

1880년 빅토리아 양식으로 지어진 건축물로 다목적 공간으로 이용되고 있다.

콘월리스 요새 Fort Cornwallis

별 모양의 요새로 대포 진지가 남아 있다.

어린시절 추억을 따라 걷는
조지타운 벽화 거리 산책

페낭 여행의 또 하나의 즐거움은 벽화 거리를 산책하는 것이다. 어니스트 자카레빅(Ernest Zacharevic)을 비롯한 젊은 아티스트들이 조지타운의 낡고 허름한 골목에 서정적이면서도 재치 넘치는 벽화를 그려 거리를 미술관으로 탄생시켰다. 벽화 속 등장인물과 같은 포즈를 취하거나 또 하나의 등장인물이 되어 사진을 찍으면 재미있는 추억으로 남게 될 것이다. 골목 구석구석에 숨어 있는 벽화들을 찾아 나만의 작품 사진을 만들어보자.

※모든 벽화에는 GPS 좌표를 표시했다. 구글 맵(google map)에 좌표 값을 입력하면 벽화 위치를 빠르게 찾을 수 있다.

자전거 타는 아이들
Kids On Bicycle

• **GPS** : 5.41468, 100.33823
• **작가** : 어니스트 자카레빅
• **거리명** : 아르메니안 스트리트 Armenian Street

어린 소녀가 자전거에 남동생을 태우고 달리는 모습을 그린 것이다. 거리가 떠들썩하게 소리치고 있는 남동생의 표정이 인상적이다.

트라이쇼 기사의 기다림
The Awaiting Trishaw

• **GPS** : 5.42149, 100.33368
• **작가** : 어니스트 자카레빅
• **거리명** : 페낭 로드 Penang Road

레드 가든 푸드 파라다이스 주차장에 그려진 가로×세로 15.2m에 달하는 대형 벽화로 나이가 지긋한 트라이쇼 기사가 손님을 기다리는 모습을 그린 것이다. 살짝 잠이 든 모습으로 눈을 감고 있다.

오빠와 여동생의 그네
Brother and Sister on a Swing

• **GPS** : 5.41394, 100.34072
• **작가** : 루이 간
• **거리명** : 출리아 스트리트 Chulia Street Ghaut

사랑스러운 남매가 그네를 타고 노는 모습을 담고 있다. 좁은 그네 안에서 행복하게 웃고 있는 남매의 얼굴을 잘 표현하고 있다.

아이들의 농구 Children Playing Basketball

- **GPS** : 5.41379, 100.34054
- **작가** : 루이 간
- **거리명** : 출리아 스트리트 Chulia Street Ghaut

아이들이 농구를 하고 있는 모습을 그린 것으로 벽화 좌측에 위치한 소년은 골대를 향해 슛을 쏘고 소녀는 공이 들어가는 것을 막기 위해 점프를 하고 있다.

쿵푸 소녀 Kungfu Girl

- **GPS** : 5.41975, 100.33577
- **작가** : 어니스트 자카레빅
- **거리명** : 문트리 스트리트 Muntri Street

파란 소녀(Little Girl in Blue)라고도 불린다. 문트리 거리에 그려진 대형 벽화로 실제 주인공이었던 소녀는 테이블에 걸친 모습이었으나 벽화에서는 창문 지붕을 누르고 있는 모습으로 그려졌다. 앞머리 때문에 소녀의 얼굴은 잘 보이지 않는다.

의자 위의 소년 Boy on Chair

- **GPS** : 5.41494, 100.33662
- **작가** : 어니스트 자카레빅
- **거리명** : 캐논 스트리트 Cannon Street

노란색 티셔츠와 반바지를 입고 있는 소년을 그린 벽화로 소년은 창문 끝 작은 공간으로 손을 뻗고 있다. 나무 의자를 소품으로 사용해 실제인 것 같은 착각이 들게 한다. 공간 사이에 다채로운 물체를 두고 기념사진을 찍기도 한다.

인디안 사공 Indian Boatman

- **GPS** : 5.41933, 100.33733
- **작가** : 줄리아 볼차코바
- **거리명** : 스튜어트 레인 Stewart Lane

러시아의 벽화 화가가 그린 작품으로 2014년에 완성되었다. 나무배를 모는 인도 뱃사공의 모습을 그린 것으로 호스텔의 한쪽 벽을 꽉 채울 만큼 큰 규모이다.

Tip 벽화 산책 100% 즐기기

조지타운 내 벽화는 방대하게 펼쳐져 있어 짧은 시간에 하나하나 찾아다니기에는 무리가 있다. 따라서 동선에 맞는 벽화들을 묶어 둘러보는 것이 효과적이며 중간중간 카페, 레스토랑에 들러 잠시 쉬는 식으로 조율하는 지혜가 필요하다. 더운 날씨에 도보로 이동하기 부담스럽다면 트라이쇼를 타고 둘러보는 것도 좋은 방법이다.

페낭 힐
Penang Hill
★ ★ ★

페낭의 전경을 볼 수 있는 대표 관광 명소

해발 830m의 고원지대로 원래 딸기밭이 있던 곳이어서 '스트로베리 힐'이라고도 불렸다. 언덕 위로 올라가려면 푸니쿨라를 타고 약 30분 정도 가야 한다. 올라가는 동안 창 밖으로 보이는 울창한 숲에는 다양한 열대 식물과 그 사이를 뛰노는 원숭이들의 모습이 보인다. 정상에 도착하면 페낭 시내의 전경과 바다 건너 말레이반도까지 한눈에 들어오는 멋진 경치를 감상할 수 있다. 특히 해질녘에 가면 황홀한 석양과 야경까지 볼 수 있다. 전망대 외에도 힌두교 사원과 모스크 등의 볼거리가 있으며, 호텔을 비롯해 간단히 식사할 수 있는 카페와 매점이 있다.

MAP p.369-D ◆**찾아가기** 콤타르 버스 터미널에서 204번 버스 또는 홉온 홉오프 시티투어 버스 5번 정류장에서 페낭 힐 & 켁록시 사원행 셔틀버스로 환승 ◆**주소** Jalan Bukit Bendera, Ayer Itam, Penang ◆**전화** 604-828-8880 ◆**운영** 06:30~22:00(매표소 19:45) ◆**요금** 왕복 어른 RM30, 어린이(4~12세) RM15, 편도 어른 RM15, 어린이 RM8 ◆**홈페이지** www.penanghill.gov.my

켁록시 사원
Kek Lok Si Temple
★ ★ ★

동남아시아에서 가장 큰 불교 사원

한자로는 '극락사(極樂寺)'로 표기되는 중국식 절로 아에르 이탐(Ayer Itam) 마을에 위치해 있다. 사원을 대표하는 7층탑에는 1만 개의 부처상이 있고 중국, 태국, 미얀마의 불탑 양식이 더해져 지어졌다. 대웅전 위쪽에 자리한 높이 30m의 관음보살상은 홍콩 란타우섬의 포린사원 좌불상을 만들었던 장인의 작품이다. 1993년 화재로 소실된 부분의 보수 공사가 진행 중이다. 매년 중국 설날이면 행운과 평화, 성공을 기원하는 연등이 내걸려 33일간 지속된다. 사원까지는 현지 노점상들이 자리한 시장에서 연결된 길이나 표주박이 걸려있는 주차장 길을 이용해야 한다.

MAP p.369-D ◆**찾아가기** 콤타르 버스 터미널에서 201, 203, 204, 502번 버스 또는 홉온 홉오프 시티투어 버스 5번 정류장에서 페낭 힐 & 켁록시 사원행 셔틀버스로 환승 ◆**주소** Kek Lok Si Temple, Ayer Itam, Penang ◆**전화** 604-828-3317 ◆**운영** 09:00~17:30 ◆**휴무** 연중무휴 ◆**요금** 입장료 무료, 7층 석가탑 입장료 RM3 ◆**홈페이지** www.keklosktemple.com

왓 차야망칼라람
Wat Chayamangkalaram
★★★

세계에서 세 번째로 큰 와불이 있는 사원

화려한 색채가 특징인 태국식 불교 사원으로 1900년에 건립되었다. 사원 입구에는 금박으로 치장된 입상과 용을 형상화한 조형물이 근엄한 자태를 뽐내고 있다. 본당 내부에는 세계에서 3번째로 큰 와불이 모셔져 있는데 그 길이가 무려 33m에 달한다. 이렇게 누워있는 불상은

해탈을 의미한다고 한다. 본당 벽면에는 작은 불상들이 놓여 있으며 현지인들이 그 앞에서 소원을 비는 모습을 볼 수 있다. 사원 외부에도 금빛으로 빛나는 탑들이 즐비하다.

MAP p.368-B◆**찾아가기** 콤타르 버스 터미널에서 101, 103, 104번 버스 또는 거니 파라곤에서 도보 약 10분, 홉온 홉오프 시티투어 버스 6번 정류장◆**주소** 17, Lorong Burma, Georgetown, Penang◆**전화** 6016-410-5115◆**운영** 08:00~16:00◆**휴무** 연중무휴◆**요금** 무료

버마 사원
Burmese Temple
★★★

1803년에 지어진 버마식 불교 사원

오랜 역사를 간직한 버마식 불교 사원으로 온통 금빛으로 화려하게 장식되어 있다. 본당에는 거대한 금박 부처 입상이 자리하고 있으며 그 뒤쪽에는 우리나라를 비롯해 일본, 중국, 베트남, 캄보디아, 미얀마(버마) 등 동남아시아의 시대별 불상이 모셔져 있다. 사원 주변에는 정원과 연못, 골든 파고다 타워 등이 있다. 종교를 떠나 훌륭한 역사적 가치가 있으므로 차분하게 둘러보자. 실내에는 음료를 파는 작은 식당과 불교용품, 다기, 기념품을 판매하는 상점도 있다.

MAP p.368-B◆**찾아가기** 콤타르 버스 터미널에서 101, 103, 104번 버스 또는 거니 파라곤에서 도보 약 15분, 홉온 홉오프 시티투어 버스 6번 정류장◆**주소** 24, Lorong

Burma, Georgetown, Penang◆**전화** 604-226-9575◆**운영** 09:00~14:00◆**휴무** 연중무휴◆**요금** 무료

페낭 주립 박물관
Penang State Museum
★ ★

페낭의 역사를 한눈에

1816년 동인도회사에 의해 지어졌으며 교육시설로 사용되다가 1965년 툰쿠 압둘 라만 총리에 의해 박물관으로 문을 열었다. 2층으로 구성된 박물관 내에는 페낭의 역사를 말해주는 다양한 전시물과 시대별 중요 문화재가 전시되어 있다. 특히 중국 가구와 의복 등을 구경할 수 있는 중국관, 페라나칸 문화를 엿볼 수 있는 뇨냐관은 관광객들에게 인기가 높다.

MAP p.369-H◆**찾아가기** 퀸 빅토리아 시계탑에서 도보 약 8분◆**주소** 57, Macalister Road, Georgetown, Penang◆**전화** 604-226-1462◆**운영** 09:00~17:00 ※임시 휴업◆**요금** 어른 RM1, 어린이 RM0.50 ◆**홈페이지** www.penangmuseum.gov.my

세인트 조지 교회
St. George's Church
★ ★

동남아시아에서 가장 오래된 성공회 교회

1818년에 지어진 페낭을 대표하는 서양 건축물 중 하나. 제2차 세계대전 때 상당 부분 피해를 입었으나 1948년에 지금의 모습으로 복구되었다. 내부 역시 하얀 외벽과 기둥으로 꾸며져 있다. 교회 입구에 있는 원형 건물은 1786년 페낭에 처음 상륙했던 프랜시스 라이트 선장을 기념하기 위해 지은 것이다. 예배가 없는 시간에는 내부 관람이 가능하다.

MAP p.369-H◆**찾아가기** 퀸 빅토리아 시계탑에서 도보 약 7분◆**주소** 1, Lebuh Farquhar, Georgetown, Penang◆**운영** 09:00~18:00◆**휴무** 연중무휴

콘월리스 요새
Fort Cornwallis
★ ★

18세기에 건축된 별 모양의 성채

성벽의 높이는 3m가량으로 축성 당시 나무를 이용한 별 모양의 구조로 견고하게 설계되었으나 화재로 소실되고 1804년 콘크리트로 다시 개축됐다. 성채 안쪽에는 프랜시스 라이트 선장의 동상과 영국 국교회, 대포 진지, 카페와 야외 갤러리로 변신한 화약고 등의 시설이 있다.

MAP p.369-H◆**찾아가기** 퀸 빅토리아 시계탑에서 도보 약 2분◆**주소** Jalan Tun Syed Sheh Barakbah, Georgetown, Penang◆**전화** 604-263-9855◆**운영** 09:00~23:00(화요일 20:00까지)◆**휴무** 연중무휴◆**요금** 어른 RM20, 어린이 RM10

퀸 빅토리아 시계탑
Queen Victoria Memorial Clock Tower
★ ★

아름다운 건축미를 자랑하는 시계탑

빅토리아 여왕 즉위 60주년을 기념하기 위해 만든 시계탑으로 조지타운의 상징적인 건축물 중 하나다. 높이 30m에 이르는 탑의 하단에는 위로 올라갈 수 있는 입구가 있고, 사각 형태의 중간 부분은 네 면이 동일한 디자인으로 아름답게 장식돼 있으며, 상단에는 돔을 얹은 무굴 양식의 탑이다. 제2차 세계대전 때 폭격의 영향을 받아 살짝 기울어져 있다.

MAP p.369-H◆**찾아가기** 페낭 항에서 도보 약 3분◆**주소** Lebuh Light, Georgetown, Penang

페낭 시티 홀
Penang City Hall ★★

네오바로크 양식의 웅장한 건축물

1903년 식민지 시대에 지어진 건축물로 순백의 외관과 화려한 건축 양식이 이국적인 분위기를 자아낸다. 바로 옆에 있는 타운 홀 건물과 함께 페낭을 대표하는 서양 건축물로 손꼽히며 지금도 관청 건물로 사용되고 있다. 저녁에는 은은한 조명이 밝혀져 아름다운 야경을 연출한다.

MAP p.369-H◆찾아가기 퀸 빅토리아 시계탑에서 도보 약 5분◆주소 Jalan Tun Syed Sheh Barakbah, Georgetown, Penang◆전화 604-262-0202

타운 홀
Town Hall ★★

빅토리아 양식의 아름다운 건축물

1883년에 지어진 빅토리아 양식의 건축물로 건축 당시에는 사교 공간으로 사용되었으며 현재는 지역 주민을 위한 행사와 이벤트가 열리고 있다. 바로 옆에 있는 시티 홀 건물이 웅장한 느낌을 준다면 타운 홀 건물은 좀 더 여성스럽고 섬세한 아름다움을 자랑한다.

MAP p.369-H◆찾아가기 퀸 빅토리아 시계탑에서 도보 약 5분◆주소 Jalan Padang Kota Lama, Georgetown, Penang

얍 콩시 사원
Yap Kongsi Temple
★ ★ ★

화려한 조각술을 볼 수 있는 사원

1800년대 중국에서 이주해온 얍씨 종가의 사원으로 1924년에 지금의 자리에 지어졌으며, 바로 옆에 있는 추차콩(Choo Chay Keong) 사원은 1998년에 재건했다. 쿠 콩시 사원과 달리 녹색 톤이 주를 이루는 것이 특징이며 목각과 석각 등 화려한 조각술을 구경할 수 있다. 얍씨 선조는 설탕과 고무 등을 판매하여 부를 축적했으며 중국 이민자를 위한 사업에도 투자를 아끼지 않았다고 한다.

MAP p.369-H◆**찾아가기** 퀸 빅토리아 시계탑에서 도보 약 15분◆**주소** Lebuh Armenian, Georgetown, Penang◆**운영** 09:00~17:00◆**휴무** 금요일

쿠 콩시 사원
Khoo Kongsi Temple
★ ★

페낭에서 가장 화려하고 웅장한 중국 사원

'콩시'는 사원 역할을 겸한 중국의 전통 가옥으로, 과거 중국에서 이주해온 쿠씨 일가에 의해 지어졌다. 전체 규모가 상당히 넓은데 관광객은 사원과 미니 박물관만 볼 수 있다. 붉은색과 금색이 조화를 이룬 사원에는 동물, 인물, 꽃 등 중국을 상징하는 다양한 문양이 정교하게 조각되어 있어 감탄을 자아낸다. 미니 박물관에는 쿠씨 일가의 역사와 골동품을 전시하고 있다.

MAP p.369-H◆**찾아가기** 퀸 빅토리아 시계탑에서 도보 약 15분◆**주소** 18, Cannon Square, Georgetown, Penang◆**전화** 604-261-4609◆**운영** 09:00~17:00◆**휴무** 연중무휴◆**요금** 어른 RM10, 어린이(6~12세) RM1◆**홈페이지** www.khookongsi.com.my

청팻쯔 맨션
Cheong Fatt Tze Mansion
★
★

진귀한 골동품이 가득

중국인 부호 청팻쯔의 대저택으로 건물 내외에
파란색으로 칠한 곳이 많아 '블루 맨션'이라고
도 부른다. 지금은 38개의 객실을 갖춘 부티크
호텔로 운영되고 있다. 목재 문이나 난간, 기둥
등이 화려한 조각으로 장식되어 있고 실내 곳
곳에 오랜 세월 간직한 고가구와 골동품들이
놓여 있어 중국 전통 분위기가 물씬 난다. 하루
에 3번(11:00, 14:00, 15:30) 내부 관람이
가능하다.

MAP p.369-H◆**찾아가기** 퀸 빅토리아 시계탑에서 도보
약 15분◆**주소** 14, Leith Street, Georgetown,
Penang◆**전화** 604-262-0006◆**운영** 09:00~17:00
◆**휴무** 금요일◆**요금** 어른 RM25, 어린이 RM12.50
◆**홈페이지** www.thebluemansion.com.my

카피탄 클링 모스크
Kapitan Kling Mosque
★
★

MAP p.369-H◆**찾아가기** 퀸 빅토리아 시계탑에서 도보 약
15분◆**주소** 14, Lebuh Buckingham, Georgetown,
Penang◆**전화** 604-261-4215◆**운영** 05:00~22:00
◆**휴무** 연중무휴◆**요금** 무료(사원 입장 시 허가 필요)

인도 무굴 양식의 아름다운 모스크

페낭을 대표하는 이슬람 사원으로 1801년 남
인도에서 들어온 무역 상인에 의해 지어졌다.
작은 궁전을 연상케 하는 아름다운 외관과 검정
색 돔이 이국적인 분위기를 물씬 풍긴다. 기도
시간에는 주변 상인과 현지의 이슬람교도들이
찾아온다. 금요일(15:00~17:00)을 제외하
고 오후 1~5시에만 방문이 허용된다.

바틱 페인팅 박물관 페낭 ★ ★
Batik Painting Museum Penang

아름다운 바틱 갤러리

전통 숍하우스를 개조하여 바틱 미술관으로 문을 열었다. 바틱 예술의 창시자라 할 수 있는 추아텐텡(Chuah Thean Teng)의 바틱 이야기와 말레이시아를 비롯한 인도네시아, 싱가포르, 중국 등 다양한 국적의 아티스트들이 작업한 80여 점의 바틱 작품을 관람할 수 있다. 전문 가이드 쿠(Khoo)의 자세한 설명을 들을 수 있다.

MAP p.369-H ◆**찾아가기** 퀸 빅토리아 시계탑에서 도보 약 15분◆**주소** 19, Armenian Street, Georgetown, Penang ◆**전화** 604-262-4800◆**운영** 10:00~18:00 ◆**휴무** 연중무휴◆**요금** 어른 RM10, 어린이 RM2 ◆**홈페이지** www.batikpg.com

아시아 카메라 박물관 ★ ★
Asia Camera Museum

카메라 마니아를 위한 박물관

2013년에 개관한 카메라 박물관으로 1500년대 전후부터 시작된 카메라의 역사와 이야기를 알기 쉽게 전달하고 있다. 흑백 사진을 비롯해 다채로운 전시물을 구경할 수 있다. 스냅 숍이라 불리는 기념품 가게에서는 빈티지 토이 카메라와 마그넷, 머그 컵 등 각종 액세서리를 판매하며 커피와 차를 마실 수 있는 작은 카페도 운영하고 있다.

MAP p.369-H◆**찾아가기** 빅토리아 시계탑에서 도보 약 15분 ◆**주소** 1st Floor, 71, Lbh Armenian, Georgetown, Penang ◆**전화** 6011-859-9878◆**운영** 10:00~18:00 ◆**휴무** 연중무휴◆**요금** RM25 ◆**홈페이지** www.asiacameramuseum.com

사르키즈
Sarkies

다양한 음식을 맛볼 수 있는 뷔페 레스토랑

이스턴 & 오리엔탈 호텔 내에 있는 뷔페 레스토랑으로 오전에는 투숙객을 위한 조식이 제공되며 점심과 저녁에는 외부인들도 이용할 수 있다. 말레이 전통 요리를 비롯한 다양한 메뉴를 선보이는데 맛과 분위기가 좋아 인기 있다. 금요일 저녁을 제외하면 인터내셔널 뷔페로 맥주나 칵테일 같은 주류와 스테이크 등의 일부 메뉴가 추가된다. 야외 테이블도 갖추고 있어 시원한 바닷바람을 맞으며 식사를 즐길 수 있다.

MAP p.369-H◆**찾아가기** 퀸 빅토리아 시계탑에서 도보 약 15분◆**주소** Lebuh Farquhar, Georgetown, Penang ◆**전화** 604-222-2000◆**영업** 런치 뷔페 12:00~14:30, 디너 18:30~22:00◆**휴무** 연중무휴◆**예산** 평일 런치 뷔페 어른 RM118, 어린이 RM68 / 디너 어른 RM168, 어린이 RM98◆**홈페이지** www.eohotels.com/sarkies.php

차이나 하우스
China House

분위기 좋은 복합 다이닝 공간

3개의 숍하우스를 개조하여 갤러리와 레스토랑으로 꾸민 복합 다이닝 공간이다. 숍하우스의 길이만도 100m 가까이 되어 규모가 꽤 큰 편이다. 레스토랑은 7개의 테마 공간으로 나뉘어 있으며 고풍스러운 앤티크 가구와 소품으로 분위기 있게 꾸며져 있다. 다양한 종류의 케이크와 함께 티타임을 즐기거나 런치 또는 디너 세트를 주문해 식사를 즐길 수 있다. 저녁에는 라이브 밴드의 공연이 열리기도 한다.

MAP p.369-H◆**찾아가기** 퀸 빅토리아 시계탑에서 도보 약 10분◆**주소** 153 & 155 Beach Street and 183B Victoria Street, George Town, Penang◆**전화** 604-263-7299◆**영업** 09:00~24:00(금·토요일 01:00까지)◆**휴무** 연중무휴◆**예산** 런치 RM30~40, 커피 RM8~10(세금+봉사료 16% 별도)◆**홈페이지** www.chinahouse.com.my

팜 코트
Palm Court

영국식 애프터눈 티가 인기

이스턴 & 오리엔탈 호텔에서 운영하는 레스토랑으로 고급스런 분위기에서 식사 또는 애프터눈 티를 즐길 수 있다. 랍스터와 농어요리, 오리구이 등을 잘하기로 유명하며 주말 저녁 (20:00~22:00)에는 피아노 공연이 열려 분위기가 더욱 무르익는다. 영국 스타일 그대로

즐길 수 있는 애프터눈 티는 오후 3~5시에 운영한다.

MAP p.369-H◆**찾아가기** 퀸 빅토리아 시계탑에서 도보 약 15분◆**주소** Lebuh Farquhar, Georgetown, Penang ◆**전화** 604-222-2000 ◆**영업** 07:00~23:00 ◆**휴무** 연중무휴◆**예산** 애프터눈 티 세트 RM65.30 ◆**홈페이지** www.eohotels.com/dining/palm-court

발리 하이 시푸드 마켓
Bali Hai Seafood Market

신선한 해산물 요리로 유명

거니 드라이브 초입에 위치한 해산물 레스토랑. 랍스터, 킹 프라운 새우 등 다양한 해산물이 있는 수족관에서 원하는 재료를 고른 후 원하는 조리법으로 주문할 수 있다. 시세는 매일 조금씩 달라지는데, 게는 100g당 RM10~15 정도. 메인 요리와 함께 볶음밥이나 채소요리를 곁들이면 푸짐하게 즐길 수 있다.

MAP p.368-J◆**찾아가기** 거니 파라곤에서 도보 약 5분 ◆**주소** 90 Gurney Dr, Persiaran Gurney, Jelutong, Penang◆**전화** 604-228-1272◆**영업** 12:00~23:30 ◆**휴무** 연중무휴◆**예산** 조개 요리 RM20~45, 해산물 면요리 RM18~, 맥주 RM9.50~20(세금+봉사료 16% 별도)

밍 시앙 타이
Ming Xiang Tai

중국식 바비큐 소스로 맛을 낸 바오가 일품

1979년에 문을 연 패스트리 숍으로 에그 타르트와 중국식 빵인 바오(Bao)가 맛있기로 유명하다. 고풍스러운 가게 안으로 들어가면 맛있는 빵들이 진열장을 가득 채우고 있으며 하나같이 먹음직스럽다. 특히 닭고기를 넣은 바오는 달달하면서도 독특한 맛을 내는 인기 메뉴. 페낭에만 4개의 매장이 있다.

MAP p.369-H ◆**찾아가기** 쿠 콩시에서 도보 약 3분 ◆**주소** 26, Armenian Street Ghaut, Georgetown, Penang ◆**전화** 604-261-9887 ◆**영업** 09:00~18:00 ◆**휴무** 연중무휴 ◆**예산** 바오 RM8.40 ◆**홈페이지** www.mingxiangtai.com.my

피크닉
PIK NIK

나고르 거리에서 눈에 띄는 빈티지 카페

빈티지한 분위기가 물씬 풍기는 카페로 아틀리에를 연상케 하는 독특한 인테리어와 컬러풀한 소품이 눈길을 끈다. 인기 메뉴는 와플 위에 베이컨과 연어를 올린 와플 콤보 버거로 부드러운 식감이 일품이다. 그 외에 스파게티 등의 간단한 식사 메뉴도 있다. 출출할 때 들러 간단히 요기를 하거나 시원한 음료를 마시며 편안하게 휴식을 취하기에 적당하다.

MAP p.369-G ◆**찾아가기** 뉴월드파크 호커센터에서 도보 약 5분 ◆**주소** 15, Jalan Nagor, Georgetown, Penang ◆**전화** 6016-448-1517 ◆**영업** 12:00~22:00 ◆**휴무** 화요일 ◆**예산** 식사류 RM22~35 ◆**홈페이지** www.facebook.com/PIKNIK EVERYDAY

반전의 매력, 나고르 스퀘어 Nagore Square
아주 오래된 숍하우스들이 밀집한 지역으로 최근 인기 맛집들이 속속 등장하면서 식도락의 거리로 뜨고 있다. 고풍스러운 건축물과 아기자기한 벽화 등이 눈에 띄며 저녁이면 현지의 트렌드세터들이 저녁 식사를 즐기기 위해 많이 찾아온다. 대부분 오후에 문을 열어 밤 늦게까지 영업하는 곳이 많아 여유롭게 저녁을 즐기기에 좋다.

커피 아텔리어
Cofee Atelier

작은 갤러리를 갖춘 카페테리아

아침 식사는 아메리칸 또는 콘티넨탈 스타일로 제공되며, 점심과 저녁은 샐러드, 파스타, 타파스 등 다양하게 갖추고 있다. 특히 이곳은 맛있는 커피로 유명한데 달달한 전통 화이트 커피는 은근히 중독성 있어 자꾸 생각난다. 2층에는 카페 손님에게만 공개하는 작은 갤러리 공간이 있다. 브레이크 타임(11:00~14:00)이 있으므로 주의하자.

MAP p.369-H ◆**찾아가기** 세인트 조지 교회에서 도보 약 5분◆**주소** 55, Lorong Stewart, Georgetown, Penang◆**전화** 604-261-2261◆**영업** 08:00~11:00, 14:00~21:00 ※임시 휴업◆**예산** 커피 RM10~15(봉사료 16% 별도)◆**홈페이지** www.coffeeatelier.com

문트리 47
Moontree 47

과거와 현재가 공존하는 빈티지 카페

1920년대에 지어진 전통 가옥을 그대로 살리고 조명이나 소품 등으로 현대적인 멋을 가미해 멋진 카페로 변신시켰다. 진한 커피 한 잔과 달콤한 디저트를 먹으며 쉬어가기 좋다. 입구에는 기념 엽서와 자유롭게 찍을 수 있는 스탬프가 마련되어 있어 여행의 추억을 남길 수 있다. 홈스테이도 함께 운영 중이다.

MAP p.369-H◆**찾아가기** 세인트 조지 교회에서 도보 약 6분◆**주소** 47, Muntri Street, Georgetown, Penang ◆**전화** 604-264-4021◆**영업** 09:00~19:00◆**예산** 커피 RM6~10(봉사료 16% 별도)

아르메니안 하우스
Armenian House

여행자들이 즐겨 가는 인기 카페

19세기에 지어진 숍하우스를 그대로 사용하고 오랜 세월 간직해 온 액자들이 벽면을 장식하고 있어 향수를 불러일으킨다. 조지타운의 중심인 아르메니안 거리에 위치해 관광을 하다가 가벼운 점심 식사를 하거나 커피를 마시며 쉬어가기에 좋다. 인기 메뉴는 홈메이드 치즈케이크로 달지 않고 담백한 맛이 인상적이다.

MAP p.369-H◆**찾아가기** 압 콩시 사원에서 도보 약 1분 ◆**주소** 35, Lebuh Armenian, Georgetown, Penang ◆**전화** 604-262-8309◆**영업** 09:00~18:00◆**휴무** 연중 무휴◆**예산** 토스트 RM4, 커피 RM6~10, 수제 케이크 RM12

페낭 여행 중에 빠질 수 없는 즐거움
인기 호커센터 탐방

페낭은 예로부터 음식 맛이 좋기로 유명하며 음식의 종류도 무척 다양하다. 말레이시아하면 떠오르는 웬만한 요리는 페낭이 원조라고 해도 과언이 아닐 정도. 특히 도심 속에 자리하고 있는 호커센터는 이러한 페낭의 음식 문화를 가장 쉽게 접할 수 있는 곳이다. 맛도 맛이지만 가격까지 저렴해서 여행자에게 이보다 좋은 스폿은 찾기 어려울 듯하다.

거니 드라이브 호커센터
Gurney Drive Hawker Centre

페낭의 대표적인 호커센터

웬만한 로컬 음식은 거의 맛볼 수 있는 먹자골목으로 규모는 작지만 알찬 식당들이 많다. 인기 메뉴인 아삼 락사를 비롯해 차콰이테오, 소통 깡쿵, 이칸 바카르, 완탄미 등 다양한 메뉴를 갖추고 있다. 가격도 저렴해 여러 음식을 주문해서 부담 없이 즐길 수 있다. 로작, 파셈버, 첸돌, 비훈, 오징어 구이 등은 한국인 입맛에도

잘 맞는다.

MAP p.368-I◆**찾아가기** 콤타르 버스 터미널에서 차로 약 15분(거니 플라자 옆)◆**주소** 172, Solok Gurney 1, Georgetown, Jelutong, Penang◆**영업** 17:00~24:00

레드 가든 푸드 파라다이스
Red Garden Food Paradise

흥겨운 라이브 공연이 열리는 호커센터

조지타운에서 가장 손님이 많은 호커센터로 분위기도 좋고 가격도 저렴해 현지인과 여행객 모두에게 인기 있다. 다른 호커센터와 달리 라이브 공연이 열려 흥겨운 분위기를 즐길 수 있다. 메뉴는 현지인들이 좋아하는 로컬 음식부터 아시아, 웨스턴 등 다양한 음식을 선보이며 저녁 식사를 하거나 시원한 맥주와 함께 야식을 즐기기 좋다.

MAP p.369-G◆**찾아가기** 콤타르 버스 터미널에서 차로 약 7분(청팻쯔 맨션 옆)◆**주소** 20, Lebuh Leith, Georgetown, Penang◆**영업** 17:00~24:00

롱 비치 푸드코트
Long Beach Food Court

바투 페링기 No.1 호커센터

바투 페링기에서 가장 인기 있는 호커센터로 로컬 음식이 주를 이룬다. 잘 구워진 사테와 고소한 볶음밥, 스프링롤, 삼발 소통(오징어 요리) 정도면 한 끼 식사가 가능하고 맥주 안주로도 충분하다. 원하는 코너에 가서 음식 이름과 자신의 테이블 번호를 말하면 완성된 음식을 가져다 준다. 저렴한 가격에 마음대로 골라먹는 재미가 있어 관광객들에게 인기가 높다.

MAP p.399-A◆**주소** Jalan Batu Ferringi, Penang ◆**찾아가기** 콤타르 버스 터미널에서 차로 약 35분, 론파인 리조트에서 도보 약 3분◆**영업** 17:00~24:00

뉴 월드 파크 호커센터
New World Park Hawker Centre

도심 속 깔끔하고 쾌적한 호커센터

호커센터 중에서도 깔끔한 편이어서 여행자들도 거부감 없이 도전하기 좋다. 20여 개의 작은 식당들이 모여 있으며 중앙에는 공용 테이블과 좌석이 있다. 다른 호커센터에 비해 이른 시간에 문을 열고 조금 일찍 문을 닫는다. 현지식 요리가 주를 이루며 가격도 저렴해서 주변 상인들이나 직장인들이 즐겨 찾는다. 음료와 디저트는 매장이 따로 있다.

MAP p.369-G◆**찾아가기** 카피탄 클링 모스크에서 도보 약 7분◆**주소** Lorong Swatow, Georgetown, Penang◆**영업** 10:00~23:30

조지타운의 쇼핑 | SHOPPING

거니 파라곤
Gurney Paragon

페낭에서 가장 핫한 쇼핑몰

대형 쇼핑몰과 레지던스, 오피스 타워가 한데 모여 있는 복합단지로 가장 최근에 문을 열었다. 쇼핑몰에는 신선한 식료품과 수입 식품을 판매하는 샘스 그로서리아(Sam's Groceria) 슈퍼마켓을 비롯해 H&M, 찰스 & 키스, 파디니 등 중저가 의류 매장과 액세서리, 가정용품 등 다양하게 입점해 있다. 그뿐만 아니라 여가를 즐길 수 있는 영화관, 마사지 숍, 네일 숍,

헤어살롱도 운영 중이다. 메인 건물과 연결된 별관에는 푸드코트와 '페낭 온 6' 같은 편집 의류 매장도 있다. 파라곤 중심 광장 인근에는 야외 테라스를 갖춘 패밀리 레스토랑과 헤리티지 건축물 세인트 조스(St. Jo's)가 그대로 남아 있다. 여행자는 여권을 제시하여 할인 카드를 발급받은 후에 쇼핑을 즐기면 다양한 할인 혜택을 받을 수 있다.

MAP p.368-I♦**찾아가기** 퀸 빅토리아 시계탑에서 차로 약 15분♦**주소** 163-D, Persiaran Gurney, Georgetown, Penang♦**전화** 604-228-8266♦**영업** 10:00~22:00 ♦**휴무** 연중무휴♦**홈페이지** www.gurneyparagon.com

저스트 푸드 Just Food

거니 파라곤 5층에 있는 푸드코트로 현대식 인테리어와 깔끔한 분위기를 자랑한다. 캐주얼한 다이닝을 즐길 수 있는 16개의 음식점과 4개의 디저트 코너가 있다. 웨스턴, 일본, 한국, 태국 등 다양한 메뉴를 선택할 수 있고 가격도 저렴하다. 페낭의 인기 레스토랑 'Penang Road Famous Teochew Chendul'도 있다.

Tip 여행자 카드로 할인받기

거니 파라곤 내 100여 개의 매장에서 다양한 혜택을 받을 수 있는 쇼핑 카드로, 안내데스크에 가서 여권을 제시하면 바로 발급해준다. 일정 금액 이상 구입 시 할인 혜택이 주어지며, 보통 5%에서 최대 30%까지 할인된다. 레스토랑의 경우 무료 디저트나 음료가 제공되므로 식사 전 카운터에 문의하거나 카드 발급 시 제공되는 안내 책자에서 업체 별 할인 정보를 참고하자.

거니 플라자
Gurney Plaza

페낭 최고의 인기 쇼핑몰

거니 드라이브 중심에 자리하고 있어 접근이 용이하다. 코치, 롤렉스, 티솟, 오메가 등 명품 브랜드 매장이 페낭 내에서 가장 많고 팍슨 백화점도 입점해 있다. 다양한 음식과 음료를 판매하는 인기 체인형 레스토랑들도 있어 식도락을 즐기는 여행객이 많다. 쇼핑몰에서 거니 드라이브 호커센터까지 걸어서 1분이면 갈 수 있으므로 함께 일정을 짜서 둘러보면 좋다.

MAP p.368-I◆**찾아가기** 퀸 빅토리아 시계탑에서 차로 약 15분◆**주소** 170-06-01 Persiaran Gurney, Georgetown, Penang◆**전화** 604-228-1111◆**영업** 10:00~22:00◆**휴무** 연중무휴 ◆**홈페이지** www.gurneyplaza.com.my

퍼스트 애비뉴
1st Avenue

시내 중심가에 있는 복합 쇼핑몰

페낭에서 가장 유동인구가 많은 콤타르 버스 터미널 옆에 위치해 있다. 7층 규모의 대형 쇼핑몰로 20~30대의 젊은 층이 주요 고객이어서 캐주얼한 브랜드들이 많은 것이 특징이다. 문화 시설도 충실하게 갖춰져 있어 '클라우드 8'이라 불리는 층에는 영화관, 노래방, 패밀리 레스토랑들이 모여 있다. 여행자에게는 각종 할인 혜택을 받을 수 있는 투어리스트 카드를 발급해 준다.

MAP p.369-G ◆**찾아가기** 콤타르 버스 터미널에서 도보 약 3분◆**주소** 182, Jalan Magazine, Georgetown, Penang◆**전화** 604-261-1121◆**영업** 10:00~22:00◆**휴무** 연중무휴 ◆**홈페이지** www.1st-avenue-mall.com.my

콤타르 타워
Komtar Tower

MAP p.369-G◆**찾아가기** 페낭 공항에서 차로 약 40분
◆**주소** Jalan Penang, Georgetown, Penang◆**전화**
604-264-4622◆**영업** 11:00~20:00◆**휴무** 연중무휴

페낭의 랜드마크이자 복합 쇼핑단지

높이 231.7m의 페낭에서 가장 높은 건물로 상업 공간과 페낭의 행정 공간으로 사용되고 있다. 콤타르 버스 터미널이 자리하고 있어 페낭 여행의 중심이 되며, 호텔, 여행자 정보 센터 등 여행자를 위한 시설도 잘 갖춰져 있다. 타워 주변에 프라긴 몰, 퍼스트 애비뉴 등의 쇼핑몰이 속속 생기면서 복합 쇼핑단지를 형성하게 되었다. 타워 60층에는 페낭 시내를 한눈에 내려다볼 수 있는 전망대가 있다.

숍 하워드
Shop Howard

특별한 기념품을 살 수 있는 아트 숍

페낭의 거리 풍경과 일상에서 만나게 되는 다양한 장면을 뛰어난 색감으로 담아내는 로컬 사진작가 하워드 탄의 갤러리 겸 아트 숍. 하워드 본인의 작품은 물론 토마스 파웰, 크리스 스톤 등 국내외 아티스트들의 작품도 만나볼 수 있다. 아트 숍에서는 엽서, 가방, 수공예품, 액세서리 등 선물용으로도 좋은 각종 기념품을 판매하고 있다. 숍 안쪽에는 작은 갤러리도 마련되어 있어 아티스트들의 작품을 관람할 수 있다.

MAP p.369-H◆**찾아가기** 압 콩시 사원에서 도보 약 1분
◆**주소** 154, Jalan Masjid Kapitan Keling, Georgetown,
Penang◆**전화** 604-261-1970◆**영업** 10:00~18:00
◆**홈페이지** www.studiohoward.com

파커스 바
Farquhar's Bar

정통 영국 스타일의 바

이스턴 & 오리엔탈 호텔 내에 있는 영국식 바로 중후하고 고전적인 분위기가 매력이다. 다양한 종류의 칵테일과 위스키 등을 즐길 수 있으며 매주 목~토요일에는 라이브 밴드의 공연이 열려 분위기가 한층 무르익는다. 시그너처 칵테일인 '이스턴 & 오리엔탈 슬링'은 달콤한 맛이 나면서도 적당히 취가 올라 가장 인기

있다. 해피 아워는 오후 5~8시로 3시간 동안 합리적인 가격에 즐길 수 있다.

MAP p.369-H◆**찾아가기** 퀸 빅토리아 시계탑에서 도보 약 15분◆**주소** Lebuh Farquhar, Georgetown, Penang ◆**전화** 604-222-2000◆**영업** 11:00~24:00◆**휴무** 연중무휴◆**예산** 와인 1잔 RM26~, 클래식 칵테일 RM42(세금+봉사료 16% 별도)

잘란 페낭 거리
Jalan Penang

조지타운을 대표하는 나이트라이프 스폿

이스턴 & 오리엔탈 호텔 건너편의 잘란 페낭 (Jalan Penang) 거리에는 더 비치 바(The Beach Bar), 업퍼 페낭 로드(UPR), 올리브 바(Olive Bar), 네오(Neo) 등 현재 페낭에서 가장 인기 있는 술집과 클럽들이 모여 있어 명

실공히 조지타운의 나이트라이프를 책임지고 있다. 대부분 저녁 6~10시는 해피 아워로 조금 이르지만 사람들의 발길이 끊이지 않는다. 클럽은 12시가 넘어야 본격적인 흥이 오른다.

MAP p.369-H◆**찾아가기** 이스턴 & 오리엔탈 호텔 건너편◆**주소** Jalan Penang(Upper Penang Road), Penang◆**영업** 18:00~02:00◆**휴무** 연중무휴◆**예산** 생맥주 RM22~40, 타워 맥주 RM50~75, 칵테일 RM12~18(봉사료 6% 별도)

잘란 페낭 거리의 인기 스폿

더 비치 바
가장 최근에 문을 연 바로 디제잉 퍼포먼스와 와인, 칵테일, 맥주 등을 즐기기 좋다.

업퍼 페낭 로드(UPR)
기네스, 하이네켄 등 시원한 맥주를 즐길 수 있으며 초록 맥주라 불리는 칵테일 생맥주가 인기.

올리브 바
간단한 식사 메뉴를 갖추고 있으며 매주 수요일과 토요일에는 라이브 밴드의 공연이 열린다.

페낭 Area 2

바투 페링기
Batu Ferringhi

페낭섬 북쪽에 자리한 해변으로 조지타운에서 차로 약 30분 정도 가면 만날 수 있다. 길게 이어지는 백사장에는 고급 리조트와 호텔들이 줄지어 있고, 시원한 바람이 불어오는 에메랄드빛 바다에서는 파라세일, 제트스키, 바나나보트, 윈드서핑 등 각종 해양 스포츠를 즐길 수 있어 오랫동안 휴양지로 사랑받아 왔다. 해질 녘 석양으로 물드는 붉은 바다를 바라보며 산책을 즐길 수 있고, 밤에는 리조트 뒤편에 있는 야시장에서 시원한 맥주와 맛있는 로컬 음식으로 나이트라이프를 만끽할 수 있다. 낮과 밤이 모두 즐거운 이곳은 페낭 최고의 해변이라 부르기에 충분하다.

교통

바투 페링기 지역 내에서는 도보로 이동이 가능하지만, 국립 공원이나 스파이스 가든 등 몇몇 관광지는 택시나 시내 순환버스인 래피드 버스(Rapid Bus)를 이용해야 한다. 101, 102번 버스가  상시 운행하므로 잘 이용하면 시간과 체력을 아낄 수 있으며 요금은 RM1.40부터다.

More

해변 즐기기

바다를 마주하고 있는 선베드에 누워 태닝을 즐기거나 드넓은 백사장을 따라 산책을 즐기기 좋다. 파도가 잔잔해 물놀이를 하기도 좋고 석양이 물드는 저녁에는 환상적인 선셋을 감상할 수도 있다. 비치 프런트 바나 레스토랑에서 칵테일을 마시며 여유를 만끽하는 것도 바투 페링기 해변을 즐기는 방법 중 하나다.

해양 스포츠 즐기기

페낭섬을 대표하는 휴양지답게 제트 스키, 카약, 해변 승마 등 다양한 액티비티를 즐길 수 있다. 호텔마다 해양 스포츠 프로그램을 운영하거나 자체적으로 해양 스포츠 센터를 두고 있다. 해변에는 구역(Zone A~C)마다 해양 스포츠를 신청하는 장소가 정해져 있고 요금도 표시되어 있어 원하는 곳에서 쉽게 이용할 수 있다.

운영 07:00~19:00 ◆ **요금** 제트 스키(15분) RM70, 바나나 보트(4분) RM25/1인, 파라세일 RM80/1인

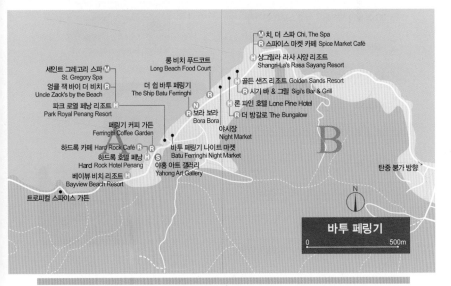

치, 더 스파 Chi, The Spa
스파이스 마켓 카페 Spice Market Café
상그릴라 라사 사양 리조트 Shangri-La's Rasa Sayang Resort
골든 샌즈 리조트 Golden Sands Resort
시기 바 & 그릴 Sigi's Bar & Grill
론 파인 호텔 Lone Pine Hotel
더 방갈로 The Bungalow
세인트 그레고리 스파 St. Gregory Spa
엉클 잭 바이 더 비치 Uncle Zack's by the Beach
롱 비치 푸드코트 Long Beach Food Court
더 쉽 바투 페링기 The Ship Batu Ferringhi
파크 로열 페낭 리조트 Park Royal Penang Resort
페링기 커피 가든 Ferringhi Coffee Garden
보라 보라 Bora Bora
야시장 Night Market
바투 페링기 나이트 마켓 Batu Ferringhi Night Market
하드록 카페 Hard Rock Café
하드록 호텔 페낭 Hard Rock Hotel Penang
야홍 아트 갤러리 Yahong Art Gallery
베이뷰 비치 리조트 Bayview Beach Resort
트로피컬 스파이스 가든
탄중 봉가 방향
N

바투 페링기
0   500m

A   B

바투 페링기
추천 코스

★ **코스 총 소요 시간** : 11시간
★ **여행 포인트** : 트로피컬 스파이스 가든에 다녀오거나 해변에서 해양 스포츠를 즐기자. 저녁에는 해변에 있는 호커센터와 야시장에 가보자.

1DAY

10:00 리조트 풀장에서 달콤한 휴식

▼ 도보 10분

12:00 페링기 커피 가든에서 점심 식사

▼ 버스로 10분

13:00 트로피컬 스파이스 가든 다녀오기

▼ 버스로 10분

15:00 페링기 해변에서 해양 스포츠 즐기기

▼ 도보 5분

17:30 바투 페링기 거리 산책

▼ 도보 5분

18:30 롱 비치 푸드코트에서 저녁 식사

▼ 도보 3분

20:00 바투 페링기 나이트 마켓 구경하기

▼ 도보 5분

21:00 풀바에서 시원한 맥주나 칵테일로 마무리

페낭 국립 공원
Taman Negara Pulau Pinang

★
★

다양한 자연 생태계가 보존된 국립 공원

말레이시아에서 가장 작은 규모의 국립 공원이지만 울창한 열대림 속에 수백 종의 야생 동식물이 서식하고 있는 자연 생태계의 보고다. 페낭섬 북서쪽 끝에 위치해 있으며 해안을 따라 잘 정비된 산책로와 트레킹 코스가 있다. 트레킹은 아찔한 공중산책을 즐길 수 있는 캐노피 워크웨이(Canopy Walkway)를 건너 몽키 비치(Monkey Beach)를 둘러보고 무카 헤드 등대(Muka Head Light House)까지 다녀오는 루트가 가장 일반적이며 왕복 약 4시간 정도 소요된다. 공원 주변에 간단한 식사와 음료를 파는 식당들이 아침부터 영업하므로 아침 식사 후 트레킹을 즐겨보자. 오후에는 날이 더우므로 가급적 시원한 오전에 다녀오는 것이 좋고 수건, 생수, 간식, 선크림, 모자 등을 챙겨가도록 하자.

MAP p.369-C◆**찾아가기** 바투 페링기에서 101, 102번 버스 이용 또는 택시로 약 10분◆**주소** Jalan Hassan Abas, Teluk Bahang, Penang◆**전화** 604-881-3530◆**운영** 08:00~17:00◆**휴무** 연중무휴◆**요금** 1인 RM50◆**홈페이지** www.wildlife.gov.my

Tip 입산 · 하산 시의 신고 의무
국립 공원을 방문하는 모든 여행객은 입구에 있는 안내소에서 간단한 방문 양식(이름, 국적, 여권번호, 나이, 연락처, 입산 시각 등)을 작성해야 들어갈 수 있다. 입산은 물론 하산 후에도 하산 시각 등을 신고해야 한다.

트로피컬 스파이스 가든 ★★
Tropical Spice Garden

다양한 향신료와 열대 식물의 보고

향신료의 원료가 되는 레몬그라스, 허브, 생강, 후추, 스티비아 등 약 500여 종의 식물을 재배하는 넓고 아름다운 정원이다. 오디오 투어 또는 가이드 투어를 이용하면 세계적으로 유명한 말레이시아 향신료의 역사와 종류 등에 대해 배울 수 있다. 정원을 둘러보고 나면 카페에서 신선한 찻잎으로 만든 차를 마시거나 기념품 숍에서 다양한 향신료를 구입할 수 있다.

MAP p.399-A ◆**찾아가기** 바투 페링기에서 101, 102번 버스 이용 또는 택시로 약 5분◆**주소** Lot 595 Mukim 2, Jalan Teluk Bahang, Penang ◆**전화** 604-881-1797 ◆**운영** 09:00~16:00(금~일요일은 18:00까지)◆**요금** 어른 RM25, 어린이 RM15 ◆**홈페이지** www.tropicalspicegarden.com

바투 페링기 나이트 마켓 ★
Batu Ferringhi Night Market

매일 저녁 문을 여는 야시장

저녁이면 좁은 길목 사이사이에 100여 개 정도의 노점상들이 문을 열며 그 안쪽으로는 실내 상점들도 자리하고 있다. 옷, 가방, 신발, 액세서리, 공예품, CD, DVD, 기념품 등 다양한 종류의 물건을 팔고 있으며 굳이 사지 않더라도 구경하는 재미가 있다. 가격은 대체로 비슷한 편이고 여러 개를 구입하면 조금 더 저렴하게 살 수 있다. 저녁 식사 전후에 산책 삼아 가보기 좋다.

MAP p.399-A◆**찾아가기** 바투 페링기에서 101, 102번 버스 이용◆**주소** Jalan Batu Ferringhi, Penang◆**운영** 18:00~23:00◆**휴무** 연중무휴

야홍 아트 갤러리 ★★
Yahong Art Gallery

다양한 전통 공예품과 기념품을 판매

바투 페링기에서 볼만한 아트 갤러리로 바틱 회화의 창시자인 추아텐텡의 작품을 비롯해 로컬 아티스트들의 회화, 공예 등 다양한 작품을 전시, 판매하고 있다. 갤러리 한편에는 정교하게 조각된 목각공예품과 도자기, 골동품, 민예품, 찻잔 세트, 그림엽서, 마그넷, 열쇠고리 등 선물용으로도 좋은 다양한 기념품을 판매하고 있다.

MAP p.399-A◆**찾아가기** 바투 페링기에서 101, 102번 버스 이용(페링기 커피 가든 맞은편)◆**주소** 58D, Jalan Batu Ferringhi, Penang◆**전화** 604-881-1251◆**운영** 10:00~18:00◆**휴무** 일요일◆**홈페이지** www.yahongart.com

페링기 커피 가든
Ferringhi Coffee Garden

꽃들이 가득한 시크릿 가든

꽃과 녹음이 가득한 카페로 향기로운 정원에 마련된 야외 좌석과 시원한 실내 공간을 갖추고 있다. 갓 뽑은 커피 맛이 좋기로 유명하며 퀘사디아, 샌드위치, 파스타 등 가벼운 식사 메뉴도 있다. 특히 닭가슴살과 치즈를 넣은 퀘사디아는 칼로리 걱정 없이 든든하게 한 끼를 해결할 수 있어 여성들에게 인기가 높다. 신선한 생과일주스를 곁들여 정원에서 기분 좋은 식사를 즐겨보자.

MAP p.399-A◈**찾아가기** 바투 페링기에서 101, 102번 버스 이용(야홍 아트 갤러리 맞은편)◈**주소** 43D, Jalan Batu Ferringhi, Penang◈**전화** 604-881-1196◈**영업** 09:00~14:30◈**휴무** 월~목요일◈**예산** 생과일주스 RM9.80, 퀘사디아 RM18.90(봉사료 6% 별도)

롱 비치 푸드코트
Long Beach Food Court

바투 페링기의 인기 호커센터

300여 명을 한 번에 수용할 수 있는 야외 공간에서 로컬 음식을 비롯해 세계 여러 나라의 음식을 부담 없는 가격에 맛볼 수 있다. 먼저 자리를 잡고 원하는 음식과 테이블 번호를 말하면 직접 갖다 주는데 계산은 이때 하면 된다. 숯불에 구운 사테와 볶음밥, 생선구이 등이 인기 있고 현지식 디저트와 맥주도 판매한다. 오후 6시부터 영업이 시작되며 8~9시가 피크다. 주변에 야시장이 있으므로 식사 전후에 둘러봐도 좋다.

MAP p.399-A◈**찾아가기** 론파인 호텔에서 도보 약 5분◈**주소** Jalan Batu Ferringhi, Penang◈**영업** 18:00~24:00◈**휴무** 연중무휴◈**예산** 사테 RM8, 볶음밥 RM5~10, 식사류 RM10~20, 음료 RM2, 맥주 RM17~20

더 방갈로
The Bungalow

뇨냐식 티핀이 인기

론 파인 호텔 내에 있는 올데이 다이닝 레스토랑으로 정통 하이난식 요리와 뇨냐 요리로 유명하다. 점심시간에만 선보이는 '티핀(Tiffin)'이라는 세트 메뉴는 뇨냐식 생선 조림과 채소 요리 등 4가지 요리와 밥이 함께 나오는데 한국인 입맛에도 잘 맞는다. 식사 후에는 론 파인의 시그너처 메뉴인 달달한 아이스티로 입가심을 하자.

MAP p.399-B◆**찾아가기** 론 파인 호텔 내◆**주소** 98, Jalan Batu Ferringhi, Batu Ferringhi, Penang◆**전화** 604-886-8566◆**영업** 06:30~23:00◆**휴무** 연중무휴 ◆**예산** 티핀 세트 RM37.30 ◆**홈페이지** www.lonepinehotel.com

스파이스 마켓 카페
Spice Market Café

최고의 미식을 즐길 수 있는 뷔페

상그릴라 라사 사양 리조트 내에 있는 뷔페식 레스토랑. 연어와 캐비어를 이용해 스시 요리를 선보이는 스시 바, 페낭 락사와 나시 고렝, 치킨 윙, 사테를 맛볼 수 있는 말레이 카운터가 있으며, 그 외에도 볶음면, 페낭식 프라운 누들, 탄두리 치킨, 인디안 커리 등 세계 여러 나라의 요리를 즐길 수 있다. 시즌과 요일에 따라 다른 테마로 운영되어 언제 가도 새롭다.

MAP p.399-B◆**찾아가기** 상그릴라 라사 사양 리조트 가든 윙 내에 위치◆**주소** 7-11 Batu Ferringhi, 1, Lorong Sungai Emas, Penang◆**전화** 604-888-8888◆**영업** 07:00~22:00◆**휴무** 연중무휴◆**예산** 어른 RM168~, 어린이 RM84~◆**홈페이지** www.shangri-la.com

더 쉽 바투 페링기
The Ship Batu Ferringhi

◆**휴무** 연중무휴 ◆**예산** 스테이크류 RM50~60, 스파게티 RM21.90, 샐러드 RM14.90(세금+봉사료 16% 별도) ◆**홈페이지** www.theship.com.my

범선 모양의 독특한 레스토랑

레스토랑 외관은 물론 내부 인테리어까지도 여객선을 그대로 옮겨놓은 것처럼 꾸며 놓았고 종업원들의 옷에도 계급이 표시되어 있는 등, 이색적인 분위기이다. 스테이크 맛이 일품이며 랍스터를 비롯한 해산물 요리도 인기 있다. 점심보다는 저녁에 손님이 많은데 분위기가 좋은 창가 좌석은 오후 7시부터 이용이 가능하다.

MAP p.399-A ◆**주소** 69B, Jalan Batu Ferringhi, Penang ◆**전화** 604-881-2142 ◆**영업** 12:00~23:00

엉클 잭 바이 더 비치
Uncle Zack's by the Beach

로맨틱한 분위기의 비치 프런트 레스토랑

파크 로열 리조트 내에 자리한 다이닝 레스토랑으로 이곳의 뷰포인트는 바다 너머로 지는 석양. 그래서 석양을 즐길 수 있는 저녁시간부터 문을 연다. 메뉴로는 페낭식 타파스 요리와 파스타, 해산물 구이, 디저트 등이 마련되어 있으며, 원하는 토핑을 직접 선택할 수 있는 피자와 스테이크 등도 준비되어 있다. 로맨틱한 분위기에 상응하기라도 하듯, 음식 맛도 준수한 편이다. 늦은 밤까지도 영업을 하므로, 밤바다를 보면서 칵테일이나 와인 한 잔을 즐기는 여유로운 시간을 가져보는 것도 좋다.

MAP p.399-A ◈ **찾아가기** 파크 로열 리조트 내 ◈ **주소** Jalan Batu Ferringhi, Batu Ferringhi, Penang ◈ **전화** 604-881-1133 ◈ **영업** 18:00~20:00 ◈ **휴무** 연중무휴 ◈ **예산** 메인 요리 RM75~155, 그릴 메뉴 RM108~118.60, 피자 RM48, 디저트 RM40

시기 바 & 그릴
Sigi's Bar & Grill

중독성 있는 칵테일이 유명

샹그릴라 골든 샌즈 리조트에 있는 레스토랑 겸 라운지. 예쁘게 데커레이션된 칵테일 한 잔에 바투 페링기 해변의 멋진 풍경을 감상하며 낭만적인 시간을 보낼 수 있다. 시그니처 칵테일은 에너지 드링크인 레드 불(Red Bull)과 럼의 일종인 쿠바산 다이키리(Daiquiri)를 베이스로 만든 칵테일이다. 특히 열대 과일을 더한 트로피컬 불(Tropical Bull), 불 프루트(Bull Fruits), 라임 다이키리(Lime Daiqury) 등, 일반 칵테일에 상큼함이 더해진 이곳만의 칵테일은 여성 고객에게 인기 있다. 피자와 파스타, 스테이크, 랍스터 등 온 가족이 함께 즐길 수 있을 만한 식사 메뉴도 다양하게 갖추고 있으며 맛 또한 괜찮은 편. 연인과의 여행, 가족과의 여행 등, 어떤 스타일의 여행에도 잘 어울릴 만한 매력적인 스폿이다.

MAP p.399-B◈찾아가기 샹그릴라 골든 샌즈 리조트 내 ◈주소 7-11 Batu Ferringhi, 1, Lorong Sungai Emas, Penang◈전화 604-886-1852◈영업 10:00~23:45◈휴무 연중무휴◈예산 레드불 칵테일 RM25, 다이키리 RM22(세금+봉사료 16% 별도)

보라 보라
Bora Bora

해변을 마주하고 있는 원조 비치 바

부서질 듯한 의자와 나무 간판, 캐리비안의 해적이 떠오르는 히피스러운 인테리어가 매력적이다. 신나는 레게 음악이 울려 퍼지는 저녁 무렵이면 아름다운 석양을 감상하기 위해 이곳을 찾는 여행자들의 발길이 늘어난다. 식사는 로컬 음식으로 제공되고 맥주나 마가리타, 모히토 등의 칵테일을 마시며 늦은 밤까지 해변을 즐기기에 좋다.

MAP p.399-A ◈ **주소** 415, Jalan Batu Ferringhi, Batu Ferringhi, Penang ◈ **전화** 604-885-1313 ◈ **영업** 12:00~01:00 ◈ **휴무** 수요일 ◈ **예산** 맥주 RM10~20, 칵테일 RM20(세금+봉사료 16% 별도)

하드록 카페
Hard Rock Café

신나는 라이브 밴드 공연이 일품

하드록 호텔 내에 있는 레스토랑으로 특유의 인테리어와 다채로운 이벤트로 흥겨운 분위기를 즐길 수 있다. 특히 라이브 밴드의 공연은 놓칠 수 없는 하드록만의 이벤트. 붉은 톤으로 꾸민 카페 내부에는 국내외 유명 록 밴드들의 사진과 소장품이 진열되어 있다. 나초와 햄버거 등 가벼운 요리부터 레드 베리 프레스(Red Berry Press)나 마가리타, 에어 멕시코 등 재미난 이름의 칵테일 메뉴도 갖추고 있다. 저녁 17:00~20:00는 록킹 아워(Rocking Hours)로 할인된 가격에 주류를 마실 수 있으며 22:30부터는 신나는 라이브 공연이 열린다.

MAP p.399-A ◈ **찾아가기** 하드록 호텔 내 ◈ **주소** Jalan Batu Ferringhi, Batu Ferringhi, Penang ◈ **전화** 604-886-8050 ◈ **운영** 12:00~23:00(금·토요일·공휴일 24:00) ◈ **휴무** 연중무휴 ◈ **예산** 칵테일 RM41~, 레드 베리 프레스 RM80, 맥주 RM23~
◈ **홈페이지** www.hardrockcafe.com

말레이시아의 맛있는 식탁
페낭의 인기 요리

한국 요리를 이야기할 때 남도 음식을 빼놓을 수 없듯이 말레이시아에서는 페낭이 그런 지역으로 통한다. 페낭은 독특한 음식 문화가 발달한 곳으로 흔히 페낭식이라 불리는 요리 중에는 중국 요리에서 변형된 것이 많다. 다양한 종류 중에서도 여기에서 소개하는 정도만 알아두면 주문하는데 애를 먹을 일은 없을 것이다.

차퀘이테오 Char Kway Teow
웍(Wok)이라 불리는 중국식 팬에 기름을 두르고 넓적한 쌀국수와 마늘, 새우, 달걀, 채소 등을 넣은 후 간장 소스로 강한 불에서 재빨리 볶아낸 면요리.

호켄 미 Hokkien Mee
쌀로 만든 얇은 면에 마른 새우, 돼지고기, 생선 등으로 맛을 낸 걸쭉한 국물을 붓고 그 위에 양파, 튀긴 마늘, 콩나물, 매콤한 소스 등을 올려준다.

완탄 미 Wantan Mee
꼬들꼬들한 면에 훈제 돼지고기를 잘라 넣고 완자나 만두를 넣어준다. 청경채나 채소를 함께 넣어 먹기도 한다.

뽀피아 Popiah

밀전병에 채를 썬 무와 당근, 양파, 양배추, 두부 등을 넣고 돌돌 말아낸 것으로 칠리소스나 달콤한 소스에 찍어 먹는다. 태국식 스프링롤 또는 중국식 춘권과 유사하다.

첸돌 Cendol

곱게 간 얼음에 코코넛 우유와 달콤한 팥을 넣고 판단으로 만든 초록색 젤리 면이 들어간다. 우리의 팥빙수처럼 더위를 식히기 위해 즐겨 먹는다.

페낭 락사 Penang Laksa

생선을 조려낸 국물에 면과 파인애플, 레몬그라스, 양파, 오이, 등의 채소를 올려주는데 국물이 진하고 자극적이다. '아삼 락사(Asam Laksa)'라고도 부르는 페낭에서 특히 유명한 요리이지만, 한국인에게는 호불호가 갈린다.

뇨냐 쿠이 Nyonya Kuih

페낭에서 즐겨 먹는 디저트로 쌀가루와 타피오카, 판단 잎, 코코넛 크림, 설탕으로 떡처럼 쫀득하게 만든 것이다. 다양한 모양과 색깔이 특징이다.

페낭 로작 Penang Rojak

파인애플, 사과, 수박 등의 신선한 과일과 각종 채소에 새우로 만든 양념과 설탕, 칠리 등을 함께 넣고 섞은 후 그 위에 땅콩 가루를 뿌려 먹는 것이 특징이다.

치, 더 스파
Chi, The Spa

페낭 최고의 럭셔리 스파

샹그릴라 라사 사양 리조트 내에 있는 스파로 페낭 최고의 시설과 서비스를 자랑한다. 30여 종류의 스파 메뉴 중 가장 인기 있는 시그너처 테라피는 치 밸런스, 치 핫스톤 마사지, 엘리먼트 바이탈리티 마사지 등으로 나뉘며, 숙련도 높은 테라피스트들의 세심한 테크닉을 경험할 수 있다. 단 한 번의 호사를 누리고 싶다면 이곳만 한 곳이 없다. 커플이 함께 마사지

를 받을 수 있는 트리트먼트는 신혼부부에게 인기 있다.

MAP p.399-B ◆**찾아가기** 샹그릴라 라사 사양 리조트 내 ◆**주소** Batu Ferringhi Beach, Penang ◆**전화** 604-888-8888 ◆**영업** 10:00~22:00 ◆**휴무** 연중무휴 ◆**예산** 딥 티슈(60분) RM360~, 아시안 블렌드(60분) RM360~ (세금+봉사료 16% 별도)
◆**홈페이지** www.shangri-la.com

세인트 그레고리 스파
St. Gregory Spa

다양한 패키지로 인기를 모으는 고급 스파

파크 로열 리조트 내에 있는 스파로 보디 스크럽, 보디 마사지, 페이셜, 보디 랩, 매니큐어 등을 결합한 다양한 종류의 패키지가 있어 합리적인 가격에 즐길 수 있다. 특히 신혼부부나 커플에게 인기 있는 세인트 그레고리 시그너처 트리트먼트는 2시간 30분 동안 로맨틱한 분위기에서 스파를 즐길 수 있다. 마사지는 스웨디시 마사지 타입의 아로마틱 보디 블리스 마사지와 발리니스 마사지, 트로피컬 자바니스 마사지 등이 유명하다. 스파룸에는 야외 정원이 보이는 커다란 창이 있어 개방감이 느껴진다.

MAP p.399-A ◆**찾아가기** 파크 로열 리조트 내 ◆**주소** Batu Ferringhi Beach, Penang ◆**전화** 604-886-2288 ◆**영업** 10:00~20:00 ◆**휴무** 연중무휴 ◆**예산** 커플 패키지 (150분) RM1,200, 발리니스 마사지(60분) RM300~
◆**홈페이지** www.panpacific.com

페낭의 숙소 | HOTEL

샹그릴라 라사 사양 리조트
Shangri-La's Rasa Sayang Resort

바투 페링기의 No. 1 특급 리조트

위치, 규모, 시설, 서비스 면에서 최고를 자랑하는 호화 리조트 호텔. 말레이 전통 스타일의 건물 사이사이에 야외 정원이 잘 가꿔져 있어 트로피컬한 분위기가 물씬 풍긴다. 누구의 간섭도 받지 않고 자유를 만끽할 수 있는 프라이빗 비치를 비롯해 레스토랑, 라운지, 스파 등의 부대시설을 갖추고 있으며 다양한 액티비티 프로그램도 운영하고 있다. 호텔은 가든 윙과 라사 윙으로 나뉘는데, 가든 윙은 넉넉한 공간과 자연의 컬러를 사용해 밝고 따뜻한 분위기가 특징이다. 조금 더 특별함을 원한다면 다양한 혜택을 누릴 수 있는 라사 윙을 선택하자. 조지타운의 젠 호텔까지 무료 셔틀버스를 운행하고 있어 편리하게 오갈 수 있다(1일 4회).

MAP p.399-B◆**찾아가기** 페낭 공항에서 차로 약 1시간 ◆**주소** Batu Ferringhi Beach, Penang◆**전화** 604-888-8888◆**요금** 가든 윙 디럭스 트윈 RM750, 라사 윙 디럭스 RM1,000◆**홈페이지** www.shangri-la.com

> **라사 윙만의 혜택**
> - 라사 윙 라운지에서 무료 애프터눈 티 제공 (15:00~16:00)
> - 카나페 & 칵테일 타임 제공(17:30~19:00)
> - 라사 윙 수영장 이용 및 무료 음료 제공

샹그릴라 라사 사양 리조트의 특별한 매력

- 조식으로 제공되는 스파이스 마켓 카페(p.405)의 뷔페는 맛과 종류 모두 훌륭하므로 피곤하더라도 꼭 챙겨먹자.
- 고급스런 분위기에서 수준 높은 서비스를 받을 수 있는 스파(p.412)를 놓치지 말자.

골든 샌즈 리조트
Golden Sands Resort

트로피컬한 매력이 가득한 리조트

상그릴라 계열에서 운영하는 리조트로 라사 사양보다는 등급이 낮지만 만족도는 높은 편이다. 야자수가 늘어선 가든에는 선베드와 5개의 테마 풀이 있어 취향대로 즐길 수 있고, 미니 골프 코스와 테니스 코트 등 레포츠 시설도 잘 갖춰져 있어 가족 여행객들에게 인기가 높다. 바로

옆에 있는 상그릴라 라사 사양의 부대시설을 함께 이용할 수 있으며, 야시장과 호커센터에서도 가까워 편리하다.

MAP p.399-B◆**찾아가기** 페낭 공항에서 차로 약 1시간 ◆**주소** Batu Ferringhi Beach, Penang◆**전화** 604-886-1911◆**요금** 디럭스 트윈 RM510 ◆**홈페이지** www.shangri-la.com

파크 로열 페낭 리조트
Park Royal Penang Resort

해변과 바로 이어지는 편리한 리조트

높이 뻗은 야자수와 파라솔이 이국적인 분위기를 물씬 풍기는 리조트 호텔로, 가든을 따라 조금만 걸어가면 해변이 펼쳐진다. 객실은 넓고 쾌적하며 특히 패밀리룸과 키즈 클럽이 마련되

어 있어 가족 여행객에게 인기가 높다. 부대시설도 충실하게 갖춰져 있고, 호텔 앞 해변가에 밤 늦게까지 영업하는 카페와 바 등이 많아 나이트라이프를 즐기기에도 좋다.

MAP p.399-A◆**찾아가기** 페낭 공항에서 차로 약 1시간 ◆**주소** Batu Ferringhi Beach, Penang◆**전화** 604-881-1133◆**요금** 스탠더드 RM480, 패밀리 RM1,150 ◆**홈페이지** www.panpacific.com

론 파인 호텔
Lone Pine Hotel

콜로니얼 양식의 고급 리조트

바투 페링기에서 가장 오랜 역사를 자랑하는 고급 리조트로 해변을 마주하고 있다. 호텔 한가운데에는 물놀이를 즐기기 좋은 야외 수영장이 있고 대형 자쿠지도 있어 피로를 풀기 좋다. 객실은 쾌적하고 세련된 분위기로 잘 꾸며져 있으며 대부분 발코니가 딸려 있어 편리하다. 부대시설은 조식당으로 사용되는 방갈로(p.405)를 포함해 3개의 레스토랑과 스파, 게임룸, 기념품숍 등이 있다. 조지타운에 있는 이스턴 & 오리엔탈 호텔과 다양한 서비스를 공유하고 있다.

MAP p.399-B◆**찾아가기** 페낭 공항에서 차로 약 1시간
◆**주소** 97, Batu Ferringhi, Penang◆**전화** 604-886-8686◆**요금** 디럭스 트윈 RM480, 프리미어 트윈(가족룸) RM550◆**홈페이지** www.lonepinehotel.com

이스턴 & 오리엔탈 호텔
Eastern & Oriental Hotel

클래식한 품격이 느껴지는 특급 호텔

1885년에 문을 연 유서 깊은 호텔로 오랜 역사만큼이나 격조 있는 분위기를 자랑한다. 객실은 헤리티지 윙과 빅토리 아넥스의 2개 동에 나뉘어 있다. 조지타운이 보이는 스위트룸을 제외하면 대부분의 객실에서 바다를 조망할 수 있다. 부대시설로는 사르키즈(p.388), 팜 코트(p.389), 파커스 바(p.397), 풀사이드 테라스, 스파, 갤러리 등을 갖추고 있으며 페낭에서도 손꼽히는 고급스러운 분위기이다. 그 외에도 바투 페링기 해변의 론 파인 호텔(p.415)을 오가는 무료 셔틀버스와 스트레이츠 키까지 운행하는 수상 택시 서비스를 제공한다. 호텔의 시설이나 명성,

서비스에 비하면 요금이 저렴한 편이므로 역사 깊은 호텔에서 하룻밤 묵어보는 것도 괜찮다.

MAP p.369-H◆**찾아가기** 페낭 공항에서 차로 약 35분, 거니 파라곤에서 차로 약 15분◆**주소** 10, Lebuh Farquhar, Georgetown, Penang◆**전화** 604-222-2000◆**요금** 스튜디오 스위트(빅토리 아넥스) RM650, 디럭스 스위트 RM790◆**홈페이지** www.eohotels.com

헤리티지 윙 Heritage Wing

총 100개의 객실을 갖추고 있으며 디럭스룸과 스위트룸으로 나뉘어 있다. 객실은 19세기 콜로니얼 스타일의 고가구와 앤티크 소품으로 우아하고 품격 있게 꾸며져 있으며, 대부분의 객실에 바다를 조망할 수 있는 발코니가 딸려 있다.

빅토리 아넥스 Victory Annexe

1900년대 분위기를 그대로 살려 2013년에 문을 열었다. 118개의 스튜디오 스위트와 10개의 코너 스위트로 이루어져 있다. 모든 객실에 바다를 조망할 수 있는 발코니가 딸려 있고 무료 미니바와 에스프레소 머신이 제공된다. 커피, 차, 칵테일 등의 음료와 간단한 카나페를 제공하는 라운지도 무료로 이용할 수 있다.

유명인들이 좋아하는 호텔

《정글북》의 저자이자 영국을 대표하는 소설가 러디어드 키플링을 비롯해 헤르만 헤세, 찰리 채플린, 할리우드의 여배우 리타 헤이워드 등 세계적인 작가와 배우들이 즐겨 찾는 호텔로도 유명하다.

G 호텔 켈라웨이
G Hotel Kelawai

감각적인 인테리어와 루프톱 수영장이 압권

호텔 외관과 내부 인테리어 모두 독특한 세련미를 자랑하는 고급 호텔로 거니 플라자 옆에 위치해 있다. 총 208개의 객실은 디럭스룸과 스위트룸으로 나뉘어 있으며 안락한 침구와 고급 어메니티로 편안하게 꾸며져 있다. 이 호텔의 하이라이트는 24층에 있는 루프톱 바 그래비티

(Gravity)이다. 시원한 맥주나 칵테일을 마시며 밤을 즐길 수 있고, 바 옆에는 수영장이 있어 물 속에 몸을 담근 채 페낭의 멋진 풍경을 조망할 수도 있다.

MAP p.368-I◆**찾아가기** 거니 플라자에서 도보 2분◆**주소** 2, Persiaran Maktab, Georgetown, Penang◆**전화** 604-219-0000◆**요금** 디럭스 RM750◆**홈페이지** www.ghotelkelawai.com.my

젠 페낭
Jen Penang

상업지구 중심에 자리한 실용적인 호텔

콤타르 타워 앞에 있으며 구 트레이더스 호텔에서 새 이름으로 바꾸고 가격도 합리적으로 낮췄다. 443개의 객실은 디럭스룸, 스위트룸, 클럽룸으로 이루어져 있으며 넓은 창을 통해 도심의 풍경을 조망할 수 있다. 가장 낮은 등급의 객실인 디럭스룸은 조지타운을 바라볼 수 있고 위성 TV와 미니 냉장고 등 기본적인 편의시설을 갖추고 있다. 호텔 주변에 콤타르 버스 터미널과 퍼스트 애비뉴, 프란길 몰 등의 쇼핑몰이 있어 교통이 좋고, 쇼핑하기 편리하다.

MAP p.369-G◆**찾아가기** 콤타르 버스 터미널에서 도보 약 3분◆**주소** Magazine Road, Georgetown, Penang◆**전화** 604-262-2622◆**요금** 디럭스 트윈 RM230, 클럽 트윈 RM330◆**홈페이지** www.shangri-la.com

아르메니안 스트리트 헤리티지 호텔
Armenian Street Heritage Hotel

조지타운 중심에 위치한 중급 호텔

유네스코 세계문화유산 구역에 있는 호텔로 총 92개의 객실을 갖추고 있다. 객실은 더블룸, 트윈룸, 패밀리룸 세 종류로 나뉘며 비교적 넓은 편이다. 패밀리룸은 퀸 사이즈의 침대가 2개 놓여 있어 어른 4명까지도 묵을 수 있다. 차이나타운 내 대부분의 명소를 걸어서 이동할 수 있다.

MAP p.369-H◆**찾아가기** 압 콩시 사원에서 도보 약 3분
◆**주소** 139, Lebuh Carnarvon, Georgetown, Penang
◆**전화** 604-262-3888◆**요금** 트윈 RM180, 패밀리룸 RM230
◆**홈페이지** www.armeniansheritage hotel.com

왕스 호텔 @ 거니 드라이브
Wang's Hotel @ Gurney Drive

거니 드라이브에 있는 아담한 숙소

2015년 1월에 문을 연 중저가 호텔로 거니 드라이브 해안가에 위치해 있다. 객실은 총 22개이며 에어컨, 무선 인터넷, TV, 샤워 시설 등 기본적인 시설을 잘 갖추고 있다. 거니 플라자와 거니 드라이브 호커센터까지 걸어서 이동할 수 있다는 장점이 있다.

MAP p.368-J◆**찾아가기** 거니 파라곤에서 도보 약 10분
◆**주소** 75, Persiaran Gurney, Georgetown, Penang
◆**전화** 604-226-1668◆**요금** 슈페리어 트윈 RM175
◆**홈페이지** www.https://wangs-hotel-gurney-drive.business.site

튠 호텔
Tune Hotel

가격 대비 만족도가 높은 저가 호텔

뉴 월드 파크 옆에 위치한 호텔로 흰색과 붉은색이 어우러진 건물 외관이 눈에 확 띈다. 총 285개의 객실을 갖추고 있으며 체크아웃이 오전 11시로 조금 이르다. 객실에 기본적으로 제공되는 어메니티 외에 에어컨, 인터넷, 타월 등을 이용하려면 별도의 요금을 지불해야 한다.

MAP p.369-G◆**찾아가기** 콤타르 버스 터미널에서 도보 약 10분◆**주소** 100, Jalan Burmah, Georgetown, Penang◆**전화** 604-227-5807◆**요금** 싱글 RM50~, 트윈 RM85~ ◆**홈페이지** www.tunehotels.com

23 러브 레인 호텔
23 Love Lane Hotel

전통 가옥을 개조한 부티크 호텔

객실은 6개의 각기 다른 컨셉으로 꾸며진 객실을 운영 중이다. 1800년대 사용하던 각종 오브제들로 꾸며 레트로한 분위기를 느낄 수 있다.

1층에 있는 작은 라운지는 차를 마시거나 인터넷 서핑을 하며 시간을 보내기 좋다. 규모는 작지만 페낭 특유의 감성과 부족함 없는 서비스로 여행자의 만족도가 높은 편이다.

MAP p.369-H ◆**찾아가기** 세인트 조지 교회에서 도보 약 5분◆**주소** 23, Lorong Love, Georgetown, Penang ◆**전화** 604-262-1323 ◆**요금** 1920 아넥스룸 RM500 ◆**홈페이지** www.23lovelane.com

---

33 스튜어트 하우스
33 Stewart Houze

배낭여행자들이 즐겨 찾는 게스트하우스

비교적 시설이 깔끔한 게스트하우스. 큐브는 1인 또는 2인이 이용할 수 있으며 4~6인이 묵을 수 있는 도미토리도 있다. 아침 식사가 제공되며 화장실과 샤워기가 있는 객실은 인기가 높다. 여행객이 많이 찾는 주말에는 RM20이 추가된다.

MAP p.369-H◆**찾아가기** 세인트 조지 교회에서 도보 약 3분◆**주소** 33, Lorong Stewart, Georgetown, Penang ◆**전화** 604-262-7582◆**요금** 6인실 RM40, 스위트 RM138

더 에이티스 게스트하우스
The 80's Guesthouse

빈티지 풍의 게스트하우스

100년 넘은 고택을 현대적인 스타일로 화사하게 변신시켰다. 더 블룸, 여성 전용 도미토리(4인), 8인실까지 다양하며 화장실과 샤워실은 공동으로 사용한다. 채광이 좋아 전체적으로 밝은 분위기이며 여성 여행자들에게 특히 인기가 높다. 작은 테라스가 마련되어 있으며 무선 인터넷과 여행 정보도 제공한다.

MAP p.369-H◆**찾아가기** 세인트 조지 교회에서 도보 약 5분◆**주소** 46, Lorong Love, Georgetown, Penang ◆**전화** 604-263-8806◆**요금** 4인실 RM45 ◆**홈페이지** www.the80sguesthouse.com

동말레이시아

East Malaysia

동말레이시아는 보르네오섬 북단의 사바(Sabah)주와

서북해안 일대의 사라왁(Sarawak)주로 이루어져 있다.

사바주는 약 1,444 km에 달하는 해안을 끼고 있으며 일 년 내내 온화한 기후에

산과 바다를 모두 즐길 수 있어 말레이시아 최고의 휴양지로 손꼽힌다.

한편 사라왁주는 말레이시아에서 가장 큰 주로 토착 부족과 언어가 남아 있어

토속적인 정취가 물씬 풍기고 유구한 역사와 때 묻지 않은 자연을 간직하고 있다.

각기 다른 매력을 지닌 동말레이시아의 두 지역을 함께 여행하거나

서말레이시아의 대표 지역과 연계해도 좋다.

동적인 서말레이시아와는 달리 정적인 아름다움과 태초의 자연을 벗 삼아

시간을 보낼 수 있는 동말레이시아의 매력에 흠뻑 빠져보자.

동말레이시아
여행 어드바이스

동말레이시아 여행은 크게 사바주의 코타키나발루와 사라왁주의 쿠칭으로 구분할 수 있다. 코타키나발루는 우리나라에서 바로 가는 직항편이 있지만, 쿠칭은 쿠알라룸푸르(1일 13회)나 코타키나발루(1일 2회)에서 갈아타야 한다. 주로 저가 항공사인 에어아시아나 국적기인 말레이시아항공을 이용한다.

코타키나발루
Kota Kinabalu

동말레이시아의 대표 관광도시이자 사바주의 주도로 보르네오섬 북동쪽에 위치해 있다. 남중국해를 마주하고 있는 툰쿠 압둘 라만 해양 공원을 비롯해 말레이시아에서 가장 높은 키나발루산, 원주민들의 문화를 체험할 수 있는 컬처럴 빌리지, 석양이 아름답기로 유명한 탄중 아루 해변 등이 있어 다채로운 여행을 즐길 수 있다. 해안가에는 최고급 시설을 자랑하는 리조트 호텔들이 밀집해 있어 해양 레저와 휴양도 만끽할 수 있다.

쿠칭
Kuching

사라왁주의 주도로 도시를 가로지르는 사라왁강을 따라 펼쳐진 물의 도시이다. 강변에는 잘 정비된 산책로가 있고 도시의 상징인 고양이 조각상들이 거리 곳곳에서 반갑게 맞이해준다. 인디아 거리, 차이나타운, 모스크, 콜로니얼 풍의 건축물, 마르게리타 요새 등 주요 볼거리들도 강을 따라 늘어서 있다. 도심에서 조금만 벗어나면 토착 원주민들의 생활 양식을 볼 수 있는 컬처럴 빌리지와 천혜의 자연을 자랑하는 국립 공원도 있다.

툰쿠 압둘 라만 해양 공원
Tunku Abdul Rahman Marine Park

코타키나발루 근해에 떠 있는 5개의 섬(가야, 마누칸, 사피, 술룩, 마무틱)으로 이루어진 툰쿠 압둘 라만 해양 공원은 코타키나발루 여행의 백미. 도심에서 배로 20분이면 갈 수 있으며 산호초에 둘러싸인 아름다운 자연을 만끽할 수 있다. 현지 여행사에서 진행하는 투어에 참가하면 스노클링, 스쿠버다이빙 등의 해양 스포츠나 신나는 바비큐 파티, 아일랜드 호핑 등을 즐길 수 있다.

국립 공원
National Park

말레이시아의 19개 국립 공원 중 무려 16개가 동말레이시아에 집중되어 있다. 수천 년을 지켜온 자연 생태계와 밀림 덕분에 아시아의 허파라는 수식어가 생겼으며 희귀 동식물들이 다수 서식하고 있다. 사라왁의 바코(Bako) 국립 공원, 구눙 물루(Gunung Mulu) 국립 공원, 니아(Niah) 국립 공원을 비롯해 사바의 키나발루(Kinabalu) 국립 공원까지 각기 다른 자연환경과 특징을 지닌 국립 공원들이 산재해 있다. 공원에 들어가려면 공원별 안내소와 주요 도시에 설치된 공원 예약 사무소에서 허가증을 발급받아야 한다.

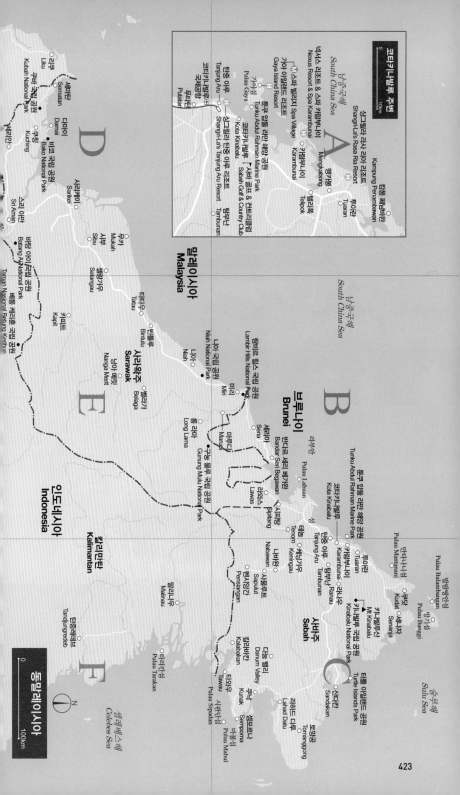

코타키나발루 주변

0 ——— 10㎞

캄풍 페낭바완
Kampung Penambawan

남중국해
South China Sea

싱그릴라 라사 리아 리조트
Shangri-La's Rasa Ria Resort

믕가봉
Mengkabong

A

넥서스 리조트 & 스파 카람부나이
Nexus Resort & Spa Karambunai

가야섬
Gaya Island Resort

카람부나이
Karambunai

M 스파 빌리지 카람부나이
Spa Village Karambunai

뚜아란
Tuaran

뗄뽁
Telipok

풀라우 가야
Pulau Gaya

가야섬
Gaya

뚠꾸 압둘 라만 해상 공원
Tunku Abdul Rahman Marine Park

코타키나발루
Kota Kinabalu

코타키나발루 M 사비 골프 & 컨트리클럽
Sabah Golf & Country Club

H
H

싱그릴라 딴중 아루 리조트
Shangri-La's Tanjung Aru Resort

딴중 아루
Tanjung Aru

뿌따딴
Putatan

탐부난
Tambunan

코타키나발루 국제공항
푸따딴
Putatan

루무
Likir

쿠부 국립 공원
Kubah National Park

담바이
Damai

세마딴
Sematan

쿠칭
Kuching

바코 국립 공원
Bako National Park

세리안
Serian

D

사리케이
Sarikei

스리 아만
Sri Aman

말레이시아
Malaysia

무카
Mukah

시부
Sibu

슬랑가우
Selangau

남중국해
South China Sea

타타우
Tatau

바탕 아이 국립 공원
Batang Ai National Park

카피트
Kapit

딴중 마누
E

빈툴루
Bintulu

Sarawak
사라왁주

냥아 믈릿
Nanga Merit

믈리가
Belaga

니아
Niah

니아 국립 공원
Niah National Park

람비르 힐스 국립 공원
Lambir Hills National Park

미리
Miri

B

뚠꾸 압둘 라만 해상 공원
Tunku Abdul Rahman Marine Park

카가 라부안
Pulau Labuan

코타키나발루
Kota Kinabalu

카람부나이
Karambunai

딴중 아루
Tanjung Aru

뚜아란
Tuaran

라나우
Ranau

마누
Manut

림방
Lawas

브루나이
Brunei

세리아
Seria

반다르 세리 베가완
Bandar Seri Begawan

반다르 세리 베가완

림방

비아팅
Biplang

라와스
Lawas

사피콥

인도네시아
Indonesia

칼리만탄
Kalimantan

믈리나우
Malinau

구눙 물루 국립 공원
Gunung Mulu National Park

타만 느가라 브탕 크론분
Taman Nasional Betung Kerihun

탄중레데브
Tandjungredeb

나바완
Nabawan

켐파스
Kemgau

딴중 아루
Tanjung Aru

탐부난
Tambunan

케닝가우
Keningau

테놈
Tenom

사푸릿
Sapulut

펜시앙안
Pensiangan

다눔 밸리
Danum Valley

칼라바칸
Kalakakan

사바주
Sabah

키나발루산
Mt Kinabalu

키나발루 국립 공원
Kinabalu National Park

쿠닷
Kudat

풀라우 방이
Pulau Banggi

방이섬

센아자
Senarja

안타나나섬
Pulau Mantanani

풀라우 발람방안
Pulau Balambangan

발람방안섬

풀라우 방이
Pulau Banggi

산다칸
Sandakan

터틀 아일랜드 공원
Turtle Islands Park

토만공
Tomanggong

쿠낙
Kunak

리하드 다투
Lahad Datu

라하드 다투

타와우
Tawau

셈뽀르나
Semporna

마불
Pulau Mahul

시파단섬
Pulau Sipadan

풀라우 타라칸
Pulau Tarakan

타라칸섬

풀라우 타라칸

셀레베스해
Celebes Sea

0 ——— 100㎞

동말레이시아

N

술루해
Sulu Sea

Check

여행 포인트

휴양 ★★★★★
관광 ★★★★
쇼핑 ★★★
음식 ★★★

교통수단

도보 ★★★
택시 ★★
버스 ★

Kota Kinabalu
코타키나발루

보르네오섬 북동쪽에 위치한 코타키나발루는 동말레이시아를 대표하는 관광도시이자 사바(Sabah) 주의 주도이다. 온화한 기후와 천혜의 자연환경 덕분에 오래전부터 밀레이시아 최고의 휴양지로 사랑받아 왔다. 해안에는 열대 분위기가 물씬 풍기는 특급 리조트들이 바다와 마주하고 있고, 도심에서 조금만 벗어나면 동남아 최고봉을 자랑하는 키나발루산과 아름다운 해양 공원을 만날 수도 있다. 자연과 더불어 완벽한 휴양을 계획한다면 코타키나발루로 떠나보자.

이것만은 꼭!

1. 툰쿠 압둘 라만 해양 공원으로 호핑 투어 떠나기
2. 특급 리조트에서 휴양 즐기기
3. 아름다운 코타키나발루 선셋 감상하기

★
코타키나발루

코타키나발루 근교

0 1km

N

사바주 정부
툰 무스타파 타워 ●
Tun Mustapha Tower

코타키나발루 시티 모스크 ●
Kota Kinabalu City Mosque

○ 코타키나발루
Kota Kinabalu

코타키나발루

0 200m

N

B

Ⓢ 원 보르네오 하이퍼몰
Ⓗ 튠 호텔
마리 마리 컬처럴 빌리지 방향

A

만다라 스파 Ⓜ
파이브 세일즈 Ⓡ
알 프레스코 Ⓗ
마젤란 수트라 리조트 Ⓗ
만자 호텔 ■

Ⓡ 4핑거스 크리스피 치킨
Ⓡ 난도스
이마고 쇼핑몰
콤플렉스 칼라문싱
밍 가든 호텔 & 레지던스

페르디난드 Ⓡ
수트라하버 리조트 Ⓗ
퍼시픽 수트라 호텔 Ⓗ
차바나 스파 Ⓜ
카페 볼레 Ⓡ
실크 가든 Ⓜ
브리즈 비치 클럽 Ⓡ

수트라하버 골프 &
컨트리클럽
사바 박물관
Sabah Museum
사바 주립 모스크
Sabah State Mosque

Ⓜ 치, 더 스파
Ⓗ 샹그릴라 탄중 아루 리조트

● 탄중 아루
Tanjung Aru

북보르네오 열차 탄중 아루역
Tanjung Aru Railway Station

✈ 코타키나발루
국제공항

몬소피아드 컬처럴 빌리지 방향

C

P.427 가야 스트리트

호텔 그랜디스
Hotel Grandis

수리아 푸드코트
Suria Food Court
환전소 Ⓢ
수리아 사바
Suria Sabah

Ⓗ 호텔 에덴 5
Hotel Eden

가야 센터 호텔
Gaya Centre Hotel

63 호텔
63 Hotel

시그널 힐 전망대
Signal Hill
Observatory Tower
사바 관광청

환전소 Ⓢ
위스마 메르데카
Wisma Merdeka

리틀 이태리
Little Italy

Ⓡ 푹 유엔 Fook Yuen

하얏트 리젠시 키나발루 Ⓗ
Hyatt Regency Kinabalu

엘 센트로
El Centro

Ⓗ 제셀튼 호텔
The Jesselton Hotel

D

Ⓡ 페퍼민트 Peppermint

어퍼스타
Upperstar

Ⓢ 가야 스트리트 선데이 마켓
Gaya Street Sunday Market

센트럴 마켓
Central Market

호라이즌 호텔
Horizon Hotel

만다린 호텔
Mandarin Hotel

🗙 경찰서

애킨슨 시계탑
Atkinson Clock Tower

Ⓢ 어시장

Ⓢ KK 플라자
KK Plaza

시내 버스 터미널

코타키나발루 시청사

메르데카 광장
Padang Merdeka

핸드크래프트 마켓 Ⓢ
Handcraft Market

국립 은행

야시장 Ⓡ
Night Market

법원

장거리 버스 터미널

드림텔
Dreamtel

시티 파크
City Park

더 비어 팩토리
The Beer Factory

샴록 아이리시 바
Shamrock Irish Bar

워터프런트 Waterfront

르 메르디앙 코타키나발루
Le Méridien Kota Kinabalu

E

와리산 스퀘어
Warisan Square

Ⓜ 헬렌 뷰티 리플렉솔로지
Ⓜ 디 터치
Ⓜ 라플레시아 스파
Ⓜ 자스민 힐링 테라피

센터 포인트 사바
Centre Point Sabah
환전소 Ⓢ

F

킹 파크 호텔 코타키나발루 Ⓗ
King Park Hotel Kota Kinabalu

눈팟 Ⓡ Nunpat
난도스 Ⓡ Nando's

오셔너스 워터프런트 몰
Oceanus Waterfront Mall

미니버스 정류장

시티텔 익스프레스
Cititel Express

맥도날드

웰컴 시푸드 레스토랑 방향

가야 스트리트

0   100m

N

KK 플라자
KK Plaza

수굿 거리 Jalan Sugut

Jalan Tun Fuad Stephens

탄중 리아 키친
Tanjung Ria Kitchen

하얏트 리젠시 키나발루
Hyatt Regency Kinabalu

라북 거리 Jalan Labuk

멀티 베이크
Multi Bake

가야 센터 호텔
Gaya Centre Hotel

육교

파다스 거리 Jalan Padas

히말라야 허벌 헬스케어
Himalaya Herbal Healthcare

호텔 홀리데이
Hotel Holiday

어퍼스타
Upperstar

환전소

서울 가든
Seoul Garden

세그마 길 Lorong Segama

위스마 메르데카
Wisma Merdeka

환전소

수리아 사바
Suria Sabah

툰 라작 거리 Jalan Tun Razak

베스트 웨스턴 키나발루 다야 호텔
Best Western Kinabalu Daya Hotel

호라이즌 호텔
Horizon Hotel

북보르네오 기념비
North Borneo Monument

A

엘 센트로
El Centro

리틀 이태리
Little Italy

B

호텔 그랜디스
Hotel Grandis

코타키나발루 시청사

아피 아피 거리 Jalan Api-Api

보르네오 가야 롯지
Borneo Gaya Lodge

만다린 호텔
Mandarin Hotel

러스틱

바하사 거리 Jalan Bahasa

유 키 바 쿠 테
Yu Kee Bak Kut The

호텔 에덴 54
Hotel Eden 54

보르네오 여행사

피자 헛

가야 스트리트 선데이 마켓
Gaya Street Sunday Market

63 호텔
63 Hotel

이완 거리 Jalan Ewan

케다이 코피 이 펑
Kedai Kopi Yee Fung

페퍼민트
Peppermint

가야 거리 Jalan Gaya

통 힝 슈퍼마켓
Tong Hing Supermarket

가야 거리 Jalan Gaya

버스 정류장

더 제셀튼 호텔
The Jesselton Hotel

사바 관광청

쇼니스 다이닝 바
Shonedy's Dining & Bar

데완 길 Lorong Dewan

경찰서

코타키나발루 바이패스 거리
Jalan Kota Kinabalu Bypass

보르네오 백패커스
Borneo Backpackers

푹 유엔 Fook Yuen

르데카 광장
Medang Merdeka

애킨슨 시계탑
Atkinson Clock Tower

트로피카나 롯지
Tropicana Lodge

올드 타운 화이트 커피
Old Twon White Coffee

시그널 힐 전망대
Signal Hill Observatory Tower

산책로

키나발루 백패커스 롯지
Kinabalu Backpackers Lodge

더 넥스트 블럭 The Next Block

산책로

코타키나발루로 가는 방법

비행기

우리나라에서 가는 경우
우리나라에서 코타키나발루로 가는 직항편은 대한항공, 진에어, 제주항공 등이 있으며 주 4~7회 운항한다. 방학이나 성수기에는 부산에서도 직항 전세기가 운항한다. 인천 국제공항에서 코타키나발루 공항까지는 약 5시간 소요된다. 자세한 운항 스케줄 정보는 항공사 홈페이지 참조.

쿠알라룸푸르에서 가는 경우
쿠알라룸푸르에서 코타키나발루까지는 국적기인 말레이시아항공과 저가 항공사인 에어아시아, 파이어플라이 등이 취항하고 있다. 에어아시아의 경우 KLIA2에서 출발한다. 약 2시간 30분 소요.

코타키나발루 국제공항
Kota Kinabalu International Airport

터미널 1(Terminal 1)
우리나라에서 출발하는 항공편은 터미널 1에 도착한다. 항공편에 따라 도착 시각이 다르긴 하지만 대부분 늦은 밤에 도착하기 때문에 시내로 이동하는 교통수단은 택시와 그랩이 유일하다(공항버스는 19:45에 운행 종료).

터미널 2(Terminal 2)
에어아시아를 이용할 경우 터미널 2에 도착한다. 쿠알라룸푸르나 쿠칭 등 말레이시아 각 도시를 연결하는 국내선과 일부 국제선(발리, 필리핀)을 운항한다.

공항에서 시내로

공항버스
터미널 1과 터미널 2에서 코타키나발루 시내로 가는 공항버스가 있다. 운행 시간은 08:45~19:45이며 요금은 RM5. 터미널 1과 터미널 2를 연결하는 버스도 08:00~19:30에 1시간 간격으로 운행한다. 공항버스는 가야 스트리트 부근의 버스 정류장에 내려주기 때문에 호텔까지 가려면 다시 도보나 택시를 이용해야 한다. 버스 시간은 공항버스 카운터에서 확인할 수 있다.

택시
택시는 정액제로 운행하며 공항 내 택시 티켓 판매소에서 가려는 호텔 이름을 말하면 정해진 금액의 택시 티켓을 발급해준다. 밤 12시가 넘으면 50%의 할증 요금이 추가된다.

공항 – 주요 숙소 간의 택시 요금

목적지	정상 요금	자정 이후 요금
샹그릴라 탄중 아루 리조트	RM30	RM45
수트라하버 리조트	RM30	RM45
노보텔 호텔	RM50	RM75
넥서스 리조트	RM75	RM113
샹그릴라 라사 리아 리조트	RM90	RM138

버스
Bus

시티 버스라 불리는 시내버스가 운행하고 있지만 배차 간격이 길고 목적지 표시가 없는 경우가 많아 이용률이 적다. 여행자보다는 현지인들이 주로 이용한다. 요금은 RM1.50부터.

사바 관광청 Sabah Tourism Board

MAP p.427-B
찾아가기 가야 스트리트의 63 호텔 맞은편
주소 51, Gaya Street, City Centre, Kota Kinabalu
전화 608-821-2121
운영 08:00~17:00(토·일요일·공휴일 09:00~16:00)

택시
Teksi

시내 중심부는 도보로 이동이 가능하지만 시내에서 떨어진 곳으로 갈 경우에는 택시를 이용한다. 요금은 지역별로 정해져 있으며 일부 지역은 흥정이 필요하다. 시내 이동은 RM12~15 정도면 갈 수 있고, 조금 떨어진 지역은 RM20~25이 적정선. 외곽 지역인 넥서스 리조트와 원 보르네오 쇼핑몰까지는 RM50~70 정도 예상하자.

코타키나발루
추천 코스

Best Course

★ **코스 총 소요 시간** : 10~12시간
★ **여행 포인트** : 오전에는 최고의 시설을 자랑하는 리조트에서 몸과 마음을 재충전하고 오후에는 시내 인근의 관광 명소들을 둘러보도록 하자. 저녁 식사는 신선한 해산물 요리로 마무리하자.

1DAY

09:00 느긋하게 아침 식사 후 리조트 수영장에서 물놀이 즐기기

▼ 도보 10분

12:30 푹 유옌에서 맛있는 점심 식사

▼ 도보 10분

14:00 시그널 힐 전망대에 올라 시내 구경하기

▼ 도보 10분

15:00 수리아 사바에서 쇼핑 즐기기

▼ 도보 10분

17:00 툰 푸아드 스테판 거리의 전통 시장 둘러보기

▼ 도보 10분

19:00 웰컴 시푸드 레스토랑에서 저녁 식사

▼ 도보 10분

21:30 야시장 구경하기

★ **코스 총 소요 시간** : 12~13시간
★ **여행 포인트** : 천혜의 아름다움을 자랑하는 툰쿠 압둘 라만 해양 공원으로 신나는 호핑 투어를 다녀오자. 현지 여행사를 이용하면 보다 편리하게 해양 스포츠를 만끽할 수 있다. 오후에는 탄중 아루 해변에서 맥주 한잔과 함께 선셋을 감상하자.

2DAY

07:00 리조트에서 아침 식사

▼ 도보 10분

08:00 툰쿠 압둘 라만 해양 공원 또는 북보르네오 투어에 참가하기

▼ 도보 10분

15:00 투어 후 리조트에서 여유롭게 휴식 즐기기

▼ 도보 10분

17:30 탄중 아루 해변을 걸으며 선셋 감상하기

▼ 도보 10분

18:20 꼬치구이와 현지식 또는 리조트에서 저녁 식사

▼ 도보 10분

20:00 호사스러운 스파 즐기기

▼ 도보 10분

22:00 워터프런트에서 가볍게 맥주 한잔 마시기

코타키나발루의 보석

툰쿠 압둘 라만 해양 공원
Tunku Abdul Rahman Marine Park

툰쿠 압둘 라만 해양 공원은 코타키나발루에서 약
3~8km 떨어진 다섯 개의 섬(가야, 마누칸, 사피, 술
룩, 마무틱)으로 이루어진 국립 공원이다. 산호초와
열대 자연이 어우러진 아름다운 풍광으로 유명하며,
도심에 있는 항구에서 배를 타고 약 20분이면 갈 수
있어 접근성도 좋다. 개별적으로 갈 수도 있지만 현지
여행사의 투어 프로그램을 이용하면 각종 해양 스포츠
와 바비큐 파티 등을 합리적인 요금에 즐길 수 있다.

© 말레이시아 관광청

MAP p.423-B

● 가는 방법
제셀튼 포인트(Jeselton Point)에 모여 있는 여행사에서 투어
를 신청하면 된다. 당일 패키지를 구입하거나 각 섬으로 들어가
고 나오는 보트만 예약해서 자유롭게 여행할 수도 있다.

● 요금
섬 한 곳을 방문할 경우 보통은 1인 기준 어른 RM35(어린이
RM30)부터 시작되며 방문할 섬을 추가할 경우 한 곳당 RM10
씩 더 내면 된다. 터미널 이용료(RM7.20)와 섬 입장료(RM20)
는 별도로 지불해야 한다. 바비큐 점심(RM65 내외)과 스노클 장비 대여(RM30 이내), 스쿠버다이
빙, 파라세일 등 해양 스포츠를 포함한 투어를 이용하면 효율적이다.

● 투어 선택 시 알아두면 좋은 팁
제셀튼 포인트 내에는 투어상품을 판매하는 여행사 창구가 다수 있다. 그중 한두 곳을 골라 원하는 섬
투어와 해양 스포츠 요금을 비교한 후에 선택하자. 하루에 다섯 개 섬을 모두 돌아보는 것은 무리이며
보통 해양 스포츠를 포함한 1일 아일랜드 호핑의 경우 사피섬과 마누칸섬 정도를 둘러보면 적당하다.

투어 문의 및 접수처
제셀튼 포인트 페리 터미널 Jesselton Point Ferry Terminal
◆**찾아가기** 수리아 사바에서 도보 약 5분◆**주소** Jesselton Point Ferry Terminal, Jalan Haji Mat Saman, Kota
Kinabalu◆**운영** 06:00~18:00◆**휴무** 연중무휴◆**전화** 608-824-0709◆**홈페이지** jesseltonpoint.com.my

가야섬 Gaya Island

가야(Gaya)는 현지어로 '크다'라는 뜻으로 실제 해양 공원에서 가장 큰 섬이다. 섬 앞쪽에는 수상가옥이 자리하고 있고 북서쪽에는 해안선을 따라 리조트들이 늘어서 있다. 대부분 각 리조트의 전용 해변이어서 일반 여행자보다는 투숙객을 위한 시설이 많다.

사피섬 Sapi Island

파도가 잔잔해 스노클링을 즐길 수 있는 스폿이 많으며 각종 열대어와 산호초를 볼 수 있다. 공원 내에서 가장 아름다운 해안선을 자랑한다. 여행자들은 해수욕이나 바비큐 파티를 즐기며 시간을 보낸다. 당일치기 여행으로 많이 찾는다.

술룩섬 Sulug Island

코타키나발루에서 가장 멀리 떨어져 있는 섬으로 입장료와 편의시설이 없다. 관광객의 발길이 적어 한적하며 방해받지 않고 조용히 휴양을 즐기려는 사람들이 주로 찾는다.

마누칸섬 Manukan Island

가야섬에 이어 두 번째로 큰 섬으로 수심이 완만하고 심해 환경이 좋아 스노클링, 스쿠버 다이빙을 즐기기 좋다. 해양 스포츠의 천국으로 불릴 정도로 여행자들에게 인기가 높다. 숙박 시설도 갖추고 있어 1박 이상의 체류도 가능하다.

© 말레이시아 관광청

마무틱섬 Mamutik Island

공원에서 가장 작은 섬으로 깨끗하고 조용하다. 사람들이 북적이지 않는 해변에서 한적한 시간을 보내려는 유럽 여행자들이 주로 찾는다. 숙박 시설과 해양 스포츠 센터 등 기본적인 편의시설은 갖춰져 있다.

© 말레이시아 관광청

아주 특별한 에메랄드빛 바다를 찾아서!
만타나니섬
Mantanani Island

만타나니섬은 누구나 한 번쯤 꿈꿔봤을 에메랄드빛 바다를 만날 수 있는 곳으로 코타키나발루에서 북동쪽으로 약 87km 떨어져 있다. 섬으로 가려면 쿠알라 아바이 제티(Kuala Abai Jetty)에서 배를 타고 1시간 정도 가야 하는데, 쿠알라 아바이 제티는 코타키나발루에서 차로 약 2시간 정도 소요되는 코타 벨루드(Kota Belud)에 있다. 다소 먼 거리이지만 섬에 도착하면 그동안의 피로가 말끔히 씻겨 나갈 정도로 아름다운 바다가 눈앞에 펼쳐진다. 만타나니섬은 만타나니 베사르(Mantanani Besar), 만타나니 크칠(Mantanani Kecil), 롱기산(Longgisan) 3개의 섬으로 이루어져 있다. 그중 가장 큰 섬인 만타나니 베사르는 하얀 백사장으로 둘러싸인 청정 섬으로 스노클링, 스쿠버다이빙, 카약킹 등의 해양 스포츠를 즐길 수 있고, 오두막집 같은 이색적인 숙박 시설도 있어 섬 여행의 묘미를 느낄 수 있다.

MAP p.423-C

● 투어를 이용해 편리하게 다녀오자

왕복 6시간이 걸리는 만타나니섬을 개별적으로 준비해서 다녀오려면 여간 번거로운 일이 아니므로 현지 여행사의 투어 프로그램을 이용해 다녀오는 것이 좋다. 투어는 보통 당일치기 일정이며 해양 스포츠와 현지식 점심 식사가 포함되고 호텔에서 선착장까지 픽업 및 드롭도 해주어 편리하다. 투어 관련 예약은 만타나니 아일랜드 예약 센터와 제셀턴 포인트 내 투어 예약 창구에서 가능하다.

투어 문의 및 접수처
만타나니 아일랜드 예약 센터 Mantanani Island Booking Centre

◈**찾아가기** 아시아 시티 콤플렉스 1층◈**주소** Lot 1-39, Asia City Complex, 1st Floor Jalan Asia City, Kota Kinabalu◈**전화** 608-844-8409◈**요금** 스노클링 1일 투어 어른 RM300~350, 어린이 RM228~278
◈**홈페이지** www.mantanani.com

바다를 즐기는 색다른 방법
코타키나발루의 해양 스포츠

툰쿠 압둘 라만 해양 공원 전역의 아름다운 산호섬에서는 각종 해양 스포츠와 액티비티를 즐길 수 있다. 간단한 스노클링 장비만 있으면 열대어와 산호초를 품은 바닷속 풍경을 감상할 수 있고, 온 가족이 함께 바나나보트나 땅콩보트를 타고 즐거운 스릴을 만끽할 수도 있다. 신청은 제셀튼 포인트나 수트라하버 리조트 내 업체를 통해 하면 된다. 스노클링 장비는 섬 내 시 퀘스트에서 대여 가능하다.

● 해양 스포츠 및 액티비티 정보

종류	내용	요금
아일랜드 호핑	섬 1곳(2인 이상, 국립 공원 입장료 별도)	어른 RM160, 어린이 RM120
	섬 2곳(2인 이상, 국립 공원 입장료 별도)	어른 RM180, 어린이 RM135
해양 스포츠	시워킹 30분	어른 RM265, 어린이 RM220
	제트스키 30분	RM180
	파라세일 10분	1인 RM106, 2인 RM190
	바나나보트 10분(3인 이상)	1인 RM45
	플라잉피쉬 10분(2인 이상)	1인 RM75
	스노클링 장비 대여(마스크, 라이프 자켓, 핀 포함)	RM30
패키지	섬 스노클링+파라세일(2인 이상)	어른 RM145, 12세 이하 RM128

투어 문의 및 접수처
시 퀘스트 Sea Quest
◆**찾아가기** 수트라하버 리조트의 마리나 클럽 내◆**주소** Sutera Harbour Resort, No.1, Sutera Harbour Boulevard, Sabah, Kota Kinabalu◆**전화** 608-824-8006/230943/261992◆**운영** 08:30~17:00
◆**홈페이지** www.seaquesttours.net

토착 원주민들의 전통 문화 체험
컬처럴 빌리지

사바(Sabah)주에는 보르네오섬 토착 원주민들의 생활 양식과 전통 문화를 체험할 수 있는 컬처럴 빌리지(Cultural Village)가 있다. 몬소피아드 컬처럴 빌리지와 마리 마리 컬처럴 빌리지가 대표적이며, 두 곳 모두 투어를 통해 다녀올 수 있다. 여행사에 따라 마을과 옵션이 다르지만 요금과 코스는 대체로 비슷하다. 보통 컬처럴 빌리지까지 오가는 교통편과 마을 입장료, 원주민들의 전통 공연, 점심 또는 저녁 식사가 공통적으로 포함되어 있다.

몬소피아드 컬처럴 빌리지
Monsopiad Cultural Village

원주민들이 살았던 7개의 롱하우스와 박물관, 전통 문화 공연 등을 관람할 수 있다. 시내에서 비교적 가까운 거리에 있지만 투어는 하루에 1회만 진행된다.

MAP p.426-C

마리 마리 컬처럴 빌리지
Mari Mari Cultural Village

시내 중심에서 약 25분 정도 가야 하며 하루에 3회 진행된다. 5개의 롱하우스를 포함한 전통 마을을 둘러보고 전통 의상과 소품으로 치장한 부족들의 전통 공연을 관람한다. 공연 관람 후에는 현지식 뷔페로 간단히 식사하며 마무리된다.

MAP p.426-B

투어 문의 및 접수처
마리 마리 컬처럴 빌리지 Mari Mari Cultural Village

◆**전화** 6088-260-502 ◆**요금** 마리 마리 컬처럴 빌리지 1일 3회(10:00, 14:00, 18:00) 어른 RM180, 어린이 RM170 (점심 식사 또는 저녁 식사, 코타키나발루 내 호텔 픽업 & 드롭 포함) ◆**홈페이지** www.marimariculturalvillage.com

말레이시아의 유네스코 세계자연유산 탐방
키나발루 국립 공원
Kinabalu National Park

키나발루 국립 공원은 말레이시아에서 가장 높은 키나발루산(해발 4,095m) 입구에 위치해 있다. 총면적 754k㎡에 이르는 공원에는 열대에서 고산대까지 고도와 기후 변화에 따른 다양하고 풍부한 자연 생태계가 분포되어 있어 2000년 유네스코 세계자연유산에 등재되었다. 높이 올라갈수록 시시각각 변하는 풍경은 등산객들을 매료시키기에 충분해, 산을 좋아하거나 자연을 테마로 한 여행을 계획한다면 강력추천한다. 전문 등반 일정으로 정상에 오르려면 미리 산속의 숙소와 차량, 가이드 및 포터(동행 의무규정)를 반드시 섭외해야 한다. 전문 산악인이 아니어도 현지 여행사에서 운영하는 트레킹 투어를 이용하면 키나발루산과 국립 공원 내 다양한 명소를 효과적으로 둘러볼 수 있다.

MAP p.423-C ◈**운영** 07:00~16:00 ◈**전화** 608-888-9088 ◈**입장료** 어른 RM15, 어린이 RM10

트레킹 투어 따라잡기

트레킹 투어는 차량을 타고 팀포혼 게이트(1,866.4m)나 메실라우 게이트(1,900m)로 올라가서 시작한다. 날씨가 좋은 날에는 공원 입구에 도착하기 전 전망대에 들러 사진을 찍기도 한다. 공원에 조성된 트레일 코스를 따라 트레킹을 즐기다가 전망대에 들러 키나발루산의 경치를 감상하고 식사 후 포링 온천이나 세계에서 가장 큰 꽃 '라플레시아(Rafflesia)'를 구경하는 것으로 마무리한다.

ⓒ 말레이시아 관광청

투어 일정

숙소 픽업 → 탐파루리 마을(Tamparuli Town) → 나발루 핸드 크래프트 마켓(Nabalu Handcraft Market) → 키나발루 국립 공원(Kinabalu National Park) → 보태니컬 가든 트레일(Botanical Gardens Nature Trail) → 키나발루산 조망(Witness the Majestic Sight of Mount Kinabalu) → 점심 식사 → 포링 온천(Poring Hot Spring) → 캐노피 워크(Canopy Treetop Walk)

* 위의 일정은 일반적인 투어 일정 예이며, 현지 업체에 따라 코스가 다를 수 있음.

투어 문의 및 접수처
어메이징 보르네오 투어 & 이벤트 Amazing Borneo Tours & Events

◈**찾아가기** 스타 시티 콤플렉스 1층에 위치 ◈**주소** Lot 1-39, 1st Floor Star City North Complex, Jalan Asia City, Kota Kinabalu ◈**전화** 608-844-8409 ◈**요금** 키나발루 국립 공원 데이 투어(8시간 소요) 어른 RM480, 어린이 RM350 키나발루 국립 공원+포링 온천 데이 투어(10시간 소요) 어른 RM470~520, 어린이 RM335~453(인원수와 업체에 따라 다름) ◈**홈페이지** www.amazing-borneo.com

아날로그 감성이 가득한
북보르네오 열차 여행
North Borneo Railway

옛 향수를 불러일으키는 북보르네오 열차를 타고 낭만적인 열차 여행을 떠나보자. 요란한 기적 소리와 함께 하얀 연기를 뿜으며 힘차게 출발한 열차는 코타키나발루의 아름다운 자연과 현지인들의 소박한 일상이

있는 곳으로 안내한다. 탐험가 복장의 승무원이 식사를 갖다 주고 역 하나를 통과할 때마다 스탬프를 찍어주는 경험은 코타키나발루 여행에서 놓칠 수 없는 즐거움이다.

증기 기관차 타고 타임슬립

북보르네오 열차는 영국 식민지 시절에 운행하던 증기 기관차로, 지난 2000년 수트라하버 리조트와 사바주 철도국이 손잡고 새로운 관광 사업의 일환으로 운행을 재개했다. 역사 속으로 사라졌다가 다시금 달리게 된 열차는 증기를 만드는 데 나무장작을 태워 열을 얻는다. 객차 인테리어도 아늑한 4인 테이블과 선풍기 등 옛 모습 그대로 복원되었다.

여행의 깨알 재미, 스탬프 찍기

열차는 출발역인 탄중 아루(Tanjung Aru)에서 종착역인 파파르(Papar)까지 총 33km 구간을 약 4시간 동안 왕복한다. 열차 탑승 시 티켓과 함께 자체 제작한 패스포트를 나눠주는데, 패스포트는 새로운 역에 도착할 때마다 역명이 새겨진 색색의 스탬프를 찍어준다. 다섯 개의 역에서 받은 스탬프를 모은 패스포트는 기념품으로 간직하면 좋다.

열차 여행에서 누리는 호사

출발역에서 종착역까지는 1시간 45분 정도 소요되는데 가는 동안 숲, 터널, 강, 사원 등 다채로운 풍경을 만나게 된다. 종착역에 다다르면 기관차의 위치를 바꾸는 작업 등 되돌아갈 준비를 하는 동안 45분간의 자유 시간이 주어진다. 이 시간을 이용해 역 앞에 있는 재래시장에서 열대 과일과 수공예품 등을 구경하고 쇼핑을 즐기자. 다시 열차로 돌아오면 열차 여행의 하이라이트인 점심 식사가 기다리고 있다. '티핀(Tiffin)'이라는 말레이시아 전통 찬합에 맛있는 음식과 과일이 4단에 골고루 담겨 나오는데 추억의 도시락을 먹는 기분이다. 얼마 안 되는 구간이지만 바쁜 일상에서 벗어나 느림의 미학을 경험할 수 있는 매력적인 여행이 될 것이다.

여행 일정

09:30 탄중 아루역에서 열차 탑승 수속

10:00 탄중 아루역 출발(컨티넨탈식 아침 식사 제공)

10:40 키나루트(Kinarut)역에서 20분간 정차, 중국 사원(Tien Shi Temple) 또는 전통 시장 관광

11:00 키나루트역 출발

11:45 파파르(Papar)역에서 45분간 정차, 전통 시장 관광

12:30 파파르에서 출발

12:40 점심 식사로 티핀(Tiffin) 도시락 제공

13:40 탄중 아루역 도착

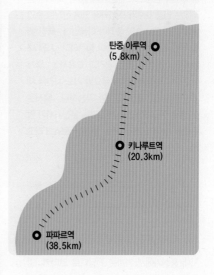

탄중 아루역
(5.8km)

키나루트역
(20.3km)

파파르역
(38.5km)

투어 문의 및 접수처

북보르네오 열차 North Borneo Railway

◆**찾아가기** 마젤란 수트라 리조트 로비 ◆**주소** The Magellan Sutera Resort Level 2, 1 Sutera Harbour Boulevard, Kota Kinabalu ◆**전화** 북보르네오 열차 사무소 608-308-8500 / 수트라하버 리조트 한국 사무소 02-752-6262 ◆**운행 수 · 토요일** ※ 임시 휴업 ◆**요금** RM380(3세 이하 무료) ◆**홈페이지** www.northborneorailway.com

※ 수트라하버 한국 사무소 또는 현지 마젤란 수트라 로비 사무소에서 직접 예약할 수 있다. 일주일에 2회밖에 운행하지 않고 연중 내내 인기가 높으므로 예약을 서두르는 것이 좋다. 또한, 수트라하버 리조트 투숙객 이외의 호텔 투숙객의 경우 픽업 비용은 별도다.

코타키나발루의 관광 명소 | SIGHTSEEING

코타키나발루 시티 모스크 ★ ★ ★
Kota Kinabalu City Mosque

물 위에 떠 있는 아름다운 모스크

파란 바탕에 은색 이슬라믹 패턴이 어우러진 돔과 4개의 첨탑으로 구성되어 있다. 모스크 둘레에는 인공 호수가 조성되어 있어 잔잔한 수면 위에 비친 모스크의 풍경이 아름답다. 특히 해질 무렵 노을에 물든 모습이 장관이다. 사원 내부에는 기도를 드리는 공간과 교육시설, 휴게실 등이 마련되어 있다. 금요일 기도 시간을 제외하면 일반인들도 입장이 가능하다. 택시로 갈 경우 주립 모스크와 헷갈리는 운전기사가 많으므로 '블루 모스크' 또는 '플로팅 모스크'라고

말하는 것이 좋다.

MAP p.426-A◆**찾아가기** 사바 관광청에서 택시로 약 10분 ◆**주소** Kota Kinabalu City Mosque, Kota Kinabalu, Sabah◆**운영** 08:00~12:00, 13:30~15:30, 16:00~17:30◆**휴무** 금요일◆**요금** RM5(옷 대여료 RM5~10)

시그널 힐 전망대 ★ ★ ★
Signal Hill Observatory Tower

코타키나발루 시내 전경을 한눈에

시내 중심가에서 가까운 전망대로 코타키나발루 시내를 한눈에 내려다볼 수 있다. 택시를 타고 갈 수도 있지만 코타키나발루 바이패스 거리(Jalan K.K. Bypass)를 따라가다 보면 전망대까지 산책로가 조성되어 있어 가벼운 운동 삼아 걸어가도 좋다. 전망대에 다다르면 시원한 테타릭이나 아이스커피(RM2.50)를 마시며 잠시 쉬어갈 수 있는 카페도 있다. 낮보다는 석양을 볼 수 있는 저녁에 가기를 추천한다.

MAP p.426-D◆**찾아가기** 사바 관광청에서 도보 약 15분 ◆**주소** Jalan Bukit Bendera, Kota Kinabalu◆**운영** 10:00~24:00 ※임시 휴업

탄중 아루
Tanjung Aru
★
★★
★

아름다운 선셋 포인트

그리스 산토리니, 남태평양 피지와 함께 세계 3대 선셋으로 손꼽히는 아름다운 해변으로 코타키나발루 시내에서 약 6km 떨어져 있다. 깨끗하고 조용한 해변과 길게 이어지는 백사장을 따라 고급 리조트들이 자리하고 있어 세계적인 휴양지로 사랑받고 있다. 저녁에는 차분한 음악이 흐르는 비치 프런트 바와 레스토랑에서 시원한 맥주나 칵테일을 마시며 로맨틱한 시간을 보낼 수 있다.

MAP p.426-A◆**찾아가기** 16번 버스를 타고 탄중 아루 퍼스트 비치 정류장에서 하차 또는 사바 관광청에서 택시로 약 10분◆**주소** Tanjung Aru, Kota Kinabalu

워터프런트
Waterfront
★
★★
★

인기 레스토랑과 펍이 모인 나이트라이프 존

와리산 스퀘어에서 툰 푸아드 스테픈 거리(Jalan Tun Fuad Stephen) 건너편에 위치한 곳으로 분위기 좋은 레스토랑과 술집들이 모여 있다. 낮에도 문을 열지만 대부분 늦은 시간까지 영업하는 곳이 많아 밤에 더 활기를 띤다. 대표적인 곳으로는 토스카니(Toscani), 코이누르(Kohinoor) 등이 있으며 저마다 인기 메뉴와 특화된 서비스를 제공한다. 오후에는 해피타임을 적용하는 곳이 많으므로 조금 일찍 가서 맘에 드는 자리를 잡고 멋진 일몰을 감상하며 코타키나발루의 밤을 만끽해보자.

MAP p.426-E◆**찾아가기** 와리산 스퀘어 건너편
◆**주소** Kota Kinabalu Waterfront, Kota Kinabalu◆**운영** 11:30~23:00
◆**휴무** 연중무휴

사바 박물관
Sabah Museum
★ ★

롱하우스 형태의 사바 주립 박물관

사바주에 전해 내려오는 전통 가옥 양식인 '롱하우스(Longhouse)'로 지어진 박물관. 본관과 별관, 야외 정원, 과학센터, 카페 등으로 구

성되어 있다. 본관에는 각 부족들의 수렵 도구와 농기구, 악기, 전통 의상, 수공예품, 도자기 등 사바주의 역사와 민속문화를 볼 수 있는 다양한 자료와 유물들이 전시되어 있다.

MAP p.426-A◆찾아가기 사바 관광청에서 택시로 약 10분◆주소 Jalan Muzium, Kota Kinabalu◆전화 608-822-5033◆운영 09:00~17:00◆휴무 연중무휴◆요금 박물관 RM15
◆홈페이지 www.museum.sabah.gov.my

사바 주립 모스크
Sabah State Mosque
★

금빛으로 빛나는 아름다운 모스크

1977년에 완성된 주립 모스크로 코타키나발루 시내에서 조금 떨어진 셈불란 지역에 있다. 이슬람 전통 양식과 현대 건축 양식을 접목한 스타일로 회색 바탕에 금색 타일로 장식한 돔과 첨탑으로 이루어져 있다. 7천여 명을 수용할 수 있는 기도실과 여성 신자들을 위한 별도의 공간을 갖추고 있으며 외부인의 방문은 허가가 필요하다.

MAP p.426-A◆찾아가기 사바 관광청에서 택시로 약 10분◆주소 Sambulan Roundabout, Kota Kinabalu City, Sabah, Kota Kinabalu◆전화 608-822-2435◆운영 08:00~12:00, 14:00~15:15, 16:15~17:00(금요일 14:00~15:15, 16:15~17:00)
◆홈페이지 www.sabahtourism.com

툰 무스타파 타워
Tun Mustapha Tower
★

사바주를 대표하는 현대식 건축물

높이 112m에 달하는 원통형 건물로 '야야산 타워(Yayasan Tower)'라고도 불린다. 1977년에 지어져 사바주 청사와 총리 직무실로 사용되었으나 현재는 소극장과 갤러리

등 복합 공공시설로 이용되고 있다. 사바주에서도 독특한 외관을 자랑하는 건물로 여행객들의 기념촬영 장소로 인기 있다.

MAP p.426-A◆찾아가기 사바 관광청에서 택시로 약 17분◆주소 Jalan Sulaman, Teluk Likas, Kota Kinabalu◆운영 08:00~17:00◆휴무 토~일요일◆요금 무료, 갤러리 RM15

사바 관광청
Sabah Tourism Board ★

코타키나발루 여행의 시작점

코타키나발루를 포함한 사바주의 여행 관련 자료를 다양하게 비치하고 있으며 여행 정보도 얻을 수 있다. 관광청이 자리하고 있는 건물은 1916년에 지어진 코타키나발루에서 가장 오래된 건축물이자 제2차 세계대전 당시 연합군의 폭격에서 살아남은 세 개의 건물 중 한 곳이기도 해서 의미가 깊다.

MAP p.427-B◆**찾아가기** 코타키나발루 공항에서 택시로 약 15분◆**주소** 51, Jalan Gaya, Kota Kinabalu ◆**전화** 608-821-2121◆**운영** 월~금요일 08:00~

17:00, 토 · 일요일 · 공휴일 09:00~16:00
◆**홈페이지** www.sabahtourism.com

제셀튼 포인트
Jesselton Point ★

각 섬으로 연결해주는 관문

제셀튼 포인트는 페리 터미널이 있는 곳으로 툰쿠 압둘 라만 해양 공원이나 라부안섬 등 주변 섬을 여행하려면 반드시 거쳐야 하는 관문이다. 터미널 안에는 티켓 판매소와 섬으로 가는 투어 상품을 판매하는 현지 여행사들이 모여 있다. 2006년 정비사업을 통해 노천식 레스토랑과 카페, 상점, 기념품 숍 등의 편의시설을 갖췄다.

MAP p.426-B◆**찾아가기** 사바 관광청에서 도보 약 7분 ◆**주소** Jalan Haji Mat Saman, Kota Kinabalu◆**전화** 608-824-0709◆**운영** 06:00~18:00◆**휴무** 연중무휴

애킨슨 시계탑
Atkinson Clock Tower ★

아름다운 목조 시계탑

높이 15.24m의 시계탑으로 영국 북보르네오 회사의 제셀튼 지역 담당자인 프란시스 조지 애킨슨을 기념하기 위해 1905년에 지어졌다. 시계탑이 위치한 언덕은 과거 인쇄소 구역으로 번화한 곳이었으나 대부분 철거되고 현재는 시계탑만 홀로 남아 있다. 제2차 세계대전 중에도 피해를 입지 않은 몇 안 되는 중요한 건축물이자 코타키나발루의 상징물 중 하나다.

MAP p.427-A◆**찾아가기** 사바 관광청에서 도보 약 10분 ◆**주소** Atkinson Clock Tower, Kota Kinabalu

수트라하버 리조트 내
인기 레스토랑

코타키나발루의 대표 리조트인 수트라하버 리조트(p.464) 내에는 무려 15개의 레스토랑과 바가 자리하고 있다. 저마다 우열을 가리기 어려울 만큼 수준 높은 요리를 제공하며 종류도 다양하다. 그중에서도 몇몇 레스토랑은 그냥 지나치기 아까울 정도로 뛰어나므로 리조트 투숙객이 아니라도 꼭 가보자.

브리즈 비치 클럽 Breeze Beach Club

열대의 매력이 가득한 비치 프런트 레스토랑

바다가 보이는 웨이브 풀 옆에 위치한 풀 사이드 레스토랑으로 간단한 스낵  류와 샐러드바, 칵테일 등을 즐길 수 있다. 주말에는 불쇼가 펼쳐지기도 하며, 석양이 지는 오후 5~6시는 가장 아름다운 시간으로 느긋한 음악과 함께 남중국해 위로 펼쳐진 세계 3대 선셋을 감상할 수 있다.

MAP p.426-A◆**찾아가기** 퍼시픽 수트라 호텔 1층◆**영업** 11:00~23:00◆**휴무** 월요일

카페 볼레 Café Boleh

사바 스타일이 가미된 말레이 요리

평일 아침, 점심, 저녁을 뷔페로 이용할 수 있다. 메뉴는 웨스턴 요리와 말레이 요리를 골고루 맛볼 수 있는데 사바 스타일이 가미된 것이 특징이다. 시그니처 메뉴인 말레이시아 전통 볶음국수는 치킨, 새우, 각종 야채 등을 넣어 매콤하게 볶아낸다.

MAP p.426-A◆**찾아가기** 퍼시픽 수트라 호텔 2층◆**영업** 월~금요일 06:00~10:30, 12:00~14:30, 18:30~22:00

실크 가든 Silk Garden

코타키나발루 최고의 정통 중식 레스토랑

동양적인 분위기의 레스토랑으로 정통 중식을 즐길 수 있다. 말레이시아 최고의 레스토랑으로 수차례 선정되었을 정도로 맛과 분위기가  뛰어나다. 다양한 메뉴를 한 번에 모두 맛볼 수 있는 3~5인용 패밀리 세트 메뉴를 합리적인 가격(RM 288~)에 선보이고 있어 가족 여행객들에게 특히 인기다.

MAP p.426-A◆**찾아가기** 퍼시픽 수트라 호텔 1층◆**영업** 월~금요일 11:30~14:30, 18:30~22:30, 금~일요일·공휴일 11:00~15:00, 18:30~22:30

파이브 세일즈 Five Sails

다양한 요리를 즐길 수 있는 뷔페

마젤란 수트라 리조트의 조식 당으로도 이용 되며 말레이시 아, 중국, 유 럽 등 다양한 요리를 즐길 수 있다. 특히 한국인 입맛에 잘 맞는 요리가 많아 인기가 높으며 맛있는 김치도 선보인다. 바다가 보이는 야외 좌석을 갖추고 있어 시원한 바람을 맞으며 기분 좋게 식사할 수 있다.

MAP p.426-A◆**찾아가기** 마젤란 수트라 리조트 1층◆**영업** 06:00~10:30

알 프레스코 Al Fresco

뛰어난 전망을 자랑하는 지중해식 레스토랑

해 질 무렵 선셋을 감상하 며 식사를 즐길 수 있다. 화덕에 구운 피자는 레스토랑 바로 옆 수 영장 선 베드에 앉아 맛볼 수 있다. 다양한 시푸드 요리를 선보이는데 인기 메뉴인 왕새우 볶음면(Fresh Water Prawn Noodles)은 민물 왕새우와 채소, 달걀을 함께 가볍게 볶아 낸 면 요리로 신선하고 담백한 새우의 맛이 고 스란히 느껴진다.

MAP p.426-A◆**찾아가기** 마젤란 수트라 리조트 1층◆**영업** 11:00~23:00

페르디난드 FERDINAND'S

세계적인 클래스의 파인다이닝 레스토랑

말레이시아 최고의 이탈리안 레스토랑으로 격 식 있는 파인다이닝 메뉴를 제공한다. 매우 다 양한 와인을 갖추고 있으며 남중국해와 선셋을 감상하며 로맨틱한 식사를 즐길 수 있다. 가벼 운 정장 또는 스마트 캐주얼의 드레스 코드와 사전 예약은 필수. 수트라하버 리조트 한국인 특전인 골드카드를 소지하면 USD15에 코스 요리를 즐길 수 있다.

MAP p.426-A◆**찾아가기** 마젤란 수트라 리조트 2층◆**영업** 12:00~14:00, 18:00~23:00

웰컴 시푸드 레스토랑
Welcome Seafood Restaurant

해산물 요리의 절대강자

중국식 해산물 요리 전문 레스토랑으로 현지인
뿐만 아니라 여행객들에게도 소문난 맛집이다.
인기 메뉴로는 한국인 입맛에도 잘 맞는 칠리
크랩과 작은 게를 통째로 튀겨내 부드러운 식감
을 느낄 수 있는 프라이 소프트 크랩 등이 있
다. 매콤달콤한 특제 칠리소스를 이용한 가리
비 구이와 달걀 볶음밥, 사바 채소 정도면 훌륭
한 한 끼 식사가 된다. 신선한 해산물은 무게
단위로 판매해 가격도 합리적이다. 사진 메뉴
가 있어 영어나 중국어를 못해도 주문하는 데
어려움이 없으며 간단한 한국어를 할 수 있는
종업원도 있다.

MAP p.426-F ◆**찾아가기** 아시아 시티 콤플렉스 1층 ◆**주
소** GF, G-15 - G-18, Asia City, Jalan Coastal, Kota
Kinabalu ◆**전화** 608-844-7866 ◆**영업** 12:00~23:00

◆**휴무** 연중무휴 ◆**예산** 타이거프라운(1kg) RM150~, 칠리
가리비(500g) RM25~, 칠리 크랩(2마리) RM35~, 맥주
RM20~(봉사료 6% 별도) ◆**홈페이지** www.wsr.com.my

Tip 해산물 주문 방법
❶ 레스토랑 앞에 있는 수족관에서 원하는 해산물의 가격을 확인하고 선택한다.
❷ 원하는 양만큼 주문한다. 보통 300g, 500g 단위로 주문하는 것이 일반적이다.
❸ 원하는 소스(칠리, 블랙 페퍼, 갈릭, 버터 등)와 조리법(구이, 찜, 튀김)을 선택한다.
❹ 메인 요리가 정해지면 곁들여 먹을 밥이나 채소, 맥주 등도 함께 주문해서 맛있게 먹는다.

탄중 리아 키친
Tanjung Ria Kitchen

다채로운 단품 메뉴를 선보이는 뷔페

하얏트 리젠시 호텔에 있는 뷔페 레스토랑으로 다양한 메뉴와 수준 높은 서비스를 자랑한다. 사테, 미고랭, 비프 르당 등 말레이시아 전통 요리를 비롯해 쇠고기볶음, 새우튀김, 면 요리 등 중국 요리와 피자, 파스타 등 웨스턴 요리를 즐길 수 있고 열대 과일, 달콤한 디저트, 음료 코너까지 갖추고 있다. 특급 셰프 팀이 직접 요리하는 오픈 키친 형태로 저녁에는 스테이크와 해산물 그릴 요리도 선보인다. 맛과 분위기 모두 만족스러워 여유롭게 식사를 즐기기에 좋다. 투숙객의 경우 10%를 할인해준다.

MAP p.427-B ◆ **찾아가기** 사바 관광청에서 도보 약 5분 (하얏트 리젠시 호텔 1층) ◆ **주소** Jalan Dato Salleh Sulong, Kota Kinabalu ◆ **전화** 608-822-1234 ◆ **영업** 06:30~10:30, 12:00~14:30, 18:30~22:00 ◆ **휴무** 연중무휴 ◆ **예산** 조식 뷔페 RM75, 점심 뷔페 RM100 ~120, 저녁 뷔페 RM130~145 ◆ **홈페이지** www.kinabalu.regency.hyatt.com

 현지인이 즐겨 먹는 인기 메뉴

- **아쌈 페다스 Assam Pedas**
  토마토, 파인애플 등으로 만든 삼발 소스에 생선과 채소를 넣고 조리한 말레이 가정식으로 새콤하면서 매콤한 맛이 나는 것이 특징.
- **이칸 바카르 Ikan Bakar**
  신선한 생선을 구워 달콤한 소스와 함께 먹는다. 바싹하면서도 고소한 생선의 맛을 느낄 수 있는 것이 특징.
- **사바 커리 락사 Sabah Curry Laksa**
  현지인들이 즐겨 먹는 면 요리 '락사'의 일종. 코코넛 밀크와 마늘, 칠리, 레몬그라스 등이 들어간 사바 커리 락사는 커리 페이스트와 말레이 새우젓을 넣어 매운맛을 내는 것이 특징.

난도스
Nando's

특제 소스에 재운 치킨 요리가 인기

현지인들에게 인기가 높은 패밀리 레스토랑으로 그릴에 구운 치킨 요리로 유명하다. 대표 메뉴인 '페리페리 그릴 치킨'은 24시간 숙성시킨 닭에 캡사이신이 포함된 특제 칠리소스를 발라

구워 육질이 부드럽고 매콤한 맛이 일품이다. 매운맛은 취향에 따라 선택할 수 있으며, 4종류의 소스(마일드 페리페리, 레몬 & 허브, 핫 페리페리, 엑스트라 핫 페리페리) 중 원하는 것을 골라 뿌려 먹으면 된다. 매운맛이 부담스럽다면 고소한 버터로 구워내는 버터플라이 콤비네이션 메뉴를 추천한다.

MAP p.426-E ◆**찾아가기** 사바 관광청에서 택시로 약 14분(이마고 쇼핑몰 1층) ◆**주소** Lot 97, Imago Shopping Mall KK Times Square Phase 2, Kota Kinabalu ◆**전화** 608-827-3164 ◆**영업** 10:00~22:00 ◆**휴무** 연중무휴 ◆**예산** 페리페리 그릴 치킨 RM28.90(세금+봉사료 16% 별도) ◆**홈페이지** www.nandos.com.my

엘 센트로
El Centro

두툼한 패티를 넣은 호주식 수제 버거

호주 출신의 여성 오너가 운영하는 레스토랑으로 브런치, 피자, 타코, 수제 햄버거가 유명하다. 그중에서도 두툼한 쇠고기 패티와 치즈, 양파, 마요네즈를 넣어 깊은 풍미를 느낄 수 있는

엘 센트로 버거가 인기 메뉴로 담백한 감자튀김과 함께 제공된다. 웨스턴 펍 분위기로 서양 여행자들에게 특히 인기 있으며 매일 특색 있는 이벤트가 열린다.

실내 벽면 한쪽에는 여행 사진과 각종 투어 관련 정보도 게시하고 있다.

MAP p.427-A ◆**찾아가기** 사바 관광청에서 도보 약 5분 ◆**주소** 32, Jalan Haji Saman, Pusat Bandar, Kota Kinabalu ◆**전화** 6019-893-5499 ◆**영업** 12:00~24:00 ◆**휴무** 연중무휴 ◆**예산** 엘 센트로 버거 RM25~30, 샐러드 RM22~, 음료 RM5(세금+봉사료 16% 별도) ◆**홈페이지** www.elcentro.my

4핑거스 크리스피 치킨
4Fingers Crispy Chicken

남녀노소 누구나 좋아하는 메뉴

이마고 쇼핑몰 내에 문을 연 말레이시아 패스트 푸드점으로 닭을 이용한 다양한 메뉴를 선보인다. 부담 없는 가격에 배불리 먹을 수 있는 콤보 메뉴가 인기. 다양한 소스와 토핑이 올라간 치밥을 먹을 수 있다. 치킨도 한국인 여행자들의 입맛과 잘 맞는 편이고 배달도 가능해 편리하다. 원하는 부위로만 주문할 수 있다는 장점이 있다.

MAP p.426-A◆**찾아가기** 사바 관광청에서 차로 약 10분(이마고 쇼핑몰 1층)◆**주소** Lot 99, Imago Shopping Mall KK Times Square Phase 2, Kota Kinabalu◆**전화** 6088-214-815◆**영업** 10:00~22:00◆**휴무** 연중무휴◆**예산** 치킨 윙 6조각 RM21.90, 다리 3조각 RM20.90◆**홈페이지** www.4fingers.com.my

멀티 베이크
Multi Bake

현지인들이 사랑하는 빵집

1990년 창업 이후 빵과 케이크 등 현지인들의 입맛에 맞춘 레시피로 인기를 모아 말레이시아 내에 27개의 매장을 운영 중이다. 그중 위스마 메르디카 1층에 위치한 매장은 규모는 작지만 다양한 종류의 빵과 케이크를 맛볼 수 있고 시내 중심에 위치해 있어 여행객들도 즐겨 찾는다.

MAP p.427-B◆**찾아가기** 사바 관광청에서 도보 약 5분(위스마 메르디카 1층)◆**주소** 1, Jalan Tun Razak, Kota Kinabalu◆**전화** 608-824-9670◆**영업** 10:00~22:00◆**휴무** 연중무휴◆**예산** 에그 번 롤 RM3.80~◆**홈페이지** www.multibake.com

리틀 이태리
Little Italy

양도 맛도 만족스러운 이탈리안 레스토랑

화덕에 구워내는 정통 이탈리아 피자와 파스타를 맛볼 수 있다. 가격은 다소 비싼 편이지만 양도 많고 맛도 좋아 인기가 높다. 피자는 약간 짠 편이므로 짠맛을 싫어한다면 주문 시 짜지 않게 해달라고 요청하자. 러시아와 중국 여행자들에게 입소문이 나면서 빈 좌석을 찾기 어려울 정도로 유명세를 치르고 있다. 흡연이 가능한 야외 좌석과 에어컨을 가동하는 실내 좌석을 갖추고 있으며 무선 인터넷도 이용할 수 있다.

MAP p.427-B ◆**찾아가기** 사바 관광청에서 도보 약 3분 (위스마 메르데카 쇼핑몰 건너편)◆**주소** 23, Jalan Haji Saman, Kota Kinabalu ◆**전화** 608-823-2231◆**영업** 17:00~22:00(토·일요일은 12:00부터)◆**휴무** 월요일◆**예산** 피자 라지 RM35~40(세금+봉사료 16% 별도) ◆**홈페이지** www.littleitaly-kk.com

페퍼민트
Peppermint

중독성 강한 베트남 쌀국수집

베트남 요리 전문 레스토랑으로 인기 메뉴는 정통 쌀국수 포 보(Pho Bo)와 차가운 국수 분 보(Bun Bo). 포 보는 따뜻한 육수에 쇠고기가 푸짐하게 올라가고 고수와 라임, 숙주 등은 따로 내어준다. 고수향이 부담스럽다면 현지인들이 즐겨 먹는 치킨라이스에 도전해보자. 하이난식 스팀 치킨라이스와 매콤한 소스로 맛을 낸 스파이시 치킨라이스가 있는데 한국인 입맛에는 스파이시 치킨라이스가 더 잘 맞는다. 식전 메뉴인 크리스피 스프링롤과 달콤한 연유를 넣은 베트남 커피도 인기 있다.

MAP p.427-A ◆**찾아가기** 사바 관광청에서 도보 약 2분 (RHB 은행 건너편) ◆**주소** Jalan Gaya, Kota Kinabalu ◆**전화** 608-823-1130 ◆**영업** 07:00~22:00 ◆**휴무** 연중무휴◆**예산** 쌀국수 RM13~15, 런치 콤보 RM25~27

서울 가든
Seoul Garden

현지인들이 좋아하는 한국식 레스토랑

여행자보다는 현지인들에게 인기 있는 한식당으로 수리아 사바 쇼핑몰 내 위치하고 있다. 깔끔한 시설과 삼계탕, 불고기, 김치찌개는 물론 그릴, 핫 팟 등 다채로운 한식 메뉴를 제공하며 가격 대비 가성비도 좋아 찾는 이가 많다. 음식 맛은 현지인들이 좋아하는 스타일로 내놓지만

대체적으로 한국인 입맛에도 무난한 편이다.

MAP p.426-E◆**찾아가기** 사바 관광청에서 도보로 약 7분(수리아 사바 쇼핑몰 2층)◆**주소** Suria Sabah Shopping Mall, Kota Kinabalu◆**전화** 608-829-1339◆**영업** 11:30~22:00◆**휴무** 연중무휴◆**예산** 단품 메뉴 RM11.70~, 삼계탕 RM36~(세금+봉사료 16% 별도)◆**홈페이지** www.seoulgarden.com.my

쇼니스 다이닝 앤 바
Shoney's Dining & Bar

◆**주소** Lot 52, Ground Floor, Jalan Gaya, No.1, Lorong Ewan, Kota Kinabalu◆**전화** 6016-886-8786◆**영업** 11:00~22:00◆**휴무** 연중무휴◆**예산** 단품 메뉴 RM35~, 스테이크 RM96~(세금+봉사료 16% 별도)

아메리칸 스타일 요리가 시그니처

서양식 메뉴를 선보이는데 파스타, 햄버거와 같은 단품 메뉴부터 숯불에 구운 스테이크, 해산물 요리까지 메뉴 구성이 다양한 편이다. 스테이크는 다소 질기다는 평이 많지만 맛은 양호하다. 직원들의 친절도도 높고 전반적으로 잘 관리되고 있는 식당으로 현지인은 물론 여행자들이 많이 찾는다.

MAP p.426-E◆**찾아가기** 사바 관광청에서 도보로 약 2분

푹 유옌
Fook Yuen

MAP p.427-B ◆ **찾아가기** 사바 관광청에서 도보 약 1분 ◆ **주소** 69 Jalan Gaya, Kota Kinabalu ◆ **전화** 6016-770-6211 ◆ **영업** 06:00~23:00 ◆ **휴무** 연중무휴 ◆ **예산** 카야 & 버터 토스트 RM2.60~, 커피 RM4.50~(봉사료 6% 별도)

코타키나발루의 인기 코피티암

현지인들이 가장 좋아하는 코피티암으로 단품 요리와 뷔페식으로 식사를 즐길 수 있다. 현지 음식은 물론 딤섬, 베이커리, 음료, 디저트까지 한자리에서 맛볼 수 있어 편리하며 가격도 저렴하다. 오셔너스 워터프런트 몰에도 매장이 있는데, 카페 공간을 넓혀 조금 더 캐주얼한 분위기이다.

올드 타운 화이트 커피
Old Town White Coffee

말레이시아의 대표 커피 브랜드

다채로운 메뉴를 합리적인 가격에 즐길 수 있고 무선 인터넷도 제공하여 현지인은 물론 여행객들도 즐겨 찾는다. 화이트 커피는 설탕과 크림이 첨가되어 달콤하고 부드러운 맛이 특징이며, 스펀지처럼 부드러운 번도 인기 있다.

MAP p.427-B ◆ **찾아가기** 사바 관광청에서 도보 약 1분 ◆ **주소** 53, Jalan Gaya, Kota Kinabalu ◆ **전화** 608-825-9881 ◆ **영업** 06:30~01:30 ◆ **휴무** 연중무휴 ◆ **예산** 식사류 RM20~30, 카야 RM10.90(세금+봉사료 16% 별도) ◆ **홈페이지** www.oldtown.com.my

코타키나발루의 쇼핑 | SHOPPING

수리아 사바
Suria Sabah

코타키나발루의 대표 쇼핑몰

2009년에 문을 연 복합 쇼핑몰로 지하층을 포함해 총 10층으로 구성되어 있다. 메트로자야 백화점을 비롯해 로컬 브랜드를 모아놓은 파디니 콘셉트 스토어, 팩토리 아웃렛 등의 의류 매장과 피트니스, 스파, 영화관, 도서관, IT몰 등 최신 브랜드와 시설이 한곳에 모여 있어 원스톱 쇼핑이 가능하다. 특히 대형 슈퍼마켓이 있는 3층은 여행자들이 즐겨 가는 곳으로 Wi-Fi를 무료로 이용할 수 있다. 말레이시아 빅 세일 기

간을 포함해 연중 다채로운 할인 행사가 열리므로 참고하자.

MAP p.427-B◆**찾아가기** 사바 관광청에서 도보 약 5분 ◆**주소** 1, Jalan Tun Fuad Stephen, Kota Kinabalu ◆**전화** 608-848-7087◆**영업** 10:00~22:00◆**휴무** 연중 무휴◆**홈페이지** www.suriasabah.com.my

오셔너스 워터프런트 몰
Oceanus Waterfront Mall

바다를 마주하고 있는 복합 쇼핑몰

인근에 있는 센터 포인트 사바, 와리산 스퀘어와 함께 워터프런트 구역을 인기 쇼핑가로 부상시킨 쇼핑몰 중 하나다. 지하 1층, 지상 3층으로 이루어진 쇼핑몰에는 패션, 뷰티, IT몰, 스포츠 코너, 서점, 갤러리 등 200여 개가 넘는 다양한 종류의 매장이 입점해 있다. 특히 말레이시아의 인기 체인형 레스토랑과 카페, 패스트 푸드점, 푸드코트 등 음식과 관련된 매장이 풍부하고, 대부분 바다를 바라보며 식사를 즐길 수 있어 인기가 높다. 쇼핑 외에도 코타키나발루의 일몰을 감상하기 위해 찾는 사람들이 많다.

MAP p.426-E◆**찾아가기** 사바 관광청에서 도보 약 20분

◆**주소** 31 Jalan Tun Fuad Stephen, Kota Kinabalu ◆**전화** 6014-511-6481◆**영업** 10:00~23:00◆**휴무** 연중무휴

센터 포인트 사바
Centre Point Sabah

현지인들이 즐겨 찾는 인기 쇼핑몰

쇼핑몰로도 인기가 높지만 수트라하버 리조트, 샹그릴라 라사 리아 리조트, 밍 가든 호텔 & 레지던스 등 각 호텔의 셔틀버스가 정차하여 여행자들의 미팅 포인트가 되는 곳이다. 지상 6층 규모로 약 400여 개의 매장과 영화관, 볼링장, 서점, 대형 슈퍼마켓과 ATM, 패스트푸드점이 자리하고 있다.

MAP p.426-E◆찾아가기 사바 관광청에서 도보 약 15분 ◆주소 1, Jalan Centre Point, Kota Kinabalu◆전화 608-824-6900◆영업 10:00~21:00◆휴무 연중무휴 ◆홈페이지 www.centrepointsabah.com

---

위스마 메르데카
Wisma Merdeka

푸드코트와 환전소로 인기 있는 쇼핑몰

세월의 흔적이 보이긴 하지만 현지인들에게 여전히 인기가 높은 쇼핑몰이다. 중저가의 로컬 브랜드 의류 매장과 골프숍, 기념품 숍, 슈퍼마켓, 서점, 푸드코트 등 300여 개의 매장이 입점해 있다. 특히 3층에 있는 푸드코트 올 어바웃 푸드(All about Food)는 현지인은 물론 여행객들도 즐겨 찾는다. 쇼핑몰 내에는 다른 곳에 비해 환율이 좋은 환전소가 많다.

MAP p.427-B◆찾아가기 사바 관광청에서 도보 약 5분 ◆주소 Wisma Merdeka, AG16, Jalan Tun Razak, Kota Kinabalu◆전화 608-823-2761◆영업 10:00~20:00◆휴무 연중무휴

이마고 쇼핑몰
Pusat Membeli-Belah Imago

코타키나발루의 현대식 쇼핑몰

쾌적한 인테리어로 무장한 쇼핑몰로 코타키나발루 시내 중심에 위치하고 있다. 다양한 패션, 스포츠, 잡화, 액세서리를 판매하는 브랜드 매장과 드러그스토어, 유명 프랜차이즈 식당들이 입점해 있는 식당가, 카페 등을 찾아볼 수 있다. 지하에는 여행 중 필요한 상품이나 기념품을 살 수 있는 슈퍼마켓과 환전소가 있다.

MAP p.426-A◆찾아가기 와리산 스퀘어에서 도보 12분 ◆주소 KK Times Square, Phase 2, Off Coastal Highway, Kota Kinabalu◆전화 608-827-5888 ◆영업 10:00~22:00◆휴무 연중무휴 ◆홈페이지 www.imago.my

히말라야 허벌 헬스케어
Himalaya Herbal Healthcare

인도의 유명 헬스케어 브랜드

1930년 인도에서 창업한 헬스케어 브랜드로 폭넓은 제품군을 보유하고 있다. 기능적인 효과도 뛰어나 마니아층을 형성하고 있으며, 히말라야 제품을 판매하는 유일한 아웃렛 매장이다. 보디로션, 탈모 방지 오일, 영양 크림, 립밤 등이 인기가 많고 치약이나 소염진통제 등의 제품도 저렴한 가격에 구입할 수 있다.

MAP p.427-B◆**찾아가기** 위스마 메르데카 1층◆**주소** AG33 GF, Wisma Merdeka, Jalan Tun Razak, Kota Kinabalu◆**전화** 608-831-7112◆**영업** 10:00~20:00 ◆**휴무** 연중무휴◆**홈페이지** www.himalayaherbals.com

---

와리산 스퀘어
Warisan Square

마사지 숍으로 인기 있는 쇼핑몰

시내 중심에 위치한 쇼핑몰로 A, B, C 3개의 블록으로 구성되어 있고 각 건물은 아케이드 형태를 띠고 있고, 100여 개의 매장이 입점해 있다. 마사지 숍과 스파는 저렴한 가격에 만족스런 서비스를 받을 수 있어 여행 중 쌓인 피로를 풀기에 그만이다.

MAP p.426-E◆**찾아가기** 사바 관광청에서 도보 약 15분 ◆**주소** Jalan Tun Fuad Stephen, Kota Kinabalu◆**전화** 608-844-7871◆**영업** 10:00~22:00◆**휴무** 연중무휴

통 힝 슈퍼마켓
Tong Hing Supermarket

고급형 슈퍼마켓

수리아 사바 건너편에 있는 대형 슈퍼마켓으로 1층은 식료품, 2층은 책, 화장품 등 잡화를 취급한다. 식료품 매장에서는 주류와 수입 식자재를 주로 판매한

다. 코타키나발루에 거주하는 외국인들이 애용하며, 여행객들은 숙소에서 먹을 술이나 간식거리를 사기 위해 많이 들른다.

MAP p.427-B◆**찾아가기** 사바 관광청에서 도보 약 2분 ◆**주소** 55, Jalan Gaya, Kota Kinabalu◆**전화** 608-823-0300◆**영업** 08:00~22:30◆**휴무** 연중무휴

구경하는 재미가 쏠쏠한
코타키나발루의 이색 시장

코타키나발루 시내에는 현지인들이 애용하는 재래시장부터 관광객들이 주로 찾는 공예품 시장까지 크고 작은 시장이 여럿 있다. 결제는 현금으로만 가능하며 어느 정도 흥정도 할 수 있다. 대부분의 시장들이 시내 중심에 자리하고 있어 걸어서도 충분히 둘러볼 수 있다. 단, 센트럴 마켓은 이른 아침, 선데이 마켓은 일요일에만 문을 여니 참고하자.

가야 스트리트 선데이 마켓 **Gaya Street Sunday Market**	**센트럴 마켓** **Central Market**

일요일에만 문을 여는 명물 시장

장이 서는 날이면 가야 스트리트 초입부터 끝부분까지 햇볕을 가려주는 천막이 설치되고 그 사이사이에 노점상들의 행렬이 이어진다. 기념품과 의류, 신발, 액세서리 등 다양한 구경거리가 있다. 가장 활기찬 전통 시장의 풍경을 만끽할 수 있다.

MAP p.427-A ◈ **찾아가기** 사바 관광청에서 도보 약 1분 ◈ **주소** Gaya Street, Kota Kinabalu ◈ **운영** 일요일 06:00~14:00

현지인들이 애용하는 식료품 시장

신선한 채소와 과일, 생선 등 각종 식재료를 판매하며 시장 뒤에는 수산물 직판장이 있어 도매시장에 가깝다. 시장 한편에는 현지 음식을 맛볼 수 있는 포장마차들이 모여 있으며 오후 무렵에는 길거리 노점상들도 많이 늘어선다.

MAP p.426-C ◈ **찾아가기** 사바 관광청에서 도보 약 10분 (KK 플라자 건너편) ◈ **주소** Jalan Tun Fuad Stephens, Kota Kinabalu ◈ **운영** 06:30~18:00 ◈ **휴무** 연중무휴

야시장
Night Market

저렴한 현지 음식을 맛볼 수 있는 기회

핸드크래프트 마켓과 인접해 있어 현지인들과 관광객들이 뒤섞여 북새통을 이룬다. 저녁 무렵부터 하나둘씩 조명을 밝히고 거대한 노천 식당가를 형성하는데 해산물을 비롯한 식사 메뉴와 아이스 카창, 바나나 튀김, 과일 등 디저트까지 맛볼 수 있다. 열대 과일이나 향신료 등도 저렴하게 판매해 식사 후에 둘러보기 좋다.

MAP p.426-E ◆ **찾아가기** 사바 관광청에서 도보 약 15분 (메르디앙 호텔 건너편) ◆ **주소** Jalan Tun Fuad Stephens, Kota Kinabalu ◆ **운영** 17:30~23:00 ◆ **휴무** 연중무휴

핸드크래프트 마켓
Handcraft Market

각종 공예품과 기념품이 가득

전통 가옥 형태의 지붕이 눈길을 끄는 시장으로 입구에는 재봉틀을 놓고 옷 등을 수선하는 사람들이 자리하고 있다. 시장 안쪽은 1m 남짓한 좁은 통로에 상점들이 빽빽하게 붙어 있으며 목각 공예품, 전통 악기, 장난감, 가죽 가방 등을 늘어놓고 판매한다.

MAP p.426-E ◆ **찾아가기** 사바 관광청에서 도보 약 15분 (메르디앙 호텔 건너편) ◆ **주소** Jalan Tun Fuad Stephens, Kota Kinabalu ◆ **운영** 08:00~22:00 ◆ **휴무** 연중무휴

코타키나발루의 스파 | SPA

치, 더 스파
Chi, The Spa

코타키나발루 최고의 스파

샹그릴라 탄중 아루 리조트 내에 있으며 8개의 독립적인 스파 빌라에서 아름다운 해안을 바라볼 수 있게 설계되었다. 마사지와 하이드로테라피 등 다양한 프로그램이 있는데 전통 보르네오 트리트먼트는 몸과 마음을 적당히 이완시켜 신진대사를 활발하게 해준다. 시그너처 마사지인 치 발란스(Chi Balance)와 치 힐링 스톤(Chi Healing Stones)은 피로 회복뿐 아니라 몸의 균형을 맞춰 생기를 되찾아준다. 그 외에도 천연 머드와 소금, 허브를 이용한 보디 스크럽은 각질을 제거해 피부를 매끈하게 해주는 효과가 있어 인기가 높다.

MAP p.426-C◆**찾아가기** 사바 관광청에서 택시로 약 13분◆**주소** 20, Jalan Aru, Kota Kinabalu◆**전화** 608-832-7888◆**영업** 10:00~23:00◆**휴무** 연중무휴◆**예산** 시그니처 발 마사지(30분) RM188, 시그니처 말레이시안(60분) RM328(세금+봉사료 16% 별도)◆**홈페이지** www.shangri-la.com

스파 빌리지
Spa Village

눈앞에 바다가 보이는 고급 스파

가야 아일랜드 리조트 내에 있는 스파로 최고 수준을 자랑하는 스파와 마사지를 받을 수 있다. 시그너처 마사지인 인디제너스 마사지(Indigenous Massage)는 스파이스 아로마 오일을 이용해 근육의 피로를 풀어주는 데 효과가 있고 혈액순환에도 도움을 준다. 키나발루산이 보이는 야외 파빌리온은 신혼부부에게 인기가 높다. 스파 용품을 판매하는 숍도 있어 이곳에서 사용하는 것과 동일한 제품을 구입할 수 있다. 예약은 16세 이상의 리조트 투숙객만 가능하다.

MAP p.423-A◆**찾아가기** 코타키나발루 제셀튼 포인트 또는 수트라하버 리조트 내 선착장에서 전용 보트로 약 15분◆**주소** Gaya Island Resort, Malohom Bay, Pulau Gaya, Kota Kinabalu◆**전화** 6018-939-1100◆**영업** 09:00~21:00◆**휴무** 연중무휴◆**예산** 말레이 마사지(80분) RM375◆**홈페이지** www.spavillage.com

만다라 스파
Mandara Spa

세계적으로 유명한 스파 브랜드

마젤란 수트라 리조트 내에 있으며 2층으로 설계된 스파 동에 총 12개의 트리트먼트 룸을 보유하고 있다. 커플 스파(Yin & Yang)를 비롯해 발리니스 스파와 발 마사지를 받을 수 있는 스파 샘플러(Spa Sampler)는 만다라 스파만의 인기 코스다. 보디 마사지와 얼굴을 집중적으로 케어받을 수 있는 단품 메뉴도 있으며 뭉친 근육과 혈액 순환에 효과적인 만다라 마사지와 따뜻한 돌을 이용한 웜 스톤 마사지도 평이 좋다. 명성만큼이나 우아하고 고급스러운 분위기에서 만족도 높은 서비스를 받을 수 있다.

MAP p.426-A◆**찾아가기** 마젤란 수트라 리조트 내◆**주소** The Magellan Sutera Resort, 1 Sutera Harbour Boulevard, Kota Kinabalu◆**전화** 608-830-8720 ◆**영업** 10:00~22:00◆**휴무** 연중무휴◆**예산** 스파 샘플러 (80분) RM338.10, 만다라 마사지(80분) RM658.80(세금 +봉사료 16% 별도)◆**홈페이지** www.mandaraspa.com

차바나 스파
Chavana Spa

이국적인 발리 스타일의 스파

퍼시픽 수트라 호텔 1층에 있으며 과거 '바디 센서스'가 '차바나 스파'라는 이름으로 새롭게 단장했다. 만다라 스파 그룹에서 야심차게 내놓은 새로운 스파 브랜드로 전통 발리니스 마사지를 받을 수 있는데, 특유의 강한 마사지가 특징이다. 총 8개의 스파룸은 커플룸과 싱글룸으로 나뉘며 커플룸에서는 야외 자쿠지도 이용할 수 있다. 모든 스파 용품은 인도네시아 발리에서 공수하고, 페이셜, 마사지, 보디 트리트먼트 등 다양한 메뉴로 몸과 마음을 편안하게 해준다.

MAP p.426-A◆**찾아가기** 퍼시픽 수트라 호텔 내◆**주소** The Pacific Sutera Hotel, Sutera Harbour Resort, 1 Sutera Harbour Boulevard, Kota Kinabalu◆**전화** 608-831-8888◆**영업** 10:00~22:00◆**휴무** 연중무휴

◆**예산** 전통 발리니스 마사지(80분) RM380, 아시안 발 마사지(50분) RM280(세금+봉사료 16% 별도)
◆**홈페이지** www.chavanaspa.com

실속파 여행자를 위한
와리산 스퀘어의 인기 마사지 숍

자스민 힐링 테라피 Jasmine Healing Therapies

한인이 운영하는 친절한 마사지 숍

아기자기한 소품으로 아늑하게 꾸며놓은 마사
지 숍이다. 아로마 오일을 이용한 보디 마사지
와 발 마사지를 결합한 아로마 패키지가 인기
메뉴. 여행자를 위한 짐 보관 서비스도 있어 호
텔 체크아웃 후 출국 전에 들러 마사지를 받기
에 안성맞춤이다.

MAP p.426-E ◆**찾아가기** 와리산 스퀘어 A블록 2층◆**주
소** Unit A-02-01 Warisan Square, Kota Kinabalu
◆**전화** 608-844-7333◆**영업** 10:30~23:00◆**휴무** 연중

무휴◆**예산** 아로마 오일 마사지(60분) RM120, 발 마사지
(45분) RM85, 자스민 패키지(90분) RM150(세금+봉사료
16% 별도)◆**홈페이지** www.jasminemassage.co.kr

라플레시아 스파 Rafflesia Spa

전통 발리니스 마사지가 유명

규모는 작지만 인근에서 가장 만족도가 높은 곳
으로 합리적인 가격과 숙련도 높은 테라피스트
를 자랑한다. 커플 리트릿과 라플레시아 테라
피가 대표 메뉴이며 발 마사지와 보디 테라피를
결합한 콤비네이션 메뉴도 인기 있다. 발리 스

타일의 소품으로 꾸민 실내 인테리어가 편안한
인상을 준다.

MAP p.426-E◆**찾아가기** 와리산 스퀘어 B블록 2층◆**주
소** Unit B-02-01, Warisan Square, Kota Kinabalu
◆**전화** 608-844-8128◆**영업** 11:00~22:30◆**휴무** 연
중무휴◆**예산** 발리니스 보디 마사지(45분) RM168, 발 마
사지(60분) RM128(봉사료 6% 별도)
◆**홈페이지** www.rafflesiawellness.com

헬렌 뷰티 리플렉솔로지
Helen Beauty Reflexology

저렴한 가격으로 인기
단체 관광객이 주로 이용하는 저가 마사지 숍으로 발 마사지와 보디 마사지를 주로 한다. 전체적인 분위기나 시설은 기대보다 못하지만 저렴한 가격에 마사지를 받고 싶은 사람에게 제격이다. 보디와 발 또는 머리 마사지를 한 번에 받을 수 있는 패키지를 이용하면 경제적이다.

MAP p.426-E◆**찾아가기** 와리산 스퀘어 B블록 2층◆**주**

소 Unit B-02-13, Warisan Square, Kota Kinabalu ◆**전화** 608-844-7172◆**영업** 11:00~22:30◆**휴무** 연중무휴◆**예산** 패키지(120분) RM100, 보디 마사지(90분) RM90, 발 마사지(60분) RM55

디 터치 D Touch

가격 대비 만족도가 높은 인기 마사지 숍
보디 마사지와 발 마사지 등 기본적인 마사지를 비롯해 스크럽, 매니큐어, 패디큐어도 받을 수 있다. 부담 없는 가격에 마사지를 받을 수 있는데 숙련도나 서비스도 괜찮은 편이어서 만족도가 높다. 이어 캔들과 같은 무료 서비스도 제공한다. 이왕이면 무료 서비스가 포함된 패키지 스파를 이용하자.

MAP p.426-E◆**찾아가기** 와리산 스퀘어 B블록 2층◆**주소** Unit B-01-07 & B-01-08, Warisan Square, Kota Kinabalu◆**전화** 6012-830-0659◆**영업** 11:00~23:00◆**휴무** 연중무휴◆**예산** 전통 보디 마사지(60분) RM70, 발 마사지(60분) RM40, 매니큐어 · 패디큐어 각 RM45

코타키나발루의 나이트라이프 | NIGHTLIFE

어퍼스타
Upperstar

늦은 밤 술 한잔 하기 좋은 곳

현지인들의 절대적인 지지를 얻고 있는 곳으로 늦은 밤 술 한잔 하기에 좋다. 양고기 스테이크, 피자, 파스타 등 식사 메뉴도 있고 술안주로 좋은 핑거 푸드들도 많다. 이왕이면 2층 실내 바나 야외 테라스에 자리를 잡고 시원한 맥주와 함께 일본식 꼬치구이나 닭 날개 구이를 맛보자. 맥주 가격은 시내에서도 저렴하기로 유명하다.

Kota Kinabalu◆전화 608-827-0775◆영업 10:00~24:00◆휴무 연중무휴◆예산 식사 메뉴 RM20~30, 맥주 RM28~(세금+봉사료 16% 별도)

MAP p.427-A◆**찾아가기** 하얏트 리젠시 호텔 건너편◆**주소** Block C, Lot 8, Ground Floor, Segama Complex,

샴록 아이리시 바
Shamrock Irish Bar

아일랜드풍 인테리어와 흑맥주가 인기

늦은 시간까지 식사와 술을 즐길 수 있는 아이리시 캐주얼 펍으로 다양한 국적의 여행자들이 한데 어울려 시끌벅적한 분위기이다. 바다를 바라볼 수 있는 야외 테라스나 롱 바에 앉아 기네스 맥주나 타이거 맥주와 혼합한 'Black & Tan'도 마셔보자. 매주 화요일에는 하루 종일 해피 아워가 적용되어 저렴하게 술을 마실 수 있다.

MAP p.426-E◆**찾아가기** 와리산 스퀘어 건너편◆**주소** Waterfront, Kota Kinabalu◆**전화** 608-826-9522 ◆**영업** 12:00~01:00◆**휴무** 연중무휴◆**예산** 타이버 병맥주 RM20, 칵테일 RM22~(세금+봉사료 16% 별도)

더 비어 팩토리 코타키나발루
The Beer Factory Kota Kinabalu

생맥주가 맛있는 비어 팩토리

워터프런트에 자리한 퍼브로 시원한 드래프트 맥주와 다양한 칵테일을 마실 수 있다. 비어 팩토리인만큼 맥주 맛은 괜찮은 편. 술과 함께 먹기 좋은 피자, 햄버거 등 간단한 요리도 주문이 가능하다. 해피 아워 프로모션을 이용하면 저렴한 가격에 맥주를 마실 수 있다. 멋진 석양도 감상할 수 있는 테라스 석이 인기 있다.

MAP p.426-E◆**찾아가기** 와리산 스퀘어 건너편◆**주소** Lot 11 Kota Kinabalu Waterfront, Kota Kinabalu◆**전화** 6011-2898-9866◆**영업** 16:00~24:00◆**휴무** 연중무휴◆**예산** 타이거 생맥주 RM28~(세금+봉사료 16% 별도)

수트라하버 리조트
Sutera Harbour Resort

코타키나발루를 대표하는 리조트

거대한 부지에 지어진 수트라하버 리조트는 동말레이시아에서 가장 큰 규모를 자랑하는 고품격 휴양 단지다. 2개의 5성급 호텔(퍼시픽 수트라 호텔, 마젤란 수트라 리조트)과 다양한 부대시설을 갖추고 있어 가족 단위 여행객은 물론 신혼부부와 비즈니스 여행자까지 만족도가 높다. 투숙객은 단지 내 15개의 레스토랑, 5개의 테마 풀장, 스파, 골프 코스, 마리나 클럽, 수상 스포츠 센터, 인도어 스포츠 클럽, 투어 센터 등의 부대시설을 모두 이용할 수 있다. 특히

식사와 액티비티가 포함된 골드 카드 프로그램을 이용하면 더욱 알차게 즐길 수 있다. 한국 사무소를 운영하고 있어 리조트에 관한 정보를 편리하게 얻을 수 있는 것도 장점이다.

MAP p.426-A◆**찾아가기** 코타키나발루 공항에서 택시로 약 10분◆**주소** 1, Sutera Harbour Boulevard, Kota Kinabalu◆**전화** 608-831-8888◆**요금** 마젤란 수트라 디럭스 RM550, 퍼시픽 수트라 디럭스 RM450 ◆**홈페이지** www.suteraharbour.co.kr

---

퍼시픽 수트라 호텔 Pacific Sutera Hotel

12층 규모의 현대적인 건물에 500개의 고급 객실을 갖추고 있다. 객실은 골프 코스를 조망할 수 있는 방과 바다를 조망할 수 있는 방으로 나뉘며, 골프 코스와 인접해 있어 골프 마니아와 비즈니스 여행자들에게 제격이다. 호텔 내에는 카페 볼레(p.444), 실크 가든(p.444), 브리즈 비치 클럽(p.444) 등의 인기 레스토랑이 있으며, 바다를 바라보며 수영을 즐길 수 있는 야외 수영장과 고급스런 차바나 스파(p.459) 등이 있다.

마젤란 수트라 리조트 Magellan Sutera Resort

말레이시아의 전통 건축 양식을 살린 롱하우스 스타일의 건물에 456개의 고급 객실을 갖추고 있다. 객실은 디럭스 타입과 클럽룸, 스위트룸으로 나뉜다. 클럽룸 이상 투숙객에게는 전용 라운지와 전담 버틀러가 배정되어 최상의 서비스를 받을 수 있다. 부대시설로는 세계적인 명성을 자랑하는 만다라 스파(p.459)와 키즈 클럽 등이 있고 파이브 세일즈(p.445), 알 프레스코(p.445) 등의 인기 레스토랑도 있다. 북보르네오 열차(p.438) 예약 사무소도 이곳 로비에 있다.

수트라하버 리조트만의 특별한 매력

수트라하버 골프 & 컨트리 클럽
Sutera Harbour Golf & Country Club

세계적인 골프 코스 디자이너 그레이엄 마쉬가 설계한 27홀 챔피언십 골프 코스로 아름다운 해안에 자리하고 있다. 3개의 테마 코스는 레이크, 가든, 헤리티지로 구성되어 있다. 부대시설로 41개의 드라이빙 라운지와 퍼팅 연습장, 프로숍, 미팅룸, 사우나 등을 갖추고 있다.

◆**운영** 18홀 주중, 주말 06:00~08:30, 12:00~14:30
◆**전화** 02-752-6262 **예약문의** 수트라하버 리조트 한국 사무소 korea@suteraharbour.co.kr

마리나 클럽
Marina Club

동남아시아 최고의 요트 경기장으로도 사용되며 계류장에는 수많은 요트와 보트가 정박해 있다. 마리나 주변에는 해양 공원 등을 오가는 보트 투어 회사와 각종 해양 스포츠를 이용할 수 있는 시 퀘스트(Sea Quest) 센터가 있어 리조트에서 직접 예약이 가능하다. 그 외에도 볼링장, 피트니스 센터, 영화관, 테니스 코트, 당구장 등 레저를 즐길 수 있는 다양한 부대시설을 갖추고 있으며 카페테리아와 야외 풀장도 있다.

호라이즌 스카이 바 Horizons Sky Bar

2022년 론칭한 360도 루프톱 바로 포토 스폿이자 핫플레이스로 유명하다. 퍼시픽 수트라 호텔에 위치하고 있으며, 코타키나발루에서 유일한 파노라마 뷰를 자랑한다. 매일 밤 유명 DJ가 흥겨운 디제잉을 선보인다.

리조트 내부순환 셔틀버스

퍼시픽 수트라 호텔과 마젤란 수트라 리조트, 수트라하버 골프 & 컨트리 클럽, 마리나 클럽을 오가는 내부순환 셔틀버스를 운행한다. 탑승하려면 각 리조트와 호텔 로비에 위치한 컨시어지에 요청하면 된다.

◆**운영** 상시 ◆**요금** 어른 RM3, 어린이 RM1.50(6세 이하 무료)

Tip 🗒 **골드 카드 Gold Card**

한국인을 위한 올인클루시브 서비스(All Inclusive Service). 카드 한 장으로 수트라하버 리조트의 지정 레스토랑과 마누칸섬 투어, 마리나 클럽 내의 스포츠 액티비티 등을 무료로 이용할 수 있고 레이트 체크아웃(Late Check Out)이 가능하다. 또한 북보르네오 열차, 시 퀘스트 해양 스포츠 및 장비, 푸트리 수트라 요트, 리조트 내 모든 레스토랑의 식음료를 할인된 요금으로 이용할 수 있다. 카드는 수트라하버 리조트 여행 상품을 판매하는 여행사나 수트라하버 한국 사무소에서 신청할 수 있으며 호텔 예약업체나 개별 구매는 불가능하다. 출국 전에 신청하면 리조트 체크인 시 발급받고 체크아웃 시 반환한다.

특전 사항
1일 3식 무료 제공, 마누칸섬 무료 투어(바비큐 포함), 볼링 1게임 무료, 골프 매일 1인 1회 50개볼 무료, 스포츠 시설 무료 이용, 리조트 내 레스토랑 식음료 및 골프 정규홀 10% 할인, 스파 20% 할인

골드 카드 문의 및 접수처
수트라하버 리조트 한국 사무소
◆**이용 문의** korea@suterhabour.co.kr ◆**요금** 어른 US$105, 어린이 US$70(최소 3박 이상 예약 시 발급 가능)

가야 아일랜드 리조트
Gaya Island Resort

가야섬 내에 있는 평온한 빌라형 리조트

복잡한 도심을 벗어나 프라이빗하고 고급스러운 분위기에서 특별한 시간을 보내고 싶은 여행자에게 안성맞춤이다. 객실은 수리아 스위트(Suria Suite), 키나발루 빌라(Kinabalu Villa), 캐노피 빌라(Canopy Villa), 바유 빌라(Bayu Villa) 총 네 종류로 나뉘며 자연친화적으로 꾸며져 있다. 부대시설로는 레스토랑, 스파, 피트니스 센터, 수영장 등 다양하게 갖추고 있으며, 투숙객을 위한 액티비티 프로그램도 매일 진행된다. 저녁에는 가든에서 자신이

원하는 영화를 골라 풀 스크린으로 감상할 수 있고, 투숙객을 위한 워크웨이도 갖추고 있어 객실까지 이동하기 귀찮을 때 쉬었다 가곤 한다. 누구에게도 방해받지 않고 조용히 쉬고 싶은 여행자나 신혼부부에게 인기가 높다.

MAP p.423-A◆**찾아가기** 제셀튼 포인트 또는 수트라하버 리조트 내 선착장에서 전용 보트로 약 15분◆**주소** Malohom Bay, Tunku Abdul Rahman Marine Park, Pulau Gaya, Kota Kinabalu◆**전화** 603-2783-1000◆**요금** 바유 빌라 RM1,450, 키나발루 빌라 RM1,650 ◆**홈페이지** www.gayaislandresort.com

가야 아일랜드 리조트의 특별한 매력

피스트 빌리지 Feast Village

가야 아일랜드 리조트의 올데이 다이닝 레스토랑으로 하루 세 끼 식사를 책임진다. 매일 신선한 재료로 만든 아시아 요리와 웨스턴 요리를 선보인다. 저녁 식사는 예약제로 운영되며 스타터만 주문하고 메인 요리는 '오늘의 메뉴' 중 하나를 선택하면 된다.

네이처 워크 Nature Walks

가야 아일랜드 리조트의 액티비티 프로그램 중 하나로, 자연 전문가와 함께 리조트 뒤편의 보타닉 정글을 한 시간가량 걸으며 자연과 동식물들을 구경할 수 있다. 매일 오전 9시에 진행되며 모기 퇴치제와 모자, 선크림, 음료 등을 준비하는 것이 좋다.

구르메 피크닉 Gourmet Picnic

가야 아일랜드 리조트의 프라이빗 비치 타바준 베이(Tavajun Bay)에서 특별한 점심 식사를 할 수 있는 프로그램이다. 전용 보트를 타고 5분 정도 이동하면 해양 스포츠를 즐길 수 있는 마린 센터와 해변 레스토랑이 자리하고 있다. 출발 전 미리 점심을 예약하면 되며, 보트는 매일 오후 1시 30분에 출발한다. 리조트 투숙객만 이용할 수 있어 프라이빗한 시간을 보내고 싶은 연인이나 신혼부부에게 특히 인기가 높다.

Tip

- 홈페이지를 통해 최소 3박 이상 예약할 경우 무료 1박 혜택이 주어진다. 홈페이지를 통해 예약할 경우 다양한 혜택이 주어진다. 자세한 사항은 홈페이지 참조(시기에 따라 변동 가능).
- 제셀튼 포인트에서 가야 아일랜드 리조트까지는 스피드 보트를 타고 이동하며 1일 6회 운행한다. 보트 요금은 숙박료와 별도이며 왕복 기준 어른 RM140, 어린이 RM700이 추가된다.
- 자연친화를 표방하는 리조트여서 숙박객은 자연보호비용을 별도로 지불해야 한다. 1인당 숙박 첫날은 RM31.80, 둘째 날은 RM21.20이 부가된다.
- 다양한 액티비티 프로그램이 매일 진행되므로 원하는 것을 골라 알차게 즐겨보자. 무료로 진행되는 프로그램으로는 정글 트레킹, 영화 관람, 보르네오 민속공연 체험 등이 있다.

샹그릴라 탄중 아루 리조트
Shangri-La's Tanjung Aru Resort

드라마틱한 선셋을 볼 수 있는 최고급 리조트

샹그릴라 계열의 고급 리조트로 남중국해를 마주하고 있는 탁 트인 해변에 위치해 있다. 코타키나발루 공항과 툰쿠 압둘 라만 해양 공원과도 가깝다. 시내까지는 셔틀버스를 운행해 편리하게 오갈 수 있다. 객실은 바다가 보이는 방과 산이 보이는 방으로 나뉘며 세련되고 품격 있게 꾸며져 있다. 부대시설로는 아름다운 경치를 자랑하는 레스토랑과 비치 프런트 바, 스파, 야외 수영장 등이 있고 투숙객을 위한 액티비티 프로그램도 매일 진행된다. 리조트 전용 선착장인 스타 마리나(Star Marina)에서는 해양 스포츠를 즐길 수 있고, 어린이를 위한 키즈 클럽 프로그램도 다양하여 가족 여행객에게 특히 인기가 높다. 코타키나발루에서 가장 아름다운 선셋을 감상할 수 있는 리조트로도 유명하다.

MAP p.426-C◆**찾아가기** 코타키나발루 공항에서 택시로 약 10분◆**주소** 20, Jalan Aru, Tanjung Aru, Kota Kinabalu◆**전화** 608-832-7888◆**요금** 키나발루 트윈 시뷰 RM900, 키나발루 클럽 마운틴 뷰 RM1,600 ◆**홈페이지** www.shangri-la.com

Tip
• 리조트 내에서도 최고의 선셋을 감상할 수 있는 인기 명소는 선셋 바(Sunset Bar). 조금 일찍 가서 자리를 잡고 모히토 한잔을 마시며 황홀한 풍경을 마음껏 감상하자.
• 리조트 내의 치, 더 스파(p.458)는 놓쳐서는 안 될 샹그릴라의 또 다른 하이라이트!
• 야외 수영장에는 어린이를 위한 워터 슬라이드 시설이 마련되어 있으므로 적극 이용하자.

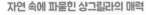
샹그릴라 라사 리아 리조트
Shangri-La's Rasa Ria Resort

자연 속에 파묻힌 샹그릴라의 매력

샹그릴라 계열의 리조트 호텔로 열대 우림 속에 온 듯한 착각을 일으킬 만큼 녹음이 무성한 자연보호구역 안에 위치해 있다. 코타키나발루 시내에서 차로 약 40분가량 떨어져 있지만 넓은 백사장이 펼쳐진 전용 해변과 최고 수준을 자랑하는 부대시설을 갖추고 있어 완벽한 휴양을 즐길 수 있다. 499개의 객실은 가든 윙과 오션 윙으로 나뉘어 있어 각기 다른 전망을 즐길 수 있고, 트로피컬한 분위기로 쾌적하게 꾸며져 있다. 부대시설로는 수준 높은 요리를 선보이는 레스토랑과 바, 스파, 키즈 클럽, 해양 스포츠 센터, 승마 등 풍부하게 갖추었다. 투숙객을 위한 액티비티 프로그램도 매일 다채롭게 준비되어 있으며, 코타키나발루 시내까지 셔틀버스도 운행한다.

MAP p.423-A◆**주소** Pantai Dalit Beach, Tuaran, Sabah◆**찾아가기** 코타키나발루 공항에서 택시로 약 50분 ◆**전화** 608-879-7888◆**요금** 슈페리어 가든 윙 RM900, 프리미어 오션 윙 RM1,300 ◆**홈페이지** www.shangri-la.com

Tip
- 오션 윙 투숙객에게는 다양한 혜택이 주어지므로 이왕이면 오션 윙을 예약하자.
- 오랑우탄 재활 시설은 야생 오랑우탄을 만날 수 있는 기회를 제공한다.
- 18홀 챔피언십 골프 코스는 샹그릴라 라사 리아 리조트의 자랑 거리 중 하나다. 멋진 풍경을 마주하며 골프를 즐겨보자.

하얏트 리젠시 키나발루
Hyatt Regency Kinabalu

최상의 위치를 자랑하는 특급 시티 호텔

위스마 메르데카, 수리아 사바 등의 인기 쇼핑
몰과 제셀튼 포인트, 센트럴 마켓, 가야 스트리
트 등 대부분의 관광지를 걸어서 갈 수 있고,
호텔 앞에는 시원한 바다가 펼쳐져 있어 최상의
위치를 자랑한다. 288개의 객실은 대대적인
리노베이션을 마쳐 더욱 세련되고 깔끔하게 단
장했다. 하얏트의 상징이라 할 수 있는 넓은 객
실과 군더더기 없는 실내 인테리어, 시원하게
트인 전망이 특히 매력적이다. 비즈니스 여행
자를 위한 사무용 책상과 비품도 구비되어 있으
며 초고속 무선 인터넷도 무료로 제공한다. 부
대시설은 바다와 인접한 야외 수영장을 비롯해
최고 수준의 요리를 즐길 수 있는 레스토랑, 스
파, 투어 데스크 등을 충실하게 갖추고 있다.

MAP p.427-A◆**찾아가기** 코타키나발루 공항에서 택시로
약 15분◆**주소** Jalan Datuk Salleh Sulong, Kota
Kinabalu◆**전화** 608-822-1234◆**요금** 스탠더드
RM590, 클럽룸 RM840
◆**홈페이지** www.kinabalu.regency.hyatt.com

르 메르디앙 코타키나발루
Le Méridien Kota Kinabalu

실용성이 뛰어난 5성급 호텔

시내 중심부에 위치해 있어 입지 조건은 더할 나위 없이 좋다. 306개의 객실은 마운틴 뷰, 시티 뷰, 시 뷰로 나뉘며 넓고 화사하게 꾸며져 있다. 2층에 있는 야외 수영장은 밤 10시까지 운영하고 자쿠지와 풀바도 갖추고 있어 저녁시간을 즐기기에 좋다. 그 외에도 피트니스 센터, 스파, 투어 데스크 등 다양한 부대시설을 갖추고 있다. 12층에는 클럽룸 투숙객들만 이용할 수 있는 전용 라운지가 있어 무선 인터넷, 조식, 이브닝 칵테일, 카나페, 커피와 차를 무료로 제공한다. 일반 객실은 인터넷 사용이 유료라는 점이 아쉽다. 홈페이지에서 예약하면 좀 더 저렴하다.

MAP p.426-E◆**찾아가기** 코타키나발루 공항에서 택시로 약 15분◆**주소** Jalan Tun Fuad Stephen, Sinsuran, Kota Kinabalu◆**전화** 608-832-2222◆**요금** 클래식룸 RM420~◆**홈페이지** www.marriott.com

넥서스 리조트 & 스파 카람부나이
Nexus Resort & Spa Karambunai

자연으로 둘러싸인 대형 리조트

코타키나발루 시내에서 북쪽으로 약 30km 떨어진 카람부나이 반도에 위치한 휴양형 리조트. 총 485개의 객실은 바다가 보이는 방과 골프 코스가 보이는 방 등으로 나뉘며 독립적인 인피니티 풀이 있는 풀빌라도 갖추고 있다. 부대시설로는 골프 코스, 스파, 라군 파크, 해양 스포츠 센터 등이 있으며 가격대도 합리적이어서 가족 여행객이나 신혼부부에게 꾸준한 인기를 얻고 있다. 외진 곳에 위치해 있어 시내로 이동하기가 부담스럽지만 셔틀버스(유료)를 이용하면 택시비를 어느 정도 아낄 수 있다. 한국어로 된 안내문과 책자가 마련되어 있어 편리하다.

MAP p.423-A◆**찾아가기** 코타키나발루 시내에서 택시로 약 40분◆**주소** Off Jalan Sepangar Bay, Kota Kinabalu◆**전화** 608-848-0888◆**요금** 오션 파노라마 디럭스 RM390◆**홈페이지** www.nexusresort.com

호텔 그랜디스
Hotel Grandis

루프톱 수영장을 갖춘 현대식 호텔

코타키나발루 최대의 쇼핑몰인 수리아 사바와 연결되어 있으며 제셀튼 포인트, 가야 스트리트도 걸어서 다닐 수 있을 만큼 접근성이 좋다. 188개의 객실은 깔끔하고 고급스러우며 가족 여행자를 위해 3개의 침대를 놓은 패밀리룸도 있다. 루프톱에 있는 수영장에서는 바다를 조망할 수 있으며, 여유롭게 수영을 즐기기 좋다.

MAP p.427-B ◆ **찾아가기** 코타키나발루 공항에서 택시로 약 17분 ◆ **주소** 1, Jalan Tun Fuad Stephen, Kota Kinabalu ◆ **전화** 608-852-2888 ◆ **요금** 슈페리어 베이뷰 RM380 ◆ **홈페이지** www.hotelgrandis.com

호라이즌 호텔
Horizon Hotel

시내 중심에 있는 만족도 높은 호텔

중후한 멋과 모던함을 동시에 갖춘 4성급 호텔로 시청 근처에 위치해 있다. 180개의 객실은 바다를 볼 수 있는 방과 도심을 볼 수 있는 방으로 나뉘며 넓고 쾌적하게 꾸며져 있다. 부대시설도 레스토랑, 스파, 피트니스, 루프톱 수영장 등이 충실하게 갖춰져 있고, 특히 1층에 있는 아시안 레스토랑은 합리적인 가격에 딤섬을 즐길 수 있어 인기 있다.

MAP p.427-A ◆ **찾아가기** 코타키나발루 공항에서 택시로 약 15분 ◆ **주소** Jalan Pantai, Kota Kinabalu ◆ **전화** 608-851-8000 ◆ **요금** 슈페리어 RM410 ◆ **홈페이지** www.horizonhotelsabah.com

밍 가든 호텔 & 레지던스
Ming Garden Hotel & Residence

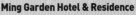

풍부한 부대시설을 갖춘 중급 호텔

시내에서 다소 떨어져 있지만 가격 대비 만족스러운 시설과 서비스를 갖추고 있다. 객실은 일반 객실, 스위트룸, 레지던스 등 다양하며 가족 여행자를 위한 패밀리룸도 있어 인기가 높다. 부대시설로는 야외 수영장, 레스토랑, 피트니스, 스파 등이 있는데 모두 넓고 쾌적하다.

MAP p.426-A ◆ **찾아가기** 코타키나발루 공항에서 택시로 약 13분 ◆ **주소** Jalan Coastal, Kota Kinabalu ◆ **전화** 608-852-8888 ◆ **요금** 슈페리어 RM300 ◆ **홈페이지** www.minggardenhotel.com

만다린 호텔
Mandarin Hotel

번화가에 위치한 이코노미 호텔

가야 스트리트 중심부에 있어 어딜 가든 이동이
편리하다. 객실은 혼자 묵을 수 있는 싱글룸부
터 더블룸, 패밀리룸까지 다양한데, 창문이 없
는 방도 있으므로 예약 시 잘 확인하자. 모든
객실에서 무선 인터넷을 이용할 수 있고 2박 이
상 예약하면 요금을 할인해준다. 일요일에는
인근에 주말시장이 열려 사람들로 북적거린다.

MAP p.427-A◆**찾아가기** 사바 관광청에서 도보 약 5분
◆**주소** 138, Jalan Gaya, Kota Kinabalu◆**전화** 608-
822-5222◆**요금** 싱글 RM180~, 디럭스 RM200~

더 제셀튼 호텔
The Jesselton Hotel

코타키나발루에서 가장 오래된 호텔

1954년에 문을 연 유서 깊은 호텔로 현재까지
도 유니폼을 입고 손님을 환대하는 벨보이가 있
을 만큼 한결같은 서비스를 제공한다. 콜로니
얼 풍의 클래식한 건물에 32개의 객실을 갖추
고 있으며 브라운 톤의 가구와 아늑한 침구로
꾸며져 있다. 가야 스트리트에 위치해 있어 이
동이 편리하다.

MAP p.427-B◆**찾아가기** 사바 관광청에서 도보 약 1분
◆**주소** 69, Jalan Gaya, Kota Kinabalu◆**전화** 608-
822-3333◆**요금** 슈페리어 RM215~, 디럭스 RM240~
◆**홈페이지** www.jesseltonhotel.com

63 호텔
Sixty Three Hotel

합리적인 가격대의 중급 호텔

사바 관광청 바로 앞에 있으며 주변에 레스토
랑이나 카페가 많아 편리하다. 객실은 포근한
침구와 원목 가구로 고급스럽게 꾸며져 있고,
4명까지 함께 묵을 수 있는 패밀리룸이 있어 가
족 여행자에게 인기가 높다. 모든 객실에서 무
선 인터넷을 이용할 수 있고 욕실에는 기본 어
메니티가 잘 구비되어 있어 불편함이 없다.

MAP p.427-B◆**찾아가기** 사바 관광청 맞은편◆**주소** 63,
Jalan Gaya, Kota Kinabalu◆**전화** 608-821-2663
◆**요금** 스탠더드 트윈 RM250, 패밀리 디럭스 RM393
◆**홈페이지** www.hotelsixty3.com

호텔 에덴 54
Hotel Eden 54

작지만 실속 있는 인기 호텔

31개의 객실을 갖춘 소형 호텔이지만 여행객들의 만족도가 높은 곳이다. 객실은 짙은 갈색 톤으로 차분하게 꾸며져 있고 샤워룸, 에어컨, 무선 인터넷, TV 등 기본적인 시설이 잘 갖춰져 있다. 호텔 바로 옆에 대형 슈퍼마켓이 있고

수리아 사바, 제셀튼 포인트, 가야 스트리트 등도 도보 5분 이내에 갈 수 있어 편리하다.

MAP p.427-B◆**찾아가기** 사바 관광청에서 도보 약 2분◆**주소** 54, Jalan Gaya, Kota Kinabalu◆**전화** 608-826-6054◆**요금** 스튜디오 RM200~, 패밀리 RM260~◆**홈페이지** www.eden54.com

---

드림텔
Dreamtel

저렴한 요금에 만족할 만한 호텔

파당 메르데카 인근에 위치한 12층 규모의 중급 호텔로 가야 스트리트까지 걸어서 갈 수 있고 공항버스 정류장과도 가깝다. 객실은 2인실과 3인실이 주를 이루며 TV, 냉장고, 안전금고 등이 갖춰져 있다. 모든 객실은 금연이며 스탠더드룸에는 창문이 없으므로 예약 시 참고하자. 1층에는 아침 식사가 제공되는 카페테리아가 있다.

MAP p.426-F◆**찾아가기** 코타키나발루 공항에서 택시로 약 15분◆**주소** 5, Jalan Padang, Kota Kinabalu◆**전화** 608-824-0333◆**요금** 스탠더드 더블 RM175, 디럭스 트리플 RM240

만자 호텔
Manja Hotel

무료 공항 픽업 서비스를 제공

KK 타임스 스퀘어 센터 내에 있는 호텔 중 하나로 공항까지 픽업 서비스를 제공하는 것이 가장 큰 메리트. 34개의 객실이 있으며 에어컨, TV, 커피포트 등 기본적인 어메니티를 갖추고 있다. 주말 밤이면, 주변에 소음이 있고 조명이 어둡다는 것이 단점. 새벽이나 밤 늦게 도착했을 때 하루 정도 묵기에 적당한 곳이다.

MAP p.426-A◆**찾아가기** 코타키나발루 공항에서 택시로 약 10분◆**주소** 26 Block E, KK Times Square, Kota Kinabalu◆**전화** 608-848-6601◆**요금** 스탠더드 트윈 RM130~, 패밀리 RM250~

튠 호텔
Tune Hotel

원 보르네오 하이퍼몰 바로 옆에 위치

165개의 객실과 편의점, 투어 데스크 등을 갖
춘 이코노미 호텔로 저렴한 숙박료가 매력적이
다. 에어컨, 인터넷, 타월 등은 별도의 요금을
내야 하는 시스템으로 원하는 것만 요청할 수
있다. 원 보르네오 하이퍼몰과 인접해 있어 식
사나 쇼핑을 즐기기는 좋지만 코타키나발루 외
곽에 위치해 있어 시내로 가려면 로컬 버스나
택시를 이용해야 한다.

MAP p.426-B◆**찾아가기** 코타키나발루 공항에서 택시
로 약 40분◆**주소** G-803, 1Borneo Hypermall Jalan
Sulaman, Kota Kinabalu◆**전화** 608-844-7680
◆**요금** 더블 RM70◆**홈페이지** www.tunehotels.com

시티텔 익스프레스
Cititel Express

합리적인 요금이 매력

이코노미 타입의 체인형 호텔로 말레이시아 현
지인이나 저렴한 숙소를 찾는 여행자들에게 인
기가 높다. 275개의 객실은 1인실부터 4인실
까지 다양하고 깔끔하게 꾸며져 있다. 무선 인
터넷을 무료로 제공하며 최소한의 시설만을 갖
추고 있다. 아시아 시티 쇼핑몰과 웰컴 시푸드
레스토랑과 인접해 있다.

MAP p.426-E◆**찾아가기** 코타키나발루 공항에서 택시로
약 15분◆**주소** 1, Jalan Singgah Mata, Asia City,
Kota Kinabalu◆**전화** 608-852-1188◆**요금** 더블
RM145◆**홈페이지** www.cititelexpress.com

보르네오 백패커스
Borneo Backpackers

배낭여행자들에게 인기 있는 숙소

제2차 세계대전 당시 호주 군인들의 캠프가 있
던 로롱 데완 거리에서 10년 넘게 이어오고 있
는 인기 숙소다. 싱글룸과 더블룸, 도미토리 등
을 갖추고 있으며 레스토랑, 투어 데스크 등이
있다. 직원들도 친절하고 여행자들끼리 쉽게
어울릴 수 있는 분위기여서 배낭여행자들에게
인기가 높다. 조식도 제공한다.

MAP p.427-A◆**찾아가기** 코타키나발루 공항에서 택시
로 약 15분◆**주소** 24, Lorong Dewan, Kota Kinabalu
◆**전화** 608-823-4009◆**요금** 도미토리 RM35, 싱글
RM60, 더블 RM80

Check

여행 포인트

관광 ★★★
쇼핑 ★★★
음식 ★★★

교통수단

도보 ★★★
택시 ★★
버스 ★

Kuching
쿠칭

말레이어로 '고양이'를 뜻하는 쿠칭은 보르네오섬의 서북해안 일대에 위치한 사라왁(Sarawak)주의 주도이다. 말레이시아에서 네 번째로 큰 도시로 때 묻지 않은 자연과 깨끗한 바다, 낭만적인 강변을 간직하고 있다. 거리 곳곳에 세워진 고양이 동상이 이색적인 풍경을 자아내고, 사라왁 왕국 시절에 지어진 콜로니얼 양식의 건축물과 말레이, 중국, 이반족 등 다양한 민족이 어우러져 살아가는 소박한 일상을 만나볼 수 있다. 동말레이시아를 대표하는 문화 도시 쿠칭의 꽁꽁 숨겨왔던 매력을 찾아 떠나보자.

이것만은 꼭!

1. 워터프런트에서 전통 배를 타고 말레이 빌리지 다녀오기
2. 세멘고 와일드라이프 센터에서 오랑우탄 구경하기
3. 톱 스폿 푸드코트에서 해산물 요리 즐기기

코타키나발루

★
쿠칭

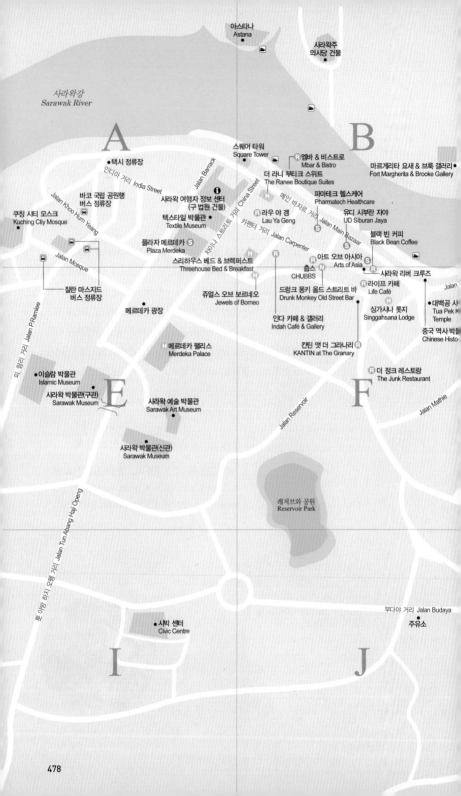

사라와강
Sarawak River

아스타나
Astana

사라왁주
의사당 건물

A

B

스퀘어 타워
Square Tower

엠바 & 비스트로
Mbar & Bistro

마르게리타 요새 & 브룩 갤러리
Fort Margherita & Brooke Gallery

택시 정류장

더 라니 부티크 스위트
The Ranee Boutique Suites

바코 국립 공원행
버스 정류장

사라왁 여행자 정보 센터
(구 법원 건물)

파마테크 헬스케어
Pharmatech Healthcare

쿠칭 시티 모스크
Kuching Ctiy Mosque

텍스타일 박물관
Textile Museum

라우 야 껭
Lau Ya Geng

유디 시부란 자야
UD Siburan Jaya

플라자 메르데카
Plaza Merdeka

블랙 빈 커피
Black Bean Coffee

스리하우스 베드 & 브렉퍼스트
Threehouse Bed & Breakfast

아트 오브 아시아
Arts of Asia

사라왁 리버 크루즈

잘란 마스지드
버스 정류장

춥스
CHUBBS

라이프 카페
Life Café

메르데카 광장

쥬얼스 오브 보르네오
Jewels of Borneo

드렁크 몽키 올드 스트리트 바
Drunk Monkey Old Street Bar

싱가사나 롯지
Singgahsana Lodge

대백공 사
Tua Pek K
Temple

인다 카페 & 갤러리
Indah Café & Gallery

중국 역사 박물
Chinese Histo

메르데카 팰리스
Merdeka Palace

칸틴 앳 더 그라나리
KANTIN at The Granary

이슬람 박물관
Islamic Museum

E

사라왁 예술 박물관
Sarawak Art Museum

F

더 정크 레스토랑
The Junk Restaurant

사라왁 박물관(구관)
Sarawak Museum

사라왁 박물관(신관)
Sarawak Museum

레저브와 공원
Reservoir Park

부다야 거리 Jalan Budaya

시빅 센터
Civic Centre

주유소

I

J

478

C

D

말레이 빌리지
Malay Village

사라왁강
Sarawak River

쿠칭 워터프런트
Kuching Waterfront

리버사이드 마제스틱 호텔
Riverside Majestic Hotel

그랜드 마르게리타 호텔
Grand Margherita Hotel

리버사이드 쇼핑
콤플렉스
8마리 고양이 동상

사라왁 플라자
Sarawak Plaza

힐튼 쿠칭
Hilton Kuching

맥도날드

Jalan Tunku Abdul Rahman

알제이 카페
RJ Café

페타낙 거리 Jalan Petanak

튠 호텔
Tune Hotel

툰 주가
Tun Jugah

쇼어 비스트로
Shore Bistro

청춘 카페
Chong Choon Café

Jalan Green Hill

톱 스폿 푸드코트
Top Spot Food Court

4마리 고양이 동상

더 라임트리 호텔
The Limetree Hotel

더 힐스 쇼핑몰
The Hills Shopping Mall

21 비스트로
21 Bistro

톰스
Tom's

파둥안 호텔
Padungan Hotel

호텔 풀만 쿠칭
Hotel Pullman Kuching

G

송 켕 하이 운동장
Song Kheng Hai
Recreation Ground

송 켕 하이
Song Kheng Hai

Jalan Song Thian Cheok

Jalan Padungan 파둥안 거리

Jalan Abell 거리

H

애니 콜로미
Annie Kolomee

1마리 고양이 동상

마르코 폴로 게스트하우스
Marco Polo's Guesthouse

반 혹 거리 Jalan Ban Hock

힌두 사원

랏 텐 부티크 호텔
Lot 10 Boutique Hotel

센트럴 티무르 거리 Jalan Central Timur

룸바 쿠다 거리 Jalan Lumba Kuda

바사가 홀리데이 레지던스
Basaga Holiday Residences

엘리스 거리 Jalan Elis

세카마 거리 Jalan Sekama

K

L

N

쿠칭

0   450m

쿠칭으로 가는 방법 Access

비행기

쿠알라룸푸르 또는 코타키나발루에서 말레이시아항공, 에어아시아 등 국내선을 이용해 갈 수 있다. 쿠알라룸푸르에서 약 1시간 45분, 코타키나발루에서 약 1시간 25분 걸린다. 쿠알라룸푸르에서는 항공사마다 하루 7~10편으로 자주 운항하지만, 코타키나발루에서는 하루 2~3편밖에 운항하지 않으므로 가급적 오전 비행기를 타는 것이 좋다. 쿠칭 공항에서는 사라와주가 아닌 말레이시아 내의 다른 주 또는 다른 나라에서 온 경우 입국 심사를 받는다.

쿠칭 국제공항 홈페이지
www.kuchingairportonline.com

공항에서 시내로 가기

택시

택시는 정액제로 운행하며 공항 내 택시 카운터에서 원하는 목적지를 말하면 티켓을 끊어준다. 쿠칭 시내까지는 약 20~30분 소요되며 요금은 RM26(Zone 3). 밤 12시부터 오전 6시까지는 50% 할증 요금이 추가된다.

버스

버스를 이용해 시내로 들어갈 수 있지만 운행 시간이 09:00~16:45로 일찍 종료되고 정류장이 공항 건너편에 있어서 짐을 들고 이동하기에는 다소 불편하다.

쿠칭 시내교통 Transportation

택시

시내에서의 이동은 RM15 정도면 다닐 수 있다. 미터 택시가 운행하지만 정해진 요금으로 주행하거나 거리가 먼 지역은 흥정을 해야 하는 번거로움이 있다. 호텔이나 레스토랑에서 호출을 하거나 지정된 택시 승차장에서 탑승할 수 있다.

버스

시티 퍼블릭 링크(City Public Link) 버스가 운행하지만 이용률이 낮고 오후 6시면 운행이 종료된다. 대부분의 관광 명소는 시내에서 걸어갈 수 있는 거리에 있다.

잘란 마스지드 버스 정류장 Jalan Masjid Bus Station

시내에서의 이동은 모스크 근처에 있는 잘란 마스지드 버스 정류장에서 출발하는 버스를 타면 된다. 시간은 카운터에서 확인할 수 있으며 요금은 목적지에 따라 다르다. 탑승 시 버스 기사에게 요금을 지불하고 돌아올 시간과 탑승 장소를 정확히 문의해야 한다.

쿠칭 센트럴 버스 터미널 Kuching Sentral Bus Terminal

미리, 보르네오, 사바, 인도네시아 등 쿠칭을 벗어나 외곽으로 이동할 경우에는 쿠칭 센트럴 버스 터미널을 이용하면 된다. 쿠칭 시내에서 택시로 약 10분 정도 소요된다.

사라왁 여행자 정보 센터
Sarawak Visitor's Information Centre

Map p.478-A
찾아가기 메르데카 광장에서 도보 약 2분
주소 Jalan Tun Abang Haji Openg, Kuching
전화 608-241-0944
운영 08:00~17:00
휴무 토 · 일요일 · 공휴일

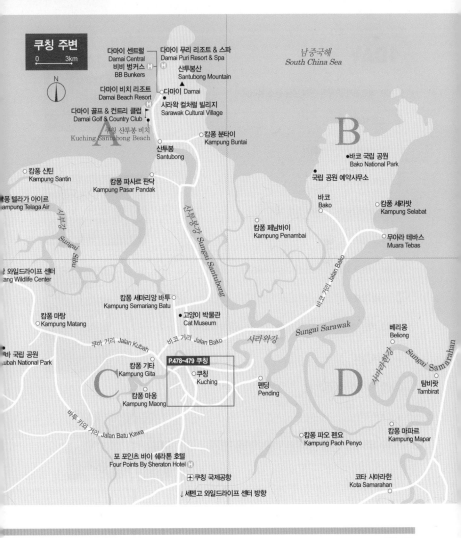

쿠칭 주변
0   3km
N

다마이 센트럴
Damai Central
비비 벙커스
BB Bunkers
다마이 푸리 리조트 & 스파
Damai Puri Resort & Spa
산투봉산
Santubong Mountain
다마이 Damai
다마이 비치 리조트
Damai Beach Resort
사라왁 컬처럴 빌리지
Sarawak Cultural Village
다마이 골프 & 컨트리 클럽
Damai Golf & Country Club
쿠칭 산투봉 비치
Kuching Santubong Beach
캄퐁 분타이
Kampung Buntai

남중국해
South China Sea

B

바코 국립 공원
Bako National Park
국립 공원 예약사무소
산투봉
Santubong
캄퐁 신틴
Kampung Santin
바코
Bako
캄퐁 세라밧
Kampung Selabat
캄퐁 파사르 판닥
Kampung Pasar Pandak
캄퐁 텔라가 아이르
Kampung Telaga Air
캄퐁 페남바이
Kampung Penambai
무아라 테바스
Muara Tebas
Sungai Sibu
Sungai Santubong
와일드라이브 센터
ang Wildlife Center
캄퐁 세마리앙 바투
Kampung Semariang Batu
캄퐁 마탕
Kampung Matang
고양이 박물관
Cat Museum
Sungai Sarawak
베리옹
Beliong
쿠바 거리 Jalan Kubah
바코 거리 Jalan Bako
사라왁강
바투 카와 거리 Jalan Batu Kawa
Sungai Samarahan
바코 거리 Jalan Bako
쿠바 국립 공원
Kubah National Park
캄퐁 기타
Kampung Gita
P.478~479 쿠칭
쿠칭
Kuching
펜딩
Pending
D
탐비랏
Tambirat
캄퐁 마웅
Kampung Maong
캄퐁 마파르
Kampung Mapar
캄퐁 파오 펜요
Kampung Paoh Penyo
포 포인츠 바이 쉐라톤 호텔
Four Points By Sheraton Hotel
쿠칭 국제공항
코타 사마라한
Kota Samarahan
세멩고 와일드라이프 센터 방향

A

C

쿠칭
추천 코스

★ **코스 총 소요 시간** : 11시간
★ **여행 포인트** : 첫날은 사라왁강을 따라 모여 있는 관광 명소들을 가볍게 둘러보고 가까운 세멘고 와일드라이프 센터에서 오랑우탄을 만나보자. 오후에는 메인 바자르와 차이나타운에서 시간을 보내자.

1DAY

10:00 메르데카 광장 주변의 관광 명소 둘러보기

▼ 도보 10분

11:30 인디아 거리 산책하기

▼ 도보 3분

12:00 플라자 메르데카에서 점심 식사

▼ 차로 40분

14:00 세멘고 와일드라이프 센터에서 오랑우탄 구경하기

▼ 차로 35분

17:00 메인 바자르에서 쇼핑하고 더 정크 레스토랑에서 저녁 식사

▼ 도보 10분

20:00 차이나타운 구경하기

▼ 도보 3분

21:00 드렁큰 몽키 올드 스트리트 바에서 맥주로 마무리

★ **코스 총 소요 시간** : 10시간
★ **여행 포인트** : 오전에는 사라왁 컬처럴 빌리지를 방문해 전통 공연까지 보고 오자. 오후에는 쿠칭 워터프런트와 강 건너편에 있는 말레이 빌리지를 둘러보고 톱 스폿 푸드코드에서 맛있는 해산물 요리로 저녁 식사를 즐기자.

2DAY

10:00 사라왁 컬처럴 빌리지 구경하기

▼ 도보 1분

10:45 전통 공연 관람하기

▼ 도보 3분

12:00 다마이 센트럴에서 점심 식사

▼ 도보 1분

13:00 다마이 해변 구경하기

▼ 차로 1시간

15:00 쿠칭 워터프런트 산책하기

▼ 배로 3분

17:00 말레이 빌리지에서 라피스 케이크 맛보기

▼ 배로 3분 + 도보 8분

19:00 톱 스폿 푸드코트에서 맛있는 해산물 요리로 저녁 식사

▼ 도보 5분

20:00 사라왁 플라자 주변의 쇼핑몰에서 쇼핑하기

▼ 도보 5분

21:00 쇼어 비스트로에서 칵테일로 마무리

토착 원주민들이 사는 민속 마을
사라왁 컬처럴 빌리지
Sarawak Cultural Village

사라왁의 인기 관광 명소인 사라왁 컬처럴 빌리지는 쿠칭 시내에서 북쪽으로 약 32km 떨어진 산투봉(Santubong) 산 중턱에 있다. 거대한 부지 위에 7개 토착 부족의 전통 가옥이 모여 있고 실제로 그곳에서 거주하고 있어 살아 있는 박물관이라 할 수 있다. 각 부족의 다양한 생활상은 물론 전통 놀이를 체험하거나 즉석에서 만든 전통 과자와 공예품을 구입할 수도 있다. 이곳의 하이라이트는 하루에 두 차례 열리는 화려한 전통 공연으로 400여 명을 수용할 수 있는 넓은 극장에서 쾌적하게 관람할 수 있다. 대자연과 어울려져 사는 토착 원주민들의 모습을 생생하게 볼 수 있는 곳이므로 시간 여유를 가지고 천천히 둘러보자.

MAP p.481-A◈**찾아가기** 쿠칭 시내에서 셔틀버스로 약 60분◈**주소** Pantai Damai, Santubong, Kuching◈**전화** 608-284-6411◈**운영** 09:00~17:00(공연 시간 11:30, 16:00)◈**휴무** 연중무휴◈**요금** 어른 RM95, 어린이 RM60(6세 이하 무료)◈**홈페이지** www.scv.com.my

---

7개 토착 부족과 가옥의 특징

프난 Penan
토착 부족 중 가장 작은 크기의 가옥으로 지상에 지어지며 초가지붕을 얹은 것이 특징이다. 문이 없고 반쯤 개방된 구조를 띠고 있다.

멜라나우 Melanau
톨하우스(Tallhouse)라 불리며 유일하게 2층 구조로 되어 있다. 방과 연결되는 통로는 나무를 엮은 형태로 되어 있다.

비다유 Bidayuh
바룩(Baruk)이라 불리는 원통형 가옥 위에 고깔 모양의 지붕을 얹은 것이 특징이다.

이반 Iban

롱하우스(Longhouse)라 불리는 길고 넓은 형태의 가옥으로 지상에서 약 2~3m가량 높이에 지어지는 것이 특징이다.

오랑 울루 Orang Ulu

높고 긴 형태의 가옥으로 집을 떠받치고 있는 수십 개의 기둥 높이만도 5m가 넘는다. 가옥의 바닥과 계단은 나무를 깎아 만든다.

한족 Chinese

사라왁으로 이주한 중국인들의 전통 목조 가옥으로 땅 위에 지어졌다. 내부에는 주방과 응접실이 있고 집 앞에는 작은 텃밭과 마당도 있다.

말레이 Malay

현대적인 가옥과 가장 유사한 형태로 침실과 거실, 주방이 따로 분리되어 있다. 채광을 위한 창이 사방으로 뚫려 있다.

롱하우스 Longhouse

사라왁 원주민들의 주거 형태로 물 위에 지어진 집. 긴 기둥을 세워 물이 닿지 않게 만들었으며 대부분 대나무나 나무를 이용해 집을 지었다. 정교하고 단단하며 규모나 쓰임새가 다양하다. 사라왁 컬처럴 빌리지에는 이러한 롱하우스 형태의 전통 가옥들이 잘 보존되어 있다.

사라왁 컬처럴 빌리지의 하이라이트, 전통 공연

사라왁 컬처럴 빌리지에서는 하루에 두 차례 7개 부족의 전통 음악과 춤을 선보이는 공연이 펼쳐진다. 사페(Sape), 공(Gong), 레바나(Rebana) 등 전통 악기의 연주가 시작되면 각 부족의 전통 의상을 입은 무용수들이 나와 음악에 맞춰 춤을 춘다. 약 45분간 진행되는 공연

의 클라이맥스는 프난족 전사가 바람총을 시연하는 장면이다. 기다란 총구에 독침을 넣고 입으로 불어서 목표물을 명중시키는 부족의 사냥 기술인데 공연에서는 동물 대신 풍선을 맞춘다. 중간에 관객을 불러 함께 배워보는 시간도 있으므로 원한다면 적극 참여해보자. 공연 마지막에는 모든 부족이 함께 어울려 사라왁의 전통 춤을 추는 것으로 마무리된다.

사라왁 컬처럴 빌리지를 즐기는 방법

- 빌리지 내에 있는 부다야 레스토랑에서는 저렴한 가격에 다양한 전통 요리를 맛볼 수 있으므로 원주민들의 음식 문화도 즐겨보자.

- 전통 공연은 하루 두 차례(11:30, 16:00) 열리므로 놓치지 말고 관람하자.
- 입장 시 발급해주는 마을 여권에 모든 부족의 도장을 찍어보자.

쿠칭 시내에서 사라왁 컬처럴 빌리지로 가는 방법

쿠칭 시내에서 사라왁 컬처럴 빌리지로 운행하는 셔틀버스(그랜드 마르게리타 호텔, 리버사이드 마제스틱 호텔, 하버 뷰 호텔)를 이용할 경우 다마이 센트럴(Damai Central)에서 하차하면 된다.

요금 어른 RM84, 어린이 RM36(입장료와 전통 공연 관람료 포함)

셔틀버스 운행 시간

회차	쿠칭 마르게리타 호텔	사라왁 컬처럴 빌리지
1회	09:15	11:15
2회	10:15	13:15
3회	12:15	15:15
4회	14:15	17:15

* 운행 스케줄은 예고없이 변경될 수 있으므로 호텔 또는 홈페이지를 확인하자.

오랑우탄과의 즐거운 만남
세멘고 와일드라이프 센터
Semenggoh Wildlife Centre

쿠칭 시내에서 남쪽으로 약 20km 떨어진 곳에 있는 세멘고 와일드라이프 센터는 1975년에 설립된 오랑우탄 재활 시설이다. 다치거나 버림받은 오랑우탄을 보호하고 다양한 재활 프로그램을 통해 야생으로 돌아갈 수 있는 환경을 제공하면서 하루에 2번 먹이를 주는데, 그 과정을 관광객들에게 공개하고 있다. 센터 안쪽에는 오랑우탄 보호와 재활에 관한 정보를 보여주는 갤러리와 각종 기념품을 판매하는 상점 겸 휴식 공간이 마련되어 있다. 왕복 이동시간을 포함해 3시간 정도면 다녀올 수 있어 반나절 여행으로 인기 있다. 개별적으로 갈 경우 쿠칭 시내에서 버스를 타면 센터 입구에서 내려 티켓을 사고 먹이를 주는 곳까지 약 0.5km가량 걸어가야 해서 다소 힘들다. 가급적 교통편과 입장료가 포함된 투어 상품을 이용해 편리하게 다녀오자. 여행사 투어 정보는 p.522 참조.

MAP p.481-C ◆ **찾아가기** 잘란 마스지드 버스 정류장에서 K6번 버스 이용 또는 현지 여행사의 투어 상품 이용 ◆ **전화** 608-261-8325 ◆ **운영** 월~금요일 08:00~10:00, 14:00~16:00(먹이 주는 시간 09:00, 15:00) ◆ **휴무** 연중무휴 ◆ **요금** 어른 RM10, 어린이 RM5 ◆ **홈페이지** www.semenggoh.my

Tip 🔖 오랑우탄 관찰하기

센터에서 오랑우탄을 볼 수 있는 시간은 대략 30~40분 정도지만 상황에 따라 조금씩 달라질 수 있다. 특히 우기 시즌에는 자연에서 얻을 수 있는 먹이가 풍부해 오랑우탄이 나타나지 않는 경우도 있다. 오랑우탄 중 세두쿠(Seduku)와 간야(Ganya) 모자가 주로 나타난다. 나무와 로프 등을 타거나 어미 앞에서 재롱을 떠는 간야가 특히 인기가 많다.

말레이 빌리지
Malay Village ★★

강 너머 말레이 빌리지 체험하기

사라왁강을 경계로 강의 남쪽은 관광 명소들이 즐비한 반면, 북쪽은 말레이인들이 살고 있는 주거 지역이다. 강의 남과 북을 오가며 생활하는 현지인들에게는 별것 아닌 풍경일 수도 있겠지만 여행자들에게는 쿠칭의 색다른 모습을 볼 수 있는 기회다. 하얀 지붕으로 연결된 야외 푸드코트를 비롯해 다양 살하, 마이 케이크 등 현지인들이 좋아하는 라피스 케이크 가게들이 즐

비해 먹는 즐거움도 있다. 탐방(Tambang)이라 불리는 전통 나룻배를 타고 가는 동안 낭만적인 수상 산책을 즐겨보자. 전통 보트는 쿠칭의 워터프런트 인근 선착장에서 탈 수 있는데, 인원이 어느 정도 모일 때까지 기다려야 한다. 요금은 타거나 내릴 때 뱃사공에게 직접 낸다.

MAP p.479-C ◆찾아가기 쿠칭 워터프런트에서 배로 약 5분

전통 나룻배 탐방 타는 방법

강의 남쪽(시내)은 워터프런트를 따라 총 5곳의 선착장이 있으며 강의 수위나 날씨에 따라 교차로 운영한다. 강의 북쪽(말레이 빌리지)은 수위에 따라 내리는 곳이 달라지곤 하는데 주로 푸드코트 주변에서 내리고 탈 수 있다. 중심가에서 멀지 않은 곳에 내려주므로 걱정하지 않아도 된다.

◆운행 06:00~22:00 ◆휴무 연중무휴 ◆요금 RM1.50~2

More 사라왁의 명물, 라피스 케이크(Kek Lapis) 맛보기

사라왁의 전통 방식으로 만든 케이크로 겹겹이 층을 이루고 있어서 레이어 케이크라고도 부른다. 건포도, 초콜릿, 블루베리, 잼 등 다양한 맛이 첨가되며 화려한 색상을 자랑한다. 말레이시아는 물론 싱가포르에서도 인기가 높은데, 라피스 케이크는 원조인 사라왁에서 꼭 맛보자. 다른 지역에서도 팔지만 말레이 빌리지에서 만든 케이크는 훨씬 맛이 좋다. 무료 시식도 가능하다.

쿠칭 워터프런트
Kuching Waterfront
★ ★

강변을 따라 조성된 휴식 공간

사라왁강 남쪽
에 조성된 산책
로로 쿠칭의 랜
드마크이자 시
민들의 휴식 공
간으로 사랑받
고 있다.

약 1km에 이
르는 거리에는
레스토랑, 카
페, 상점, 호텔
등이 줄지어 있고, 강을 오가는 크루즈와 수상
택시 역할을 하는 탐방 선착장도 군데군데 자리
하고 있다. 저녁이면 은은한 조명이 로맨틱한
분위기를 연출해 연인들의 데이트 코스로 인기
가 높고, 시원한 강바람을 맞으며 산책을 즐기
러 나온 관광객들도 쉽게 볼 수 있다.

MAP p.479-C◆**찾아가기** 메르데카 광장에서 도보 약 5분

MAP p.479-C

사라왁강을 따라 즐기는 색다른 여행

크루즈를 타고 사라왁강 변
의 매력적인 풍경을 감상하
는 것도 놓칠 수 없는 즐길
거리 중 하나다. 유유히 흐르
는 강을 따라 왕궁, 모스크,
스퀘어 타워 등의 관광 명소

들을 보면서 여유롭게 수상 산책을 즐길 수 있
다. 워터프런트를 중심으로 크고 작은 크루즈
업체들이 모여 있으므로 요금과 코스를 비교해
선택하면 된다. 대표적인 업체는 아래와 같다.

사라왁 리버 크루즈 Sarawak River Cruise

MAP p.479-F◆**찾아가기** 메르데카 광장에서 도보 약 5분
◆**주소** 98, 1st Floor, Temple Street, Jalan Main
Bazaar, Kuching◆**전화** 608-224-0366◆**영업** 15:00
~19:00(15:00, 17:00 출항)◆**요금** 데이크루즈(금~일요
일, 60분) 어른 RM50, 어린이 RM30 / 선셋크루즈(90분)
어른 RM70, 어린이 RM35(모집 인원 50명 이상)
◆**홈페이지** www.sarawakrivercruise.com

Tip 말레이시아 전통 배 '탐방'을 타고 즐기는 크루
즈도 있다. 유람선에 비하면 낡고 허름하지만
가격은 훨씬 저렴하고 원하는 시간만큼 흥정도 가능하
다. 10:00~18:00에 운영하며 60분 코스가 RM30~.

고양이 조형물
Cat Monument

★
★

쿠칭을 상징하는 마스코트

말레이어로 '고양이'라는 뜻의 쿠칭은 그 이름처럼 거리 곳곳에서 다양한 모습의 고양이 동상을

만날 수 있다. 파둥안 거리(Jalan Padungan)를 시작으로 그랜드 마르게리타 호텔 앞의 툰쿠 압둘 라만 거리(Jalan Tunku Abdul Rahman)까지 각기 다른 표정과 느낌의 고양이 동상을 찾아보는 것도 쿠칭 여행의 묘미라 할 수 있다. 어느 곳에 가나 관광객들의 기념 촬영 장소로 인기가 높다.

1마리 고양이 동상

파둥안 거리 초입에 있는 흰색 고양이 동상으로 고양이 동상 중에서 가장 크다. 1990년대에 만들어졌으며 앞발을 들고 있는 모습은 쿠칭을 찾아온 사람들에게 환영 인사를 하는 것이라고 한다.

MAP p.479-H

4마리 고양이 동상

파둥안 거리와 찬친안 거리(Jalan Chan Chin Ann)가 교차하는 곳에 탑이 세워져 있고 그 아래에 사방을 지켜보고 있는 4마리의 고양이 동상이

있다. 눈이 파랗고 오른쪽 앞발을 들고 있다.

MAP p.479-G

고양이 박물관 Cat Museum
고양이와 관련된 2천여 점의 모형과 전시물을 소장하고 있다. 쿠칭 시내에서 북쪽으로 약 3.5km 떨어진 페트라 자야(Petra Jaya)의 쿠칭 노스 시티 홀 건물 내에 있다.

MAP p.481-C◆**찾아가기** 쿠칭 시내에서 택시로 약 10분(RM25~35)◆**주소** Bangunan DBKU, Bukit Siol, Jalan Semariang, Petra Jaya, Kuching◆**전화** 608-244-6688◆**운영** 09:00~17:00◆**휴무** 연중무휴◆**요금** RM5

8마리 고양이 동상

그랜드 마르게리타 호텔 앞 교차로에 있는 고양이 가족 동상으로 총 8마리의 고양이를 만나볼 수 있다.

MAP p.479-G

사라왁 박물관
Sarawak Museum
★★★

사라왁의 역사와 자연사 정보가 가득

언덕 위에 자리한 사라왁 박물관은 1891년에 지어진 고풍스러운 건물에 2층 구조로 이루어져 있다. 1층에는 사라왁에 서식하는 파충류, 조류, 어류, 갑각류 등의 박제를 전시하고, 2층에는 토착 원주민들의 생활상을 엿볼 수 있는 롱하우스와 다양한 고고학적 유물들을 전시하고 있다. 언덕 초입에 자연사 박물관과 아트 뮤지엄도 있으므로 함께 둘러보면 좋다.

MAP p.478-E◆**찾아가기** 메르데카 광장에서 도보 약 5분◆**주소** Jalan Tun Abang Haji Openg, Kuching◆**전화** 608-224-4232◆**운영** 월~금요일 09:00~16:45, 토·일요일·공휴일 10:00~16:00◆**요금** 어른 RM50, 어린이 RM25◆**홈페이지**museum.sarawak.gov.my

중국 역사 박물관
Chinese History Museum
★★★

화교들의 삶과 역사를 전시

1912년에 지어진 핑크색 건물로 사라왁으로 이주해온 중국인들의 역사를 전시하고 있다. 전시관에는 하카, 칸토니스, 호키엔, 하이난 등 한족의 특징을 소개하는 공간과 전통 문화(악기, 서예, 다도 등)와 관련된 전시물을 관람할 수 있다. 천장에는 거대한 용이 멋진 자태를 뽐내며 박물관을 휘감고 있다.

MAP p.478-F◆**찾아가기** 힐튼 호텔에서 도보 약 2분◆**주소** Jalan Tunku Abdul Rahman, Kuching◆**전화** 608-225-8388◆**운영** 월~금요일 09:00~16:45, 토·일요일·공휴일 10:00~16:00◆**요금** 무료◆**홈페이지**museum.sarawak.gov.my

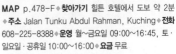

쿠칭 시티 모스크
Kuching City Mosque

쿠칭 최초의 이슬람 사원

연분홍색 외벽과 황금색 돔이 특징인 이슬람 사원으로 1965년에 지어졌다. 옛 모스크 자리에 재건축된 의미 있는 사원으로 정해진 시간에만 입장할 수 있다. 모스크 전면에는 이국적인 야자수와 기념 비석들이 있다. 따로 시간을 내서 가기보다는 인디아 거리와 함께 둘러보자.

MAP p.478-A ◆**찾아가기** 메르데카 광장에서 도보 약 5분
◆**주소** Jalan Masjid, Kuching ◆**전화** 608-225-8388
◆**운영** 09:00~18:00(예배 시간 외에 입장 가능)

사라왁주 의사당 건물
Sarawak State Legislative Assembly Building

황금색 우산 모양의 지붕이 인상적인 건축물

2009년에 완공된 사라왁주 의사당 건물로 쿠칭의 랜드마크로 통한다. 최첨단 자동화 시스템을 갖춘 현대식 건축물로 내부에는 멀티미디어관과 갤러리 등의 시설이 있다. 사라왁의 전통미를 표현한 건축물로 유명하다. 단, 외부인의 출입을 제한하고 있어서 먼 발치에서 바라보는 것밖에 방법이 없다.

MAP p.478-B ◆**찾아가기** 워터프런트 건너편 ◆**주소** Jalan Astana Lot, Petra Jaya, Kuching ◆**전화** 608-244-1955 ◆**운영** 09:00~16:00 ◆**휴무** 토·일요일·공휴일 ◆**홈페이지** www.dun.sarawak.gov.my

마르게리타 요새 &
브룩 갤러리
Fort Margherita and Brooke Gallery
★
★

숲속에 자리한 방어 요새

1897년 외세의 침입에 대비해 지은 요새로 워터프런트 건너편에서 이정표를 따라 10분 정도 걸어가면 도착할 수 있다. 영국 식민지 시절의 통치자 찰스 브룩의 연대기를 볼 수 있는 갤러리와 대포 진지가 남아 있다. 그 외 특별한 볼거리는 없지만 요새로 가는 길에 현지인들이 사는 마을 풍경을 둘러보는 재미가 있다.

MAP p.478-B◆**찾아가기** 워터프런트 건너편의 말레이 빌리지에서 언덕길로 도보 약 10분◆**주소** Kampung Boyan, Kuching◆**전화** 608-224-4232◆**운영** 09:00~16:45 ◆**휴무** 연중무휴◆**요금** RM20
◆**홈페이지** www.brookegallery.org

대백공 사원
Tua Pek Kong Temple
★
★

은은한 향 내음이 퍼지는 중국 사원

1912년에 지어진 쿠칭에서 가장 오래된 중국 사원으로 인도네시아 칼라만탄에서 온 중국계 이주민에 의해 지어진 것으로 알려져 있다. 중국계 이주민들이 수호신으로 믿는 하카 출신 뱃사람(Tua Pek Kong)에게 향을 피우거나 소원을 빌기도 한다. 중국인들에게는 없어서는 안 될 중요한 역할을 하는 곳이다.

MAP p.478-F◆**찾아가기** 힐튼 호텔에서 도보 약 2분 ◆**주소** Jalan Tunku Abdul Rahman, Kuching ◆**운영** 06:00~23:00◆**휴무** 연중무휴

텍스타일 박물관 ★★
Textile Museum

사라왁의 전통 의상과 섬유 공예품을 전시

사라왁 부족들이 입던 전통 의상과 바틱(Batik), 송켓(Songket) 등의 섬유 공예품을 전시하고 있다. 특히 2층에는 바틱 제작 과정을 알기 쉽게 모형으로 재현해놓았다. 입장료가 무료이므로 부담 없이 둘러보자. 건물은 1907년에 지

어져 의료시설로 사용되다가 2005년부터 박물관으로 개장했다.

MAP p.478-A◆**찾아가기** 메르데카 광장에서 도보 약 1분◆**주소** Jalan Tun Abang Haji Openg, Kuching◆**전화** 608-224-6194◆**운영** 월~금요일 09:00~16:45, 토·일요일·공휴일 10:00~16:00 ※임시 휴업◆**요금** 무료
◆**홈페이지** museum.sarawak.gov.my

이슬람 박물관 ★★★
Islamic Museum

말레이시아 최초의 이슬람교 박물관

7개의 전시관에 말레이시아, 인도네시아를 중심으로 세계 여러 이슬람 국가들의 이슬람 자료를 폭넓게 전시하고 있다. 이슬람 경전 〈코란〉

을 비롯해 사라왁에서의 이슬람 역사, 건축, 의상, 미술, 문화, 무기, 생활 도구 등을 관람할 수 있다. 두 개의 건물 사이에 아담한 정원이 있다.

MAP p.478-E◆**찾아가기** 메르데카 광장에서 도보 약 5분◆**주소** Jalan P. Ramlee, Kuching◆**전화** 608-224-4346◆**운영** 월~금요일 09:00~16:45, 토·일요일·공휴일 10:00~16:00
◆**홈페이지** museum.sarawak. gov.my

아스타나
Astana ★

찰스 브룩이 지은 저택

1870년 찰스 브룩이 아내를 위한 결혼 선물로 지었다. 현재는 주지사 공관으로 사용되어 일반인의 출입이 제한된다. 3개의 건물과 작은 탑으로 이루어졌으며 찰스 브룩 가문의 컬렉션과 도서관 등이 있다. 1942년 일본군이 지하를 포로수용소로 사용하기도 했다. 사라왁주 의사당 건물과 더불어 쿠칭의 랜드마크 중 하나다.

MAP p.478-B ◆**찾아가기** 워터프런트 건너편 선착장에서 도보 약 5분 ◆**주소** Jalan Taman Budaya, Kuching ◆**전화** 608-244-1955
◆**홈페이지** www.dun.sarawak.gov.my

스퀘어 타워
Square Tower ★

정사각형 구조의 건축물

영국 식민지 시절인 1879년에 지어진 건축물로 경비 목적의 초소 시설이자 수용소로도 사용되었다. 정사각형 형태를 띠고 있어 '스퀘어 타워'라 불린다. 높이는 약 5m가량이며 현재는 텅 비어 있다. 앞쪽 계단에는 두 마리의 용을 형상화한 조형물이 설치되어 있으며 강을 건널 수 있는 다리 공사가 진행 중이다.

MAP p.478-B ◆**찾아가기** 메르데카 광장에서 도보 약 5분
◆**주소** Jalan Gambier, Jalan Main Bazaar, Kuching
◆**전화** 608-242-6093

구 법원 건물
The Old Courthouse ★

19세기 콜로니얼 양식을 대표하는 건축물

1874년에 철목이라 불리는 무겁고 강한 나무로 지어졌다. 워터프런트 중심에 있으며 과거 법원으로 사용되었다. 현재는 여행자 정보 센터와 바코 국립 공원 방문자 센터, 카페, 레스토랑 등으로 운영되고 있다. 현지인들에게는 웨딩 사진을 찍는 장소로 더욱 유명하다. 건물 앞쪽에는 찰스 브룩 기념비도 있다.

MAP p.478-A ◆**찾아가기** 메르데카 광장에서 도보 약 5분
◆**주소** Jalan Tun Abang Haji Openg, Kuching

톱 스폿 푸드코트
Top Spot Food Court

쿠칭 최고의 해산물 푸드코트

UTC 빌딩 6층에 자리한 야외 푸드코트로 신선한 해산물 요리를 푸짐하게 먹을 수 있다. 주로 중국식 해산물 요리를 선보이는 식당들이 늘어서 있는데 맛은 조금씩 다르지만 시설이나 가격, 서비스는 비슷하다. 오후 5시부터 밤 10시까지만 영업하며 RM50~60 정도면 단품 요리에 볶음밥, 채소를 곁들이고 맥주까지 마실 수 있다. 푸드코트 한편에는 말레이 요리를 선보이는 식당과 디저트 코너를 갖추고 있고, 음료와 주류는 식당 사이사이에 있는 음료 코너에서 따로 주문하면 된다.

MAP p.479-G ◆ **찾아가기** 메르데카 광장에서 도보 약 15분(UTC 빌딩 6층) ◆ **주소** Jalan Bukit Mata Kuching, Kuching ◆ **전화** 608-223-8730 ◆ **영업** 17:00~22:00 ◆ **휴무** 연중무휴 ◆ **예산** 조개 요리 RM30~50, 새우 요리 RM30~50, 채소 RM10~15

인기 맛집

링 룽 시푸드 Ling Loong Seafood
그릴에 구운 새우와 밤부 조개 커리(Bamboo Shell with Curry)가 인기 있고 사진 메뉴도 있어 주문하기 편리하다. 가게 번호 33.

부킷 마타 Bukit Mata
버터에 구워 고소한 맛이 일품인 버터구이 왕새우(Buttered Prawn)와 중국식 해산물 찜 요리가 인기 있다. 가게 번호 25.

Tip 어떻게 먹을까?
먼저 원하는 레스토랑을 골라 자리를 잡고 메뉴에서 단품 요리를 주문하거나 원하는 재료(해산물, 채소)를 고르면 된다. 해산물은 무게를 잰 후 원하는 조리법을 말하면 그대로 요리해준다. 보통 100g당 가격으로 판매하는데 그날의 시세에 따라 조금씩 달라진다. 킹 프라운 새우의 경우 1kg에 RM120~150 정도로 먹을 수 있다(한 마리당 200~300g).

엠바 & 비스트로
Mbar & Bistro

전통 요리를 선보이는 비스트로

더 라니 부티크 스위트 호텔에 있는 다이닝 스 폿으로 사라왁의 전통 요리를 맛볼 수 있다. 인 기 메뉴는 브래이즈드 테룽 다약(Braised Terung Dayak)으로 사라왁에서 재배되는 가짓과의 열매를 넣고 졸여낸 수프를 따뜻한 밥 과 함께 먹는다. 조촐하지만 새콤달콤한 맛이 은근히 중독성 있다. 수프와 디저트, 음료가 포 함된 세트 메뉴는 RM35 정도면 먹을 수 있다. 그 외에 깊은 국물 맛이 일품인 라니 락사

(Ranee Laksa)도 한국인 입맛에 잘 맞는다.

MAP p.478-B ◆ **찾아가기** 메르데카 광장에서 도보 약 5분 ◆ **주소** 7, Jalan Main Bazaar, Kuching ◆ **전화** 608- 225-8833 ◆ **영업** 11:00~20:00(일요일은 16:30부터) ◆ **휴무** 연중무휴 ◆ **예산** 브래이즈드 테룽 다약 RM20~, 라 니 락사 RM20~, 투악 RM19(300ml) ◆ **홈페이지** www.theranee.com

Tip 투악(Tuak)은 쌀로 빚은 전통주로 우리의 막걸리 와 비슷한 맛이 나는 말레이시아의 인기 전통주이다. 저녁 식사와 함 께 곁들여보자.

블랙 빈 커피
Black Bean Coffee

커피 마니아들이 열광하는 카페

작은 테이블 네댓 개가 전 부이고 세련된 분위기도 아니 지만 언제 가 도 빈자리를 찾기 어려울 정도로 손님이 많은 곳이다. 사라왁에서 재 배한 커피 원

두를 직접 로스팅해서 만든 커피는 진한 향이 일품이고 우유를 넣어 부드러운 맛을 낸 라테와 카푸치노도 인기 있다. 선물용으로 좋은 사라 왁 커피와 차도 판매한다.

MAP p.478-F ◆ **찾아가기** 중국 역사 박물관에서 도보 약 3 분 ◆ **주소** 87, Ewe Hai Street, Kuching ◆ **전화** 608- 242-0290 ◆ **영업** 09:00~18:00 ◆ **휴무** 일요일 ◆ **예산** 카 푸치노 RM8, 카페라테 RM8.50, 차 RM5~7.80

알제이 카페
RJ Café

숯불에 구운 생선구이가 별미

바카르(Bakar)라는 숯불구이 요리로 유명하다. 닭이나 생선 중에서 선택할 수 있고 세트 메뉴로 주문하면 밥과 오이, 템페(콩튀김), 두부튀김, 특제 소스가 함께 나온다. 인기 메뉴인 이칸 바카르 바왈(Ikan Bakar Bawal)은 손바닥만한 크기의 생선구이로 생선살도 부드럽고 가시가 적어 먹기 편하다. 카페(코피티암)도 함께 운영하고 있어서 커피나 토스트, 디저트 등을 먹을 수 있다. 저녁시간부터 영업한다.

MAP p.479-H ● **찾아가기** 리버사이드 쇼핑 콤플렉스에서 도보 약 5분 ● **주소** 291-295, Jalan Abell, Kuching ● **전화** 608-241-4797 ● **영업** 11:00∼01:30(금요일은 14:30부터) ● **휴무** 연중무휴 ● **예산** 라자 이칸 바카르 RM26∼, 라자 이얌 바카르 RM25∼, 음료 RM4∼6

청춘 카페
Chong Choon Café

사라왁 최고의 락사 가게

코피티암 겸 식당으로 3∼4개의 요리를 전문으로 하는 작은 코너가 모여 있다. 먼저 자리를 잡은 후 입구 앞쪽에 있는 포 람 락사(Poh Lam Laksa) 가게에서 주문을 하면 테이블로 가져다준다. 락사는 새콤하고 매콤한 쌀국수로 새우를 토핑으로 올리는데 락사 특유의 향과 맛이 난다. 상큼한 맛을 좋아하면 라임을 짜서 넣어

도 좋다. 락사의 가격은 새우 크기에 따라 달라진다. 아침 일찍 문을 열고, 보통 오전 11시면 그날 준비한 새우가 소진되어 문을 닫는다. 락사를 먹고 난 뒤에는 달콤한 3단 티나 보(Boh)차를 후식으로 즐겨보자.

MAP p.479-H ● **찾아가기** 리버사이드 쇼핑 콤플렉스에서 도보 약 5분 ● **주소** 121, Jalan Abell, Kuching ● **전화** 6012-857-1811 ● **영업** 06:30∼12:00 ● **휴무** 화요일 ● **예산** 사라왁 락사 RM6∼9, 죽 RM5∼, 음료 RM4∼5

라이프 카페
Life Cafe

매콤한 면 요리와 밀크티가 인기

타이완 요리를 처음 선보인 라이프 가든에서 2010년에 문을 연 카페. 인기 메뉴는 두툼한 면과 튀긴 만두를 넣어 먹는 완탕면으로 매콤한

맛이 중독성 있다. 음식을 다 먹고 후식으로 달콤한 밀크티를 마시면 좋다. 가격도 저렴하고 무선 인터넷이 가능해 학생들이 즐겨 찾는다.

MAP p.478-F◆**찾아가기** 중국 역사 박물관에서 도보 약 3분◆**주소** 108, Jalan Ewe Hai, Kuching◆**전화** 608-242-5707◆**영업** 10:00~22:00◆**휴무** 연중무휴◆**예산** 프라이드 완톤 스파이시 누들 RM10~12, 사고(Sago) 밀크티 RM8

인다 카페 & 갤러리
Indah Café & Gallery

로컬 아티스트의 카페 겸 갤러리

간단한 토스트와 수제 케이크, 파이, 쿠키 등을 부담 없는 가격에 맛볼 수 있는 카페로 2층에는 로컬 아티스트로 활동 중인 오너의 갤러리도 있다. 각종 소규모 모임이나 행사도 진행하며 여행자를 위한 홈스테이도 운영하므로 숙소가 필요하다면 문의해보자.

MAP p.478-B◆**찾아가기** 메르데카 광장에서 도보 약 3분◆**주소** 38, Jalan China, Kuching◆**전화** 6016-807-0751◆**영업** 08:00~17:00◆**휴무** 연중무휴◆**예산** 샌드위치 RM15~19, 카페라테 RM8~

톰스
Tom's

예약 손님으로 가득 차는 인기 레스토랑

현지인들에게 전폭적인 지지를 얻고 있는 패밀리 레스토랑으로 새우를 넣은 오일 파스타를 비롯해 햄버거, 파니니 등의 웨스턴 요리와 수제 케이크로 유명하다. 저녁에는 다양한 종류의 스테이크와 해산물 요리도 선보인다. 가격은 다소 비싼 편이지만 그만큼 만족도가 높다.

MAP p.479-H◆**찾아가기** 리버사이드 쇼핑 콤플렉스에서 도보 약 6분◆**주소** 82, Jalan Padungan, Kuching◆**전화** 608-224-7672◆**영업** 11:00~21:00◆**휴무** 일요일◆**예산** 런치 RM35~50, 햄버거 RM35, 스테이크 RM55~180

춉스
CHUBBS

배낭여행자들을 위한 쉼터

2014년 카펜터 스트리트에 문을 연 여행자들을 위한 시설로 2층 숙소의 투숙객들이 주로 이용하는 카페 겸 라운지이다. 핫도그 같은 간단한 메뉴로 식사를 하거나 음료를 마시기 좋고

저녁에는 술을 마시기에 제격이다. 간단한 여행 정보는 매니저가 친절하게 알려준다.

MAP p.478-B ◆**찾아가기** 메르데카 광장에서 도보 약 5분 ◆**주소** 64, Jalan Carpenter, Kuching ◆**전화** 608-223-2859 ◆**영업** 18:00~23:00 ◆**휴무** 연중무휴 ◆**예산** 햄버거 RM20~26

더 정크 레스토랑
The Junk Restaurant

독특한 분위기와 맛있는 요리

동양적인 분위기를 물씬 풍기는 레스토랑으로 바 카운터를 갖추고 있어 늦은 시간까지 손님이 끊이질 않는다. 메뉴는 이탈리아 요리를 주로 선보이는데 스테이크, 양고기 같은 메인 요리에 곁들일 수 있는 와인도 다량 보유하고 있다. 현지인들의 저녁 모임이나 연인들의 데이트 장소로 인기가 높다.

MAP p.478-F ◆**찾아가기** 하버 뷰 호텔에서 도보 약 3분 ◆**주소** 80, Ground Floor, Lebuh Wayang, Kuching ◆**전화** 608-225-9450 ◆**영업** 18:00~24:00 ◆**휴무** 화요일 ◆**예산** 샐러드 RM20~35, 스테이크 RM78~98, 파스타 RM40~79

칸틴 앳 더 그라나리
KANTIN at The Granary

멋진 다이닝 공간으로 탄생

오래된 창고를 살려 문을 연 다이닝 공간으로 웨스턴 요리와 다채로운 말레이 요리를 맛 볼 수 있으며 디저트와 음료까지 한자리에서 해결할 수 있다. 슈퍼드라이 락사, 칸틴 나시 르막 등

현지인들이 즐겨 먹는 메뉴들이 인기다. 스테이크, 햄버거, 파스타 등의 서양식 메뉴도 맛볼 수 있다.

MAP p.478-F ◆**찾아가기** 리버사이드 쇼핑 콤플렉스에서 도보 약 7분 ◆**주소** 23, Wayang St, Kuching ◆**전화** 6017-520-0230 ◆**영업** 10:00~20:00 ◆**휴무** 연중무휴 ◆**예산** 식사류 RM25~50

라우 야 겡
Lau Ya Geng

중국식 인기 푸드코트

카펜터 스트리트에 있는 야외 푸드코트로 언제든 한 끼 식사를 해결할 수 있는 저렴한 포장마차들이 옹기종기 모여 있다. 인기 메뉴는 매콤한 락사(Laksa)와 콜로미(Kolomee), 숯불에 구운 사테(Satay) 등이다. 지붕이 있어 비가 와도 상관이 없다. RM20 정도면 배불리 식사를 할 수 있어 배낭여행자들에게 인기가 높다.

MAP p.478-B ◆ **찾아가기** 메르데카 광장에서 도보 약 3분 ◆ **주소** Jalan Carpenter, Kuching ◆ **영업** 07:00~24:00 ◆ **휴무** 수요일 ◆ **예산** 사테(기본 5개) RM6, 나시 고렝 RM15~

송 켕 하이
Song Kheng Hai

주택가에 자리한 푸드코트

현지인들이 살고 있는 주택가 한가운데에 있는 푸드코트로 동네 주민들이 도란도란 모여 이야기를 나누거나 뜨개질을 하며 차를 마시기도 하고 출출한 배를 채우기도 한다. 학교 끝나고 지나가는 길에 들러 코코아와 음료를 마시는 학생들, 점심 식사를 해결하기 위해 오는 인근의 직장인들까지 오랜 단골들이 많다.

MAP p.478-H ◆ **찾아가기** 힐스 쇼핑몰에서 도보 약 8분 (에버라이즈 마켓 뒤편) ◆ **주소** Jalan Song Kheng Hai, Kuching ◆ **영업** 07:00~16:00(가게마다 다름) ◆ **예산** 식사 RM8~20, 음료 RM3~7

애니 콜로미
Annie Kolomee

명물 국수 콜로미가 인기

현지인들이 즐겨 먹는 콜로미는 고슬고슬한 에그누들에 마늘, 양파, 파, 돼지고기 등을 올려 먹는 면 요리로 국물이 없는 담백한 맛이 특징이다. 커피와 번, 토스트도 판매한다. 파둥안 거리 초입 부근에 있으며, 한국 여행자의 경우 돼지고기의 향 때문에 호불호가 갈릴 수 있다. 홈스테이도 함께 운영하고 있다.

MAP p.479-H ◆ **찾아가기** 4마리 고양이 동상에서 도보 약 1분 ◆ **주소** 236, Jalan Padungan, Kuching ◆ **전화** 6016-858-6669 ◆ **영업** 14:30~19:30 ◆ **휴무** 연중무휴 ◆ **예산** 콜로미 RM8~12

쿠칭의 쇼핑 | SHOPPING

메인 바자르 거리
Jalan Main Bazaar

다닥다닥 연결된 숍하우스가 이색적

강변을 따라 이어지는 쿠칭의 중심 대로로 길가에 숍하우스들이 밀집해 있다. 워낙 상점들이 많아 시간을 갖고 천천히 둘러보는 것이 좋다. 메인 바자르는 크게 두 개의 상권으로 나뉘는데, 대백공 사원 건너편부터 시작되는 구역은 사라왁주를 대표하는 각종 기념품과 스포츠 의류 상점이 주를 이룬다. 또 다른 상권은 제임스 브룩의 시계탑을 지나면서부터 시작된다. 현지인들이 즐겨가는 원단 가게나 향신료, 과일, 채소 등을 파는 식료품 가게가 있으며 인디아 거리로 이어진다. 대부분 정찰제여서 바가지를 씌우는 경우도 별로 없으니 편하게 쇼핑을 즐겨보자.

MAP p.478-B◆**찾아가기** 메르데카 광장에서 도보 약 5분(쿠칭 워터프런트 맞은편)◆**주소** Jalan Main Bazaar, Kuching◆**영업** 10:00~22:00◆**휴무** 연중무휴

인디아 거리
India Street

인디아의 색과 향이 가득한 거리

바락 거리(Jalan Barrack)의 리틀 레바논(Little Lebanon)이라는 레스토랑을 기준으로 차이나타운과 인디아 거리로 나뉜다. 약 100m가량 이어지는 도로 양옆으로 신발, 축구 유니폼, 전통 의상, 화장품, 가방 등을 판매하는 상점들이 빼곡하게 들어서 있다.

안쪽으로 더 들어가면 인디아 사원이 있고 상인들과 주민들로 항상 분주하다. 대부분의 상점이 2층 구조의 숍하우스이며 비교적 깨끗하고 화사한 분위기다. 차이나타운이나 메르데카 광장으로 가는 길에 들러보자.

MAP p.478-A◆**찾아가기** 메르데카 광장에서 도보 약 5분◆**주소** India Street, Kuching◆**영업** 10:00~22:00◆**휴무** 연중무휴

플라자 메르데카
Plaza Merdeka

쿠칭에서 가장 고급스런 복합 쇼핑몰

메르데카 광장 옆에 있는 복합 쇼핑몰로 팍슨 백화점을 비롯해 국내외 유명 브랜드와 액세서리, 전자제품, 대형 슈퍼마켓, 서점, 호텔 등이 입점해 있다. 쇼핑몰 주변에 여행자 정보 센터, 인디아 거리, 차이나타운, 박물관, 워터프런트 등이 있어 관광을 하다가 잠시 들러 요기를 하기에도 좋다. 지하와 1층에 가볍게 식사를 할 수 있는 패스트푸드점과 카페 등이 있고 3층에는 푸드코트도 있다. 쇼핑몰 앞에 택시 승강장이 있어 다른 곳으로 이동할 때 편리하다.

MAP p.478-A◆**찾아가기** 메르데카 광장 옆◆**주소** 88, Pearl Street, Kuching◆**전화** 608-223-7526 ◆**영업** 10:00~22:00◆**휴무** 연중무휴 ◆**홈페이지** www.plazamerdeka.com

사라왁 플라자
Sarawak Plaza

현지인들이 즐겨 가는 아웃렛 쇼핑몰

툰쿠 압둘 라만 거리에 있는 아웃렛 쇼핑몰로 특히 스포츠 용품과 아웃도어 용품이 강세다. 나이키, 아디다스 등 다양한 스포츠 브랜드를 취급하는 리 스포츠 센터(Lea Sports Centre) 와 아웃도어 용품 아울렛인 그릭스 아웃기어 (Greek's Outgear)를 놓치지 말자. 그 외에도 저렴한 로컬 브랜드 매장과 커피빈, KFC, 피자헛 등의 패스트푸드점과 카페가 있다. 지하에는 현지 식품과 건어물, 과자, 커피 등을 싸게 살 수 있는 에버라이즈(Everise) 슈퍼마켓이 있다.

MAP p.479-G◆**찾아가기** 메르데카 광장에서 도보 약 15분(그랜드 마르게리타 호텔에서 연결)◆**주소** Jalan Tunku Abdul Rahman, Kuching◆**전화** 608-241-2150 ◆**영업** 10:00~22:00◆**휴무** 연중무휴

More 저렴한 슈즈 천국, 리 센터 Lea Centre

사라왁 플라자 2층에 있는 슈즈 아웃렛으로 품질과 가격이 좋기로 유명하다. 남녀 구두, 운동화, 샌들 등 신발 생산에 일가견이 있는 리 그룹에서 말레이시아 로컬 브랜드들을 모아 저렴한 가격에 판매하고 있다. 여행 중 부담 없이 신을 수 있는 샌들을 적극 추천한다. 할인 제품은 RM20에도 구입할 수 있다.

리버사이드 쇼핑 콤플렉스
Riverside Shopping Complex

생필품과 실용적인 제품을 취급

툰쿠 압둘 라만 거리에 있으며 리버사이드 마제스틱 호텔과 연결되어 있다. 팍슨 백화점을 비롯해 전자제품, 스포츠 의류, 여성 의류, 기념품, 생활용품 등을 판매하는 다양한 매장이 입점해 있다. 쇼핑시설 외에도 영화관, 볼링장 등의 여가 시설을 갖추고 있으며, 지하에는 약국, ATM, 슈퍼마켓 등이 있다.

MAP p.479-C◆**찾아가기** 메르데카 광장에서 도보 약 13분(사라왁 플라자에서 도보 약 3분)◆**주소** Jalan Tunku Abdul Rahman, Kuching◆**전화** 608-223-3351◆**영업** 10:00~22:00◆**휴무** 연중무휴

더 힐스 쇼핑몰
The Hills Shopping Mall

풀만 호텔과 연결된 쇼핑몰

2층으로 이루어진 쇼핑몰로 망고 (MANGO) 매장과 전자제품, 레스토랑, 카페 등이 있지만 비어 있는 점포도 있다. 풀만 호텔과 연결되어 있으며 쇼핑몰 중앙홀은 현지인들의 레크리에이션 공간으로 사용된다. 다양살하 퀴진, 올드 타운 화이트 커피, 토이저러스 정도가 인기 있다.

MAP p.479-G◆**찾아가기** 메르데카 광장에서 도보 약 15분(사라왁 플라자에서 도보 약 7분)◆**주소** 8, Jalan Bukit Mata, Interhill Place, Kuching◆**전화** 608-225-3310◆**영업** 10:00~22:00◆**휴무** 연중무휴 ◆**홈페이지** www.hillsshoppingmall.com.my

---

툰 주가
Tun Jugah

현지에서 꾸준히 인기몰이 중

사라왁 플라자 건너편에 있는 3층 규모의 아담한 쇼핑몰이다. 1층에는 카페, 환전소, 편의점 등이 있고, 2층에는 의류, 장난감, 시계 매장 등이 있다.

3층에는 서적, 문구, 음반 등을 판매하는 포퓰러 북 스토어(Popular Book Store)가 있다.

MAP p.479-G◆**찾아가기** 메르데카 광장에서 도보 약 15분◆**주소** 18, Jalan Tunku Abul Raman, Kuching ◆**전화** 608-225-3308◆**영업** 10:00~19:30◆**휴무** 연중무휴◆**홈페이지** www.tunjugah.com

아트 오브 아시아
Arts of Asia

MAP p.478-B◆찾아가기 중국 역사 박물관에서 도보 약 1분◆주소 68, Jalan Main Bazaar, Kuching◆전화 608-224-8476◆영업 10:00~20:30 ◆휴무 연중무휴

다양한 기념품과 공예품을 취급

사라왁 여행을 기념할 수 있는 티셔츠와 전통의상, 배낭여행자들의 필수품인 패브릭 가방과 손지갑 등을 판매한다. 나무를 이용해 만든 목각 공예품과 전통 탈도 크기가 작아 기념품이나 선물용으로 좋다. 가격은 정찰제이므로 믿고 살 수 있으며, 작은 소품의 경우 3개 이상 구입하면 하나를 덤으로 주기도 한다.

유디 시부란 자야
UD Siburan Jaya

방대한 양의 기념품을 판매

숍하우스 두 개를 합쳐 놓았을 정도로 큰 규모의 기념품 가게다. 사라왁 전통 패턴을 이용한 티셔츠와 각종 기념품, 앤티크 가구, 소품들을 판매한다. 워낙 다양한 품목을 취급하고 있어 구경하는 것만으로도 재미가 있다. 쿠칭의 상징인 고양이 마그넷은 RM1.50, 키홀더는 RM4.90 정도면 살 수 있다.

MAP p.478-B◆찾아가기 메르데카 광장에서 도보 약 10분◆주소 35, 66, 80 Jalan Main Bazaar, Kuching◆전화 608-225-1687◆영업 10:00~20:30◆휴무 연중무휴

파마테크 헬스케어
Pharmatech Healthcare

간판도 제대로 없는 할인 매장

현지에서 OEM으로 생산되는 스포츠 아웃도어 브랜드의 불합격 상품들을 모아 판매하는 할인 매장이다. 가방, 벨트, 액세서리 등 다양한 제품을 구비하고 있다. 이상이 있는 제품들을 판매하는 숍인 만큼 가격은 정상가보다 훨씬 저렴한 대신 제품을 꼼꼼히 살펴보는 것이 중요하다.

MAP p.478-B◆찾아가기 메르데카 광장에서 도보 약 10분◆주소 51, Jalan Main Bazaar, Kuching◆영업 10:00~22:00◆휴무 연중무휴

21 비스트로
21 Bistro

라이브 음악을 들을 수 있는 바

재즈 공연이나 라이브 밴드의 흥겨운 음악을 감상하며 술을 마실 수 있는 곳으로 파둥안 거리 중심에 위치해 있다. 규모는 작지만 맛과 서비스는 현지인과 여행자 모두에게서 인정받은 곳이다. 저녁에는 해산물 스파게티 같은 웨스턴 요리와 페낭 로컬 요리들을 내놓는데 맥주나 칵테일과 함께 즐기면 좋다. 와인과 위스키 등도 갖추고 있으므로 원하는 스타일로 즐겨보자. 고양이 동상이 바로 앞에 있어 찾아가기도 쉽다.

MAP p.479-G◆**찾아가기** 4마리 고양이 동상 앞◆**주소** 64, Jalan Padungan, Kuching◆**전화** 608-223-9069◆**영업** 16:00~01:00◆**휴무** 일요일◆**예산** 샐러드 RM12~20, 그릴 요리 RM38~70

드렁크 몽키 올드 스트리트 바
Drunk Monkey Old Street Bar

카펜터 스트리트의 이색적인 펍

호주인이 운영하는 캐주얼 펍으로 생맥주와 다양한 수입 맥주들을 판매한다. 벽돌로 마감한 벽면에는 수입 맥주와 와인이 가득 진열되어 있으며 나무로 된 테이블과 의자가 웨스턴 펍 특유의 분위기를 풍긴다. 차이나타운에서도 인기 있는 펍으로 주말에는 낮에도 사람이 많고 단골손님도 꽤 많기로 유명하다. 저녁에는 가게 앞에 마련된 야외 테이블에 앉아서 시원한 맥주 한잔을 마시며 여유로운 시간을 보내기에 좋다.

MAP p.478-F◆**찾아가기** 쿠칭 워터프런트에서 도보 약 3분◆**주소** 68, Jalan Carpenter, Kuching◆**전화** 6016-864-9222◆**영업** 14:00~24:00◆**휴무** 연중무휴 ◆**예산** 생맥주 RM16~20, 외국맥주 RM25~30◆**홈페이지** www.facebook.com/drunkmonkeyoldstreetbar

쇼어 비스트로
Shore Bistro

칵테일과 생맥주가 인기

파당안 거리에서도 꽤 유명한 스포츠 펍으로 야외 바와 실내 공간을 갖추고 있다. 칵테일은 바텐더의 해박한 지식과 능숙한 기술로 만들어내는 섹스 온 더 비치(Sex on the Beach)가 인기 메뉴. 현지 젊은이들이 좋아하는 아일랜드 맥주 킬케니도 맛볼 수 있다. 해피 아워에는 기네스, 하이네켄, 타이거 맥주 3잔(1,000cc)을 RM55~60이면 마실 수 있어 부담 없이 즐기기 좋다.

MAP p.479-H◆**찾아가기** 4마리 고양이 동상에서 도보 약 2분◆**주소** Lot 228, 50, Jalan Abell, Kuching◆**전화** 608-223-2294◆**영업** 16:00~02:00◆**휴무** 연중무휴 ◆**예산** 칵테일 RM30~, 상그리아 RM30, 타이거 맥주 RM15 ◆**홈페이지** www.facebook.com/shorebistrokch

호텔 풀만 쿠칭
Hotel Pullman Kuching

부대시설이 충실한 5성급 호텔

힐튼 호텔과 더불어 쿠칭에서 가장 고급스러운 호텔 중 하나로 이동이 편리한 파둥안 거리에 있다. 가격 대비 만족도가 높고 부대시설이 충실해 비즈니스 여행자는 물론 모든 여행자에게 인기가 좋다. 총 389개의 객실은 대형 유리창 너머로 시원하게 트윈 시티뷰를 바라볼 수 있고 위성 TV와 무선 인터넷, 온수, 미니 바, 에스프레소 머신 등 투숙객을 위한 편의시설도 잘 갖추어져 있다. 부대시설로는 스파, 레스토랑, 피트니스 센터 등이 있으며 전체적으로 넓은 공간과 화사한 조명을 사용해 활기찬 분위기이다. 힐스 쇼핑몰과도 연결되어 있어 쇼핑과 식사를 즐기기도 좋다.

MAP p.479-G◆**찾아가기** 쿠칭 워터프런트에서 도보 약 5분(사라왁 플라자에서 도보 약 10분)◆**주소** 1a, Jalan Mathies, Kuching◆**전화** 608-222-2888◆**요금** 슈페리어 RM260~, 디럭스 RM320◆**홈페이지** www.all.accor.com

Tip 이그제큐티브(Executive) 계열의 룸에 투숙할 경우 쿠칭 시내를 한눈에 감상할 수 있는 최상층 라운지를 이용할 수 있으며 하루 종일 음료와 스낵, 칵테일 등이 무료로 제공된다.

더 라니 부티크 스위트
The Ranee Boutique Suites

MAP p.478-B ◆ **찾아가기** 쿠칭 워터프런트에서 도보 약 3분 ◆ **주소** 7, Jalan Main Bazaar, Kuching ◆ **전화** 608-225-8833 ◆ **요금** 스탠더드 스위트 RM350~, 라니 스위트 RM650 ◆ **홈페이지** www.theranee.com

쿠칭의 No.1 럭셔리 부티크 호텔

2014년에 오픈하여 여행자들 사이에서 인기를 얻고 있는 곳이다. 총 24개의 객실은 현대적인 인테리어와 콜로니얼 풍의 가구 · 소품들이 조화를 이룬 퓨전 스타일로 세련되게 꾸며져 있다. 일반 객실과 스위트룸으로 나뉘어 있으며 대부분의 객실에서 쿠칭의 랜드마크인 사라왁 주 의사당 건물을 조망할 수 있고 전용 발코니가 딸린 방도 있다. 부대시설로는 카페, 바 & 비스트로, 투어 데스크가 있으며 직원들의 수준 높은 서비스를 받을 수 있다. 메인 바자르 거리에 위치해 있어 워터프런트를 비롯한 쿠칭의 관광 명소들을 둘러보기에 편리하다.

더 라니 부티크 스위트의 특별한 매력

19세기 전통 숍하우스의 모습을 그대로 살려 꾸민 호텔은 마치 작은 갤러리를 연상시킨다. 현대적인 감각과 숍하우스의 매력이 적절하게 조화를 이루며 유럽풍 데커레이션이 인상적이다. 호텔 곳곳에 숨겨진 예술품과 앤티크 소품을 구경하는 재미가 있다.

힐튼 쿠칭
Hilton Kuching

쿠칭 최고의 전망을 자랑하는 호텔

사라왁강을 마주하고 있는 대형 호텔로 쿠칭의 중심가인 툰쿠 압둘 라만 거리에 위치해 있다. 객실은 일반 객실, 스위트룸, 이그제큐티브룸으로 나뉘며 이그제큐티브룸 투숙객에게는 전용 라운지와 무선 인터넷을 무료로 제공한다. 전체적으로 깔끔한 분위기이며 편의시설도 잘 갖춰져 있지만 인터넷 사용은 별도의 비용을 지불해야 한다. 부대시설로는 다양한 요리를 즐길 수 있는 레스토랑과 카페, 리조트 느낌이 물씬 풍기는 야외 수영장과 스파, 24시간 이용 가능한 피트니스 센터 등이 있다. 조식 또는 인터넷이 포함된 패키지를 이용하면 좀 더 합리적인 요금에 이용할 수 있다.

MAP p.478-G◆**찾아가기** 쿠칭 워터프런트에서 도보 약 3분◆**주소** Jalan Tunku Abdul Rahman, Kuching◆**전화** 608-222-3888◆**요금** 트윈 RM285~◆**홈페이지** hilton.com/en/hotels/kuchitw-hilton-kuching/?SEO_id=GMB-APAC-TW-KUCHITW

바사가 홀리데이 레지던스
Basaga Holiday Residences

한적하게 쉴 수 있는 힐링 플레이스

쿠칭 시내에서 다소 떨어져 있지만 자연을 느끼며 조용히 휴식을 취하기에 딱 좋은 곳이다. 녹음이 우거진 정원과 아담한 야외 수영장을 갖추고 있고 단아한 2층 구조의 건물에 객실이 마련되어 있어 마치 별장 같은 분위기이다. 객실은 독채 스타일의 코트야드룸과 일반 객실 타입으로 나뉘는데, 객실에 따라 야외에서 샤워를 해야 하는 경우도 있으므로 예약 시 잘 확인하자. 정원 앞에는 야외 레스토랑과 바가 마련되어 있어 향기로운 풀내음을 느끼며 기분 좋은 식사를 할 수 있다. 하루 2회 쿠칭 시내로 가는 셔틀버스 서비스를 제공한다.

MAP p.479-K◆**찾아가기** 쿠칭 공항에서 택시로 약 20분◆**주소** 70, Jalan Tabuan, Kuching◆**전화** 608-241-7069◆**요금** 코트야드 RM180, 트윈룸 테라스 RM200, 패밀리룸 RM350◆**홈페이지** www.basaga.com

그랜드 마르게리타 호텔
Grand Margherita Hotel

사라왁강 변에 있는 4성급 호텔

고양이 동상이 있는 쿠칭 시내 한복판에 위치해 있으며 사라왁강을 마주보고 있다. 288개의 객실은 각종 편의시설이 잘 구비되어 있고 특히 침대가 넓어 편안하게 쉴 수 있다. 부대시설로는 강변을 따라 리조트 분위기로 꾸민 야외 수

영장과 레스토랑 등이 있으며, 사라왁 플라자와 연결되어 있어 쇼핑을 하기에도 편리하다.

MAP p.479-G◆**찾아가기** 8마리 고양이 동상 앞◆**주소** Jalan Tunku Abdul Rahman, Kuching◆**전화** 608-242-3111◆**요금** 슈페리어 트윈 RM290 ◆**홈페이지** www.grandmargherita.com

리버사이드 마제스틱 호텔
Riverside Majestic Hotel

편리한 위치와 다양한 서비스를 갖춘 호텔

툰쿠 압둘 라만 거리에 있는 고급 호텔로 241개의 아늑한 객실을 갖추고 있다. 부대시설로는 레스토랑, 야외 수영장, 테니스 코트, 피트니스 센터, 쇼핑몰 등이 있으며 특히 태국식 스팀보트가 유명한 코카 타이 레스토랑은 현지인들에게 호평을 받고 있다. 무선 인터넷을 무료로 이용할 수 있고 다마이 지역까지 셔틀버스 서비

스도 제공한다.

MAP p.479-C◆**찾아가기** 쿠칭 워터프런트에서 도보 약 5분◆**주소** Jalan Tunku Abdul Rahman, Kuching◆**전화** 608-224-7777◆**요금** 슈페리어 RM300~, 클럽 트윈 RM430◆**홈페이지** www.riversidemajestic.com

포 포인츠 바이 쉐라톤 호텔
Four Points By Sheraton Hotel

쿠칭 공항과 인접한 고급 호텔

공항 근처에 위치해 있어 쿠칭에 도착하는 날이
나 떠나기 전날 묵기 좋다. 스타우드 계열의 호
텔로 도심을 바라볼 수 있게 설계되었으며 총
435개의 객실은 캐주얼하면서도 여유 있는 공
간을 자랑한다. 넓은 야외 수영장과 레스토랑,
바 등의 편의시설을 갖추고 있으며 공항과 호
텔, 쿠칭 도심 간의 셔틀버스를 운행한다.

MAP p.481-C◆**찾아가기** 쿠칭 공항에서 택시로 약 5분
◆**주소** Lot 3186-3187, Block 16, Jalan Lapangan
Terbang Baru, Kuching◆**전화** 608-228-0888◆**요금**
컴포트 RM240~
◆**홈페이지** www.starwoodhotels.com

랏 텐 부티크 호텔
Lot 10 Boutique Hotel

다양한 서비스가 있는 부티크 호텔

2014년에 문을 연 스타일리시한 호텔로 시내
중심에서 도보로 약 15분 정도 떨어져 있다.
총 68개의 객실 중에는 패밀리룸도 있어서 가
족 여행객에게 인기 있으며 모든 객실에서 초고

속 무선 인터넷을 이용할 수 있다. 편의시설로
분위기 좋은 비스트로와 피트니스, 투어데스크
등이 있고 공항이나 시내까지 셔틀 서비스도 제
공한다(최소 2명 이상, 1인당 RM5.99).

MAP p.479-H◆**찾아가기** 1마리 고양이 동상에서 도보
약 3분◆**주소** 10, Jalan Ban Hock, Jalan Central
Timur, Kuching◆**전화** 608-223-2228◆**요금** 스탠더
드 RM125~, 디럭스퀸 RM155~
◆**홈페이지** www.lot10hotel.com

더 라임트리 호텔
The Limetree Hotel

차이나타운에 있는 중급 호텔

호텔 이름처럼 모든 공간에 라임 컬러로 포인트를 준 화사한 인테리어가 특징이다. 객실은 일반 객실과 스위트룸으로 나뉘며 무선 인터넷과 TV 등 기본적인 시설이 완비되어 있다. 로비에는 맛있는 식사를 제공하는 카페가 있고, 루프톱에 마련된 라운지에서는 칵테일이나 맥주를 마시며 저녁시간을 보내기에 좋다.

MAP p.479-H◆**찾아가기** 4마리 고양이 동상에서 도보 약 3분◆**주소** 317, Jalan Abell, Kuching◆**전화** 608-241-4600◆**요금** 디럭스 RM165
◆**홈페이지** www.limetreehotel.com.my

파둥안 호텔
Padungan Hotel

파둥안 거리의 인기 호텔

파둥안 거리에서 독특한 외관으로 눈길을 끄는 중급 호텔로 가격이 상당히 합리적이어서 인기가 높다. 객실은 2인실, 3인실, 패밀리룸으로 나뉘며 인근 숙소들에 비하면 조금 넓은 편이다. TV, 에어컨, 책상 등 기본적인 시설과 개별 욕실을 갖추고 있고, 호텔 주변에 레스토랑, 펍, 슈퍼마켓, 은행 등이 많아 편리하다.

MAP p.479-H◆**찾아가기** 4마리 고양이 동상에서 도보 약 2분◆**주소** 115, Jalan Padungan, Kuching◆**전화** 608-225-7766◆**요금** 트윈 RM120
◆**홈페이지** www.padunganhotel.com

튠 호텔
Tune Hotel

편리한 위치를 자랑하는 저가 호텔

에어아시아에서 운영하는 글로벌 체인 호텔로 저렴한 숙박료와 깔끔한 시설로 인기가 높다. 워터프런트와 가깝고 힐튼 호텔과 마주하고 있어 찾아가기도 쉽다. 투숙객에 한해 저렴한 일일 투어와 공항 트랜스퍼 서비스를 제공한다. 에어컨, TV, 인터넷, 수건이 포함된 코지 패키지를 이용하면 보다 저렴하다.

MAP p.479-G◆**찾아가기** 쿠칭 워터프런트에서 도보 약 5분(힐튼 호텔 맞은편)◆**주소** Jalan Borneo, Kuching◆**전화** 608-223-8221◆**요금** 싱글 RM50~, 코지 패키지 RM75◆**홈페이지** www.tunehotels.com

쥬얼스 오브 보르네오
Jewels of Borneo

차이나타운에 문을 연 최신 게스트하우스

2014년에 문을 열었으며 저렴한 숙박료에 간단한 조식이 포함되어 배낭여행자에게 인기 있다. 객실은 독립적인 욕실과 화장실을 갖춘 더블룸과 여러 명이 함께 묶는 도미토리로 나뉜다. 에어컨과 무선 인터넷을 제공하며 온수 샤워도 가능하다. 메르데카 광장, 워터프런트 등에서 가까워 주변 환경도 좋은 편이다.

MAP p.478-F◆찾아가기 메르데카 광장에서 도보 약 5분◆주소 66, Upper China Street, Kuching◆전화 608-225-9118◆요금 더블 RM60~, 도미토리 RM25~

스리하우스 베드 & 브렉퍼스트
Threehouse Bed & Breakfast

유럽 여행자들이 즐겨 찾는 게스트하우스

붉은색을 테마로 동양적인 분위기가 물씬 나게 꾸민 것이 특징이다. 총 9개의 객실이 있으며 더블룸은 퀸사이즈 침대에 에어컨, 타올이 포함되어 있다. 도미토리는 6인실로 개인용 사물함이 있다. 무선 인터넷과 주방시설을 이용할 수 있으며 카드식 출입으로 24시간 보안 시스템을 갖추고 있다. 예약은 자체 홈페이지에서 가능.

MAP p.478-B◆찾아가기 메르데카 광장에서 도보 약 5분◆주소 51, Upper China Street, Kuching◆전화 608-242-3499◆요금 더블 RM50~, 도미토리 RM20◆홈페이지 www.threehousebnb.com

마르코 폴로 게스트하우스
Marco Polo's Guesthouse

대로변에 위치한 소박한 게스트하우스

파동안 거리 초입에 있는 인기 게스트하우스로 2인실, 4인실, 6인실, 8인실까지 운영한다. 2층으로 구성된 단독주택 형태로 TV 시청이나 컴퓨터를 할 수 있는 라운지 겸 휴게실이 있고, 모든 객실은 화장실을 공용으로 사용한다. 주변에 식당과 상점이 많으며 입구는 대로변이 아닌 주택가에 있다.

MAP p.479-H◆**찾아가기** 1마리 고양이 동상에서 도보 약 1분◆**주소** 236, Jalan Padungan, Kuching◆**전화** 608-224-6679◆**요금** 더블 RM38(조식 포함), 4·6·8인실 RM27◆**홈페이지** www.oyorooms.com

싱가사나 롯지
Singgahsana Lodge

커뮤니티 공간이 매력적인 게스트하우스

쿠칭 시내 중심에 위치해 있으며 실내가 사라왁 전통 분위기로 꾸며져 있어 멋스럽다. 더블룸, 트윈룸, 트리플룸, 패밀리룸, 도미토리(10인실) 등 다양한 객실을 갖추고 있다. 이곳은 특히 여행자들끼리 함께 어울릴 수 있는 공간이 잘 마련되어 있기로 유명하다. 무료 Wi-Fi, 자전거 대여 등의 서비스를 제공하고, 사라왁 내 투어 예약 및 문의가 가능한 투어 데스크도 운영하고 있다.

MAP p.478-F◆**찾아가기** 대백공 사원에서 도보 약 1분◆**주소** 1, Temple Street, Kuching◆**전화** 608-242-9277◆**요금** 도미토리 RM31~, 디럭스 더블 RM132~◆**홈페이지** www.singgahsana.com

돔(Dorm)이란?

숙소 예약을 하다 보면 한 번쯤 듣게 되는 '돔'. 돔이란 도미토리의 약자로 보통 6~10명이 함께 묵으며 샤워실과 화장실은 대부분 공동으로 사용한다. 배낭여행자나 장기여행자들이 주로 이용하는 게스트하우스 또는 B & B에서 볼 수 있는 객실 타입으로, 요금은 1인 기준 RM15~20 정도이다. 쿠칭에서 돔 숙소는 차이나 스트리트 근처에 밀집해 있다.

Check

여행 포인트

휴양 ★★★
관광 ★★
쇼핑 ★
음식 ★

교통수단

도보 ★
버스 ★★★
투어 버스 ★★★★

Damai
다마이

쿠칭에서 북쪽으로 약 35km 떨어진 해안 지역으로 해발 810m의 산투봉 (Santubong)산과 남중국해를 끼고 있다. 해변은 아담하고 조용한 편이 어서 여유롭게 시간을 보내기에 좋으며 관광객을 위한 리조트와 편의시설 도 마련되어 있다. 산투봉산 중턱에는 토착 원주민들의 생활상과 전통 문 화를 볼 수 있는 사라왁 컬처럴 빌리지가 있어 관광 명소로 인기가 높다. 때 묻지 않은 자연에서 휴양을 즐기거나 전통을 지키며 살아가는 원주민들과 함께 하며 말레이시아의 또 다른 매력을 찾아보자.

이것만은 꼭!

1. 사라왁 컬처럴 빌리지 둘러보기
2. 전통 부족들의 공연 감상하기
3. 다마이 해변에서 시간 보내기

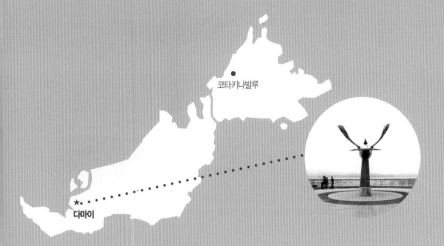

코타키나발루

다마이

다마이로
가는 방법

Access

셔틀버스

쿠칭 시내에서 다마이 지역으로 운행하는 셔틀 버스가 있다. 주로 시내 주요 호텔을 순환하며 손님을 태우고 간다. 다마이 해변이나 사라왁 컬처럴 빌리지에 가려면 다마이 센트럴(Damai Central)에서 내리면 된다. 자세한 사항은 호텔 안내데스크에 문의하거나 사라왁 컬처럴 빌리지 홈페이지를 참고하자.

운행 1일 5~6회
요금 편도 RM12, 왕복 RM20

택시

쿠칭 공항이나 시내에서 택시로도 갈 수 있다. 다마이 센트럴까지는 약 1시간 10분 정도 걸리며 요금은 RM70. 택시를 이용할 경우 편도보다는 3~4시간가량 대절하는 편이 낫다. 셔틀버스나 사라왁 컬처럴 빌리지 투어가 포함된 패키지를 이용하는 것도 방법이다.

● 셔틀버스 시간표

힐튼 호텔	풀만 호텔	하버뷰 호텔	싱가사나 롯지	다마이 센트럴	다마이 비치 리조트	산투봉 쿠칭 리조트
09:00	09:05	09:10	09:15	09:00	09:05	09:10
10:15	10:20	10:25	10:30	11:15	11:20	11:25
12:15	12:20	12:25	12:30	13:15	13:20	13:251
14:15	14:20	14:25	14:30	15:15	15:20	15:25
16:15	16:20	16:25	16:30	17:15	17:20	17:25
18:15	18:20	18:25	18:30			

레인포레스트 월드 뮤직 페스티벌
Rainforest World Music Festival

매년 8월이면 세계 각국에서 모인 음악인들이 함께하는 민속 음악 축제 '레인포레스트 월드 뮤직 페스티벌'이 다마이 사라왁 컬처럴 빌리지 내에서 개최된다. 각 나라를 대표하는 팀들의 멋진 춤과 공연을 감상할 수 있으며 이 기간에는 다마이 해변과 컬처럴 빌리지 내에서 다채로운 축제가 열린다. 자세한 사항은 홈페이지(www.rwmf.net) 참조.

사라왁 컬처럴 빌리지 ★ ★ ★
Sarawak Cultural Village

사라왁 전통 부족의 문화를 소개

쿠칭에서 약 32km 떨어진 산투봉산 중턱에 있는 민속 마을. 전통 문화를 간직하며 살아가는 7개 토착 부족들의 가옥과 생활 양식을 둘러보고 전통춤과 공연을 관람할 수 있다. 자세한 내용과 셔틀버스 정보는 p.484 참조.

MAP p.481-A◆**찾아가기** 쿠칭 시내에서 셔틀버스로 약 60분, 다마이 센트럴에서 하차 후 도보 1분◆**주소** Pantai Damai, Santubong, Kuching◆**전화** 608-284-6411 ◆**운영** 09:00~17:00(공연 시간 11:30, 16:00)◆**휴무** 연중무휴◆**요금** 어른 RM95, 어린이 RM60(2~12세) ◆**홈페이지** www.scv.com.my

다마이 골프 & 컨트리 클럽 ★ ★
Damai Golf & Country Club

아놀드 파머가 설계한 챔피언십 코스

1996년에 개장한 18홀 72파 국제 규격의 챔피언십 코스로 아름다운 해안 코스와 지상 코스로 설계되었다. 해안 코스 중 17번은 시그너처 홀로 154m의 파 3홀이다. 회원제로 운영되지만 비회원도 이용할 수 있는 18홀 골프 코스로 이용료가 무척 저렴하다.

MAP p.481-A◆**찾아가기** 쿠칭 시내에서 셔틀버스로 약 60분, 다마이 센트럴에서 하차◆**주소** Jalan Santubong, Kuching◆**전화** 608-284-6088◆**요금** 18홀(월~금요일 RM200, 토·일요일·공휴일 RM298), 전동차 RM100, 캐디 RM80◆**홈페이지** www.damaigolf.com

다마이 센트럴 ★ ★ ★
Damai Central

해변을 마주하고 있는 복합 공간

레스토랑, 푸드코트, 도미토리, 편의점, 기념품 숍 등이 모여 있는 복합 공간. 먼 바다까지 바라볼 수 있는 전망대가 설치되어 있고, 건물 앞의 거대한 새 조각상이 인상적이다. 입구에 푸드코트가 있다.

MAP p.481-A◆**찾아가기** 쿠칭 시내에서 셔틀버스로 약 60분, 다마이 센트럴에서 하차 후 도보 1분◆**주소** Pantai Damai Santubong, Kuching◆**전화** 608-284-6158 ◆**운영** 09:00~19:00◆**휴무** 연중무휴◆**요금** 무료

사라왁 최초의 국립 공원
바코 국립 공원
Bako National Park

사라왁주 서북단에 위치한 바코 국립 공원으로 규모는 작지만 다양한 정글 트레킹 코스를 통해 풍부한 야생 동식물과 강, 폭포 등 열대 우림의 자연을 만끽할 수 있다. 특히 이곳에서는 보르네오섬에서 주로 서식하는 프로비스 원숭이를 비롯해 긴꼬리원숭이와 왕도마뱀, 그리고 다양한 조류를 관찰할 수 있다. 공원 내에 입장하려면 공원 관리사무소에서 미리 허가증을 받아야 하며, 가급

©말레이시아 관광청

적 아침 일찍 출발해서 마지막 버스 시간에 늦지 않도록 해야 한다. 야영이나 숙박을 하려면 미리 쿠칭의 국립 공원 예약사무소에 방문하여 숙소를 예약해야 한다. 개별적으로 갈 수도 있지만 현지 여행사의 일일 투어 상품을 이용하면 보다 편리하게 다녀올 수 있다.

MAP p.481-B ◆**찾아가기** 쿠칭 시내에서 차로 약 45분 ◆**주소** Bako National Park, Sarawak ◆**전화** 608-243-1336 ◆**운영** 08:00~17:00 ◆**휴무** 토ㆍ일요일 ◆**요금** 어른 RM20, 어린이 RM10 ◆**홈페이지** www.sarawakforestry.com

---

쿠칭에서 바코 국립 공원으로 가는 방법

래피드 쿠칭 버스(Rapid Kuching Bus) 1번을 타고 캄풍 바코(Kampung Nako) 마을까지 간 다음 보트를 타고 공원 입구에서 내리면 된다. 쿠칭 시내에서 캄풍 바코까지는 버스로 약 45분, 공원까지는 보트로 약 20분 소요된다.

MAP p.478-A ◆**찾아가기** 쿠 훈 옝 거리(Jalan Khoo Hun Yeang)의 오픈 에어 마켓(Open Air Market) 근처 ◆**운행** 07:00~17:15(캄풍 바코 기준 마지막 버스 17:30) ◆**요금** 버스 RM5.50~, 보트 RM40

국립 공원 예약사무소
National Parks Booking Office

MAP p.481-B ◆**찾아가기** 사라왁 여행자 정보 센터 내 ◆**주소** Visitors Information Centre, Jalan Tun Abang Haji Openg, Kuching Sarawak ◆**전화** 608-224-8088 ◆**운영** 08:00~17:00 ◆**휴무** 토ㆍ일요일ㆍ공휴일 ◆**예약** http://ebooking.com.my

국립 공원 내 숙박 시설 요금

- **포레스트 롯지 타입 4 Forest Lodge Type 4**
  방 하나 RM159, 독채 238.50(에어컨, 화장실, 욕실)

- **포레스트 롯지 타입 5 Forest Lodge Type 5**
  방 하나 RM106, 독채 RM159(선풍기, 화장실, 욕실 공용 사용)

- **포레스트 롯지 타입 6 Forest Lodge Type 6**
  방 하나 RM53(2인실), 독채 RM79.50(선풍기, 욕실)

- **포레스트 호스텔 Forest Hostel**
  침대 하나에 RM15.90(선풍기, 욕실 공용 사용)

- **캠핑 사이트 Camping Site**
  텐트 1개당 RM5

다마이의 숙소 | HOTEL

다마이 비치 리조트
Damai Beach Resort

MAP p.481-A ◆찾아가기 다마이 센트럴에서 도보 약 10분 ◆주소 Teluk Bandung Santubong, Kuching◆전화 608-284-6999◆요금 스탠더드 더블 RM290, 코티지 타입 RM380◆홈페이지 www.damaibeachresort.com

가족 여행객이 선호하는 비치 프런트 리조트

252개의 객실과 카페, 해산물 레스토랑, 바, 풀, 전용 해변을 갖추고 있는 4성급 비치 리조트로 다마이 해변에서 가장 이용객이 많다. 바다가 보이는 방은 작은 정원이 딸린 단독 코티지 타입으로 열대 리조트 분위기가 물씬 풍긴다. 풀장은 다소 작지만 키즈풀을 갖추고 있어 어린이를 동반한 가족 여행객에게 인기가 높다.

다마이 푸리 리조트 & 스파
Damai Puri Resort & Spa

풍요로운 자연에 둘러싸인 리조트

시설은 다소 오래되었지만 넓은 정원과 수영장이 있고 자연 속에 있는 듯한 분위기가 특징이다. 객실은 바다를 볼 수 있는 오션 윙과 울창한 열대 우림을 볼 수 있는 스파 윙으로 나뉜다. 어린이 2명(4세 이하)까지는 무료 투숙이 가능하다.

MAP p.481-A◆찾아가기 다마이 센트럴에서 도보 약 5분 ◆주소 Teluk Penyuk Santubong, Kuching◆전화 608-284-6900◆요금 디럭스 RM270 ◆홈페이지 www.damaipuriresort.com

비비 벙커스
BB Bunkers

해변과 인접한 저렴한 호스텔

산과 바다, 전통 마을과도 가깝고 편의점, 푸드코트 등의 편의시설이 잘 갖춰져 있어 지내기에 불편함이 없는 저렴한 숙소이다. 객실은 싱글룸, 더블룸, 트리플룸 등 다양하게 갖춰져 있으며 각각의 침대는 커튼을 쳐서 독립적으로 이용할 수 있다.

MAP p.481-A◆찾아가기 다마이 센트럴에서 도보 약 1분 ◆주소 Unit C1, Damai Central, Pantai Damai Santubong, Kuching◆전화 608-284-6835◆요금 싱글 RM50, 더블 RM80 ◆홈페이지 www.bbbunkers.com

현지 여행사 또는 예약 플랫폼을 통해 쿠칭 근교 투어 다녀오기

More

쿠칭의 인기 관광 명소인 세멘고 와일드라이프 센터, 사라왁 컬처럴 빌리지, 바코 국립 공원 등은 개별적으로 다녀오기가 쉽지 않다. 버스나 택시 같은 대중교통이 있기는 하지만 배차 간격이 길고 비용도 많이 들어 이용률이 낮다. 현지 여행사의 투어 프로그램이나 예약 플랫폼 클룩 등을 이용하면 투어 차량은 물론 전문 가이드와 입장료가 포함되어 있어 편리하게 다녀올 수 있다. 단, 일부 투어의 경우 2인 이상 예약해야 하는 경우도 있다. 호텔이나 숙소를 통해 예약할 경우 다른 여행자와 함께 참여하는 조인 투어 형태가 된다.

투어 문의 및 접수처

1. 우하 투어 & 트래블 여행사 Ooo Haa Tours & Travel Sdn.
◈ **찾아가기** 메인 바자르 인근 **주소** 40, 1st Floor, Main Bazaar, Kuching ◈ **전화** 6012-526-9719

2. 클룩 Klook ◈ **홈페이지** www.klook.com

■ 세멘고 와일드라이프 센터 Semenggoh Wildlife Centre

다치거나 버림받은 오랑우탄을 보호하고 다양한 재활 프로그램을 통해 야생으로 돌아갈 수 있도록 하는 시설로, 하루에 두 차례 진행되는 '먹이 주기(Feeding)' 과정을 관광객들에게 공개하고 있다.

소요 시간 3시간(08:00, 14:00)
요금 1인 RM125(최소 2인 이상)
포함 내역 차량, 입장료, 생수, 가이드

■ 사라왁 컬처럴 빌리지 Sarawak Cultural Village

사라왁주 토착 원주민들이 모여 사는 마을로 7개 부족의 전통 가옥과 생활 양식 등을 둘러보고 전통 공연을 관람한다. 차량과 민속 마을 입장료(공연 포함)가 포함된 투어 상품을 이용하면 편리하게 다녀올 수 있다.

소요 시간 4시간(08:30, 12:00)
요금 1인 RM175(최소 2인 이상)
포함 내역 차량, 입장료, 생수, 가이드

※ 그랜드 마르게리타 호텔과 마제스틱 리버사이드 호텔에서 판매하는 상품이 가장 저렴하다(차량+입장권 포함 RM84).

■ 바코 국립 공원 Bako National Park

사라왁에서 가장 오래되고 인기 많은 국립 공원으로 당일치기로 다녀올 수 있다. 쿠칭에서 약 38km 떨어진 마우라 테바스 반도에 자리하고 있으며 차량과 보트를 이용해 들어갈 수 있다. 여행사 일일 투어를 이용하면 편하게 다녀올 수 있다.

소요 시간 7시간(08:00~15:00)
요금 1인 RM310(최소 2인 이상)
포함 내역 차량, 보트, 입장료, 점심 식사, 생수, 가이드

셀랑고르 샤 알람 부킷 젤루통 모스크

Prepare Travel

말레이시아
여행 준비

여권과 비자

전자 여권은 신원과 바이오 인식 정보(얼굴, 지문 등의 생태 정보)를 저장한 비접촉식 IC칩이
내장되어 있다. 앞표지에 로고를 삽입해 국제민간항공기구의 표준을 준수하는
전자 여권임을 나타내며, 뒤표지에는 칩과 안테나가 내장되어 있다.

말레이시아 여행 중 여권 분실 시

여권을 분실했다면 그 즉시 경찰서에서 도난·분실증명서를 작성하고, 주말레이시아 대한민국 대사관(p.85)
에 가서 여권 재발급 수속을 밟아야 한다. 분실증명서와 재발급 비용, 여권용 증명 사진 등을 챙겨 가면 재발
행 사유서를 작성하고 재발급받을 수 있다. 만일의 경우를 대비해 여행 전 여권 사본을 준비하거나 여권 번호
를 적어두는 것이 좋다.

여권 발급 문의

외교통상부 해외안전여행 서비스

여권 발급과 해외안전여행에 관한 정보를 얻을 수 있다. 여권 관련 민원 서식도 다운로드 가능.
홈페이지 www.0404.go.kr

영사 콜센터

24시간 운영되므로 해외에서도 언제든지 연락이 가능하다.
국내 이용 시 02-3210-0404
해외 이용 시(무료 연결, 유선 전화 이용) 현지 국제전화 코드(말레이시아의 경우) 001-603-4251-4904
휴대폰 자동로밍일 경우 현지 입국과 동시에 자동 수신되는 영사콜센터 안내문자에서 통화버튼을 누르
면 연결된다(접속료 부과).

비자

우리나라와 말레이시아 간에는 사증면제제도협정에 의해 단순 관광 목적으로 방문할 경우 최대 90일까지 무
비자로 체류가 가능하다. 90일 이상 체류할 예정이라면 주한 말레이시아 대사관을 통해 별도의 비자를 발급
받아야 한다.

주한 말레이시아 대사관

찾아가기 지하철 3호선 옥수역에서 도보 15분
주소 서울시 용산구 독서당로 129
전화 02-2077-8600
비자 접수 월~금요일 09:00~11:30

여행자 보험 · 각종 증명서

만일의 사고에 대비한 여행자 보험과 여행지에서 자신만의 루트를 만들기 위해
필요한 국제운전면허증 등은 보다 안전하고 편리한 여행을 위해
미리 준비해두면 좋다.

여행자 보험

보험설계사, 보험사 영업점, 대리점을 통해 가입할 수 있다. 각 보험 회사의 온라인 사이트에서도 가입할 수
있다. 미리 보험을 준비하지 못했다면 비행기에 탑승하기 전 공항 내 보험 서비스 창구를 이용한다.

7일 이하의 단기 여행자는 최소 5,000원부터 최고 3만 원 선. 여행 기간 3개월까지는 1회 단기 상품 가입이 가

능하지만, 3개월 이상이라면 매달 납입하는 장기
상품에 가입해야 한다. 성별과 나이, 여행 기간에
따라 요금 차이가 있다.

여행자 보험 일반 보상 금액
사망 및 후유 장애 5,000만~3억 원
상해 의료비 500만~5,000만 원
질병으로 인한 사망 1,000만~2,000만 원
질병 의료비 500만~5,000만 원
휴대품 손해 도난 물품 1개당 최대 20만 원
(총 5개까지)

공항에서 출국장에 들어가기 전에도 여행자 보험에 가입할 수 있다.

국제운전면허증

여행 방법이 점차 다양해지고 있다. 현지 대중교통을 이용하며 다니는 것도 의미 있지만 직접 운전하며 이동
하는 것도 꽤 낭만적이다. 말레이시아는 도로 사정이 좋은 편이며 특히 랑카위에서는 렌터카를 이용하면 효
과적으로 다닐 수 있다. 자동차 여행을 계획하고 있다면 국제운전면허증은 필수이므로 필요한 사람은 다음과
같이 신청한다. 대한민국 운전면허증 소지자라면 가까운 운전면허시험장에서 즉시 발급받을 수 있으며, 인천
국제공항과 김해 국제공항의 국제운전면허증 발급센터에서도 발급받을
수 있다. 위임장을 구비하면 대리 신청도 가능하다. 단 대한민국 운전면
허증과 여권을 함께 지참하지 않으면 무면허 운전으로 처벌받을 수 있으
니 참고한다.

국제운전면허증 발급
발급처 운전면허시험장
준비 서류 여권(사본 가능), 운전면허증, 여권용 사진 1매(반명함판
사진 가능)
비용 8,500원
유효기간 발급일로부터 1년

환전과 여행 경비

외국에 가면 신용카드를 취급하지 않는 작은 상점이나 식당이 많다.
안전을 위해서라도 신용카드는 호텔이나 면세점,
대형 쇼핑센터, 은행 ATM에서만 사용하자.

현금 환전

국내에서 미국 달러로 환전 후 현지에서 말레이시아 링깃으로 환전 말레이시아를 여행하는 동안 사용한 대략적인 경비를 산출한 뒤 환전을 하도록 하자. 우리나라의 원화는 말레이시아에서 통용되지 않는다. 우리나라 시중 은행에서 미국 달러(US$)로 환전한 후 말레이시아에 가서 은행이나 환전소에서 현지 통화(링깃, RM)로 재환전을 하는 것이 일반적이다. 쿠알라룸푸르와 코타키나발루 등 한국인 여행자가 많이 찾는 시내의 환전소는 우리나라 화폐를 바로 환전할 수 있고 환율도 좋은 편이다. 10일 미만의 여행 일정이라면 현지 화폐로 환전을 하고 신용카드를 적절하게 사용하는 것이 안전하다. 해외여행 중에는 분실이나 도난 피해를 최소한으로 줄이기 위해 많은 금액의 현금을 한꺼번에 가지고 다니지 말고 여러 곳에 분산하여 가지고 다니자.

신용카드

외국에서도 사용 가능한 신용카드인지 확인

현금만 가져가는 것이 조금 불안하다면 신용카드를 준비하자. 보안상 문제점이나 약간의 수수료 부담이 있지만 가장 편리하고 보편적인 보조 결제수단으로 사용된다. 게다가 신분증 역할까지 한다. 호텔, 렌터카, 단거리 항공권을 예약할 때 대부분 신용카드 제시를 요구한다. 현지에서 현금이 필요할 때 ATM을 통해 현금 서비스를 받을 수도 있다. 국제 카드 브랜드 중에선 가맹점이 많은 비자(Visa), 마스터(Master) 카드가 무난하다. 자신의 카드가 외국에서도 사용 가능한지도 반드시 확인하자. 또 외국은 카드 뒷면의 사인을 반드시 확인하므로 꼭 서명해 둔다.

스키밍에 유의 신용카드 스키밍(Skimming)이 끊임없이 일어나고 있다. 스키밍은 신용카드 결제 단말기에 작은 칩을 부착해 타인의 신용카드 정보를 빼내는 것을 말한다. 위조 신용카드를 비롯한 신용카드 범죄의 원인이 된다.

현금카드로 인출

신용카드를 감당하기 어렵다면 해외 현금카드를 준비한다. 한국에서 발행한 해외 현금카드를 이용해 현지 ATM에서 현지 통화로 인출한다. 현금을 들고 다니는 것보다 안전하고, 신용카드보다 규모 있고 알뜰한 소비가 가능하다. 단, 신용카드처럼 준 신분증 기능은 하지 못한다. 외환은행, 씨티은행, 하나은행, 국민은행에서 발급하고 있으며 비자(VISA), 시러스(Cirrus), 플러스(Plus) 등의 금융기관 마크가 붙어 있다. 현지에서는 자신의 카드 금융기관 마크와 일치하는 ATM을 찾아 인출하면 된다.

인터넷 환전 환율이 불리하게 적용되는 공항에서 돈을 바꿀 게 아니라면, 은행 업무 시간 중 시간을 내야 그나마 경제적으로 환전할 수 있다. 그런데 은행을 찾을 시간이 없다면? 인터넷 환전으로 눈을 돌리자. 은행 창구에서 하는 것보다 수수료가 싼 데다 인터넷으로 환전을 신청한 뒤 공항 지점에서 환전한 돈을 찾을 수 있어 바쁜 직장인들에게 요긴한 서비스다. 일부 은행은 업무가 끝나는 저녁시간과 주말에도 환전이 가능하도록 인터넷 환전 서비스를 확대했다. 취급하는 외화의 종류도 늘어나는 추세다.

트러블 대처하기

말레이시아는 동남아시아 국가 중에서도 안전한 나라에 속하지만 관광객이 많이 가는
쿠알라룸푸르, 페낭, 조호르바루 등의 도시에서는 소매치기나 날치기 등의 범죄가 일어나기도 한다.
관광객을 노린 대표적인 범죄 유형을 알아두어 주의하도록 하자.

소매치기

보통 소매치기들은 여러 명이 함께 몰려다닌다. 한 명이 길을 물어보는 척하면서 다가와 주의를 끌고 나머지
일당이 슬쩍 물건을 훔쳐 가거나 가방을 찢기도 한다. 특히 ATM 기기나 은행에서 현금을 인출하고 나올 때
소매치기의 대상이 되기 쉬우므로 주의해야 한다. 갑자기 나타나 부딪히거나 물건을 떨어뜨리면서 주의를 끄
는 등의 행동이 전형적인 수법이다.

대책 귀중품은 가급적 들고 다니지 말고 현금은 그날 필요한 만큼만 소지하도록 하자. 늦은 밤이나 사람
이 많이 모이는 곳에 갈 때는 특히 조심하고, 만일 위험이 느껴진다면 가까운 상점이나 주변 사람에게 적
극적으로 도움을 요청하자.

오토바이 날치기

오토바이를 타고 가면서 거리를 걷고 있는 사람의 가방이나 쇼핑백, 휴대폰 등을 날치기하는 일이 종종 있다.
보통 2인조로 다니며 뒤에 탄 사람이 낚아채 가는데 워낙 순식간에 벌어지기 때문에 부상을 입을 수도 있으므
로 주의해야 한다.

대책 가방은 몸 앞쪽으로 오게 크로스로 매고 길을 걸을 때는 오토바이가 통과하기 어렵게 인도 안쪽으
로 걸으며 조심한다. 또 걸어 다니면서 휴대폰을 사용하지 않도록 한다.

택시요금 흥정

택시를 타기 전에 행선지를 말하고 요금을 물어본다. 터무니없는 요금을 제시할 때는 거부하고 다른 택시를
타는 게 좋다. 오래된 낡은 택시는 가급적 피하고 차량 번호판, 운전사의 이름과 면허 번호 등을 메모해두는
것도 도움이 된다. 호텔이나 쇼핑몰 앞에서 탈 경우 택시 카운터에서 택시 쿠폰을 구입하거나 프런트에 택시
를 불러달라고 요청하는 것도 좋다. 야간에는 여자 혼자 택시를 타지 않도록 한다.

이런 사람을 주의하자

관광객을 노리고 금품이나 돈을 갈취하기 위해 호객 행위를 하거나 강매를 요구하는 사람이 있으므로 주의해
야 한다. 모르는 사람이 시간이나 길을 묻는 등 말을 걸어올 때는 일단 경계하는 것이 좋다. 특히 아무 이유 없
이 과도한 친절이나 관심을 보이면서 자신의 집에 초대하거나 함께 식사하자고 하는 사람은 대부분 사기꾼이
므로 주의한다.

도난·분실 시의 대처

여권 분실 시

분실 신고 가까운 경찰서에 방문하여 경찰 신고서 (Police Report)를 발급받는다. 쿠알라룸푸르의 경우, 당왕이 경찰서(Dang Wangi District Police Headquarters)에 방문한다.

KL 소재 한국대사관 방문 귀국용 긴급 여권을 발급받기 위해 필요한 준비물을 챙겨서 KL 소재 한국 대사관을 방문한다. 준비물은 경찰 신고서, 귀국 항공권,

말레이시아 관광센터

사진 1매, 수수료(귀국용 단수 여권 RM233.30)이며, 대사관에 비치된 여권 분실 신고서를 작성해서 내면 된다. ※사진은 대사관 민원실에서 촬영 가능

푸트라자야 이민국 방문 귀국용 긴급 여권을 발급받은 후에는 푸트라자야에 위치한 말레이시아 이민국(p.85)에 가서 스패셜 패스를 발급 받아야 출국이 가능하다. 수수료 RM100과 구비 서류 필수.

※여권 분실 장소(서말레이시아/동말레이시아)에 따라 절차가 다르므로 자세한 사항 및 구비 서류는 외교부 여권 분실 관련 절차 참고

외교부 홈페이지 overseas.mofa.go.kr/my-ko/index.do

신용카드 분실 시

카드 회사, 경찰서에 신고 카드 회사에 연락해 도난·분실 신고를 한다. 경찰 신고서가 필요한 경우 경찰서에 가서 신고를 하고 발급받으면 된다.

카드 재발급 카드 회사의 현지 지점 또는 귀국 후에 재발급받을 수 있으며 소정의 수수료가 발생한다.

주 말레이시아 대한민국 대사관

찾아가기 LRT 다토 케라맛역(Dato'Keramat)에서 도보 15분
주소 9 & 11 Jalan Nipah, Jalan Ampang, Kuala Lumpur
전화 603-4251-2336, 영사과 603-4251-4904
팩스 603-4252-1425, 영사과 603-4251-9066
홈페이지 http://mys.mofa.go.kr

투어리스트 경찰서

찾아가기 KL 모노레일 부킷 나나스역(Bukit Nanas)역에서 도보 5분, 말레이시아 관광센터 내
주소 Malaysia Tourism Centre, 109 Jalan Ampang, Kuala Lumpur
전화 603-9235-4800 **팩스** 603-2162-1149

질병에 대한 대처

말레이시아 입국 시 의무적으로 받아야 하는 예방 접종은 없지만 정글이나 오지로 갈 경우 예방 접종을 하고 떠나는 경우도 있다. 일 년 내내 고온다습한 열대기후라서 쉽게 피로하고 입맛이 떨어질 수도 있지만 질병에 걸릴 가능성은 높지 않다. 다만 급성 설사나 복통, 감기 등을 대비해 기본적인 상비약을 챙겨가는 것이 좋다. 드물지만 모기를 통해 전염되는 뎅기열이나 말라리아가 종종 발생하기도 하므로 모기 퇴치제를 준비해가도 좋다.

대표질병과 증상

뎅기열 Dengue Fever

동남아시아, 남태평양 지역, 아프리카 대륙 등 열대지방과 아열대지방에 분포하는 뎅기 바이러스를 가진 모기에 의해 전파된다. 고열을 동반하는 급성 열성 질환으로 오한, 발열, 구토, 두통, 근육통 등이 3~5일간 지속되고 심할 경우 입 주위가 파랗게 되고 목 부위가 붓는 증상이 나타나기도 한다. 보통은 1주일 정도 지나면 특별한 후유증을 남기지 않고 저절로 좋아진다. 모기향이나 살충제, 모기 차단 로션을 바르는 것이 유일한 예방법이다.

말라리아 Malaria

얼룩날개 모기류(Anopheles species)에 속하는 암컷 모기에 의해 전파된다. 모기에 물린 후 감염 증상이 나타날 때까지는 대략 2주에서 수개월이 걸리며, 오한, 발열, 발한, 두통, 구토 등의 전형적인 감염 증상이 나타난다. 말라리아에 대한 백신이 없기 때문에 가급적 모기에 물리지 않도록 하는 것이 중요하다. 필요한 경우 의사와 상담하여 여행 일주일 전에 말라리아 예방약을 복용할 수 있다.

광견병 Rabies

광견병 바이러스를 보유한 개나 고양이에게 물려서 생기는 질환이다. 야생에서 생활하는 원숭이, 여우, 너구리, 박쥐, 코요테, 흰족제비도 바이러스를 가지고 있다고 알려져 있다. 거리를 돌아다니는 개나 고양이와의 접촉을 피하고 물렸을 경우에는 즉시 비누를 이용해 상처 부위를 씻어내도록 한다.

냉방병 Air-Conditioningitis

더위에 익숙하지 않은 외국인들에게 주로 나타나는 증상으로 실내와 실외의 온도 차이로 인해 발행하는 경우가 대부분이다. 숙소를 비롯해 레스토랑, 쇼핑몰 등 일 년 내내 에어컨을 가동하는 말레이시아의 특성상 외부와의 온도 차이가 크고 장시간 낮은 온도에 노출되면 두통과 오한, 발열 등을 동반하게 된다.

급성 설사 Acute Diarrhea

갑작스러운 환경 변화에 따른 증상 중 하나로 물이나 음식물로 인해 발생한다. 보통은 낯선 나라에서 마시는 물이나 충분히 익히지 않는 음식물 섭취 등이 주요인이다. 생수의 경우 평상시 마시던 물과 다르기 때문에 끓인 물을 마시거나 설사약을 먹는 것으로 충분히 예방할 수 있다. 여행 전 상비약을 준비하고 증상이 심한 경우 병원으로 가도록 하자.

말레이시아 주요 병원

쿠알라룸푸르

Gleneagles Medical Centre
주소 82 & 286 Jalan Ampang
전화 603-4141-3000

KPJ Tawakkal Specialist Hospital
주소 1 Jalan Pahang Barat
전화 603-4026-7777

Pantai Hospital Kuala Lumpur
주소 8 Jalan Bukit Pantai
전화 603-2296-0888

페낭

Loh Guan Lye Specialist Hospital
주소 19 & 21 Jalan Logan
전화 604-238-8888

Island Hospital
주소 308 Jalan Macalister
전화 604-228-8222

조호르바루

KPJ Johor Specialist Hospital
주소 39-B Jalan Abdul Samad
전화 607-225-3000

믈라카

Putra Specialist Hospital
주소 169 Jalan Bendahara
전화 606-283-5888

코타키나발루

Sabah Medical Centre
주소 Lorong Bersatu, Off Jalan Damai, Luyang
전화 608-821-1333

Queen Elizabeth Hospital
주소 Jalan Penampang
전화 608-851-7555

쿠칭

Sarawak General Hospital
주소 Jalan Tun Ahmad Zaidi Adruce
전화 608-227-6666

여행 회화

말레이시아어는 영어의 알파벳을 사용하는데 몇 가지 발음만 제외하면 알파벳과 유사해서
배우기 쉽다. 주요 관광 명소에서는 영어가 통하지만 현지인들이 쓰는 언어로
인사말이라도 주고받으면 여행이 훨씬 즐거워질 것이다.

필수 회화

안녕하세요(아침)?	Selamat pagi. 슬라맛 빠기
안녕하세요(오후)?	Selamat petang. 슬라맛 쁘땅
안녕하세요(저녁)?	Selamat malam. 슬라맛 말람
어서오세요.	Selamat datang. 슬라맛 다땅
안녕히 가세요.	Selamat tinggal. 슬라맛 팅갈
예.	Ya. 야
아니요.	Tidak. 티닥
실례합니다.	Maaf. 마아프
감사합니다.	Terima kasih. 트리마 까시.
천만에요.	Sama sama. 사마 사마
미안합니다.	Minta maaf. 민따 마아프
어떻게 지내세요?	Apa khabar? 아파 카바
잘 지냅니다.	Khabar baik. 카바 바익
당신의 이름은 무엇입니까?	Siapa nama kamu? 시아파 나마 까무
내 이름은 ○○입니다.	Nama saya ○○. 나마 사야 ○○

여행 기본 회화

화장실은 어디에 있습니까?	Di mana tandas? 디 마나 딴다스
기차역은 어디에 있습니까?	Di mana stesen keretapi? 디 마나 스테센 크레타삐
거기까지 걸어서 갈 수 있습니까?	Boleh jalan kaki tak ke sana? 볼레 잘란 까끼 딱 께 사나
가까운 호텔이 어디에 있습니까?	Hotel yang dekat di mana? 호텔 양 드깟 디 마나
방을 예약할 수 있습니까?	Boleh membuat tempahan bilik? 볼레 믐부앗 템파한 빌릭
방을 보여주시겠습니까?	Boleh saya melihat bilik itu? 볼레 사야 믈리핫 빌릭 이뚜
여기서 담배를 피워도 되나요?	Boleh tak merokok di sini? 볼레 딱 므로꼭 디 시니
여행자 정보 센터가 어디에 있습니까?	Pejabat pelancongan di mana? 쁘자밧 쁠란쫑안 디 마나

현지 지도가 있습니까?	Anda peta tempatan tak? 안다 쁘따 뜸빠딴 딱
너무 비싸네요.	Mahalnya. 마할냐
조금만 깍아주세요.	Boleh kurangkan harga tak. 볼레 꾸랑깐 하르가 딱

응급상황 시

도와주세요.	Tolong. 똘롱
조심하세요.	Awas. 아와스
소매치기야!	Penyeluk saku! 쁜옐룩 사꾸
불이야!	Kenakaran! 끄나까란
전화를 사용해도 될까요?	Boleh gunai telefon? 볼레 구나이 뗄레폰
길을 잃었습니다.	Saya tersesat 사야 뜨르스삿
아픕니다.	Saya sakit 사야 사낏
사고가 일어났습니다.	Ada kemalangan 아다 끄말랑안
경찰을 불러주세요!	Panggil polis! 빵길 뽈리스
의사를 불러주세요!	Panggil doktor! 빵길 독또르

기본 단어

숫자

0	Kosong 꼬송
1	Satu 사뚜
2	Dua 두아
3	Tiga 띠가
4	Empat 음빳
5	Lima 리마
6	Enam 으남
7	Tujuh 뚜주
8	Lapan 라빤
9	Sembilan 슴빌란
10	Sepuluh 스뿔루
50	Lima puluh 리마 뿔루
100	Seratus 스라뚜스
200	Dua ratus 두아 라뚜스
1000	Seribu 스리부

월

1월	Januari 자누아리
2월	Februari 페브루아리
3월	Mac 마츠
4월	April 아쁘릴
5월	Mei 메이
6월	Juni 주니
7월	Julai 줄라이
8월	Ogos 오고스
9월	September 셉뗌브르
10월	Oktober 옥또브르
11월	November 노벰브르
12월	Desember 디셈브르

요일

월요일	Hari isnin 하리 이스닌
화요일	Hari selasa 하리 슬라사
수요일	Hari rabu 하리 라부
목요일	Hari khamis 하리 카미스
금요일	Hari jumaat 하리 주마앗
토요일	Hari sabtu 하리 삽뚜
일요일	Hari ahad 하리 아하드

동사

먹다	Makan 마깐
가다	Pergi 뻐르기
웃다	Ketawa 끄따와
앉다	Duduk 두둑
자다	Tidur 띠두르
보다	Melihat 믈리핫
사다	Membeli 믐블리
걷다	Berjalan 브르잘란
사랑하다	Kasih 까시
말하다	Bicara 비짜라

의문사

언제	Bila 빌라
어디	Di mana 디 마나
누구	Siapa 시아빠
무엇	Apa 아빠
어떻게	Berapa 브라빠
왜	Kenapa 끄나빠

식사

아침	Makan pagi 마깐 빠기
점심	Makan tengahari 마깐 뗑아하리
저녁	Makan malam 마깐 말람

계산서

계산서	Bil 빌
컵	Cawan 짜완
포크	Garfu 가르푸
나이프	Pisau 삐사우
메뉴	Menu 메누
접시	Pinggan 삥간
숟가락	Sudu 수두

저는 채식주의자입니다.
Saya makan sayur. 사야 마깐 사유르

이곳은 할랄 레스토랑입니까?
Ada restoran halal di sini?
아다 레스또랑 할랄 디 시니

너무 맵지 않게 해주세요.
Jangan terlalu pedas.
장안 뜨(르)랄루 뻐다스

굽다	Bakar 바카르
삶다	Rebus 르부스
튀기다	Goreng 고렝
훈제	Asap 아삽

과일

구아바	Jambu 잠부
딸기	Strawberi 스뜨라우베리
람부탄	Rambutan 람부딴
레몬	Lemon 레몬
라임	Limau 리마우
망고	Mangga 망가
망고스틴	Manggis 망기스
바나나	Pisang 삐상
사과	Epal 에빨
수박	Tembikai 뜸비까이
스타 프루트	Belimbing 블림빙
오렌지	Oren 오렌
잭 프루트	Nangka 낭까
코코넛	Kelapa 끌라빠
파인애플	Nenas 느나스
파파야	Betik 브띡

찾아보기

저스트고 말레이시아

개정 3판 1쇄 발행일 2023년 11월 30일
개정 3판 2쇄 발행일 2024년 8월 30일

지은이 김낙현

발행인 조윤성

발행처 ㈜SIGONGSA **주소** 서울시 성동구 광나루로 172 린하우스 4층(우편번호 04791)
대표전화 02-3486-6877 **팩스(주문)** 02-585-1755
홈페이지 www.sigongsa.com / www.sigongjunior.com

ISBN 979-11-7125-233-6 14980
ISBN 978-89-527-4331-2 (세트)

*SIGONGSA는 시공간을 넘는 무한한 콘텐츠 세상을 만듭니다.
*SIGONGSA는 더 나은 내일을 함께 만들 여러분의 소중한 의견을 기다립니다.
*잘못 만들어진 책은 구입하신 곳에서 바꾸어 드립니다.

WEPUB 원스톱 출판 투고 플랫폼 '위펍' _wepub.kr
위펍은 다양한 콘텐츠 발굴과 확장의 기회를 높여주는
SIGONGSA의 출판IP 투고·매칭 플랫폼입니다.

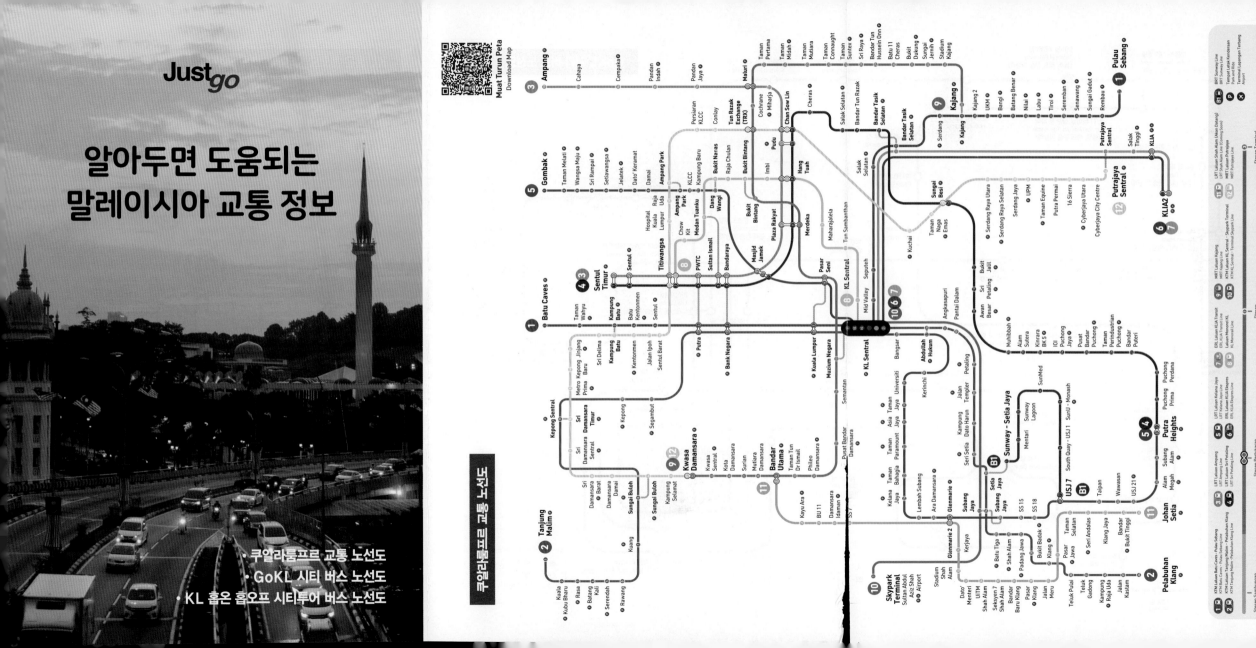

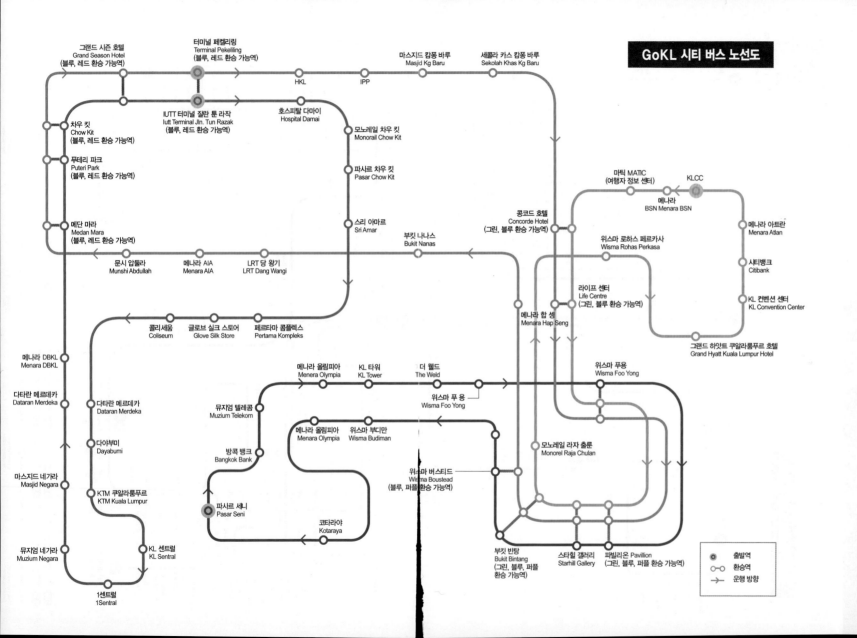

GoKL 시티 버스 노선도

- 그랜드 시즌 호텔 Grand Season Hotel (블루, 레드 환승 가능역)
- 터미널 페켈리링 Terminal Pekeliling (블루, 레드 환승 가능역)
- 마스지드 캄퐁 바루 Masjid Kg Baru
- 세콜라 카스 캄퐁 바루 Sekolah Khas Kg Baru
- HKL
- IPP
- 차우 킷 Chow Kit (블루, 레드 환승 가능역)
- IUTT 터미널 잘란 툰 라작 Iutt Terminal Jln. Tun Razak (블루, 레드 환승 가능역)
- 호스피탈 다마이 Hospital Damai
- 모노레일 차우 킷 Monorail Chow Kit
- 푸테리 파크 Puteri Park (블루, 레드 환승 가능역)
- 파사르 차우 킷 Pasar Chow Kit
- 메단 마라 Medan Mara (블루, 레드 환승 가능역)
- 스리 아마르 Sri Amar
- 콩코드 호텔 Concorde Hotel (그린, 블루 환승 가능역)
- 마틱 MATIC (여행자 정보 센터)
- KLCC
- 메나라 BSN Menara BSN
- 부킷 나나스 Bukit Nanas
- 위스마 로하스 페르카사 Wisma Rohas Perkasa
- 메나라 아트란 Menara Atlan
- 문시 압둘라 Munshi Abdullah
- 메나라 AIA Menara AIA
- LRT 당 왕기 LRT Dang Wangi
- 라이프 센터 Life Centre (그린, 블루 환승 가능역)
- 시티뱅크 Citibank
- 콜리세움 Coliseum
- 글로브 실크 스토어 Glove Silk Store
- 페르타마 콤플렉스 Pertama Kompleks
- 메나라 합 셍 Menara Hap Seng
- KL 컨벤션 센터 KL Convention Center
- 메나라 DBKL Menara DBKL
- 그랜드 하얏트 쿠알라룸푸르 호텔 Grand Hyatt Kuala Lumpur Hotel
- 다타란 메르데카 Dataran Merdeka
- 다타란 메르데카 Dataran Merdeka
- 메나라 올림피아 Menera Olympia
- KL 타워 KL Tower
- 더 웰드 The Weld
- 위스마 푸용 Wisma Foo Yong
- 뮤지엄 텔레콤 Muzium Telekom
- 위스마 푸용 Wisma Foo Yong
- 다야부미 Dayabumi
- 메나라 올림피아 Menara Olympia
- 위스마 부디만 Wisma Budiman
- 마스지드 네가라 Masjid Negara
- 방콕 뱅크 Bangkok Bank
- 모노레일 라자 출룬 Monorel Raja Chulan
- KTM 쿠알라룸푸르 KTM Kuala Lumpur
- 위스마 버스티드 Wisma Boustead (블루, 퍼플환승 가능역)
- 뮤지엄 네가라 Muzium Negara
- 파사르 세니 Pasar Seni
- KL 센트럴 KL Sentral
- 코타라야 Kotaraya
- 부킷 빈탕 Bukit Bintang (그린, 블루, 퍼플 환승 가능역)
- 스타힐 갤러리 Starhill Gallery
- 파빌리온 Pavillion (그린, 블루, 퍼플 환승 가능역)
- 1센트럴 1Sentral

범례:
- 출발역
- 환승역
- 운행 방향

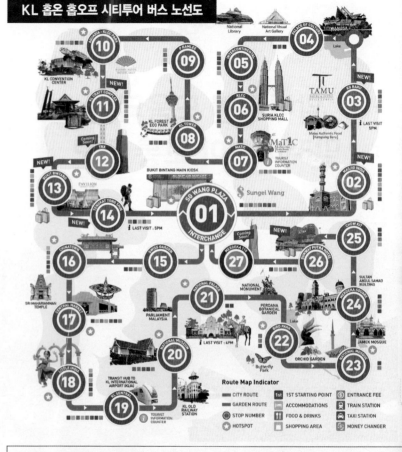

KL 홉온 홉오프 시티투어 버스 노선도

Route Map Indicator
- CITY ROUTE
- GARDEN ROUTE
- STOP NUMBER
- HOTSPOT
- 1st 1ST STARTING POINT
- ACCOMMODATIONS
- FOOD & DRINKS
- SHOPPING AREA
- ENTRANCE FEE
- TRAIN STATION
- TAXI STATION
- MONEY CHANGER

KL 홉온 홉오프 시티투어 버스 정류장 시티루트(레드라인 ●) / 가든루트(그린라인 ●)

① 숭가이 왕 플라자 SG Wang Plaza ② 마지드 인디아 Masjid India ③ KG 바루 KG Baru ④ 국립 예술 극장 Place of Culture ⑤ 인터콘티넨탈 Intercontinental ⑥ KLCC ⑦ 마틱 MATIC ⑧ KL 타워 KL Tower ⑨ 피 람리 P Ramlee ⑩ 아쿠아리아-KLCC 공원 Aquaria & KLCC Park ⑪ KL 크래프트 콤플렉스 KL Craft Complex ⑫ TRX ⑬ 부킷 빈탕 Bukit Bintang ⑭ 텡캇 통 신 Tengkat Tong Shin ⑮ 스위스 가든 Swiss Garden ⑯ 차이나타운 Chinatown ⑰ 센트럴 마켓 Central Market ⑱ 리틀 인디아 Little India ⑲ KL 센트럴 KL Sentral ⑳ 국립박물관 National Museum ㉑ 국립왕궁 National Place ㉒ 새공원 Bird Park ㉓ 국립모스크 National Mosque ㉔ 메르데카 광장 Merdeka Square ㉕ 차우 킷 Chow Kit ㉖ 선웨이 푸트라 호텔 Sunway Putra Hotel ㉗ 메르데카 118 Merdeka 118